Regeneration

リジェネレーション[再生]

気候危機を

Ending the Climate Crisis in One Generation

今の世代で

終わらせる

ポール・ホーケン 編著
Paul Hawken

江守正多 監訳　五頭美知 訳

目次　Contents

アイスランド南部のヴィークの近くにあるタクギルキャニオン
は、氷河、川、氷の洞窟、黒い砂浜、そしてアイスランド有
数のハイキングコースに囲まれている

私たちは『リジェネレーション　再生』を調査・執筆する過程で、何千もの参考文献、引用、情報源を蓄積しました。
本に掲載するには数が多すぎますが、www.regeneration.org/references でご覧いただけます

はじめに **FOREWORD**

ジェーン・グドール　Jane Goodall

　私はチンパンジーの研究をしているときに、熱帯雨林ではすべての生き物が互いにつながり合っていることを学びました。動植物の1つひとつが、生き物の織りなすタペストリー（壁に掛ける織物）の中で担うべき役割を持っているのです。ある種が絶滅すると、そのタペストリーに1つ穴が開きます。あまりに引き裂かれてボロボロになると、生態系全体が崩壊するかもしれません。重要なのは、私たちも自然界の一員だということです。酸素、食べ物、水、衣服。すべてを自然界に頼っています。そして、これもボロボロに引き裂かれてきています。

　今いる生物の中でヒトに一番近いチンパンジーをはじめ、ほかのすべての動物と人間とを一番大きく隔てているのは、爆発的に発達した私たちの知性です。動物にはかつて考えられていたよりはるかに高い知性があるとはいえ、相対性理論を思いついたり、月面着陸した動物はほかにいません。あらゆる生物種の中で最も知的である私たちが、唯一のすみかを破壊するとは、なんと奇妙なことでしょう。私たちの賢い脳と、詩的にいえば人間の心にある愛と思いやりとの間に、断絶があったようです。頭と心が調和してこそ、人間の真の能力を花開かせることができるのだと思います。

　私たちが自ら招いた解決すべき問題はたくさんあります。そして、ポール・ホーケンが本書で大変な説得力をもって強調しているように、これらはすべてつながり合っています。すべてを統合した形で理解し、解決する必要があります。貧困を軽減し、高所得国の持続可能でないライフスタイルに対処し、社会的正義を実現し、国民皆保険を提供し、すべての人が教育を受けられるようにしなければなりません。幸い、人々はこうした問題に革新的な解決策を見つけ出しています。これこそ、ポールが本書で紹介することです。

　私は、数多くの過ちをじかに経験してきました。1960年に私がチンパンジーの研究を始めたとき、タンザニアのゴンベ国立公園は、赤道アフリカにわたって広がる森林の一部でした。1980年代半ばには、森林は周囲をはげ山に囲まれた小さな島のようになっていました。人々は持続可能でない暮らしを送り、農地は酷使されて使い尽くされ、農業や木炭生産の場所をつくるために木々は伐採されました。人々は生き延びることに必死でした。そのとき私は気づいたのです。このようなコミュニティが環境を破壊せずに生計を立てる方法を見つける手助けができなければ、チンパンジーを保護することもできないと。動物種を守りたければ、環境を保護しなければなりません。それには現地コミュニティの参加が不可欠です。もし人々が貧困の中に暮らしていたら、それどころではないでしょう。

　ジェーン・グドール・インスティテュート（JGI）は、ホリスティック（全体論的）な地域密着型の保全活動「タンガニーカ湖集水

6

域の再植林と教育（TACARE）」を開始しました。地元のタンザニア人を何人か選んで、彼らにゴンベ周辺の村々を回ってもらい、私たちにどのような手助けができるかを聞き取ってもらいました。村人の答えやニーズは明快でした。「もっとたくさんの食べ物を育てたい」「もっと健康と教育を享受したい」。私たちは欧州連合（EU）から少額の助成金を受けて、化学物質を使わずに土壌の肥沃度を回復させる手伝いをしました。地元タンザニア政府と協力して、既存の学校を改善したり、村のクリニックを改良・新設したりしました。水管理プログラムや、アグロフォレストリー（森林農法）、パーマカルチャーを導入しました。地理情報システム（GIS）や衛星画像を利用して、村人たちが土地利用管理計画を作成できるようにしました。ボランティアがスマートフォンの使い方を学んで、村の保護林の健康状態を記録できるようにしました。奨学金を出して女児が中等教育を受けられるようにし、マイクロクレジット（少額融資制度）により村人たち、特に女性が持続可能なビジネスを立ち上げられるようにしました。子どもに教育を受けさせたいが教育費が高いと思っている親たちに、家族計画の情報は歓迎されました。このように、TACAREは環境と社会の両方のウェルビーイング＊を高めています。

　今や地球上に79億人近くが暮らしています。世界の多くの場所で、限りある天然資源が、自然の回復力が追いつかない速さで減っています。2050年には、推計人口が100億人にもなるとされています。家畜の数も増えており、かつてないほど多くの土地や水を使い尽くし、大量のメタンガスを発生させています。さらに、人々が貧困から抜け出すなかで、私たちの持続可能でない生活水準を彼らが真似しようとするのも無理からぬことですが、私たちはこれを変えなければならないと知っています。もしこれまでどおりのやり方を続ければ、未来は……「暗たん」といっても過言ではないでしょう。

　自然との新たな関係をつくり、私たちが生んでしまった問題に子どもたちが対応できるように態勢を整えなければなりません。環境教育を推進するプログラムはたくさんあり、社会的正義について論じるプログラムもあります。私は1991年に、環境面と人道面からの若者向けの運動「ルーツ＆シューツ」（根っこと新芽）を始めました。今では68カ国に、幼稚園から大学まで何千ものグループがあります。社会環境問題がつながり合っていることが理解できるように、各グループは「人」「動物」「環境」の3分野におけるプロジェクトを選んで参加することが求められています。メンバーは行動を起こすことにより、自分には変化をもたらす力があると気づきます。そのことは、野生生物の取引、ホームレス、女性の権利、動物愛護、差別など多様な問題に共に取り組んでいる何千人もの若者に、力と

＊身体的・精神的・社会的に良好な状態にあること

希望を与えています。

　希望をもてる理由は3つあります。1つめは、若者たちにエネルギーと献身的な取り組みが見られること。2つめは、自然にはレジリエンス（復元力）があり（ゴンベ周辺に森林が戻ってきました）、動植物種を絶滅から救うことが可能だということ。3つめは、どうすればもっと自然と調和した暮らしができるかを考えられる、人間の知性があることです。

　ポールは、いつものように誰にも真似できないやり方で、身から出た錆といえる社会・環境問題に対し、最も重要な解決策を示しています。そして、こうした問題がいかに密接に関わり合っているかを示しています。本書『リジェネレーション 再生』は、有益な情報を包み隠さず提供し、もう遅すぎると考える悲観論者に反論するものです。ポールも私も心から信じています——私たちにはまだ時間があること、現実的な解決策があること、そして地球上の生命と気候の安定性を回復するために、私たちもあらゆる組織も解決策に着手し実施できることを。ヒトの学名「ホモ・サピエンス（Homo sapiens）」は、「賢い人」を意味します。この名を汚さないように取り組んでいきましょう。

コンゴ共和国のJGIチンパンジーリハビリテーションセンターで、孤児のクディアとウルティモが抱き合っている。160頭のチンパンジーが生涯にわたって保護されている

再生とは　Regeneration

「再生（regeneration）」とは、あらゆる行動や決定の中心に、生命を据えることを意味します。これはあらゆる創造物——草地、農地、人間、森林、魚、湿地、沿岸地帯、海洋——に適用されます。そして、家族、コミュニティ、都市、学校、宗教、文化、商業、政府に等しく適用されます。自然と人類は、この上なく複雑な関係性のネットワークで成り立っています。それがなければ、森林、土壌、海洋、人間、国、文化は滅びます。

　この地球も、若者たちも、同じストーリーを伝えています。それは、人間と自然の間で、また自然自体の中で、さらには人々・宗教・政府・商業の間でも、欠くことのできないつながりが分断されているということです。この分断が、気候危機を引き起こしており、それこそが根源なのです。そしてここにこそ、所得や人種やジェンダーや信仰に関係なく、すべての人を巻き込める解決策と行動が見つかるのです。私たちは瀕死の地球で暮らしています。そう言うと、つい最近までは大げさに、あるいは言い過ぎに聞こえたかもしれません。地球の生物学的な衰退は、地球が私たちの行ないに適応しているさまを表しています。自然は決して間違いを犯しません。人間は間違いを犯します。地球は何が起きようと生き返るでしょう。国、人間、文化はそうではないかもしれません。もし、私たちのあらゆる行動の中心に生命の未来を据えるということが、私たちの目的や文明の中核を成して

いないのであれば、私たちはなぜここにいるのでしょうか。

　気候危機の直接の原因としては、数あるなかでも、車、建物、戦争、森林破壊、貧困、石油、汚職、石炭、工業型農業、過剰消費、フラッキング（水圧破砕法）が挙げられます。これらの原因はすべて、またもたらす影響もすべて同じです。それは、人間のウェルビーイングを支えるためにつくられた経済構造が、地球上の生命を衰退させ、喪失と苦しみを生み出し、地球温暖化をもたらしているのです。金融システムが、地球が破産するようにけしかけ、そのための投資を行なっています。つまり金融システムは、貨幣資産を短期的に生むとともに、生物の減少、貧困、不平等を引き起こす直接の原因になっているのです。

　この40年間、地球温暖化を逆転させる最も強力な方法が、ほぼ見過ごされてきました。化石燃料の燃焼が温暖化の一番の原因ですし、速やかに止めなければ回復はありえません。しかし、気候を安定させるためには、二酸化炭素を減らし、それを元の場所に戻す必要があります。気候危機を逆転させる唯一効果的でタイムリーな方法は、人間も生物も、生きとし生けるものすべての生命を 再 生 _{リジェネレーション}することです。これは、最も魅力的で、繁栄をもたらし、インクルーシヴ*な方法でもあります。生物の衰退により、私たちは想像もできなかったような危機の崖っぷちに立たされています。地球の温暖化を逆転させるためには、

*包括的・包摂的・すべてを含む

地球の衰退を逆転させる必要があります。

　私たちの経済システム、投資、政策は、世界の衰退をもたらすこともできれば、再生をもたらすこともできます。私たちは未来を奪っているか、あるいは未来を修復しているかのどちらかです。現在の経済システムを一言で言うと、「搾り取る」です。私たちは、取って、せき止めて、隷属させて、搾取して、フラッキングして、掘削して、汚染して、燃やして、伐採して、殺します。経済は、人々と環境を食い物にしています。いま衰退をもたらしている原因は、無頓着、無関心、強欲、無知です。気候変動は人々に、「地球を救う」か、それとも自分たちの幸せや健康や繁栄か、で選択せざるをえないような気にさせているかもしれません。しかしまるで違います。再生は、世界を生き返らせるだけでなく、私たち1人ひとりを生き返らせることでもあるのです。再生には、意義があり見通しもあります。信念と思いやりの表出です。想像力と創造性を伴います。インクルーシヴで、人を引きつけ、寛大です。そして、誰もが行なえることなのです。森林、土壌、農地、海洋を回復させます。都市を変え、手頃な価格で環境に配慮した家を建て、土壌侵食を逆転させ、劣化した土地を回復させ、僻地に電気を供給します。地球規模の再生は、生計手段を生みます。人々を活気づけ、人々を生き返らせる仕事や、お互いのウェルビーイングに貢献できる仕事を生み出すことができるのです。貧困から抜け出す道筋を提供し、人々に意味や、コミュニティとの価値ある関わり、生活できるだけの賃金、尊厳と敬意ある未来を与えます。

　2020年12月、「気候変動に関する政府間パネル（IPCC）」の第6次評価報告書の主執筆者、英ロンドンのグランサム研究所のジョエリ・ロゲリ博士は、注目すべき発言を行ないました。「もし二酸化炭素の排出量をネット・ゼロまで減らせば、気温上昇は横ばいになるだろうというのが私たちの最良の理解である。10～20年のうちに気候は安定化するだろう。さらなる温暖化はまったく起きないか、起きてもほんのわずかだろう。私たちの最良推定値はゼロだ」。これは、科学的合意に著しい変化をもたらすものでした。何十年もの間、炭素の排出を止めることができたとしても、温暖化の勢いはその後何世紀も続くだろうと想定されていたのです。それは間違いでした。気候科学でいま示されているのは、炭素排出量ゼロを達成したら、地球温暖化は弱まり始めるだろうということです。

　いまは歴史の重大な分岐点です。気温が上昇している地球は、私たちのコモンズ（共有地）です。地球が私たちみんなを支えています。気候危機に対処し逆転させるには、つながりと互恵主義が求められます。安全地帯から一歩踏み出し、自分たちが持っていると思ってもみなかった深い勇気を見い出すことが求められています。誰かほかの人を悪者に

して自分は正しくあろうという意味ではありません。敬意をもって熱心に耳を傾け、私たちをほかの生命やお互いから引き離したほころびを縫い合わせることを意味します。それは希望を意味するわけではなく、また絶望も意味しません。恐れ知らずの勇気ある行動です。私たちは、驚くべき決定的瞬間を生み出したのです。気候危機は、科学の問題ではありません。人間の問題です。世界を変える究極の力は、技術にあるわけではありません。それは、私たち自身、すべての人々、すべての生き物に対する畏敬や尊敬、思いやりにかかっています。これが「再生」です。

カルラ国立公園にある小さな森の湖面に映る空。エストニア南部、ヴァルガマー郡

1人ひとりの力　Agency

　気候危機は、地球が温暖化することではありません。科学者を不安にさせるのは、「温暖化が地球上の生き物に何をするか」です。気温や海流が変化し、極地の氷が融解すれば、急速に転換点に向かい、多方面で暴走的な破壊を引き起こしかねません。生じる損失の1つに、熱帯で干ばつの頻度が増すことが挙げられ、これにより世界の熱帯雨林が火災の発生しやすいサバンナに変わることが考えられます。海洋循環の変化は、世界中の天気や農業を劇的に変えるでしょう。火災や病害虫の急増は、北方林の崩壊をもたらしかねません。海水の温度上昇と酸性化は、世界のサンゴ礁すべてを死滅させるかもしれません。南極のスウェイツ氷河の融解が加速すれば、海水面が約1メートル上昇するでしょう。北極の永久凍土が融解すれば、古代から貯留されている二酸化炭素とメタンが大量に放出されるでしょう。気候が温暖になって、このような事象が家族や都市、経済、会社、食料、政治、子どもたちにどのような影響を及ぼすかを想像するのは、理解不能とまでは言わないにしても、困難なことです。しかし、北極の融解の影響を直接かつ急速に受けている20以上の北極圏の文化にとって、それを想像するのは困難ではありません。イヌイット族、ユピック族、チュクチ族、アレウト族、サーミ族、ネネツ族、アサバスカ族、グウィッチン族、カラーリット族。1万年以上その土地に根づいてきた文化です。

　気候予測は、正確ではあるかもしれませんが、別の種類の転換点である一連の事象をわかりづらくしかねません。それらの数多くの小さな変化や、深刻で重要な事態そのものが、人々を恐れで受け身にするのではなく、動かし行動へと導くのです。こうした行動が、気候危機を遅らせ、未然に防ぎ、事態を一変させます。気候危機に終止符を打つというのは、2030年までに正しい速度で正しい方向に向かっている社会をつくることであり、正しい速度とは、2050年までに排出量がネット・ゼロになるような変化を指します。すなわち、2030年までに排出量を半減させた後、2040年にはさらに半減させるのです。何万にものぼる組織、教師、企業、建築家、農家、先住民の文化、先住民のリーダーが、何をすべきかを知っており、積極的に実行に移しています。現在の気候活動の発展は目を見張るばかりですが、それでもまだ世界のごく一部で起きているにすぎません。何億人もの人々が、力をもっていること、行動を起こせること、協力すれば制御不能な地球温暖化を未然に防げることを認識する必要があります。

　気候危機を回避できる主体は、この文章を読んでいるあなたです。と言うと、論理的にナンセンスのように思えます。確かに、地球温暖化の世界的な推進力や勢いを阻止するには、個人は無力です。もし過去にあった組織がそれを私たちのためにやるべきだ、あるいはやるだろうという前提に立つなら、それはもっともな結論です。気候危機の解決のカギを握るのは個人のふるまいなのか、それとも

政府の政策なのか、という論争がありますが、そんな論争をすべきではありません。上から下まで社会のあらゆるセクター、そして間にあるすべても、関わる必要があります。

　自分のカーボンフットプリント*を計算することは興味と関心をそそりますが、「再生」<ruby>リジェネレーション</ruby>にはもっと広範にわたる別のやり方が求められます。なぜなら、個人が1人で存在することなどないからです。あなたが一個人であると考えることは、自己認識です。個人として存在するということは、人間界や生物界と継続的、機能的、かつ密接につながっているということです。私たち1人ひとりが大勢集まってネットワークを形成しているのです。私たちは、それぞれ別のスキルと可能性を持っています。たとえば、分かち合うこと、投票すること、デモすること、教えること、保全すること。そして、リーダーや都市、企業、隣人、同僚、政府が気づいて、行動を起こせるように手を貸す、さまざまな手段があります。

　ご自分が専門家ではないことが気になりますか？　たいていの人が専門家ではありません。しかし、私たちは十分に理解しています。温室効果ガスがどのように作用して地球を温暖化させるのか知っていますし、気候の変化はより大きくなり、異常気象が増えているのを目の当たりにしています。炭素の主な排出源もわかっています。望んでいるのは、安定した気候、食料の安定供給、きれいな水、きれいな空気、そして何世代も先まで永遠に続

く未来です。文化、家族、コミュニティ、住む土地、職業、スキルは、人によって異なります。どのような状況に置かれているかも違います。あなたが自分の知識を生かして、いまここで何をするのがいいのか、あなた以上にわかる人はいないでしょう。

　とはいえ、気候危機を解決することは、いわば不自然な行動です。人類にはそれを行なう準備が整っていません。そのようには私たちの意識が働かないのです。私たちの未来に脅威があるという考えは、抽象的で概念的です。気候変動と「戦う」「闘う」といった戦争の比喩も、しっくりきません。「これから30年のうちに気候変動の緩和が進むぞ、いよいよ『ネット・ゼロ』になるぞ」と朝ワクワクして目覚める人がいるでしょうか。気候に関するニュースの見出しなど気にもとめない人がほとんどです。それには理由があります。遠くの難問ではなく、目下の難問に注目する人が、圧倒的多数なのです。2050年ではなく、現在の生活に影響する障害に目が行くのです。一方で、人間は一丸となって問題を解決することに、とりわけすぐれています。今にも襲って来そうなサイクロンや洪水、ハリケーンといった差し迫った脅威があれば、私たちはそのすべてを乗り越えます。気候危機を終わらせるために人類の大部分を巻き込んでいくなら、今までの常識とは異なる方法をとる必要があります。地球温暖化を逆転するために、想像上の暗黒の未来を訴えるのではなく、現在の人々のニーズに訴える必要が

あるのです。

人々の注目を集めたければ、注目を浴びつつあると人々に感じさせる必要があります。地球温暖化の脅威から世界を守りたければ、守る価値のある世界をつくらねばなりません。子どもたちや貧しい人々、疎外された人々のために力を尽くさなければ、気候危機に対処していることにはならないのです。基本的人権や物質的なニーズが満たされなければ、危機を阻止しようとする取り組みは失敗に終わるでしょう。個人や家族に対する恩恵が時期を逃さず積み重なっていかなければ、別のことに目を奪われてしまうでしょう。人々のニーズと生態系のニーズが、対立する優先事項として示されることがよくあります。たとえば「生物多様性」対「貧困」、あるいは「森林」対「飢餓」といった具合です。ところが実際には、人間社会の運命と自然界の運命は、まったく同じではなくとも、密接に絡み合っています。社会的正義は、緊急事態より軽い存在ではありません。不公正こそが原因です。すべての幼い子どもに教育を与えること、すべての人に持続可能なエネルギーを供給すること、食料廃棄と飢餓をなくすこと、ジェンダー平等や経済的正義や機会均等を確保すること、私たちの責任を認識すること、これまでの不公正に対して世界の無数のコミュニティに償いをすること──まだまだほかにもありますが、このようなことが、貧富を問わず中間層も含めた全人類にとって、潮目を変えられる取り組みのまさに中核にあります。

気候危機が逆転されるというのは、成果物です。人間の健康や安全保障やウェルビーイング、さらに生物界、そして正義を再生することが、目的となります。

このためには、世界規模で、集合的で、献身的な取り組みが必要です。この集団は、組織のトップから生じるものではありません。1人の人から始まって、そこに別の人が加わります。目には見えない社会的な空間で、コミットメントと行動が合わさり、まとまって、ペア、グループ、チーム、運動になっていくのです。端的に言えば、誰も助けに来てくれないのです。私たちがじっと考えながら待っている間に問題を解決してくれるような専門家グループはいません。地球上にある最も複雑で抜本的な気候技術は、人間の心であり、頭であり、精神です。ソーラーパネルではありません。私たちは気候の非常事態のどん底に立っていると同時に、注目すべき別の出発点に立っています。気候変動について理解し目覚めるスピードは、指数関数的に高まっており、うなぎのぼりともいえます。気候変動は、概念的ではなく経験的になってきています。天候の破壊力がかつてないほど増し、認識や懸念が高まるなか、気候危機を逆転させようとする運動は人類史上最大の運動になりそうです。この瞬間を生むまでに、何十年もかかりました。

自分が行動を起こしていてもほかの人が行動していなければ、ほとんど意味がないのではないかと心配になるのは当然です。地球の

側から見れば、気候変動の否定論者と、問題を理解しつつも何も行動していない人とでは、何ら変わりありません。人間が変わる一番の要因は、周囲の人が変わるときです。スタンフォード大学の神経科学者アンドリュー・ヒューバーマンの研究は、私たちが行なうことや行なえることを決めるのは信念だという考えを覆しました。逆でした。信念が、私たちの行動を変えるのではありません。行動が、信念を変えるのです。あなたは変化をもたらすためにできることは何もないと思っていますか？──論理的です。あなたは未来を恐れていますか？──理解できます。あなたは気候変動にストレスを感じていますか？──理にかなっています。でもストレスは、行動を起こすべきだという脳からのメッセージです。ストレスは合図であり、何かすべきだと促しているのです。行動を起こすことであなたの信念が変わるだけでなく、あなたが行動を起こすことでほかの人の信念も変わります。

花や蜜をたくさん見つけたミツバチの偵察バチは、巣に戻り、入口のところで象徴的な8の字ダンスをします。このダンスは、花が咲いている草木の正確な方向や距離を伝えています。ダンスが激しいほど、蜜がたくさんあることを表します。ダンスを見た働きバチは、必要な情報を受け取り、蜜のある場所へまっすぐ飛んでいきます。人類は今こそ、知識や場所や決意を伝える8の字ダンスを生み出すべきです。歴史の中の現時点を、「私たちは、教師たる地球からホームスクールを受けているのだ」と見ることもできます。本書は、その教えを映し出そうとするものです。

　　　　　　　　　　──ポール・ホーケン

伝統的な知識と科学技術の融合を提唱するヒンドゥ・ウマル・イブラヒムは、地球の未来に影響を与える政策や実践を形成するうえで、先住民族の女性の役割を高める活動を行なっている

本書の使い方　How to Use This Book

　本書『リジェネレーション 再生』の目的は、今の世代で気候危機を終わらせることです。危機を終わらせるといっても、地球温暖化逆転への挑戦が完結するわけではありません。それは100年にわたる取り組みです。危機を終わらせるとは、人類の集団行動により、2030年までに温室効果ガスの総排出量を45〜50％削減することを意味します。本書執筆の時点では、排出量は逆に増加しています。

　本書とそのウェブサイトは、IPCCが2018年10月に出版した特別報告書『1.5℃の地球温暖化』にまとめられた目標を達成するための道筋を描いています。この特別報告書は、世界の気温上昇が1.5℃を超えないようにするために、世界の温室効果ガス排出量を2030年までに2010年比で45〜50％削減することを求めています。危機に関して一番よく聞かれる質問は、「私は何をすべきか？」です。どうすれば、ある人や組織が、気候非常事態に対して最短の時間で最大の影響をもたらせるのでしょう？　たいていの人が何をすればいいかわかっていませんし、あるいは自分にできることなんてたかが知れていると思っているかもしれません。しかし、私たちは違う見方をしています。

　気候変動を逆転させるための私たちのアプローチは、ほかで出されている提案とは異なります。私たちは、「再生」という考えに基づいています。ほかの戦略や計画に反対するわけではありません。それどころか、すべてのアプローチに称賛と感謝の意を送ります。

　私たちが心配しているのはシンプルに、世界のほとんどの人がいまだに関わっていないということです。求められるのは、人類の大多数を巻き込みながら前へ進む道です。再生は、気候変動と闘ったり緩和したりするのに比べて、インクルーシヴで効果的な戦略です。再生は、創造し、構築し、修復します。再生は、生命がずっと行なってきたことです。私たちは生命です。そこに着目します。再生は、私たちがどのように生き、何をするかを含むものであり、あらゆる場所で行なわれます。

　本書の最終章は「行動＋つながり」です。そこでは、本書に詳しく述べる解決策を拡大し成長させれば、気候科学者やIPCCの設定した目標を達成できることを示しています。紹介する解決策はすべて、実行可能で現実的です。必要なのは1つだけ——幅広い参加です。もしよければ、本書の最後から先に読んでいただいてもよいでしょう。

枠組み　以下に挙げるのが、気候危機を解決する行動の6つの基本的な枠組みです。多くの点で重なり合っていますが、各カテゴリーに、複数レベルの発見と、イノベーション、ブレークスルーがあります。「行動＋つながり」の章は、人々やコミュニティ、企業、ご近所、地方自治体、学校、団体、国が変化を生み出せるような、ひらめきに富んだ効果的な方法に結びつきます。いま私たちが前に進めない原因は、解決策がないせいではありません。何ができるかという想像力がないせい

　　　　＊本書では1ドル111円で換算（2021年7月1日時点）

なのです。あなたが悲観的になっていたり敗北感にさいなまれていたりするなら、本書をすべて、いや一部でも読んでみてください。そのあと、最後のセクションを見てください。考えが変わるかもしれません。

公平性 最初に挙げるのはこれです。なぜなら、すべてを包含するからです。行なうべきすべてのことに、公平性を吹き込まなければなりません。公平性は、社会システムに関わります。互いをどのように扱い、自分自身をどのように扱い、生物界をどのように扱うか。地球は、瞬く間に変容しました。気候危機を変容させようとするなら、自らも一瞬で変容すべきです。時間が重要です。社会システムに対しても、生態系と同じレベルのケア、注意、優しさが必要です。両者は比較はできませんが、分けて考えることもできません。私たちが、違う文化や信仰や肌の色の人々に対して行なう暴力、不公正、無礼、危害が、そのまま環境の状態に反映されます。ジェーン・グドールが「はじめに」で指摘したように、人々がより良い暮らしを生み出すのを助けることで、森林や生物種を救うのです。

削減 世界の温室効果ガス排出量を逆転させる一番の方法は単純です。大気中に排出するのを止めればいいのです。これは一番難しいことでもありますが、最大の経済的チャンスでもあります。炭素を排出する化石燃料の消費量は驚くほどです。世界は毎日、石油を1億バレル、石炭2,100万トン、天然ガス100億立方メートルを燃やしており、合計で年に340億トンの二酸化炭素を排出しています。私たちがいま依存している石炭、天然ガス、石油を置き換えるというのは、手ごわい大仕事です。「削減」の対象には、農業、フードシステム*、森林破壊、砂漠化、生態系の破壊により排出される炭素とメタンも含まれます。風力、ソーラー、エネルギー貯蔵、マイクログリッドといった再生可能エネルギーの導入はきわめて重要で、確実に進んでいます。それほど議論されていないものの同じくらい重要なのが、エネルギーと資材の使用量の削減です。「削減」のための解決策として挙げられるのは、電気自動車、マイクロモビリティ、カーボンポジティブの建物、歩いて暮らせる都市、カーボンアーキテクチャ（木材などの炭素でできた建築物）、建物の電化、食料廃棄物の最少化、そして次のカテゴリーの「保護」です。

保護 これは、保存、確保、敬意と同義です。本書には、ポリネーター（花粉を運ぶ昆虫や鳥）や、野生生物の回廊（コリドー）、ビーバー、生息地、バイオリージョン（生命地域）、海草、野生生物の渡り、放牧地の生態系について書かれた文章が登場します。こうしたテーマは通常、気候危機の解決とは関連づけられていません。これらがどう、気候危機に最も重要な解決策の一部となりうるのでしょうか？これらは生命システムにとってきわめて重要

---

*農業・水産業から製造、小売、食生活までを1つのシステムとする概念　　　　　　　　**19**

で不可欠なものであるため、私たちは守り、強化する必要があります。陸域生態系には、地中と地上合わせて3.3兆トンの炭素が保持されています。これは大気中の炭素の約4倍に相当します。炭素は、森林、泥炭地、湿地、草地、マングローブ、塩性湿地、農地、自然放牧地にあります。それをこのまま地中や地上にとどめておく必要があります。毎年、このような各生態系の一部が劣化したり、開発されたり、転用されたり、失われたりしています。割合にすれば比較的小さいのですが、それが積み重なっていきます。生命系が壊れたり壊されたりすると、地中や地上の植物をはじめさまざまな生物が死に、二酸化炭素が排出されることになります。地球の陸域生態系の10％を失えば、その排出量により大気中の二酸化炭素が100ppmも増える可能性があります。「保護」を行なえば、生命系の健全な機能が維持され、隔離・貯留される炭素は減るどころかむしろ増えることになります。生態系を失えば、そこにすむ鳥類、爬虫類、げっ歯類、哺乳類、昆虫類、生きとし生けるものすべてがすみかを失い、絶滅の危機の一番の原因となります。逆に、森林や湿地、草地にすむ生物種を失った場合、その生態系は崩壊します。ハチドリ、スズメガ、サメは気候変動と無関係に思えるかもしれませんが、その反対です。生物多様性、人類、大地、文化、海洋、気候を分けて考えることはできないのです。

隔離　何億年も前から行なわれている自然の炭素循環があります。炭素は、大気との間で出たり入ったりしています。森林、植物、植物プランクトンは、二酸化炭素を取り込んで、酸素と炭水化物に変換します。私たちの炭素排出量のおよそ25％が海洋に吸収されて、魚類やケルプ（大型のコンブ）、クジラ、貝類、アザラシ、骨になります。しかしほとんどが炭酸に変わり、これがゆっくりと海洋生物の命を奪い、死の海をもたらします。人間が隔離を行なえる主な方法は、環境再生型農業、管理放牧、プロフォレステーション（森林再生）、新規植林、劣化した土地の回復、マングローブの植林、湿地の復元、既存の生態系の保護です。よく使われる言葉「ネット・ゼロ排出」は、目標ではありません。これは、世界が大気中の炭素を産業革命前の水準まで削減し始める出発点です。

影響力　ここには法律、規制、補助金、政策、建築基準などが含まれます。たとえば、ポリ袋の使用をやめるということがあります。使い捨てのプラスチックを禁止するほうが良いからです。私たち1人ひとりが、自らが及ぼす影響について考えて変えようと心がけると、衰退をもたらすプロセスや商品やサービスの原因・出所がどこにあるかを見抜くことになります。汚染や劣化やプラスチックの問題を川下で修正することはできません。原因は川上にあり、そこに影響力を向ける必要があります。学校や都市や会社の、調達方針や習慣

から始めることができます。企業や業界団体への手紙、メール、メッセージといった形で影響力を行使できます。市町村の議員や県議会議員、県知事、国家元首、国会議員に話をしたり手紙を送ったりすることも可能です。ボイコットや抗議行動も含みます。1人ひとりが声を上げることができます。1人ひとりの声が「私たち」になったとき、変化が起きるのです。

支援　気候、社会的正義、環境のほぼすべての分野で、高い活動能力を有し、時代を先取りし、知識とネットワークを有していて最も効果的な変化の担い手となれるような組織があります。「行動＋つながり」セクションとウェブサイト（regeneration.org）には、世界中で真の再生を行なっている組織、非常に限られたリソースで活動していることも多いリーダーや、政府や大企業がやらないような並外れた活動を行なっている人々のリストを示しています。このリストには、具体的な場所や生態系、生物種、社会的正義、食、汚染、水などが示されています。あなたが変化を起こす手助けをしたいと思う地域や分野に該当するものが、すばやく簡単に見つけられます。●

インドのタミル・ナードゥ州に生息するマダガスカルフクロウ（*Athene brama*）の幼鳥

読者のための参考情報
Reader's Reference Guide

気候変動と地球温暖化には違いがありますか？

「地球温暖化」は、大気中の温室効果ガスが増えた結果、地球の大気、陸地、海洋に熱が蓄積していくことを直接表す言葉です。「気候変動」は、もっと幅広い変化を表し、たとえば、暖まった大気に含まれる水蒸気の量が増えることなどが原因で、降雨パターンの変化、干ばつ、氷河の融解、洪水が起きることなどまで含まれます。

**これまでに地球は
どのくらい温暖化したのですか？**

2021年の平均地表温度は、産業革命前の平均温度より1.2℃高くなっていました。1980年代以降、平均温度は10年ごとに0.18℃ずつ上昇しています。

地球温暖化の予測は正確ですか？

現在の地球温暖化の度合いは、30年前に科学的に出された予測と一致しています。しかし、科学は温暖化のあらゆる影響を予測したわけではありません。極域の氷の融解や海面上昇、干ばつの悪化が進む速度は、予測よりも速まっています。

**地球温暖化のメカニズムは
いつ発見されたのですか？**

1824年にフランスの物理学者であり数学者であるジョセフ・フーリエが、大気中のガスが熱を封じ込め、大気を調節する作用があることを発見しました。1856年には米国の物理学者ユーニス・ニュートン・フットが、大気中のガスの中で一番温暖化を引き起こす可能性が高いのは二酸化炭素であることを突き止めました。1859年にアイルランドの物理学者ジョン・ティンダルが行なった

研究は、温室効果を証明したという評価を受けています。1896年にスウェーデンの科学者スヴァンテ・アレニウスは、二酸化炭素の増加の原因が主に工業にあることと、50％増加すれば地球の気温が5〜6℃上昇することを示しました。もし温室効果ガスがなければ、地球は凍った氷のような岩になり、私たちが知っているような生命は存在しないでしょう。人類文明がこれまでに経験してきた水準をはるかに超えて二酸化炭素が増加しているため、地球は実質的に複層ガラスで覆われている状態です。閉じ込められる熱が増えて、宇宙空間に逃げる熱が減っています。

**二酸化炭素などの温室効果ガスは
大気中にどのくらいあるのですか？**

大気中の二酸化炭素の量は419ppmで、産業革命前と比べて1.5倍に増えています。しかし、温室効果ガスにはほかにも、メタン、亜酸化窒素、冷媒ガスなどもあります。その筆頭が、どこにでも存在し、大きな影響力をもつメタンです。これらは、二酸化炭素と比較してどのくらい地球を温暖化させる力があるかを示す「地球温暖化係数（GWP）」に基づいて計測されます。本書ではこれらの温室効果ガスを、100年間に二酸化炭素が地球を温暖化させる力と比較したGWPを用い、「二酸化炭素換算」の単位で示します。これらの気体も二酸化炭素換算で含めると、大気中の温室効果ガスは500ppmとなり、この2,000万年以上の間に地球が経験したことのない最高濃度となります。

炭素と二酸化炭素は何が違うのですか？

炭素は元素の1つです。この炭素原子1つと酸素原子2つが結合すると二酸化炭素という気体に

なります。大気中の炭素量は二酸化炭素として測定されます。土壌や植物では、炭素だけで測定されます。炭素1トンを二酸化炭素に換算すると、3.67トンになります。

地球上にはどのくらいの炭素があるのですか?

地上および地表付近には、約1億2100万ギガトンの炭素があります。約3分の2の7,800万ギガトンが、石灰岩、堆積物、化石燃料の形で存在しています。残りの炭素のうち、4,100万ギガトンは深海や海面近くにあり、陸上には3,300ギガトン、そして二酸化炭素という気体の形で大気中にあるのはわずか885ギガトンです。

二酸化炭素1ギガトンというのは
どのくらい大きいのでしょうか?

1ギガトンは、10億トンです。もし1ギガトンの角氷をつくろうとすると、幅・奥行き・高さそれぞれ約1キロメートルの大きさになります。世界では石炭を年に7.71ギガトン燃やしており、石炭1トンから平均1.87トンの二酸化炭素が排出されるため、その二酸化炭素排出量は14.5ギガトンとなります。

温暖化を逆転させるために
何ができるのでしょうか?

地球温暖化に関してできることは3つあります。1つめに、時間をかけて正味の二酸化炭素排出量を減らし、ゼロにすべきです。2つめに、森林や湿地、草地、塩性湿地、海洋、土壌に含まれる膨大な炭素貯留を保護し、回復すべきです。そして3つめに、二酸化炭素の隔離により、炭素を大気から地球に戻すべきです。

炭素隔離とは何ですか?

炭素隔離というのは、光合成を通じて二酸化炭素を大気から取り除き、その一部を、土壌、植物、樹木に蓄えることです。植物が二酸化炭素を回収すると、空気中に酸素を放出し、炭素と水を結合して糖に変えて、植物や根やその下にいる土壌生物に養分を与えます。草地、海藻、マングローブ、森林、泥炭地など事実上すべての生態系が、盛んに炭素を隔離しています。ダイレクトエアキャプチャー(二酸化炭素の直接空気回収)など、炭素の人工的な隔離方法も開発中ですが、このような技術が大規模に実用化され安価になるかどうかを見極めるには時期尚早です。

パリ協定とは何ですか?

世界の主要都市で毎年開催される国連気候変動枠組条約締約国会議(COP)で、制御不能な地球温暖化を未然に防ぐための行動が議論されてきました。パリで開催されたCOP21から1年後の2016年に、締約国191カ国が地球温暖化を1.5℃未満に抑えるために排出量削減を約束する協定が発効しました。これがパリ協定です。

パリ協定に関して、
世界はいまどのような状況にありますか?

署名した191カ国のうち、もともとの2℃目標に合致した約束をした国は8カ国のみでした。さらに、1.5℃に抑えることに整合した目標を掲げている国は、モロッコとガンビアのわずか2カ国です。G7諸国(米国、カナダ、フランス、ドイツ、イタリア、日本、英国)の中で、パリ協定に合致した目標を設定するに至った国はありません。

Oceans
海洋

海洋は、人間活動が地球に及ぼす影響を最も受けていますが、最も話題にされていません。人口の10%が直接漁業に頼り、さらに30億人がタンパク源の少なくとも20%を海に依存しています。それなのに、海洋が地球温暖化とひどい汚染のせいで、どれほど急速に変化しているかに気づいている人はほとんどいません。

海洋は、温暖化や酸性化、略奪的な乱獲、化学物質やプラスチックによる野放しの汚染の影響を受けて、劣化し始めています。海洋は、地球上で最大の炭素吸収源です。陸地の12倍、大気中の45倍の炭素を蓄えています。海洋は大気の温室効果の増加による加熱量の93%、二酸化炭素排出量の25%を吸収しています。そのために、海水温の上昇と海水の酸性化（大気中の二酸化炭素が海水に溶け込んだためにpH値が下がること）が生じています。酸性化が起きると、水中の炭酸イオンが減少します。海洋が炭素を隔離するために欠かせない一部の植物プランクトン種など、多くの生物が殻を形成する際に炭酸イオンが必要なのに、です。海洋が今後も炭素と熱の吸収源であり続ける許容量は、限界に達してきています。熱波が世界中の水域で発生し、広範囲にわたって過去最高温度を更新しています。米カリフォルニア州沿岸部から西に広がる海域（カナダの国土面積に相当する広さ）では2020年、水温が平年に比べて最大で約4℃高くなっていました。海水温の上昇は、エサになる魚の個体数を大幅に減少させ、海鳥や海洋哺乳類の集団座礁*を引き起こしかねません。また、大規模なサンゴ白化や植物プランクトンの分布域の変化も引き起こす可能性があります。

海洋は、汚染物質の最大の「貯蔵庫」となっています。海洋プラスチック汚染の80%が陸上に由来します。残りが、海運、漁業、掘削、直接の投棄などにより、海で発生したものです。沿岸水域は何千ものさまざまなタイプの物質に汚染されています。たとえば工業用化学品、石油・フラッキング廃棄物、農業排水、農薬、医薬品、未処理の下水・下水処理水、重金属、都市流出水に含まれるポイ捨てごみなどです。年に最大1,200万トンのプラスチックごみが海洋に入り込んでおり、その短期的・長期的な影響の全容を把握する取り組みはまだ始まったばかりです。

海洋と大気を分けて考えることはできません。水温が低くて二酸化炭素の溶存量が多い極域では、ほかの海域よりも塩分が多く、密度が高いという特徴もあります。「深層水形成」と呼ばれるプロセスを通じて、二酸化炭素が多く含まれる高密度の水は、海洋の一番深いところまで沈み込んでいくことができ、その水とそこに溶け込んだ二酸化炭素は、海の底層で海流の力によって海洋の隅々にまで運ばれていきます。海流の中は、二酸化炭素を消費し、循環させ、最終的に隔離するような、互いにつながり合った生命に満ちあふれています。二酸化炭素を最初に消費するのは、海面近くの植物プランクトンです。このごく小さな植物は、光合成プロセスにより、太陽光を使って水と二酸化炭素を結合させ、複雑な海の食物網*の土台をつくります。植物プランクトンは、微細な動物プランクトンからエビ、魚類まであらゆるもののエサとなります。小さい動物がより大きい動物に食べられ、海の中で生物を通じて炭素が循環しています。

すべての海洋生物種には炭素が含まれていますが、なかでも植物プランクトンは際立っています。植物プランクトンは、世界全体で5〜24億トンの炭素を固定しています。木や草などすべての陸上植物で隔離される二酸化炭素の合計に、ほぼ匹敵します。ほとんどの植物プランクトンが捕食されますが、少量

*クジラやイルカなど海洋生物が海辺に打ち上げられる現象 　　*食う食われる種間関係。食物連鎖 　　25

ながらも一部分が死骸となって沈み、海底の堆積物として長期的に隔離された炭素に加わります。植物プランクトンおよび数種の微小動物は、サイズは小さいものの、深海への炭素の輸送をほぼすべて担っています。炭素はこうして、海洋と大気中から長期的に除去されることになります。

　海洋動物は、海洋の炭素循環できわめて重要な役割を果たします。体内に蓄えられた炭素を呼吸や排泄で、そして死んだ後に放出するのです。クジラなど一部の生物種は、大量の炭素を体内に蓄積し、死ぬと最終的に深海に沈みます。それに加えて、このような大型動物がフンをすると、植物プランクトンをはじめとする食物連鎖の底辺にいる小動物に養分と炭素を与えます。そうして、水中と大気中からのさらなる炭素除去を促し、海洋の生命の循環を広げることになります。

　海洋に関心が向けられるとき、そのほとんどが保護に関すること、つまり年々進む劣化や汚染や酸性化をどう防ぐかです。この「海洋」セクションでは、海洋を保護して再生し、なおかつ人間のニーズも満たせるような方法を探ります。海洋は地表の70％を占めるため、可能性は膨大にあるとともに、地球規模にわたります。重要な第1歩は、海洋をごみ捨て場として使うのを止めることです。

　そして第2に、海洋保護区を創設することです。その海域では、漁業や鉱業、掘削といった搾取行為を行なわないようにするのです。重要な海域に手を付けないようにすると、その保護区内だけでなく、周辺海域まで広く漁場が回復します。人間の干渉を減らすことで、ゆくゆくはもっと多くの魚、ケルプ、植物プランクトン、貝が生息できるようになります。なぜなら、海洋にもともと備わっている再生能力が、じゃまされずに発揮できるようになるからです。また、養殖業者や管理人として、

人々が海に戻り、海洋生態系と相互に作用し合って再生させる動きも活発になっています。このやり方なら、炭素を隔離するだけでなく、沿岸域を回復させながら、何十億もの人々に食べ物をもたらすことができるのです。●

海洋保護区
Marine Protected Areas

何千年も前から先住民は、豊かな海とともに暮らし、豊かな海に頼って生きてきました。太平洋諸島の文化は、健全なサンゴ礁にすむ魚の群れに頼ってきました。米カリフォルニア州チャンネル諸島のチュマシュ族は豊富なアワビを食べ、米アラスカ州のアレウト族はベーリング海の海洋哺乳類を食べて生きていました。カリブ海に最初にスペイン人入植者がやって来たとき、非常に多くのウミガメが泳いでいて、木造の船体にぶつかってきたといいます。船長たちは、そのドスンという音を、危険なものとして航海日誌に記録していました。「船は、ウミガメに乗り上げるように思えた。まるでカメの中に浮かんでいるようだった」と、1494年のコロンブスの2度目の航海で、アンドレス・ベルナルデスが記しています。1497年にヴェネツィアの探検家ジョン・カボットが、カナダの、後にグランドバンクスと呼ばれるようになった場所のはずれで魚を釣ったときの話も残っています。船員たちが石の重りを乗せた藤のかごを海中へ落とし、引き上げると、そこにはタラがピチピチと跳ねていたそうです。オランダ人がニューヨークに最初にやって来たとき、そこは巨大なカキ礁で守られていました。20世紀初頭までカキは、チェサピーク湾内のすべての水を1週間でろ過し、きれいにしていました。今ではカキはほとんどいなくなり、肥料の流出や養豚場からの廃水で水が汚染され、チェサピーク湾は有毒物質だらけです。米ルイジアナ州ニューオーリンズ市では、その南側で塩性湿地がハリケーンの影響を押しとどめていました。南アジア全域

で、マングローブが津波の襲来を妨げていました。豪クイーンズランド州の沖合にあるリザード島から、カリブ海南部のボネール島に至るまで、雪花石膏のようなサンゴの砦が、浅地にある都市に強固な生態系をつくっていました。今ではカメやタラ、サンゴがいなくなり、被害を受け、姿を消しつつあります。休日に、シュノーケルマスクを付けた子どもがワクワクして目にする海の中の世界は、今でも素晴らしく見え、また本当に素晴らしいのですが、かつての海の様子とはかけ離れています。この現象には名前があります。「シフティング・ベースライン*」です。今日、生き生きしているように見え、素晴らしいと思えるものは、かつて欧州人入植者たちが息を飲むほどの衝撃で目の当たりにしたものとは比べ物になりません。先住民がかつて知っていて、その恵みを享受し、持続可能な形で収穫してきたものとも、まるっきり違います。このことは、「普通」の気候とはどのようなものかについての認識にも当てはまります。

「海洋保護区」は、地球上の海洋や沿岸部に広がる素晴らしい大自然を保護するものです。また、外洋であれ沿岸域であれ、劣化した海域や魚介類が乱獲された海域の再生も行ないます。海洋保護区は、生物多様性を高め、回復させます。サメから海草まで、多種多様な生物種や生態系が生き生きと混在するのです。海洋保護区がうまく設計されて施行されれば、人間の都市を高潮、ハリケーン、海面上昇から保護する役割を果たします。海洋自体もさらに酸性化が進まないように守られることになります。おそらく現状で一番重要な

*新しい基準が当たり前と思えるようになること

のは、保護区内の動植物が炭素を取り込み、何百年にもわたってそれを貯めておく働きをすることです。

　すべての海洋保護区が同じようにつくられているわけではありません。なかには、「スピルオーバー効果」と呼ばれる、境界線の外で魚の個体数を増やすように設計されたものもあります。また、炭素を取り込んで貯留しておくためのものもあり、これはたいてい沿岸域に設置されます。海岸線に近い沿岸域（グリーンオーシャンと呼ばれます）の海洋保護区と、公海（ブルーオーシャン）でつくられるものには、違いがあります。科学者たちは

大規模な実験の結果、もし2030年までに地球上の海洋の30％を保護できれば──「30 by 30」（30年までに30％）アプローチと呼ばれます──魚が減るどころか増えて、二酸化炭素が減って隔離され、植物プランクトンのおかげで酸素レベルが上昇して、私たち陸上生物に恩恵をもたらすと結論づけました（私たちの吸い込む酸素の半分が、危険にさらされている海洋で発生したものです）。

　海洋や沿岸水路に公園をつくるという考えは、スタートが遅れました。海域を保護する動きがまとまったのは、1966年になってからです。先住民は、コミュニティによる海洋

シンプルかつ大胆であり、激しい議論を巻き起こしました。しかし、うまくいきました。アワビや太平洋イワシは、もうどうにもならないところまで生態系のベースラインがシフトしていたため、元通りにはなりませんでした。しかし、ほかの魚種では、両岸の海洋保護区で魚卵、稚魚、幼魚が増えました。そして漁師が驚いたことに——そのほぼ全員が保護区に反対していたわけですが——保護区の外でも漁場が改善されたのです。大幅な改善が見られることも多々ありました。保護区の外および国の領海の中で、刺し網漁や延縄漁などの漁法を違法化し、見境のない漁法に直接対処したことでも、同じような改善が起きました。

　海洋保護区が成功した要因は何でしょうか？　第1に「保護」です。完全な禁漁区にすることです。もし漁業や採取が許されたら、生態系が弱まり、崩壊することさえあります。サメやラッコなどのキーストーン種*の保護は、バランスと秩序を確立するのに役立ちます。いま外洋は、漁を行なえるリソースをもっている者、主に中国の大型漁船が根こそぎ魚を捕り尽くす無法の共有地となっています。それに加えて、厳格な保護を行なわなければ、海岸に近い保護区は密漁者の格好の標的となります。大型の漁船の数を減らし、監視しなければなりません。ベストプラクティスを励行させるのです。富裕国の保護区は、資金が手に入り、強力なガバナンスがあるため、比較的簡単に保護できる傾向にあります。村や地域のタンパク源のほとんどが乱獲されている国では、別の収入源を開発すれば、持続可

資源管理を、何千年とまではいかなくても、何百年も前から行なってきています。ハワイでは「カプ」、パラオでは「ブル」などと呼ばれるこうした制限は、特定の季節に特定の魚の漁獲に対して課され、健全な魚の個体数を維持してコミュニティの持続に資するようにしていました。しかし21世紀初頭までには、大型の捕食魚の約90％が世界の海から姿を消し、魚種資源の30％が乱獲されて生物学的に持続不可能なレベルになりました。「禁漁区」、つまり漁業も貝類採取も工業利用もすべて禁止する（たとえばケルプの収穫や砂の採掘なども行なわない）という考えは、

海辺の小さな洞窟に群がるハワイのアオウミガメ（*Chelonia mydas*）が夕日を浴びている。海岸での休息は、ハワイやエクアドルのガラパゴス諸島を除き、ウミガメにとっては珍しい行動だ

*ある生態系において、少ない個体数でも、生態系全体に大きな影響を与える生物種（P105参照）

能性の回復に役立てることができます。たとえばメキシコの太平洋岸にある小さなカボ・プルモ保護区では、地元漁師が禁漁区を設置するように政府に請願しました。これが見事な成功を収めています。保護区内の魚が重量で4倍以上に増えるとともに、保護区の外でも漁場が大幅に改善されました。多くの市民が、保護区や海岸でパトロールや管理を行なう職も得ました。アフリカのパークレンジャーのようなものです。観光業が躍進しました。このような地元の賛同とステークホルダー（利害関係者）の関与は、フィリピンからガボンに至る世界各地で、きわめて重要な役割を果たしています。

第2に、「規模」が重要です。100平方キロメートルよりも大きい保護区が成功しているといえます。なぜなら、小さい保護区（政治的な意図のもと、やっているふりをするために設置されることも多い）の場合、魚、幼魚、稚魚が保護区からその外にすぐ出て行ってしまいがちだからです。深海や砂地に囲まれていれば、なお良しです。

第3に、回復には「時間」が必要です。最もよく挙げられる回復期間は10年です。海洋保護区は、海水をアルカリ性にしてそれを広げるのに役立ちます。これは、主に大気中の二酸化炭素によって起きる酸性化の影響を和らげます。地球上で最も数が多い脊椎動物は、「中深層」と呼ばれる水深200〜1,000メートルの中層に生息している魚類です。ここにすむ魚は、日中は捕食者を避けるためにこの範囲内の下の方にいて、夜になると一斉に海面へ上がってきてプランクトンなどの小型生物を食べます。そして、海の深いところでアルカリ性の胃でエサを消化しますが、海面に上がってきてから炭酸カルシウムの結晶（方解石）のフンをします。それによって海水面の酸性度を中和します。科学者はこれを

「アルカリポンプ」あるいは「生物ポンプ」と呼びます。外洋で操業する工業型の漁船はいま、獲り尽くしてしまったほかの魚種資源の代わりに、膨大にいるこのような魚に目を向けています。もし外洋に海洋保護区が設置されれば、このような魚は酸性化の緩和に役立ち続けるでしょう。これは、複雑で魅力的で、ほとんど魔法のような考え方です。何十億匹もの小魚が調整しているこのアルカリポンプは、ほとんどの人がその存在すら知らないでしょうが、この地球の海洋のpH値を調整するのに役立っているのです。

第4に、海洋保護区は「炭素」を大幅に減らします。「ジャイアントケルプ」と呼ばれるオオウキモ（Macrocystis pyrifera）以上によく炭素を隔離するものはありません。ジャイアントケルプというのは、私たちが自然の特集番組で目にするような、高くそびえ立つ褐藻類です。波でゆらゆらと揺れる茎状部の間をアザラシが跳ね回り、鮮やかなオレンジ色のスズメダイを石の隙間へ追いやる様子を見たことがあるでしょう。ケルプはあっという間に生長し、あっという間に死ぬのです。ジャイアントケルプは理想的な条件下では、1日に約60センチメートル生長することもあります。海洋保護区は、沿岸の海草藻場も守ります。海草藻場は、世界の海洋の0.1%未満ですが、1年間に海洋堆積物に貯められる炭素の約10%を隔離しています。沿岸のマングローブが隔離する炭素は、同じ面積の熱帯林の2倍にあたります。私たちは、砂の浚渫や、開発、石油と天然ガスのパイプ敷設、エビの養殖、鉱業を阻止する必要があります。このすべてが、大量の炭素を貯留して減らしてくれるマングローブやカキ礁、塩性湿地、海草藻場、ケルプを破壊するからです。

公海で漁獲される魚介類は、養殖を含めた海産物の総生産量の2.4%未満です。世界の

海での総漁獲量のわずか4.2％しかありません。具体的にはマグロ、メロ（マジェランアイナメ）、カジキなどで、ほぼすべてが日本や米国や欧州のような、食料が確保された国の高級品市場に並ぶ運命にあります。こうした魚はほとんどが、中国や台湾、日本、韓国、スペインの、手厚い補助を受けた漁船団に漁獲されます。漁船団は、大量に化石燃料を燃やして、獲物のいるところにたどり着きます。もし公海での漁業を禁止すれば、沿岸部に近い海域でその分以上に漁獲量が増加するであろうことを示す、良いデータもあります。

海洋保護区の価値がだんだん理解されるようになり、保護された海域の割合は、2000年に0.7％だったのが、2020年には制定済みあるいは提案されているものも含めると約5〜7％へと10倍に増えています（ただし、陸域で保護区が占める割合は15％）。海洋保護区は1万5000カ所以上にのぼり、面積は北米と同じぐらいです。米国最大の保護区は、ハワイ諸島の北西に位置するパパハナウモクアケア海洋ナショナル・モニュメントです。151万平方キロメートルに及び、同国内の陸上の国立公園をすべて足し合わせたよりも広い面積です。手つかずのサンゴ礁と、島々の間の深海を保護しています。世界最大級の海洋保護区であるフェニックス諸島保護地域は、キリバス共和国に設置されました。毎年、パラオ、フランス、アルゼンチン、チリ、ペルー、ガボンといった国が、次々に手を上げています。海洋学者エンリック・サラが創設した「原始の海」プロジェクトが発端となることもよくあります。サラは、スクリップス研究所の教授を務めていたとき、自分の書く科学論文が事実上、海の死亡記事だと気づきました。彼は研究所をやめ、ナショナルジオグラフィック協会の支援を受けて「原始の海」を立ち上げました。これにより、約500万平方

キロメートル以上の海が、保護されて人の手が入らないまま残されることとなりました。海洋保護区1つひとつに、独自の具体的な保全目標が設定されています。効果を評価する際に使われる尺度の1つが、完全に保護された保護区内に存在する魚類と海洋生物の生物量です。

海洋保護区は、炭素を隔離し、世界の海岸線の保護と改善に役立つ、ローテクで費用対効果の高い戦略です。世界の60万キロメートルの海岸線に、人類の3分の1が住んでいます。2030年までに海洋の30％を保護する目標は、「三方良し」となります。すなわち、増加している世界人口の食料となる天然魚が増えること。生物多様性が回復し、気候変動に対するレジリエンスが生まれること。そして、炭素が固定されることです。●

海中植林
Seaforestation

ス キューバダイビングの装備を身に付けて、米カリフォルニア州モントレー湾沿岸の岩場を潜ってみましょう。光が届くのは、水深わずか1メートルほどまで。そこはもう、シダのような形をしたジャイアントケルプの葉の陰。葉がゆったりと揺れるおかげで、潮の流れが和らいでいます。葉は、長さ30メートルの茎状部から枝分かれしています。この茎状部は、陸地でいう木の幹にあたる部分です。ダイビングマスクごしに、海底から空までを結ぶ擦り切れたロープのように見えます。

海は、アマゾンの最も緑豊かな地域をも上回る速さで、炭素を海中林に変えることができます。ジャイアントケルプは、海中林を形成する褐色の「大型藻類」の一種です。大型藻類には、褐色藻類のほか、ノリや海藻サラダに使うワカメなどの紅藻類や緑藻類も含まれ、1万4000種あります。健全な大型藻類の林は、1年間に1平方メートルあたり約10キログラム以上の二酸化炭素を大気中から減らせます。モントレー湾のジャイアントケルプは、1日に丈が60センチメートル以上伸びることもあります。

しかし、それだけではありません。海中林で固定される炭素と、陸上の同じような森林に貯留される炭素の間には、大きな違いがあります。陸上では、葉や木が分解されることで、ゆくゆくは炭素のほとんどが大気中に戻ります。海中林では、ちょうど人間の古い肌細胞がはがれ落ちるように、有機炭素の微粒子と溶存有機炭素になります。そのため、海中林は「炭素のベルトコンベヤー」にたとえることができます。炭素を運んで、最終的に深海に沈めるのです。そうなると炭素は何百年、何千年という間（それ以上長くはないとしても）、温室効果に寄与しなくなります。結論として、海中林の面積を増やす取り組みを行なえば、その海域でこの自然のプロセスが回復し、炭素を減らせる潜在能力は、陸上で植物を育てるより大きいかもしれません。

まずは、海中の再植林から始めましょう。かつてはケルプの森だったものの今やそうではなくなってしまった場所に、ケルプの森を復活させるのです。米国西海岸の多くの場所で、人類はここ何十年かの間に続けて2度、ケルプの森の大量破壊を目にしてきました。1回目は、20世紀前半に工業型農業が広がったときに起きました。1850年代から1900年代までの米国測地測量局の地図を見ると、ケルプの最初の大量破壊は、工業型農業の隆盛と時を同じくしていました。海への流出物と沈泥が増えて、深い海域で若いケルプの成長が阻害されたのです。2回目に起きたのは、海水温が上昇したここ10年のことです。米国のアラスカ州からカリフォルニア州にかけて出現した巨大な暖水塊（「ブロブ（blob）」と呼ばれます）が、カリフォルニア沖の湧昇流を押さえつけたのです。その後、2015〜16年に観測史上最大のエルニーニョ現象が起きました。このように湧昇流が押さえつけられると、ケルプが栄養分の供給を受けられなくなります。海水温が高いと、ウニの代謝も上がります。その複合効果により、北カリフォルニアからサンタバーバラまでのケルプの森の大部分で「ウニ焼け」（ウニによる磯

焼け）が起きました。このトゲトゲの生物が、海中で木こりのようにケルプの仮根をかじり取ってしまうのです。ケルプは海底から外され、海に漂い、ゆくゆくは死んでしまいます。何十年にもわたる生態学の研究の結果、ウニを食べるラッコが姿を消したことも、ケルプの喪失に寄与したことがわかっています。

　ラッコは、イタチ科の中で一番かわいい動物ですが、ラッコには気の毒なことに、動物界で最も厚く、最もツヤのある毛皮に覆われています。1平方センチメートルの中に毛が10万本以上も生えているのです。この毛皮は非常に価値が高かったために、「柔らかい金」とも呼ばれました。1741年から1911年までの「大狩猟」時代に、強欲に探し求められました。ロシア人、スペイン人、ネイティブアメリカンのハンターによって、何十万頭ものラッコが殺され、売られました。狩猟の旅は、アラスカ沖のアリューシャン列島から、米カリフォルニア州サンタバーバラ近くの最後に残された南限地まで、太平洋沿岸を一掃しました。ラッコの個体数は、世界全体で2,000頭を下回るところまで減りました。ラッコがいなくなると、ウニの個体数が爆発的に増え、太平洋岸北西部の壮大なケルプの森が大打撃を受けました。気候の温暖化と海洋熱波で、ウニの食欲と代謝が高まったのです。

　ラッコの回復と失われたケルプの森の復元を行なうことは、保全と気候変動の観点から主たる優先事項であるべきですが、海中で再植林を行なえる候補地は限られています。ケルプは、浅い岩場の海底と、栄養豊富な冷たい水を必要とします。よりよい将来の気候のために、海中林がさらに大きな役割を果たすためには、近場の海にケルプを植えることが必要です——どんなにウニが少なくてもケルプ自身の力では育つことができないような、

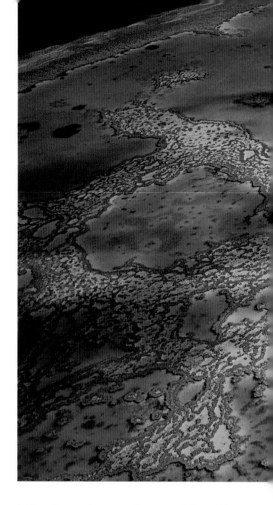

近場の海にです。このプロセスは近年、「海中植林（seaforestation）」と名づけられました。「海中の新規植林（sea afforestation）」を合体させた造語で、「海の森づくり」とも言えます。ちょうど陸地での新規植林が、人の助けがなければ通常は存在しないような場所で森林を育てることを意味するように、海中植林も、本来存在しない近場の空いている海域で、海中林を育てる方法を探ることになります。

　海中植林には、先進技術は必要ありません。人類は、少なくとも15世紀からケルプ以外の大型藻類の養殖を行なってきました。古く

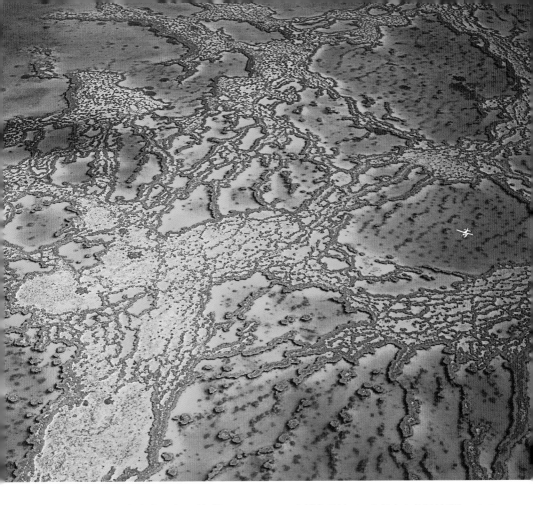

は1670年から、東京湾の浅い砂泥地で、ノリを付着させて育てるように加工した竹を使って養殖を行なっていたという報告があります。その後、竹を河口に移動させ、ノリが栄養豊富な水につかるようにしていました。この方法は単純ではありますが、海中植林のきわめて重要な要素の1つひとつをとらえています。しっかりと付着できる場所を提供すること。十分な日光を確保すること。水温を冷たく保つこと。豊富な栄養分を提供すること、です。東京湾のノリ養殖業者の関心は主に食べ物を育てることにありましたが、現代に海中植林を行なう人は、新しい技術と市場

の支援を受けて、大気中から何ギガトンもの炭素を減らすなど、はるかに数多くの用途を思い描いています。

初期のノリ養殖業者と現代の海中植林者の間には、もう1つ驚くような類似点があります。どちらも、河川からの水の流れに特別に関心を寄せているのです。前者は、ノリの成

長速度を上げるという点でのみ関心がありました。一方、後者は、栄養豊富な川の水をねらうことで、ウィン・ウィンの解決策を生み出せると気づきました。河川の水を汚染する過剰な窒素とリンは、大型藻類にも微細藻類にも重要な栄養素になるのです。この考え方は「栄養塩の生物除去（nutrient bioextraction）」と呼ばれています。通常、雨が農地や芝生から過剰な肥料を洗い流すとき、あるいは未処理下水の放流のような特定の汚染源があるとき、有害な藻類や細菌の異常発生が起きうるほど非常に多くの栄養分が河川に流れ込みます。このような藻類や細菌は、海洋生態系や淡水生態系の正常な一部分なのですが、過剰になると大量の毒を生産することがあり、魚介類に害を及ぼすほか、人々を病気にし、死に至らしめることさえあります。過剰な藻類や細菌が死に始めると、その細胞が分解される際に水から酸素が奪われ、沿岸域の海洋生息地で巨大なデッドゾーン*を生むことがあります。

東京湾でノリが付着できるように竹を立てていた養殖業者のように、海中植林者は大きなプラットフォームを水没させてケルプの森の植えつけができるのではないかと考えています。そして東京湾とまさに同じように、このプラットフォームを、汚染された川の河口付近に移動できるのではないかとも考えています。河口付近で過剰な窒素とリンを吸収し、ケルプの生長速度を速めながら、藻類の大量発生を減らせるでしょう。このケルプの森は、日中に酸素を生み、デッドゾーンを減らすことになります。また、ケルプの森とともに、さまざまな魚類や二枚貝も育つかもしれません。二枚貝とは、たとえばホタテやハマグリ、カキ、イガイなどで、これらはすべて水から微細藻類をろ過し、おいしいタンパク質に変えます。炭素を減らせるメリットがあり、海

洋環境の浄化でもメリットがあり、新鮮な魚介類が大好きな人にもメリットがある、「三方良し」なのです。

驚くことに、陸上の工業型農業で生じた問題の解決に海中植林が役立つのは、栄養塩の生物除去だけではありません。新しいケルプの森を育てるのと同じ技術を用いて、海中植林者はもっと控えめなサイズの紅藻類（カギケノリ《Asparagopsis》など）を育てることができます。カギケノリは、まれに見るすごい力をもった多くの海藻の1つです。畜産業界から大量に排出される温室効果ガスを激減させることができるのです。通常、乳牛や肉牛の胃の中の無酸素状態の部分は、メタン生成菌と呼ばれる特別な微生物であふれています。この菌は、牛の飼料に含まれる炭素の最大11％を取り込んで、大きな温室効果をもつメタンに変えます。ガスはいつまでも牛の体内に溜まることはできないので、ほとんどがげっぷとして外に出ます。反対方向に出ていくのはわずかな割合です。1回の牛のげっぷ自体に含まれるメタンは大した量ではないかもしれませんが、地球上には何十億頭もの牛、山羊、羊といった反芻家畜がいます。実のところ、地球上のすべての野生の哺乳類の約14倍にのぼるという推計もあります。このように牛のげっぷは現在、合計すると最大の農業メタンの発生源の1つとなっています。しかし、牛の飼料のたった0.5～5％をカギケノリで置き換えることで、体重は増加させながら、消化ガスにより発生するメタンの50～99％が削減されることを、研究者は突き止めました。ほかの海藻も役に立ちます。5,000年前から、ニュージーランドの野生のシカや、ノルウェーのスヴァールバル諸島のトナカイ、スコットランドのオークニー諸島の羊が食べる自然の餌を海藻が補ってきました。

*赤潮・青潮により水中に無酸素状態を招く。貧酸素水塊

海中植林には、カギケノリ、ノリ、アオサといった大型藻類の栽培も含まれます。これは小さい海中林であり、すでに広範囲に広がっています。米アラスカ州から豪タスマニア島に至るまで、沿岸域に暮らす人々に目標と雇用を与えています。世界銀行によると、海藻オイル産業は世界全体で約1億人の雇用を支えられるほど拡大できるといいます。海藻の養殖場はたいてい、食用の大型藻類を栽培していますが、ほかの用途で大型藻類を栽培する海中林から利益を得ることも可能かもしれません。実際、化粧品や農業、栄養補助食品産業で必要とされる、何十億ドル（何千億円）にものぼる多様な天然化合物のニーズを満たせると、すでに投資家は推測し始めています。たとえば、ケルプなどの海藻に含まれる天然油の多くがすでに、ビタミン剤やスキンクリームなどに用途を見いだされています。大型藻類の葉状部からつくる「バイオスティミュラント」（生物刺激剤）は、開花作物のほとんどに対して、発芽や収量増、ストレス耐性を促せます。海藻由来の土壌改良材は、根の生育も促します。

海藻由来製品の市場が、巨大で、多様性に富み、収益性が高いことから、「気候財団（Climate Foundation）」の熱狂的な海中植林ファンたちは「最初の1ギガトンの支払いは私たちに任せて」というモットーを非公式に掲げるに至りました。つまりここで示唆されるのは、ケルプや紅藻類の製品の販売だけで、大気中から二酸化炭素1ギガトンをまるまる減らすコストをカバーできるということです。補助金や税控除や炭素の価格づけがなくても、初期の海中植林活動が、コストがかからないばかりか儲かる気候の解決策になるのです。しかしこのモットーからもう1つ示唆されるのが、彼らのビジョンでは、二酸化炭素を1ギガトンだけ削減して終わりではな

いということです。スキンクリームやバイオスティミュラントの需要には限りがありますが、独立した検証機関が海中林の生態学的な恩恵を確認しているように、海中植林の潜在的な規模ははるかに大きく成長します。控えめなカーボンプライシング＊で海中植林活動に資金を提供すれば、気候財団の海中林開発は、大気中の炭素を減らすのに役立ちながら、世界の食料を確保し、ケルプの森とサンゴ礁生態系の生命を維持させられるだろう、と確信する研究者もいます。

天然の海中林の炭素のうち、深海にある低温の貯蔵庫に溜まるのは11％と推定されます。しかしそれは、死んだケルプのうちごく一部が、生長した浅海域の端から深海に流されてしまうからです。海中植林を通じて、収穫されたケルプの炭素の最大90％を意図的に深海に沈めることで、何百年から何千年にもわたって隔離され続けます。このように海中植林は、海の広さと同じくらい、莫大な可能性がある気候の解決策なのです。もし海を使って新しい森を育てられたとしたら、どれだけの炭素を減らせるか、ちょっと想像してみてください。

大気中の二酸化炭素を産業革命前の水準まで戻せるほど十分に、ケルプなどの海藻を沈めるにあたって、1つ大きな障害があります。ケルプは砂漠では育たないということです。

シロウト目には、海は一様に見えるかもしれません。しかし、生物活性の点でいうと、船で100〜200キロメートル進むことは、サハラ砂漠からコンゴ川流域の熱帯雨林まで旅するのに匹敵するかもしれません。海洋表層のほとんどには、あまり生き物がいません。それは特に、広大な亜熱帯海域において、海藻を沈めて炭素を貯留できる深海よりも上の層に当てはまります。海中植林を大規模に進めるためには、海中林が繁茂するために必要な4つの条件があります。付着できる場所、

日光、冷たい水、豊富な栄養分です。水中にプラットフォームを入れれば、最初の2つの問題は解決します。しかしどうすれば、大規模で複雑なインフラなしに、冷たくて栄養豊富な水を「海の砂漠」に届けられるでしょうか。

気候財団によれば、答えはスキューバダイバーのすぐ足元にあります。

地上では、水がないところが砂漠化しますが、海洋生物にとっての砂漠化は、水の問題ではないときっぱり断言できます。沖合の亜熱帯の表層に生き物がほとんどいない理由は、主要な栄養分が枯渇しているからです。栄養分は、プランクトンや動物の死骸、さらにフンとして、絶えず表層から沈んでいきます。しかし、海面からそう深くないところ、日光の届く範囲をちょうど越えたあたりに、冷たくて栄養豊富な水がほぼ無限にあります。表層水とはほとんど混じり合わず、したがって枯渇している栄養分を補給することもありません。その理由は簡単で、冷たい水は温かい水よりも密度が高いからです。ほとんどのダイバーは、海水の層がいかにはっきりと分かれているかをよく知っています。一定の速さで下降していくと、揺らめいて見える遷移層があり（「水温躍層」と呼ばれます）、そこで水は突然、日光の熱で暖められて自由に混ざり合う表層から、その下のはるかに水温の低い層へと移り変わります。揺らめいて見えるのは、水の2つの層の密度が異なるために、光の屈折角がわずかに違うからです。海面温度が高いほど、層に分かれた海水は混ざりにくくなります。実のところ、地球温暖化による致命的な影響の1つに、水温成層の強化とそれに伴う海洋生産性の低下があります。これは、ペルム紀の大量絶滅の時代に極度に起きたことです。

海中植林者の中には、再生可能エネルギーを使って冷たい栄養豊富な深層水を表層にくみ上げることが主たる仕事になる、ととらえている人もいます。なかには、炭素を何ギガトンも減らそうと考えている人さえいます。彼らがめざしているのは、再エネを使って自然の湧昇流を回復させ、広大な空っぽの海域に「海のオアシス」をつくることです。結局のところ、海中植林を生かして、何ギガトンもの炭素を安全に深海に沈めるためにカギを握るのは、海面への自然の湧昇流を回復させることにあるのです。気候財団はこのプロセスを「灌漑」と呼んでいます。

「海に水をやる」なんてばかげて聞こえるかもしれませんが、彼らはフィリピンからタスマニア島に至るまで概念実証プロジェクトを行ない、灌漑が実際にうまくいくことを示すための第1歩を踏み出しました。最終的に、ケルプや紅藻類の林が海表面にかろうじて触れ、船がその上を航行するのに適した深さに、1キロメートル四方のプラットフォームをたくさん水中に沈めることを思い描いています。どのプラットフォームでも年に4回ケルプを収穫でき、プラットフォーム1つで何千トンもの炭素を大気中から減らし、深海に安全に貯留できると考えています。具体的な数値の証明はまだこれからですが、気候財団はプラットフォーム1つあたり年3,000トンもの炭素になると予測しています。

今の世代で健全な気候を再生すること、もっと持続可能な家畜生産にすること、有害な藻類の大量発生を未然に防ぐこと——それだけではあたかも十分ではないかのように、実は海中植林は、さらに多くを実現するのに役立つかもしれません。灌漑を行ないながら海中植林を行なえば、通常の海藻養殖をはるかに超えて、かなり華々しい特典がいくつか付いてきます。

たとえば、オーストラリア沖のグレートバリアリーフを回復できるかもしれません。水

中にたくさん沈められた海中植林のプラットフォームは、海洋熱波を和らげるのに十分なだけの冷たい水をくみ上げられる可能性があります。海洋熱波はすでに、世界中の全サンゴの半分以上に悪影響を及ぼし、グレートバリアリーフの3分の1近くを死滅させているのです。

　海中林は、減少する一方の魚種資源も増やせるかもしれません。世界の海面の4〜9%で海中植林を行なうことで、100億人のタンパク質とエネルギーのニーズを満たしうると予測する科学者もいます。外洋では、魚は捕食者から身を隠す隠れ家が必要であるため、それが大きな理由となって、健全なケルプの森があるところでは商業漁業の漁獲量が多いことがわかっています。小さめの分散した海域でも、大気中の二酸化炭素を何ギガトンも沈めて貯留させるのに十分であり、人類が温暖化を逆転させる助けになるでしょう。

　嵐に強い100万平方キロメートルの海中植林を実際に行なうのは、もちろん机上の計算ほど簡単ではないでしょう。このような大きな転換を実現するには、文明を定義し直すような膨大な労力が必要になると思われます。海中植林の開発では、すでに達成した多くの画期的な技術にさらなる改善が必要なことも、いうまでもありません。しかし、持続可能な形で大規模に海中林を育てて収穫するうえでの技術的な障害は、ほとんどが対処されつつあります。

　モントレー湾で波に揺られるケルプの森とまさに同じように、これは魅惑的なビジョンです。実現に向けて、総力をあげて取り組んでみる価値があります。●

ケルプの森（*Macrocystis pyrifera*）にいるゼニガタアザラシ（*Phoca vitulina*）。米カリフォルニア州サンタバーバラ、チャネル諸島のサンタバーバラ島

マングローブ

Mangroves

　あばら骨のような大地が水面を走り、赤い土の河口から川が海を目指す。土をはらんだ水は浅く、赤く色づいている。沼地には草が生え、ところどころで地下から湧き水が吹き出している。

　火のような赤土で河口は息づいている。

　しっかりと根を張り、地下で絡み合い、新たな土壌を生み出す木。マングローブは岸辺の植物。大地と水の狭間に育つ。大地と水に橋をかけ、島を、大陸を、生み出してきた。

　マングローブの林は落ち葉を積もらせ、常に揺れ動く大地を潤す。世界を作るマングローブ。大地の顔が変わるほど強い生命力を持つ。

　──『大地に抱かれて』リンダ・ホーガン（チカソー族の詩人・小説家）

　マングローブは、海と土と空のつながる場所に生息し、地球上で最も炭素を多く含む生態系の1つです。また、最も絶滅の危機に瀕している1つでもあります。

　マングローブ林は、主に熱帯地域の123の国と地域に見られます。面積は、陸域と水域合わせて約1,400万ヘクタールです。淡水でも塩水でも生育できますが、通常はその両方の間を好みます。マングローブの木は80種類あり、米フロリダ州の小さいマングローブから、コロンビアの3階建てのようなマングローブ林までさまざまです。ガボン沿岸部の巨大なマングローブは、世界で最も背が高い木の1つです。マングローブは、極限の状況下で生育することもよくあります。絶え間ない波の作用、潮の満ち引き、頻繁な洪水、時

折襲来するハリケーンの荒波にも耐えられます。浸水した土壌に含まれる酸素は低レベルです。地球上のほかの植物種の99％を枯らしてしまうようなレベルの塩分にも耐えられます。こうした逆境にあっても、マングローブは古代の海辺で誕生してから2億年生きてきました。

　マングローブ林は、魚類、鳥類、爬虫類、キージカ（鹿）、ウミガメ、ワニ、マナティー、二枚貝など、多様な動植物に唯一無二の生息地を提供しています。バングラデシュのガンジス川デルタにある巨大なマングローブ林、シュンドルボンは、絶滅の危機に瀕したベンガルトラのきわめて重要な生息地です。シュンドルボンは農業にも利用されています。世界全体でマングローブ林に依存して暮らしている人は何百万人にものぼります。網の目のように密接に絡み合った根は、多種多様な海洋生物のゆりかごになっています。マングローブは、地域社会に魚介類や物資や所得を与えます。そして、脆弱な住民をハリケーンや津波などの自然災害から守り、土地を侵食から守ります。海面上昇の影響を和らげます。マングローブは堆積物や栄養分、汚染物質をとらえることで、天然の水質浄化システムとして機能します。これは途上国では特に重要です。なぜなら、途上国の沿岸部の都市は、限られた下水設備しかもたず、また広範囲を汚染することも多い海運を大規模に行なっているからです。マングローブ林は、娯楽でも重要な価値があります。ネイチャーツアーが収入源になるとともに、伝統的な習慣や現代の文化活動でも重要な役割を果たしています。

マングローブ生態系は、気候変動に対処するうえできわめて重要な役割を担っています。長期的な炭素の吸収源となり、木自体だけでなく水中の土壌にも炭素を貯留します（土壌の酸素レベルが低いため、二酸化炭素の放出速度が遅いのです）。マングローブ林は、同じ面積の陸上森林に比べて、大気中の炭素を最大で4倍除去し、ほぼ2倍の炭素を貯留できます。マングローブ生態系は現在、世界全体で56〜61億トンの炭素を貯留しており、そのほとんどが水中の土壌の中にあります。マングローブや海草や塩性湿地といった海洋植生の総面積は比較的小さく、地球の陸地面積の1％未満ですが、海底堆積物に隔離されるすべての炭素の50％を占めています。これが、研究者、保全活動家、政策立案者たちがよく海洋植生を「ブルーカーボン」と呼ぶ1つの理由です。ブルーカーボンという言葉は、もっと内陸の草木に貯留される「グリーンカーボン」と区別するために、2009年に使い始められました。この言葉は、こうした重要な海洋生息地の保護、回復、管理に使える便利な概念であることがわかっています。

ブルーカーボン生態系に関しては危機感があります。世界は1980年以降、マングローブ林の50％近くを失ってきました。その喪失の大半が東南アジアで起きています。養殖事業や違法伐採、工業化と都市化のための沿岸開発のせいで、景観が変えられているのです。こうした影響は今後も続き、気候変動と人口増で悪化すると予想されます。ほかにも、中米とアフリカで大規模な喪失が報告されており、マングローブは世界で最も絶滅の危機に瀕した生態系となっています。マングローブが劣化して破壊されるとき、何千年もかけて貯留されてきた炭素が、数年のうちに放出されます。重要な炭素吸収源が、著しい炭素排出源にひっくり返るのです。インドネ

シアでは、マングローブの原生林がエビ養殖池に変えられて、その後放棄されたところが25万ヘクタールあり、今では年に最大700万トンの二酸化炭素を排出しています。このような放棄された養殖池をマングローブ生息地に復元すれば、このような温室効果ガス排出量を食い止めるだけでなく、年に3,200万トンもの二酸化炭素を吸収することにもなるでしょう。すべて合わせると、マングローブを回復させることで、2030年までに除去あるいは回避される温室効果ガス排出量は30億トンになる可能性があります。

世界全体でいま進行するマングローブの喪失に歯止めをかけ、マングローブ林を回復させることにより、気候変動と闘い、そのうえ何百万人もの人々がその影響に適応できるようにする大きなチャンスが得られます。この「スーパー生態系」の保護に向けて、政府、研究機関、コミュニティ、個人を総動員することがきわめて重要です。2015年の歴史的な「パリ協定」のもと、多くの国が温室効果ガス排出量を削減する約束の中に、マングローブを含めました。これは重要な出発点です。私たちはいま、地球上の最も重要な生態系の1つのために、この約束を行動に移さなければなりません。●

マレーシア、ボルネオ島、サラワクマングローブ保護区の川
とマングローブ林

塩性湿地
Tidal Salt Marshes

塩性湿地の中では、潮の満ち引きに伴い、生命が運び込まれたり押し流されたりします。干潮のすきにカニやイガイをたらふく食べるアライグマは、潮が上がってくるとあわてて干潟を引き上げなければなりません。潮は、1分また1分と低湿地をじわじわと上がっていきます。そこで一番背が高くのびているのはヒガタアシ（*Spartina alterniflora*）で、高さは最大2メートルになります。共生関係にあるイガイは、その下に穴を掘り、辺りの土壌の栄養分を高めます。この協力的な二枚貝は、シオマネキの生息地も提供します。シオマネキは、イガイが穴を掘ったときに積み上げた土を利用するのです。潮が高湿地へと浸入するにつれ、ヒガタアシから徐々にアッケシソウ、リモニウム、イネ科のソルトグラス、イグサの仲間、フナバシソウに代わります。ここでは、なかなか姿を見せないトゲオヒメドリが昆虫を食べ、ひな鳥に餌を与えています。ひなは、高潮の水位より上すれすれの場所で、湿地の草を編んでつくった巣の中に見えないように隠れています。潮がさらに上がると、高地との境界域にひたひたと打ち寄せます。そこに生えているのは、フナバシソウ、スイッチグラス、アシです。

地中では、主に嫌気的な塩性条件下で、植物がゆっくりと分解していきます。塩水の定期的な流入がメタンの生成を防いでいます。一方で、潮の干満の水で栄養分が洗い流された後には堆積物が残り、厚い湿地泥炭層を形成します。この層は、潮汐周期ごとに成長を

オランダの北海の葦と干潟を

続けます。よって、塩性湿地は同じ面積の熱帯林よりも多くの炭素を貯留していると、科学者は考えています。世界全体で、1年間に1ヘクタールあたり隔離される炭素は2.5トン近くになります。

塩性湿地は、道路や住宅や農地に転換されるとき、二酸化炭素の排出源になります。世界全体で1年間に沿岸湿地が80万ヘクタール近く消失しており、大気中に二酸化炭素を約5億トン排出しています。米国では、塩性湿地の半分以上が、干拓されて農地に転換されたり、幹線道路で分断されたり、防潮堤や堤防で潮の満ち引きから遮断されたりしています。しかし、海面が上昇し、ハリケーンの頻度や激しさが増していることで、人々、特に沿岸地域の人々は、塩性湿地のきわめて重要な役割を認識せざるを得なくなっています。

米海洋大気局（NOAA）の衛星データによると、海面は現在、年に6.1ミリメートル*ずつ上昇しています。その結果、2019年の地球全体の海水面は、1993年の平均海水面より8.8センチメートル高くなっていました。海面が上昇すると、雨水がさらに内陸に進むために大きな被害をもたらすようになりますが、塩性湿地にも問題を引き起こします。

1年の間に、満ち潮による沈殿物が堆積するにつれ、そして植物根が湿地の底に積み重なるにつれ、湿地は最大で8ミリメートル高くなり、表面堆積物だけで海洋の全有機炭素の10～15%の炭素を貯留します。近年までは、ほとんどの塩性湿地が、海面上昇についていける速さで成長できていました。海面上昇についていけない湿地の復元手法としては、堆積物の層を薄く広げて湿地をかさ上げする方法があります。海面上昇と、防潮堤や堤防の組み合わせで起こるもう1つの問題は、塩性湿地が存続するために必要な、内陸への移動ができないことです。湿地に配慮して防壁を除去あるいは改変できる地域を特定すれば、このような塩性湿地を守り、再生できるチャンスを生み出せます。そうやって、炭素を回収し、海岸線を守り続けるのです。

塩性湿地を再生させるには、その地の歴史的な潮汐パターンの再現に着目する必要があります。もし海面上昇により水がたくさんありすぎて、かつ沿岸開発で潮の流れが妨害されているとき、湿地は海に沈み、「溺れ死ぬ」ことになります。水が十分にないときは、侵入種が定着し、自生植物を追い出して、魚類や鳥類が依存している生態系を劇的に変化させてしまいます。湿地と、生命の源である潮の満ち引きとの間のつながりを回復させるには、数々の技術が必要です。たとえば、浚渫のほか、人工排水管の撤去、防潮水門など治水構造物の改変までさまざまです。潮の流れが元通りになれば、多くの塩性湿地が回復できます。

塩性湿地で驚嘆することの1つが、そこに生息する生物が過酷な環境で生きるためにどう適応してきたかです。塩水で水浸しになったかと思えば、ジリジリと照りつける太陽の下で乾燥する――このような場所をすみかとする生物種はたくましく、またそれを反映して、湿地もたくましいのです。現時点まで、塩性湿地は汚染や開発、海面上昇を生き延びてきました。しかしいま、転換点にいるのかもしれません。保全活動の後押しがなければ、湿地は、道路や住宅や防潮堤に締め出されてしまうでしょう。米国では毎年、730万ヘクタールの沿岸湿地が670万トンの温室効果ガスを回収しています。湿地を残し、その生態系を支えれば、オオアオサギが魚を獲り続け、炭素が土壌中に貯留され続け、湿地は人工構造物にはマネできないような海岸線の保護を行ない続けるでしょう。●

　*NOAAの2021年の報告によれば、2018～19年の世界平均海面上昇は6.1mm、2006～2015年の年平均は3.6mm／年

海草
Seagrasses

海草は、海水に完全に浸っていても生きられる植物種を指し、多種多様なイネ科やユリ科、ヤシの仲間が含まれます。陸生の近縁種と同様に、海草には葉と根があり、花を咲かせ、種子をつくります。海中に生える顕花植物です。

海草は、忘れられた生態系と呼ばれてきました。ひょっとすると、自然の恵み豊かなマングローブや華々しいサンゴ礁に比べると、精彩を欠いて見えるからかもしれません。熱帯から北極に至るまで、海岸線の緩やかな斜面を覆っています。陸上で見られる草と同じように、海草は、水中に密集した草地を形成できます。なかには、宇宙から見えるほど大規模なものもあります。このような巨大な地域は、小エビやタツノオトシゴから、大型の魚、カニ、ハマグリ、カメ、マンタ、そしてジュゴンやラッコなどの海洋哺乳類まで、何百万もの動物に生息地を提供します。海草藻場は、漁場や沿岸保護、水質維持に不可欠です。しかし、最も知られていない海草の性質こそが、一番重要かもしれません。海洋面積の0.1％にも満たない海草藻場ですが、地球上で最大規模の漁場の20％をはぐくむゆりかごとなっています。そして、1年間に海洋堆積物に貯留される炭素のうちの10％を占めているのです。

海草はわかっているだけで72種あります。長いリボンのような葉をもつアマモから、青々とした丈の低い草地を形成するパドルのような形の葉のウミヒルモまで、大きさや形、生息地は多様性に富んでいます。世界一草丈が高いタチアマモ（*Zostera caulescens*）は、日本で丈が10メートルに達したものが見つかっています。あらゆる植物と同じように、海草は光合成を行なうため日光が必要です。したがって、日光が一番よく当たる浅い海域に生息するのが最も一般的です。とはいえ、深い海域で生育する海草が、水深58メートルもの場所に生えているのが見つかっています。

人類は、1万年以上前から海草を利用してきました。海草は、農地の肥料や、家の断熱材、家具を編んだり屋根をふいたりする材料になります。ほかの生物のきわめて重要な生息地となることで、漁場や生物多様性を支えています。また、堆積物が流出しないように固定しています。そうして、水質を維持するだけでなく、侵食を減らし、海岸線を嵐から守っているのです。このような恩恵を与える海草は、世界で最も貴重な生態系の1つとされています。

このようにきわめて重要であるにもかかわらず、海草は大きな絶滅の危機にさらされています。世界全体の海草の面積は現在1,800万〜6,100万ヘクタールで、この100年間に海草藻場が490万ヘクタール以上失われました。喪失速度はこの間に加速しており、1940年までは年率1％だったのが、1980年以降は7％となっています。今や世界全体で海草の24％にあたる種が、国際自然保護連合（IUCN）の「レッドリスト」で、「絶滅危惧」か「準絶滅危惧」に分類されています。海草は、沿岸開発、不十分な漁場管理、養殖の影響を受けますが、最大の脅威は海岸汚染と水質低下です。海草の喪失は、熱帯雨林や

サンゴ礁、マングローブと同じような速さで進んでいます。

世界全体で海草の喪失が加速していることは、気候変動の大きな原因となっています。海草藻場は自然の炭素吸収源で、森林よりも大きな炭素の隔離効果を発揮できます。水中の炭素を吸収した後、最長で何千年にもわたって堆積物に炭素を貯留しておけるのです。世界最高齢の生き物は、地中海の海草ポシドニア・オセアニカ（*Posidonia oceanica*）です。20万年前から生きていると推定され、今でも炭素を吸収して、それが根を張る炭素豊富な11メートルの土壌の中に貯留しています。平均すると海草1ヘクタールあたり炭素を年に1.2トン埋めます（海草が回収して海洋と大気中から隔離する炭素は、年間合計8,000万トンになります）。現在進行している海草の喪失は、大気中から炭素を取り除く能力を低減させるだけではありません。土壌を保持している海草が劣化したり失われたりしたら、その土壌に貯留されている炭素が放出される可能性もあります。現在の海草の喪失速度では、毎年3億トンの炭素を海洋と大気中に放出している可能性があります。

米バージニア州の海草藻場は、1930年代に海の中で起きた病気の大発生とハリケーンで全滅し、その後回復することはありませんでした。この20年間、それまで50年近く不毛の地だった4つの沿岸湾の再生区画536カ所に、アオモの種子7,400万個が散布されました。海草は3,600ヘクタールに広がり、ニューヨーク州ロングアイランドからノースカロライナ州までの沿岸部で最大のアオモ生息地となりました。アオモが定着すると、水を浄化し、波を和らげます。これによって海底は安定し、十分な日光が当たるようになり、植物が生育してまた自然に種子を蒔くようになります。種子が蒔かれた海域は、1万6000

ヘクタールに及ぶボルジナウ・バージニア沿岸保護区の一部で、船舶のいかりやプロペラや汚染から保護されている場所です。しかし保護区であっても、海草を海水温上昇から守ることはできません。世界で進んでいる海草の喪失に歯止めをかけて保全することは、気候変動への対処で優先すべきことです。もし、海草の未来を保証できれば、この大昔からある素晴らしい植物は炭素を吸収し続け、同時に、世界中の沿岸部の人々と豊かな生物多様性も守り、はぐくみ続けるでしょう。

希望のタネが1つあります。ホタテガイです。これは、かつて米国東海岸の至るところに見られた塩水に生息する二枚貝です。ボルジナウ・バージニア沿岸保護区では、ホタテガイが一番近い育成かごから30キロメートル離れたところで見つかりました。つまり、ホタテガイの稚貝が沿岸から漂流して保護区にたどり着き、再生プロセスを始めたことを意味します。これは、予測も期待もされていませんでした。海洋生態学者マーク・ラッケンバックは、収穫できるアメリカイタヤガイ（ホタテの仲間）の個体群の到来を、イエローストーン国立公園へのハイイロオオカミの再導入になぞらえています。これは再生の始まりなのです。●

アオウミガメは、一生のうちに何千キロもの距離を移動し、海全体を横断する。地球の磁場を完璧に読み取って移動の道標とし、孵化した浜辺に確実に戻ってくる

アカウキクサ
Azolla Fern

5000万年近く前、大気中の二酸化炭素の水準は、現在の3倍とまではいかなくても、少なくとも2倍はありました。しかし、二酸化炭素の水準は、現在の水準にまで急速に低下しました。なぜこれほどの変化が起きたかは、大陸の位置の移動など諸説あります。1つ部分的な説明となるのが、小さな淡水性シダの急激な大繁殖が、二酸化炭素の水準を下げるのに手を貸したというものです。この小型のシダ、アゾラ・アークティカ（*Azolla arctica*）は、現在生息するニシノオオアカウキクサ（*Azolla filiculoides*）の近縁種です。ニシノオオアカウキクサには、二酸化炭素を隔離しながら、化石燃料を大量に使う肥料の代わりを果たしたり、動物の飼料やバイオ燃料の原料になったりする大きな可能性があります。

北極海の4,900万年前の堆積物コアに、アカウキクサの胞子と、周辺の海岸の有機物がたくさん含まれる層があるのを、科学者たちが見つけました。北極海は当時、大半が陸地に囲まれていて、多くの淡水河川が注ぎ込んでいました。このため、アカウキクサが大繁殖したのです。この小さなシダは、約80万年もの間、大量の有機炭素を埋蔵しておくのに貢献し、その胞子は今でも北極の古代堆積物の中に見つかります。この炭素の埋蔵は、その時代の二酸化炭素の減少と地球寒冷化の少なくとも一部に寄与した可能性が高いのです。

アカウキクサは、「ウォーター・ベルベット」（水中のビロード）や「フェアリー・モス」（妖精のコケ）とも呼ばれ、誰もが思い浮かべる典型的なシダとは違います。葉状体を形成する大型のシダとは違って、アカウキクサは硬貨サイズのロゼット*として生長し、淡水面にほぼ平らに広がります。微細な根は垂れ下がり、水深3センチメートルのところに浮いていても、土壌を見つけようとはしません。胞子嚢と呼ばれる袋の中に微小な胞子が入っていて、水面に浮いて流れていきます。アカウキクサは、大豆よりも豊富なタンパク質を含みます。「異質細胞」と呼ばれる小さな無酸素のポケットの中に、特別な種類の細菌をもっています。アナベナ・アゾラエ（*Anabaena azollae*）と呼ばれるこの細菌は、アカウキクサに特有の種で、生存をアカウキクサに完全に依存するようになっています。遺伝子のいくつかをシダに伝播したのです。アナベナ属は、藍藻（シアノバクテリア）の仲間で、空気中の不活性窒素を隔離し、アカウキクサが自家受精するのを助けます。そのため、猛烈な速さで成長し、水面の被覆面積がたった1.9日で倍になるほどです。

アカウキクサは、人類が思慮深い行動をとることで、大気中の二酸化炭素の隔離において再び重要な役割を果たすことができます。環境再生型農業やバイオ燃料、水質浄化、そして何より、暮らしやすい気候など、たくさんの影響をアカウキクサが及ぼしうることが、近年の研究で示されています。1,000年以上前から行なわれてきた農法を見ると、アカウキクサには稲作で前途有望な役割があることがわかります。米の収量増加のためのアカウキクサの活用について、最初の記述は西暦540年にまでさかのぼります。中国人の学者

　　　　　　＊植物の葉が円盤のように平らに広がった状態

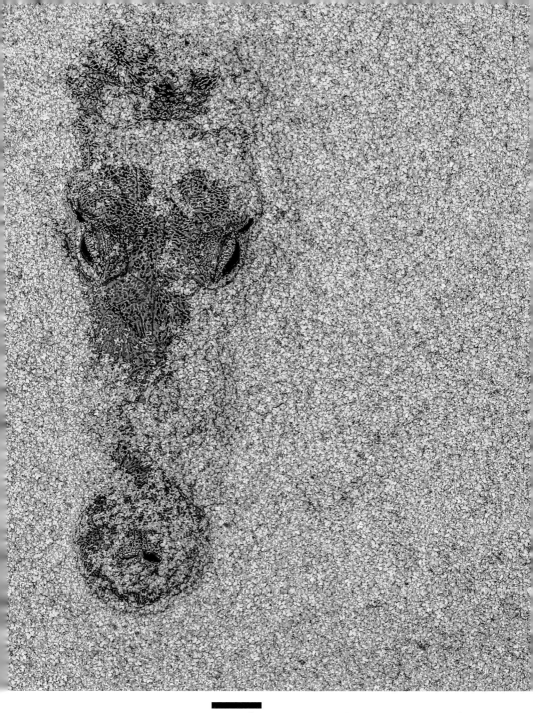

シエラ・デ・ロス・タクストラスの中心にあるロス・タクストラス自然保護
区のラグナ・カテマコで、アカウキクサが生い茂る中にいるモレレットワニ
（*Crocodylus moreletii*）。メキシコ、ベラクルス州

賈思勰が『齊民要術』の中で、コメ農家が水田にアカウキクサを植えつける様子を記述していたのです。とはいえ、アカウキクサがどのように作用を及ぼしていたか、賈は知らなかったかもしれません。

アカウキクサは「バイオ肥料」になります。バイオ肥料というのは、周囲に重要な栄養分を提供する生物のことです。アカウキクサはある程度、生息している水に直接窒素を送ることができますが、もっと大きな貢献をするのは、その一部が死んで、イネが植えられた土に取り込まれるときです。農家は、アカウキクサが繁茂する水田を適切なタイミングで排水することで、生産量を最大化するために登熟期のイネに必要な、窒素の大量施肥と栄養分の完全な補完を行なえるのです。肥料が高価だったり不十分な環境でも、イネとともにアカウキクサを育てることで、水田の収量を50〜200%増やすことができます。より豊かな稲作地域では、アカウキクサが化学肥料の必要性を大幅に減少させたり完全に排除したりできます。

アカウキクサは、収量を押し上げることや、多大なエネルギーを必要とする化学肥料の代わりになることで気候変動対策に役立ちますが、それだけではありません。大気中の二酸化炭素を直接組織内に取り込み、大気中の二酸化炭素を減らすのです。もし島国のスリランカで、水を張った水田すべてにアカウキクサが導入されたら、二酸化炭素が年に50万トン以上減るだろうという推計もあります。

日本人の農家、古野隆雄は、この農法をさらに押し進めました。古野の著書『The Power of Duck』は、数十年かけて米とアカウキクサに加え、魚とアイガモも取り入れた農法を完成させた経験を記しています。アカウキクサがアイガモの安定したエサとなり、そのおかげでアイガモは侵入種のジャンボタ

ニシの卵の大半をついばみ、イネを襲う害虫も退治できます。そしてアイガモがフンをすると、水田の土と植物プランクトンの両方の栄養分になります。植物プランクトンはその後、ドジョウのエサとなります。古野はドジョウも獲ります。水田を、自然の湿地生態系を真似たアイガモ水稲同時作に変えることにより、古野は化学肥料も農薬も殺虫剤も使うことなく、高い生産性を維持できるようにしました。時機を見て、田んぼを乾燥させて有機野菜を栽培することで、外から何かを投入することなく、肥沃で健全な土壌をずっと保てるのです。

アカウキクサを専用の池で育てることで、ほかの作物の肥料に使える安価な「緑肥」を何度でも供給できます。アカウキクサのマルチ*を活用すれば、小麦、タロイモ、大豆、緑豆の収量を押し上げられることが、これまでの研究で示されています。私たちが栽培する植物のほとんどに恵みをもたらすのではないか、と考えるのは至極当然のことです。

アカウキクサは、タンパク質と油脂の豊富なスーパーフードとして、家畜に与えることもできます。乳牛、豚、鶏、ティラピア、兎の飼料の5〜40%をアカウキクサで置き換えれば、家畜の成長速度が上がることや、生産される肉1単位あたりの総飼料費が下がることが、多数の研究で示されています。後者に関して、アカウキクサで置き換えているのは、大豆ミールなどの高タンパク質な飼料です。その生産は通常、化学物質を多く使い、アマゾンの熱帯雨林のような場所を開墾する主要因となっています。また、人間の消費用としても安全である可能性があり、宇宙飛行士の理想的な食事としての提案すらされています。それだけでなく、アカウキクサを飼料にした鶏の卵は、オメガ3脂肪酸が豊富で、人間の認知機能の維持にきわめて重要なEPA

＊土壌の保湿・保温・流出防止、雑草の抑制などのために作物の根元の地面をわらやビニールなどで覆うこと

（エイコサペンタエン酸）とDHA（ドコサヘキサエン酸）を含んでいます。アカウキクサを使ってつくられたほかの種類の食品も、オメガ3脂肪酸をたっぷり含み、世界中の人々の健康寿命を大幅に延ばせるかもしれません。

　農業だけでなく、アカウキクサはバイオ燃料生産の原料としても有望であることがわかっています。陸上で生育するわけではないため、熱帯雨林や草地などの炭素を貯留する陸域生態系と、土地を求めて競合することがないのです。トウモロコシやサトウキビやパーム油だと、そのような競合が起きてしまいます。アカウキクサが好む温帯気候で、農地を転用してつくった大きな人工池で育てれば、同じ緯度で現在栽培されているバイオ燃料作物と同じくらいの効率になるでしょう。初期試行の結果、1ヘクタールのアカウキクサからは、1ヘクタールのトウモロコシとほぼ同じくらいのエタノールと、1ヘクタールのパーム油と同量のバイオディーゼルを、同時に生産しうることが示唆されています。アカウキクサは、アナベナと共生しているため、ほかの作物とは違って、エネルギーを大量に使用する窒素肥料を必要としません。もしタンパク質と炭水化物を含む動物の飼料としてアカウキクサを栽培すれば、その飼料を使って生産される食品の栄養含有量は、オメガ3脂肪酸のEPAとDHAのおかげで改善されるでしょう。その一方で、それ以外の油分は、トラクターやトラック、畜産機器に使用するカーボンニュートラルな燃料用に分留できる可能性もあります。

　バイオ燃料の原料生産という名目であろうと、それ以外の目的であろうと、もしアカウキクサを現在存在しない場所に導入するなら、細心の注意を払う必要があるでしょう。自生の範囲を超えて導入されたアカウキクサのなかには、侵入種になっているものもあります。

しかし、既存の生息域であれ、管理された農業環境の人工池であれ、この生長が速いシダの持続可能な収穫を阻むものは何1つありません。アカウキクサは凍るとたいてい死んでしまうため、これが拡散を管理する1つの方法として示唆されています。

　それほど物議を醸さずにすむのは、アカウキクサによるファイトレメディエーションの可能性です。ファイトレメディエーションとは、植物を利用して環境の浄化を行なうことです。アカウキクサには、リンだけでなく、水路の過剰な窒素さえも吸収する能力があるのは明らかで、水路の富栄養化を軽減させます。それだけでなく、あらゆる種類の汚染物質とすぐれた親和力があります。たとえば鉛やニッケル、亜鉛、銅、カドミウム、クロムなどの重金属のほか、特定の医薬品、さらには農地の塩類化を引き起こす塩化物イオンまで含まれます。アカウキクサはこのような元素や化合物を細胞内に濃縮するため、鉱クズやフライアッシュ（石炭灰）の浄化に使うことができます。さらには、廃水を浄化して灌漑水として使えるようにもできます。浄化の種類によっては、アカウキクサを緑肥用として、あるいはバイオ燃料の生産用として収穫できる可能性もあります。

　アカウキクサはすでに、地球の地史とアジアの農業に良い影響を与えています。もっと研究と資金調達を行なえば、再び世界を変えるかもしれません。⬤

Forests

森林

森林は、私たちのウェルビーイングに不可欠です。集水域であり、生息地であり、救いの場です。空気をきれいにし、空気を冷却し、空気を生み出します。森林は約40億ヘクタールで、地球上の陸地面積の30％近くにあたります（最後の氷河期が終わったときには約60億ヘクタールあったのが、ここまで減少しています）。樹種は、わかっているだけで6万65種あります。最も種数が多い国がブラジルとコロンビアとインドネシアで、それぞれ5,000種以上あります。何千ものさまざまな森林があり、そのすべてが大量の炭素を貯留しています。泥炭地や湿地など炭素が豊富な土壌では、それがさらに増強されています。森林地帯には、地球上の陸生の動植物種のほとんどがいます。熱帯林だけで、種の多様性の少なくとも3分の2が見られ、ことによると90％もの種が生息している可能性もあります。森林は、淡水の供給に不可欠です。生態系のコミュニティが必要とする水環境の条件や関連する生息地の資源を、調整し維持しているからです。

　カナダのブリティッシュコロンビア大学のスザンヌ・シマールをはじめとする科学者のおかげで、この20年間に私たちの森林についての理解が一変しました。ヒトマイクロバイオーム*に関する研究が私たちの健康と病気に関する理解に革命を起こしたのとまさに同じように、木、真菌ネットワーク、微生物、近縁でない植物種の間の生物間相互作用の研究によって、森林について、そしてその中で何が起きているかについて、新しいことがわかってきました。木は、水や日光や栄養分を求めて競い合っているのだという私たちの古

地球上の森林の中で最も多くのバイオマスを含むカスケード山脈のベイマツ

いイメージは、研究により塗り替えられています。いかに原生林や手つかずの天然林が社会的な生き物であり、相互に作用し合い、知識を共有して、コミュニティの面倒を見ているか、が研究から示されているのです。木は、学習します。近くにいる動物（人も含みます）を視覚で感知しています。そして記憶し、将来の天候を正確に予測します。森林の木々は、部分の集合体ではなく、1つの生き物のようにふるまいます。森林群落には、細菌、ウイルス、藻類、古細菌、原生動物、トビムシ、ダニ、ミミズ、線虫なども含まれ、すべて合わせると一握りの土の中に何兆という数の生命が含まれています。

　しかし、木は商品（コモディティ）でもあります。注文書のように、木の総本数や森林の総面積が扱われています。でもこれは見当違いです。木材など一部の林産物は有用ですが、木の伐採に通常ついて回る節度を超えた森林破壊は近視眼的であり、危険でもあります。気候を調整するうえで森林が果たすきわめて重要な役割が、危険にさらされているのです。森林に貯留されている炭素は推定2兆2000億トンで、大きく3つの森林バイオーム*に分かれて存在します。熱帯林に約54％、亜寒帯林に32％、そして温帯林に14％です。炭素密度が一番高いのが、亜寒帯林生態系です。亜寒帯林に関するごく最近の推計では、バイオマスと土壌炭素を含めた場合、この生態系の総炭素蓄積量は、熱帯林と温帯林の炭素蓄積量の合計よりも多いことが示されています。森林を減らすことは、たとえそれが「持続可能な」伐採であろうとも、森林に貯留される炭素の量を減らすとともに、山火事のリスクを高めることに違いはありません。

　気候危機の解決には、森林がきわめて重要です。私たちが一番に優先すべきなのは、原生林を破壊から守ることです。オールドグロス林と呼ばれることもあります。原生林は、地球上の森林の中で最大であり、最もレジリエンスが高く、最も炭素が豊富です。原生林を生長させ続け、さらなる炭素の隔離を続けさせることが、気候変動を逆転させるために今ある最も効果的な方策の1つです。もう1つ優先すべきなのが、人間の利用で皆伐されたり劣化したりした土地に、再植林を行なうことです。しかし、正しいやり方で行なわなければなりません。多くの気候スキームで、バイオエネルギー事業が提案されています。生長の速い木をグローバルサウス*で4,000万ヘクタール以上植林して燃やし、焼却炉から排出される炭素を回収して埋めるというものです。こうした樹木「作物」は、機械で収穫されて燃やされ、いわゆる「クリーンエネルギー」を供給するというのです。

　木を1兆本植林すれば、タイミングよく炭素目標を達成するのに役立つだろうというのが、科学者の試算結果です。論理的に聞こえますし、植林の数値目標は、気候に関する約束や提案ほぼすべてで、頼みの綱とされています。しかし、「木を見て森を見ず」ということわざがこれほど当てはまる場面はないでしょう。植林には担える役割がありますが、注意が必要です。企業の排出量をオフセットし、いわゆる「ネット・ゼロ」の目標を達成するために、木が世界中で植えられています。しかし、排出目標は、「実際」の排出量を削減することで達成しなければなりません。森の植林と拡大は、大気中から炭素を減らすだけでなく、在来種や水や人権を回復するためにも行なうべきです。しかし、北半球の裕福な先進国での排出量をオフセットしようと植林を行なうために、南半球で土地の支配を伴うことがあまりに多いのです。この意味で、

　*植物を中心に動物も含めた生物のまとまり　　*グローバル化した現代資本主義による負の影響を色濃く受ける国や地域の総称

何百年にもわたってアフリカや南米、アジアを苦しめた過去の植民地化と、何ら違いありません。気候の解決策を緊急に求めることは、世界を「複雑でないように」見ることにつながる可能性があります――言うなれば混乱を生まないように、あたかも1本の木をほかから切り離して見ることができるかのように。

世界の森林破壊の多くが、先住民の土地で起きてきました。ですから、世界の森林戦略には、何千年にもわたって森林を世話してきた先住民を保護することまで含めなければ、何の意味もありません。主流派の森林保全は、科学にもとづいてよく分析されていますが、研究対象の森林地帯は奪われた土地なのだと認識していないことが多々あります。森林の回復は、人権の回復から始まります。人種差別的に先住民を追放することが今もなお続いています。そのようにされた5,000以上の先住民族は、土地を修復し、回復、再生させることに関して、世界最高レベルの知識や意欲をもっています。「森林とは何か」を正確に定義することが、きわめて重要な1歩となるでしょう。破壊的なユーカリのプランテーションも、今は「森林」と呼ばれていますが、その地のもともとの生物多様性を破壊し、その地にもともと住んでいた人々を強制的に立ち退かせて行なう単一栽培にすぎません。

劣化した森林を回復できる大きな可能性があります。同時に、地球温暖化と伐採のために、大干ばつや大規模な山火事も増えています。乾燥は、昆虫の大発生や木の枯死をもたらします。燃えやすい物があることと乾燥条件が重なって、世界の一部地域で再植林は困難な課題となっています。「ボン・チャレンジ」は、ドイツとIUCN（国際自然保護連合）が2011年に立ち上げた取り組みです。2030年までに3億5000万ヘクタールの森林を回復させることを求め、政府と民間部門がこの目標に向けて誓約を行なうことを期待しています。2021年2月現在、回復すると約束された面積は約2億1000万ヘクタールで、そのほとんどが各国政府によるものです。「生物の多様性に関する条約」の「愛知目標」の目標15は、世界で劣化した生態系の15％の回復を求めており、世界全体で劣化した土地が約30億ヘクタールあると仮定すると、そのうちの約5億ヘクタールに相当します。同じように、国際連合の「持続可能な開発目標（SDGs）」の目標15は、2030年までに土地の劣化の阻止・回復を行なうよう各国に求めています。

この「森林」セクションでは、こうした目標を達成するための方法について探っていきます。●

プロフォレステーション
Proforestation

環境科学者ウィリアム・ムーマウは、「プロフォレステーション（proforestation）」という言葉を造語しました。それは、手つかずの森林を守るとともに、劣化した森林が回復し成熟するようにすることを意味しており、それこそが、世界全体の排出量に対して、ほかのどの土地利用に関する解決策よりも大きな影響を及ぼすと気づいたのです。2021年のウェストバージニア大学の研究で、1901年以降の変化について調査したところ、大気中の二酸化炭素濃度が上がるにつれて、木の二酸化炭素の吸収量は増えることがわかりました。最後は頭打ちになるとはいえ、これは長年考えられてきたことを覆すものでした。二酸化炭素が増えれば、気孔（葉の表皮にある小さい穴で、気体が出入りする）は、収縮するというのが長い間の定説だったのです。しかしこれは逆でした。従来考えられていたよりも、さらに多くの炭素が木に吸収されているのです。このことは、ムーマウの研究でも裏づけられました。

「植林（forestation）」は、気候変動を逆転させるすぐれた解決策として正当に推進されていますが、実践内容はさまざまです。「新規植林（afforestation）」は、何も生育していなかった場所に木を植えることです。「再植林（reforestation）」は、かつて生育していた場所に木を戻すことです。どちらも人間が行なう活動で、木の寿命の間中、炭素の隔離が行なわれます。しかし、寿命の最初の数十年間、成熟するまでの間は、新たに植えられた木の炭素除去への貢献は限られています。新規植林と再植林で1.5℃の気候目標を達成

するには、中国の面積よりも広い約960万平方キロメートルの土地が必要となるでしょう。

「プロフォレステーション」はそれらとは異なります。必要なのは、いま森林である土地です。手つかずのオールドグロス林（原生林）の場合もあれば、劣化していてとにかく回復させて生長させるべき森林の場合もあります。世界の年間炭素総排出量は約110億トンです。しかし、大気中の炭素元素の正味の

年間増加量は、約54億トンです。なぜなら、58億トンは、土壌と植物と海洋に隔離されるからです。この3つのうち、地球上で最も大量の二酸化炭素を除去するのが、森林です。成熟した原生林が、その隔離の大部分を担っています。最近まで科学界は、老齢の木が隔離する炭素は、ゼロとまではいわなくても、ほんのわずかしかないと仮定していました。今では、木は長い寿命のほぼ最後まで、大量の炭素を蓄積することがわかっています。プロフォレステーションは、今から2100年までの間に、新たに植林する森林の40倍の効果があるだろうと考えられます。

　最も優先して保護すべきなのは、生息地の分断が起きておらず、在来種の多様な個体群が生息している、面積5万ヘクタール以上の手つかずの森林景観です。ロシアからガボン、スリナム、カナダに至るまで、世界中に存在しています。手つかずの森林は、熱帯林の面積のうちわずか20％でしかありませんが、熱帯林の地上部分に隔離される総炭素量の40％を占めています。このように炭素の隔離できわめて重要な役割を担っているにもかかわらず、手つかずの森林のわずか12％し

地球上で最も大きな木、米カリフォルニア州トゥーレアリ郡にあるセコイア国有林のジャイアント・セコイアの健康状態と直径を測定する科学者たち。大きな木は、高さが76メートル以上、根元の円周が31メートルにもなり、野球場のホームプレートと二塁ベースの間の距離よりも長い

か保護されていません。よって、主に木材伐採や農地拡大のために搾取されやすい状況なのです。たとえば亜寒帯林は、熱帯林に貯留されている炭素量の2倍近くを隔離しますが、伐採や山火事、病害虫、鉱業に脅かされています。カナダの亜寒帯林の木は、伐採されてパルプ化され、高級な2枚重ねトイレットペーパーの原料となっています。

　森林の育成を阻害しているのが、木質ペレットの燃焼です。「バイオエネルギー」と呼ばれ、カーボンニュートラルなエネルギー源だとして、誤った擁護を受けてきました。この考えは、木1本の燃焼で出る炭素は、代わりの木を1本育てれば相殺されることになるという主張に基づいています。その論理を採用するなら、石炭だって再生可能といえるでしょう。北米の、特に米国最南部の種の多様性に富んだ森林は、EUが木質ペレットを再生可能エネルギーととらえているために、伐採が進んでいます。今ある木を燃やすことが、明日の木を植えることで正当化されています。経済的ではないのに、です。ソーラーや風力は、今日のエネルギーの中ではるかに安価なエネルギーです。しかし、EUや英国の補助金があるせいで、木質ペレットが人気を博しています。被害に輪をかけるように、米国の木質ペレット工場は低所得のアフリカ系米国人のコミュニティに建設されており、ここでは喘息や肺疾患の罹患率が高くなっています。木質ペレット工場は、許容できない量の粉塵や微粒子を発生させており、これが再生可能エネルギーとカーボンニュートラルの名のもとに行なわれているのです。

　国連が「森林」をあいまいな用語として定義していることが、世界に残る手つかずの森林の保護をさらに難しくしています。プランテーション林と、用材林と、手つかずの成熟林を同じようにとらえているのです。20年前に植えられたテーダマツのプランテーションと、1億3000万年前から続くマレーシアのタマンネガラの森が、同等なはずがありません。森林保全を定義するにあたり、国連は、森林面積を包括的な指標として用いるばかりで、森林の炭素隔離能力や樹齢、種の多様性、生態系の機能といった特徴には目を向けません。どの老齢林もさまざまなものを提供しています。複雑さ、つながり、さまざまな生息地、豊かな動植物の生物多様性、保水、大気の浄化、洪水調節……。まだ足りないというなら、美、感嘆、畏敬の念も加えましょう。劣化というのは、あらゆる生命系の中のつながりが分断されることです。再生は、このような生命系のつながりを尊重し、守ります。こうしたつながりは、炭素を隔離し、私たちを気候変動から守る最も効果的な手段にもなります。手つかずの森林のプロフォレステーションを実践するとき、生命のすべての側面が守られ、高められ、支えられるのです。
●

亜寒帯林
Boreal Forests

亜寒帯には、世界最大の手つかずの森林生態系があります。亜寒帯林は、マツ、カラマツ、トウヒ、モミ、灌木、低木、コケ、地衣類、そして動物の、多様性に富んだ生物群集を形成します。アラスカからカナダ、スカンジナビア、ロシア、日本の北端まで、北半球全体に緑の帯がのびています。亜寒帯林は、地球上にある陸上のバイオームのなかで最大で、沼地、湿地、湿原だらけの複雑で神秘的な生息地です。ロシアでは「タイガ」と呼ばれます。針葉樹が帯状に果てしなく連なっており、そこで道に迷った猟師は二度と帰れなくなるほどです。日陰の林冠の下には、黒い地衣類がもじゃもじゃ髪のように垂れ下がっています。ここは、オオカミ、ハイイログマ、シンリンバイソン、カリブー、ヘラジカの隠れ家であるとともに、オオヤマネコ、テン、ミンク、オコジョ、クロテン、クズリ、アナグマ、イタチなどの小型の肉食性哺乳類が多数生息しています。その土地、森林、水域を誰よりもよく知り、理解している先住民コミュニティが、600以上暮らしています。そして最も重要なのは、亜寒帯林の緯度では、湖底や森林や泥炭地全体に、大気自体に含まれるよりも多くの炭素が含まれていることです。

北米の亜寒帯林は、連続した森林、泥炭地、湿地が途切れることなく広がり、そこに小川や川、湖、池が組み合わさった、地球上で最大の領域です。面積は約4.9億ヘクタールです。10億〜30億羽の鳥が、夏の避暑地として北米の亜寒帯林をめざして飛んできます。遠いところでは、パタゴニアからも渡ってきます。秋になると、30億〜50億羽が、孵化して間もない幼鳥とともに越冬地へ戻って行きます。この中には、ムシクイ、ホオジロ、カモ、レンジャク、ワタリガラスなど、裏庭や公園、田畑、森林でよく見る鳥もいますが、絶滅が危惧されるアメリカシロヅルもいます。

涼しくて短い夏に、長くて寒い冬。多くの地域で、土壌は薄く砂質で、有害なほど酸性に傾いています。なぜなら、木から出る針葉や松ヤニ、油分、化学物質が絶えず降り注ぐからです。日光が届く場所では、サーモンベリーやブルーベリー、アカフサスグリやクロフサスグリが実っている、おとぎ話に出てきそうな一画もあります。高層湿原や低層湿原では、食虫植物のモウセンゴケやサラセニアが、うっかりやって来る昆虫やクモを捕まえて、消化します。亜寒帯林で優位を占める針葉樹は、光の吸収を最大にするために緑が濃く、冬の大雪を落とすために横から見るとピラミッドのような完璧な円錐形を形成し、凍結して固まるのを避けるために針葉で不凍性の松ヤニをつくります。

亜寒帯は、炭素密度が地球上のあらゆる地域の中で一番高く、その地中にある炭素は、人の手が入っていない熱帯林が地上部分に有している炭素をも上回っています。森林の土壌とバイオマスに保持されている炭素は1兆1,400億トンにのぼり、大気中に含まれる炭素の1.5倍に相当します。亜寒帯の湿度が高くて気温が低い条件が、腐敗を遅らせ、炭素が豊富な湿原や泥炭地をつくります。亜寒帯林が伐採され皆伐されると、その撹乱によって土壌が干からび、木の喪失以上に炭素が排

出されます。もし亜寒帯林およびそこに貯留されている炭素が半分失われたら、大気中の二酸化炭素濃度は500ppmを超えるでしょう。

　亜寒帯林の伐採を止めようという緊急キャンペーンが実施されています。特に、そこからの主要製品の中に、高級トイレットペーパーなど使い捨ての紙製品に使うバージン繊維がある場合です。プロクター・アンド・ギャンブル（P&G）の「チャーミン」や、キンバリークラークの「キルティングノーザン・ウルトラプラッシュ」といったトイレットペーパーを1枚使うごとに、世界最大の森林と炭素吸収源、およびそこの生物多様性をトイレに流していることになります。ジョージア・パシフィックも含め、これらの企業が携わっている行為は、「木からトイレへ」のパイプラインと言われています。こうした企業は、「1本切ったら1本植える」のだから、持続可能性を後押ししているのだと反論していますが、この理屈は林学の知見とは一致しません。伐採されている老齢樹は、新たに植えられた木が今後40年間に回収する炭素より

も多くの炭素を含んでいるのです。一度皆伐されたら、亜寒帯林が息を吹き返すことはありません。木が北方の寒い気候でまた生長するには、何十年という時間がかかるのです。かつて深い森にたくさん生息していたカリブーなどの動物は、トイレットペーパー会社が再植林した単一樹種の森林には戻ってきません。亜寒帯林を伐採して、ティッシュペーパーやペーパータオル、ダイレクトメール、紙袋をつくるなんて、常識的にできることではありません。ほかに代わりに使える繊維がたくさんありますし、リサイクルだってできます。亜寒帯林の木の繊維を使用する企業の広報担当者は、当社が使用しているのは別の木材会社で発生した「廃材」だけです、と説明しますが、この論理は、密猟者に殺されたゾウがいるからと、その足を取ってくる人と同じです。

　亜寒帯林は、回復までに何千年とまではい

［左］夕方の霧の中、森の池端に姿を現したヨーロッパヒグマ（*Ursus arctos*）。フィンランド
［上］雪に覆われたフィンランドのタイガの森

かなくても何百年もかかるような形で、はぎ取られ、汚染され、破壊されています。カナダのアルバータ州のアサバスカ・オイルサンド鉱床では、石油会社が世界最大の建設・開拓・採掘事業を展開しています。アサバスカ川の両岸にまたがるこの事業が完工したら、アイルランドと同等の面積に及びます。この広大な地域には、天然アスファルトというタールのようなドロドロした物質が含まれています。アスファルトを採掘、加熱、精製してガソリン1リットルを生産するには、淡水が2.8リットル必要になります。その後、有毒物質をいっぱい含んだ、もはや使用済みとなった水が、漏水防止処理をしていない貯水池にためられているのですが、その面積はこれまでに2万ヘクタールに及んでいます。この貯水池には、ニッケル、鉛、バナジウム、コバルト、水銀、クロム、カドミウム、ヒ素、セレン、銅、銀、亜鉛が含まれています。これまでのところ、残った選鉱くずと水の有毒物を除去する提案はまったく出されていません。蒸気を使ってアスファルトを回収するために地中深くで使用される熱水は地中に残り、100万ヘクタールほどとまではいかなくても10万ヘクタールほどの範囲の地下水を汚染する可能性があります。

亜寒帯では、世界のほかの地域よりも温暖化が速く進んでいるため、昆虫の大発生から山火事まで、幅広い影響に直面しています。北極の気温は世界全体の2倍の速さで上昇しており、このような不均衡な温暖化は気候帯を北へと移動させていますが、木が移動できる速度はそれに追いつけません。温暖化により、現在土壌中に封じ込められている相当量の炭素が重大な危険にさらされています。積雪がこれまでより早く広く融解すると、火災シーズンの前に森林がカラカラに乾いて、山火事の制御がますます難しくなるでしょう。

木の年輪や湖沼堆積物中のススをもとに、科学者たちが亜寒帯林の山火事の歴史をたどろうとしてきました。米アラスカ州の亜寒帯林で近年起きている山火事は、8,000年の歴史の中で最も深刻なものだったようです。

今日、亜寒帯林の中でいまだに原生林なのは、3分の1未満です。継続的に行なわれている木材伐採は、持続可能ではありませんが、減らすことはできます。もし政府がこうした土地をそのまま取っておくと約束して、自然の力で原生林の状態まで完全に再生できるようにしたら、平均炭素貯留量は同じ面積の温帯林や熱帯林の3倍になるでしょう。これは、私たちが伐採してはぎ取って燃やして汚染するのをやめれば、地球には本来、再生システムが備わっていることを示しています。

カナダのファースト・ネーションズ（先住民族）は、全国に保護・保全地域をつくる動きを先導しています。彼らは自らの土地、およびふるさとに世界中から飛来する鳥類の群れに見られるような自然界の自然サイクルを観察し、管理する役割を果たしています。気候危機に終止符を打つための包括的な計画は、亜寒帯林の保護にかかっており、資源の採取による生態系の劣化に歯止めをかける必要があります。搾取された亜寒帯林を元通りにするための重要な取り組みが、2002年から4つのアニシナアベ・ファースト・ネーションズで着手されました。先住民族は、ユネスコの世界遺産登録を通じてその土地を保護するという協定に署名しました。アニシナアベ族は、少なくとも7,000年前からその土地を管理してきました。2018年、「ピマチオウィン・アキ」がカナダで19番目の世界遺産に登録されました。ピマチオウィン・アキとは、現地のオジブワ語で「生命を与える土地」を意味します。マニトバ州とオンタリオ州の州境にまたがって広がり、面積が290万ヘクター

ルに及ぶこの世界遺産には、州立公園2カ所、自然保護区1カ所、3,200の湖、5,000を超える淡水湿地と池、そして285の遺跡が含まれます。生物調査では、700を超えるさまざまな維管束植物と、約400種の哺乳類、鳥類、両生類、爬虫類、魚類がカウントされました。その中にはアビ、ヒョウガエル、チョウザメ、クロトネリコ、バンクスマツ、ワイルドライスなどが含まれます。遺跡を調べると、土壌と水域が完全に回復するように、狩猟、漁業、収穫の地域を移動して、資源のローテーションをしていた長期的なパターンが見られます。

大きな影響を与えている先住民のリーダーの1人が、ラットセルク・ディーン・ファースト・ネーションのスティーブン・ニタです。彼は、カナダで一番新しい国立公園を創設する際に、交渉責任者を務めました。ノースウェスト準州にある、面積260万ヘクタールのティディーン・ネイネイ国立公園保護区です。ここは、北米の非常に多くの場所で行なわれてきたように先住民を立ち退かせるのではなく、融合させるようにつくられています。ラットセルクの人々はこれまでずっと行なってきたように、狩猟や漁を続け、森林や湖や河川の管理も続けます。ニタは政府や市民、自治体職員と連携しながら、「自然に基づく解決策（Nature-based Solution: NbS）」と呼ばれる新たな見方を提案してきました。炭素を隔離する土地利用事業です。ニタが提案するのは、「土地との関係性計画（Land Relationship Planning）」という、これまでとは違うアプローチです。世界中の人々が何百年にもわたって行なってきたのは、土地の「利用」です。土地と私たちとの関係性、つまり、人類が、農地や草地、湿地、森林地ともつ関係性を考え直そうというのが、ニタの提案です。人々がどのように場所と結びついているか、相互関係や絆（今あるもの、およ

び今後めざすもの）を表しています。

近年、自然の30〜50％を自然のために取っておこうといういくつかの提案が出されました。E. O. ウィルソン教授の「ハーフ・アース（地球の半分）プロジェクト」は、地球上の生命のほとんどを保護するために、地球にある手つかずの陸域や海域の半分を保全しようとするものです。その擁護者たちは、2030年までに30％を取っておくことを求めています。これは気候変動対策において重要です。私たちが自然を破壊するとき、すべての生き物をつなぐ複雑な炭素の織物がほつれ、ズタズタに切り裂かれます。瀕死の土壌、木、湿地、動物の中の炭素が酸化して、二酸化炭素となって大気中に放出されます。亜寒帯の危機は、単に森林や生息地の危機であるだけではありません。絶滅の危機、文明の危機でもあります。大きな連続した生息地が、分断された島々へと縮小するとき、そこで支えられる生物種の数は比例して減るわけではありません。ウィルソンは、地球の50％を保護すれば、私たちはまだすべての種の85％を守れるかもしれないと考えています。これは長く待ち望まれていた魅力的な提案です。もし、「アースショット*」のタイトルに値するアイデアがあるとすれば、それはまさしくこれのことでしょう。ここ数年間、気候科学者や企業はますます、気候変動に対処し「地球を救う」ための見過ごされてきた手段として、自然を語るようになっています。自然を救うためには、そう、自然を救わなければならないという結論に至りつつあるのです。まさにその通り。亜寒帯林と熱帯林は、土壌中および地上部分に保有する生命（および炭素）を考えれば、最大限に優先されるべきですが、すべての森林が今も、そしてこの先もずっと保護される価値があるのです。●

＊J. F. ケネディ大統領の「ムーンショット（月面着陸計画）」にちなんだ、地球環境問題の解決のための革新的な政策や技術

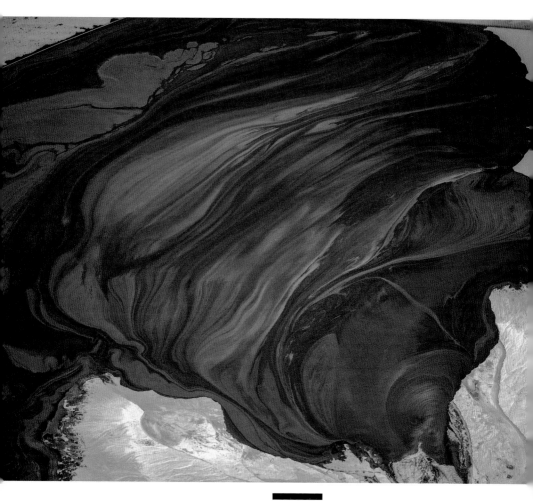

カナダ・アルバータ州フォートマクマレーの北にあるシンク
ルード鉱山の貯水池。タールサンドの貯水池は漏水防止処
理をしていないため、何十年にもわたって周囲の環境に有害
化学物質を溶出させる

熱帯林
Tropical Forests

気候危機を終わらせるために私たちが行なえる最も重要な行動の1つが、熱帯林の保護です。私たちはそれを速やかに行なわなければなりません。世界の森林は、大気中の二酸化炭素のきわめて重要な吸収源です。2001年から2019年までに隔離した二酸化炭素の量は、劣化と森林破壊によって排出した量の2倍にあたります。その差分は1年あたり80億トン近くになります。2019年に米国が排出した二酸化炭素の総量よりも多いのです。熱帯林がカギを握ります。最近まで、ほかのどの種類の森林よりも多くの炭素を隔離していました。しかし今では破壊が急速に進み、まもなく炭素の吸収源としての役割が逆転して、これまで何十年もかけて枝や幹や根に貯留してきた大量の炭素の排出源となるかもしれないほどです。なぜこんなに失われているのかというと、木材伐採、鉱業、都市化、農地への転換によって、土地の劣化が起きているからです。合計すると、4.5秒ごとにフットボールのフィールド1面分の熱帯林が失われています。この速度は増しています。2020年には、世界が新型コロナウイルスのパンデミック（世界的大流行）と経済不況に見舞われたにもかかわらず、熱帯林は前年より12%多く破壊され、二酸化炭素2.6ギガトンが新たに放出されました。

地球上で最も大きい3つの熱帯雨林の中でただ1つ、アフリカのコンゴ盆地だけが、今でも炭素の吸収源であり、貯留された炭素のほとんどを保持しています。2つめはインドネシアで、ここは劣化と森林破壊によって正味で炭素排出源になっています。3つめのア

マゾン盆地は、正味でプラスになったりマイナスになったりしています。課題は炭素だけではありません。アマゾンから排出されているほかの温室効果ガス、たとえばメタンや亜酸化窒素などの量が、そこで二酸化炭素が吸収されて生じる気候面の恩恵を上回りそうだということが、近年の研究で結論づけられています。木材伐採や森林破壊が続くと、この状況がさらに進むでしょう。森林伐採が最初のきっかけを与えます。成熟した手つかずの熱帯林は通常は燃えませんが、道路が建設されたり木がなくなったりすると森林が乾燥し、火事の条件が生まれます。木が燃えると貯留された炭素が放出されますし、その後土地が開けることで土壌中の炭素が分解され、大気中に戻ってしまいます。

一番簡単な解決策の1つが、熱帯林を「生長させる」ことです。劣化から守りながら、あるがままにしておくのです。熱帯の大きな老齢樹は、同じような環境下にある若くて生長の速い木に比べ、炭素を3倍も吸収できます。このとき、どの樹種かが大事です。広葉樹（硬材）の高木は、商業的に最も魅力的ですが、成熟するまでに何百年もかかることがあります。直径が毎年ほんの数ミリメートルずつしか生長しないからです。その結果、特に寿命の最後の3分の1の期間に、大量の炭素を吸収することになります。地上の炭素の半分近くが、高木に貯留されています。もしオールドグロス林がパーム油などのプランテーションに転換されると、大量の炭素が放出される可能性があります。伐採されて燃やされると、熱帯林から炭素蓄積量の35〜

90％が放出されるかもしれません。自然な再生長による回復は40年かかる可能性がありますが、炭素蓄積量の補充には100年以上かかる可能性があります。気候を守る目的においては、これはあまりにも長く、あまりに遅いです。

　手つかずの熱帯林は、レジリエンスに富んでいます。分断や劣化が起きていなければ、山火事に抵抗でき、干ばつが起きにくく、侵入種の影響も受けにくいのです。気温は低くて湿度は高く、自然の撹乱からすばやく回復します。熱帯林は、地球上のすべての種の少なくとも3分の2のすみかとなっています。非常に多様な動物、植物、鳥類、昆虫類、菌類、そして無数の土壌微生物などがいるのです。熱帯林は、生物の宝箱です。多くの種が独特で、熱帯雨林のその区域内の微気候に適応した性質をもっています。熱帯林の健全性

と生産性は、林冠の下に生息し網の目のようにつながり合った生物と切り離して考えることはできません。もし野生生物の個体数が減れば、生態系全体の健全性が損なわれ始めます。木は数十年で再生できても、生態系の回復にはもっと長くかかり、特定の種に関しては何百年でも無理かもしれません。炭素と気候の観点から見れば、取り組みの焦点は、ただ木だけではなく、熱帯林生態系に当てるべきです。

　与えられた時間は長くありません。世界の熱帯林に隔離される炭素の割合は、1990年代から約3分の1に減りました。1990年代に熱帯林は世界全体の二酸化炭素排出量の17％を取り除いていましたが、2010年代には6％に下がっていたのです。この減少の主因は人類の森林破壊行為にありますが、その一方で、気温の上昇や長期にわたる干ばつと

いった気候変動の影響で森林に引き起こされた物理的変化も、これに寄与しています。木の枯死率が上昇している主な原因は、平年より気温が高いことと降水パターンが変化したことにあります。熱帯林には、適切に機能しなくなる気温の閾値があると、科学者は推定しています。モデル予測によると、アマゾンの森林は2040年にはこの閾値に達するとされています。世界全体の温室効果ガス排出量を削減することが、熱帯林の未来にとって不可欠です。

　健全な熱帯林は、その中に暮らす先住民と切り離して考えることはできません。このきわめて重要な天然資源を保護しようとする方策はすべて、先住民の権利を尊重し支持していなければなりません。先住民の居留地は、森林破壊の割合が低く、生物多様性が最も高いことが調査で示されています。世界全体で

熱帯林に貯留されている炭素すべてのうち、4分の1近くが先住民の管理する土地にあります。そのうち、先住民の権利が公式に保護・承認されていない場所が3分の1にのぼります。炭素も、そこに住む人々も、危険にさらされているのです。たとえばブラジルで、メンクラグノティ先住民保護区内の森林は、1,100万トンの二酸化炭素を吸収しており、この地からの排出量を上回るため、炭素の吸収源となっています。その一方で、先住民保護区外の土地は、正味で二酸化炭素の排出源になっています。鉱業や放牧や農業で森林破壊が起きているため、2019年にアマゾン盆地で壊滅的な山火事が発生したとき、分断され劣化した森林は延焼を助長しましたが、ブラジル南東部のカヤポ族など、先住民保護区で保護されていた手つかずの森はおおむね難を逃れました。先住民に土地の権利を保障することは、とても重要な気候危機の解決策なのです。

　熱帯地域で森林破壊の主な推進力となっているのは、4つの商品（牛肉、大豆、パーム油、木材）の生産で、その多くが輸出用です。工業型農業によるこれらの商品需要を低減すれば、熱帯林にかかる圧力が下がり、保護が可能になるでしょう。先住民と協力し、彼らに財政支援を行なうとともに、劣化と森林破壊を食い止める国家の経済政策を実施すること——そうすれば、熱帯林とそこに蓄えられた大量の有機炭素が、地球上で最も素晴らしくかけがえのない、網の目のようにつながり合った生命を支え続けられることでしょう。●

マレーシアのボルネオ島・ダナム渓谷の低地熱帯雨林からの日の出。ダナム渓谷保護区の面積は4万4300ヘクタール。1ヘクタールあたり200種以上の植物、270種の鳥類、ボルネオサイやピグミーエレファントを含む124種の哺乳類が生息する、世界で最も多様性に富んだ森の1つ。この熱帯雨林は1億3000万年前のものと言われている。2019年には、世界で最も高い熱帯樹、樹高100メートルのイエローメランチの大木が発見された

新規植林
Afforestation

新規植林」は、かつて森林ではなかった土地に、計画的に植林し、森をつくることです。小規模のものから大規模なものまで、さまざまな規模で行なえます。歴史的には森林があったがもはや森林ではない土地、たとえばきわめて劣化が進んだ場所などにもあてはまります。「再植林」とは異なります。再植林というのは、破壊されたり伐採されたりした森林を再生させることを意味します。木を植えることは、気候変動に対し、自然を生かした重要な解決策です。なぜなら、大気中の炭素を、葉や枝、幹、皮、根に、生きている間中ずっと隔離しておけるからです。木が生長して成熟すると、貯留される炭素の量は膨大になりえます。木を植えるべきさらにほかの理由としては、水流や斜面を安定させることで劣化した生態系を改善すること、土壌の健全性を高めること、アグロフォレストリー（森林農法）に組み入れられること、生きた防壁をつくって砂漠の拡大を緩やかにすること、野生生物の生息地を生み出すこと、洪水による損害を低減すること、などもあります。

2015年に科学者たちは、地球上に約3兆本の木があることを突き止めました。たくさんあるように聞こえるかもしれませんが、人類文明が始まった当初に比べて50％近い減少を表しています。もっと深刻なのは、森林破壊や害虫の大発生、山火事により、毎年木が正味で100億本ずつ減っていると試算されたことです。地球の陸地は、この30年間に化石燃料の燃焼で排出された二酸化炭素の約30％を吸収してきました。その隔離の大部分が森林で起きています。もっと多くの土地に新規植林を行なったらどうでしょうか。別の研究の推計によると、世界全体で8億ヘクタール以上の土地が、追加で1兆本もの木を育てるのに使えるということです。この分析の対象には、農地は含まれていませんが、放牧地は含まれています。少し木を植えれば家畜にも恩恵があるだろうという考えに基づいています。「可能性は文字通りどこにでもあります——地球全体に」と、この研究論文の執筆者の1人、トーマス・クローサーは述べています。「炭素回収量の点で最も効率が良いのは熱帯ですが、私たち1人ひとりが関わることができます」

そして、私たち市民はこの動きに関わりつつあります。近年、大規模な植林キャンペーンが発表されています。たとえば世界経済フォーラムの、2030年までに新たに1兆本の木を植えるという「1兆本の木イニシアチブ」などです。植林事業は、各国政府や、資産家、大手企業の間で人気になってきました。

こうした取り組みは、きわめて重要な問いを投げかけます。どのような種類の木を植えるべきでしょうか？　どこに？　誰の土地に？　何のために？　昔からその土地の管理や世話を担ってきた先住民と相談したでしょうか？　新規植林により、どのような意図せぬ影響が生じる可能性があるでしょうか？新規植林が気候危機に対して大きな役割を担えることは明らかですが、場所と樹種を慎重に選定すべきです。たとえば科学者のなかには、アフリカの広大な草地やサバンナのように、森林破壊も劣化も起きておらず、植林を

すれば生態学的に害をなすような土地まで含まれる可能性があると、異議を唱える人もいます。多くの野生生物種は、進化によりこうした景観に適応していますが、もし生息地が改変されれば被害をこうむる可能性があります。新しい木は、地下水の供給に悪影響を与えるかもしれません。非在来種が拡散し、在来種を駆逐してしまう可能性もあります。低排出量の途上国が、高排出量の先進国のために植林事業の生態学的な負担をかぶるべきかどうかなど、倫理的な問題もあります。社会的な考慮もきわめて重要です。木を植えることで、伝統的な生計手段が崩壊する可能性があります。あるいは間違った樹種が選定されるかもしれません。アイルランドの新規植林プロジェクトは、非在来種のトウヒを使用したため、周辺住民の怒りを買いました。気候を守る目的で考えると、植林事業は炭素貯留を維持するために長い年月をしのぐ必要があります。このことは、新規植林として最も広く行なわれている手法の1つ、樹木プランテーションにとっては難題です。生長が速く、商業価値の高い非在来種を使うことの多いプランテーションは、木が収穫されると、炭素隔離のメリットがなくなってしまうのです。

模倣できるような良い事例があります。植物学者の宮脇昭は、地域環境に適応した多様な在来種を混ぜて、劣化した土地に小さな密生した森を育てるという、自然の力を生かしたプロセスを開発しました。植樹に成功した樹種としては、マツ、カシ、ブナ、センダン、マンゴー、チーク、グアバ、クワなどがあります。このような「ミニ森林」は都市部でよく見られるようになりました。ケニアでは、ワンガリ・マータイが、小川が干上がって薪を見つけるのが大変になったと女性たちが話すのを聞いて、1977年に「グリーンベルト運動」を始めました。彼女の組織は、女性た

ちと連携して地元の流水域に木を植えました。そうして、土壌中に雨水を溜められるようにして、作物生産量を押し上げ、燃料を供給しながら、活動した人が少額の給付金を得られるようにしました。5,000万本の木が植えられ、何万人もの女性が林業と食品加工の研修を受けました。また、「インドの森の住人」と呼ばれるジャダフ・ペイエンは、ブラマプトラ川の中州、マジュリの土壌侵食を防ごうと、たった1人で植林して、550ヘクタール以上広がる豊かな森をつくりました。

中国では、世界のほかの地域をすべて足し合わせたよりも多くの新規植林が行なわれています。1998年に長江で悲惨な洪水が起きて、この地域の大規模な森林破壊と土地の劣化が白日の下にさらされた後、政府は全国レベルの大規模な植林・森林保全プログラムを大幅に強化しました。この「三北防護林計画」は、ゴビ砂漠沿いに約500億本の木を植えて、砂漠の拡大を食い止め、砂嵐の発生を減らそうとするものです。長さ5,000キロメートルの防護林をつくることをめざしており、「緑の万里の長城」と呼ばれています。しかし、これは計画通りには進んでいません。ポプラやヤナギといった地域環境に合わない樹種を使って、広大な単一樹種の植林を行なったために、成功が限定的だったのです。中国は新たなアプローチを探っています。北京市の南に位置する6万5000ヘクタールの「山東生態造林事業（SEAP）」では、地元住民を巻き込んで在来種や経済的価値の高い樹種を混植し、複層林をつくりました。5年の間に、斜面の植生被覆は16％から90％近くにまで増加し、土壌侵食は約66％減り、水の土壌浸透は33％ほど増えました。

米カリフォルニア州では、樹木の専門家であるデヴィッド・マフリーが難しい問題に取り組んできました。「気候変動によって条件

が変化し予測できないなかで、どの木を植えるのか？」という問題です。サンフランシスコ市のベイエリアの在来種であるオークの木（ブルーオークなど）は、なんとか生き延びようとしているところです。成木まで生長するオークの苗は、割合にしてほんのわずかです。マフリーの答えは、「より暑く、より乾燥した条件に対して回復力と適応力があることがわかっている、似たような樹種を探し出す」というものです。たとえばロサンゼルス沖のチャンネル諸島で見つけたアイランドオークが、その一例です。このような在来のオークはかつて、はるかにもっと広い地域に生育していました。カリフォルニア州がもっと乾燥していた何千年も前のことです。もう1つの候補がエンゲルマンオークで、これはメキシコのバハ北部や、サンディエゴ付近の丘陵の在来種です。

植林は、人類の心に深く共鳴するような、琴線に触れる活動です。だからこそ、米国を

はじめ30を超える国が公式に「植樹の日」を祝うのです。正しく行なえば、新規植林は、炭素隔離を最大化するうえで費用対効果も高く、申し分のない戦略です。●

━━━━━━━
［左］カナダのブリティッシュ・コロンビア州ウィリアムズ・レイクの近くで熱心に植林を進める、「ジョニー・パインシード」というあだ名の男性
［上］豪ビクトリア州ギプスランドのミッチェル・リバー国立公園で、グリーンフリート・オーストラリアが植林する5万7000本の在来種の苗の1つ、ティーツリーの苗

泥炭地
Peatlands

泥炭地は、有機物がゆっくりと分解して、大量の濃厚な黒い炭素が酸性の泥炭（ピート）の形で蓄積した湿地生態系です。地球の陸地面積に占める割合は3％ですが、地球の炭素蓄積量の最大20％に相当します。世界の淡水湿地の50〜70％を占め、湿地林、低層湿原、ヒース、高層湿原、泥炭湿原などたくさんの名称があります。北極の永久凍土地域から、湿潤熱帯地域、沿岸地域、亜寒帯林まで、泥炭地は南極を除き世界中のあらゆる場所で見られます。「水浸し」が、浸水した泥炭地をよく表す特徴です。酸素がないために、酸性で貧栄養の環境をつくります。そこでは、植物や木が分解して、酸性の泥炭の累積層を形成します。菌類、ミズゴケ、アシ、ヘザーはすべて湿原で繁殖でき、最終的に辺り全体を厚いカーペットのように覆います。

世界の湿地林の50％以上が、インドネシア——スマトラ島やカリマンタン島（マレーシアではボルネオ島と呼ばれる）など——とマレーシア（サラワク州）にあります。このようなところの森林は、あらゆる点で珍しい森林で、亜寒帯林やスコットランドの泥炭地（主にミズゴケやスゲ、ヘザー、灌木からなります）とは大違いです。熱帯では、低地湿地林の木が20階建ての建物の高さにまで生長することがあります。森林は雨季に浸水し、その後乾季には、黒っぽいタンニン色の水たまりだらけになります。

インドネシアのカリマンタン島の湿地林とそれに隣接した低地林では、数え切れない文化が生計手段や食料源を失ってきました。ダヤク族は何千年もの間、移動耕作を行なっていました。インドネシアには、1,000の民族コミュニティに属する7,000万人以上の先住民がいます。森林破壊のせいで貧困や人権侵害が起き、伝統的な土地が突然失われた状態が続いています。そこにすむ動植物種も、同じように影響を受けています。低地林には、1万5000種以上の植物が生育しています。鳥類種としては、サイチョウやアカハラシキチョウなどが生息しており、後者は世界で最も鳴き声が美しい鳥の1つです。哺乳類には、ウンピョウ、スマトラサイ、象徴的な存在のオランウータン、ヒゲイノシシ、ボルネオホエジカ、テナガザル、カワウソ、マカク、ラングール、テングザルなどがいます。カリマンタン島に生息する哺乳類、爬虫類、鳥類の事実上すべての種が減少しており、絶滅寸前の種もあります。

インドネシアは1996年以降、積極的に熱帯雨林を開拓しました。政府は、広大な農地を切り開いて稲作を行なおうと、4,000キロメートルに及ぶ灌漑用水路を建設しました。水路で排水された泥炭林は干上がりました。そして木材伐採が行なわれ、続いて山火事がやってきました。大手の製紙会社やパーム油会社が、違法に大規模な焼き畑農業を行なって、開墾したのです。泥炭林は、普通の森林とは違う燃え方をして、消火は不可能といっていい「ゾンビ火災」と呼ばれるものを生みます。火が地中深くトンネルを掘るかのように広がり、思いもよらぬところから火が出ることがあるのです。泥炭の深い層が発火すると、5,000〜1万年以上蓄積してきた地下の燃料を焼き尽くします。1997年と2002年の

干ばつのとき、森林火災は泥炭地全域に広がり、推定30億〜40億トンの炭素が排出されました。1997年の火災のときは、1年間の大気中の二酸化炭素増加量が、1957年に直接測定を始めて以降、最大となりました。2015年のインドネシアの火災では260万ヘクタールが燃え、東南アジアの大半が黄色い煙霧に覆われました。環境を破壊しただけでなく、煙は医療と経済にも悪夢をもたらしました。呼吸器疾患に苦しめられた人は、推計100万人にのぼります。火事をしずめて大気汚染の影響を緩和するための費用は、合計で350億ドル（約3兆9000億円）を超えました。それからわずか4年後の2019年に再びインドネシアは山火事に襲われ、排出量は2015年のときとほぼ同じと推計されています。総炭素排出量は、同じ年に広範囲で報告されたアマゾンの森林火災に由来する排出量の2倍にのぼりました。

泥炭地1ヘクタールを転換すると、泥炭が乾燥するため、1年間に70〜100トンの二酸化炭素が排出されます。かつて湿地林だった場所が今ではパーム油プランテーションにされていますが、地盤沈下のため、さらに排水を行なわなければなりません。こうして二酸化炭素が排出され続けます。泥炭は深さが地下15メートル以上にも及ぶ場合もあるため、排出は何十年も続くでしょう。計算すると、それまで泥炭地だった場所でパーム油1トンを生産すると、1トンのガソリンを生産したときの20倍の二酸化炭素を排出することになります。インドネシアが世界第4位の二酸化炭素排出国というのもうなずけます。長年、パーム油が石油タンカーで欧州に輸送されると、そこではEU基準に則り、再生可能で持続可能なバイオ燃料に分類されていました。しかし、森林破壊の懸念から、EUは再生可能なバイオ燃料としてのパーム油の段

階的廃止を2030年までに行なう決定を下しました。パーム油は、食品業界で幅広く使用されています。クッキー、クラッカー、チップス、キャンディ、シリアル、チョコレートの原材料になるのです。そして化粧品業界では、シャンプー、コンディショナー、ボディーオイル、ローション、口紅、シェービングジェルといったスキンケア製品に使われます。炭素の点でパーム油と同じような影響をもたらしているのが、かつての泥炭地を単一樹種のプランテーションに変えて、その木材で生産したパルプや紙です。今はこれを使って、新聞紙や包装紙、段ボール箱、つややかな商品カタログなどが生産されています。

2015年の大火事は国際的な非難を受け、インドネシアのジョコ・ウィドド大統領の面目を失わせました。大統領は、「泥炭地・マングローブ回復庁（BRGM）」を設置し、2020年末までに260万ヘクタール以上の森林性泥炭地を回復させると約束しました。そのうえ政府は、プランテーション企業と林業会社に、さらに160万ヘクタールの泥炭地を修復するよう命じました。この事業の管理責任を負うのはBRGMです。BRGMは、この土地に水分を取り戻すため、16万キロメートルの水路をせき止めて、水流を止めることも任されました。これまでに回復させたかつての泥炭地は20万ヘクタールで、260万ヘクタールという目標の8％です。BRGMの直面している主な障壁は、「回復させた土地をどうするか」という問題です。沼沢地や浸水地で育つ作物はほとんどありません。この農業形態は「パルディカルチャー（paludiculture）」と呼ばれるものですが、農業大学も含めほとんどの機関でまだ知られていません。消費の増大のなか、回復された土地の小規模自営農家に換金作物を導入しない限り、取り組みは苦しくなるかもしれません。

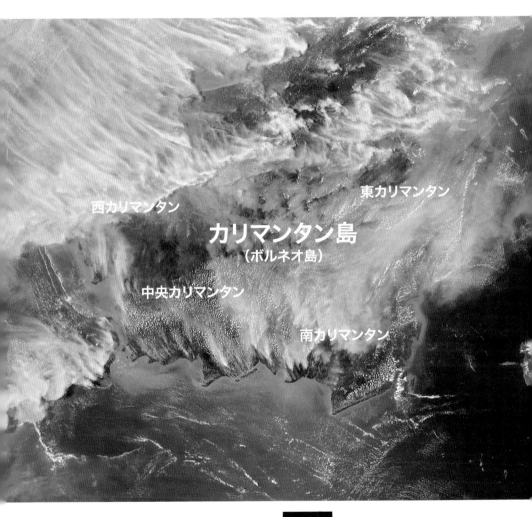

西カリマンタン　東カリマンタン

カリマンタン島
（ボルネオ島）

中央カリマンタン

南カリマンタン

［左］マレーシアのボルネオ島サバ州、ダナム渓谷の低地林
の林冠から立ち上る早朝の霧
［上］2019年9月24日に撮影されたNASAの衛星画像。
2019年末までに、カリマンタン島では90万ヘクタールが焼
失した。スーパーで買うものの半分にパーム油が入っている

方向転換が必要になったため、インドネシアは「カティンガン・メンタヤ事業」を創設しました。もともと泥炭林だった場所15万ヘクタールを保護、修復して、貴重な泥炭地がプランテーションに転換されないように守るものです。実施団体は、カーボンクレジット（排出削減活動による炭素の減量証明）を販売しています。そしてこの財源を使って、自動化された火災監視タワーを設置し、古い排水路をせき止め、炭素排出の研究を行ない、季節的な火災から森林を守るのを手伝ってくれる地元のインドネシア人1,500人以上を雇うことができています。この事業への地元の賛同や参加を促すため、森林の近くに住む家庭に、森林の中でも劣化の激しい場所に植えるようにと苗木を渡し、毎年その参加の報酬を支払っています。デンマークでは、地球温暖化を逆転させる方法として、泥炭地の回復が後押しされています。少し前までは、デンマーク人もインドネシア人と同じことをしていました。新しい農地を開拓するために、排水溝を掘り、パイプラインを設置し、湿原から水を抜いていたのです。デンマーク政府は、温室効果ガス排出量を2030年までに70％削減する約束の一環として、土地を浸水させて泥炭の生産を再生するよう、農家に促しています。「湿地の再湿潤化」とも呼ばれています。農家のヘンリク・ベルテルセンは、デンマークが2050年までにカーボンニュートラルな国になるという目標の達成に向けて、不可欠な役割を担っています。彼はそのために、所有地の4分の3近く、89ヘクタールを浸水させました。ベルテルセンの畑では毎年、二酸化炭素換算で2,700トンの排出量が回避されると推定されます。農地を浸水させる彼の計画は、デンマークでかつて国土の25％を構成していた湿原を回復させようとする大きな動きの一環です。2000年代後半までに、この数字は4.7％まで低下していました。湿地は湿っていなければなりません。とはいえ、泥炭地回復事業で土地の湿潤化を実現するのは難しい可能性があります。かつての湿原は、排水された場所にあることが多く、そのような場所には、地下水位を低下させて商品作物が栽培できるように、灌漑水路や排水溝が設置されているからです。

科学者たちは近年、「世界最大の熱帯泥炭地複合体」といえそうな場所を見つけました。グレタ・ダージーらのチームが、コンゴ民主共和国の中でもことさら辺鄙な地域にある過酷で困難な調査地に張り込み、数年間の調査を行なったのです。ここは「キュヴェット・セントラル地域」（中央窪地）と呼ばれ、アフリカ最大の熱帯雨林（コンゴ盆地）中央部にある広大な平地です。ダージーが英リーズ大学の博士論文として執筆した2017年発表の論文には、彼女や先輩、そして大学院のアドバイザーであるサイモン・ルイスが、まだどこにも記載されていなかったイングランドの面積よりも大きな泥炭地をどう発見したかが記述されています。この論文は、キュヴェット・セントラル地域が浸水していることは知っていたものの（キュヴェットとはフランス語で「ボウル」の意味）、土壌が泥炭であること、そのため炭素を330億トン含みうることまでは知らなかった多くの科学者の前提を揺るがしました。

炭素吸収源である、スポンジのように水を含んだ泥炭地の未来は、次の要素の組み合わせにかかっています——泥炭地を探し当ててモニタリングする技術、世界をパーム油から脱却させる取り組み、まだ残っている手つかずの泥炭地を保存、保護しようという意志です。世界の取り組みを地球上の陸地の3％に注力させることで、6,500億トンの炭素が大気中に排出されずにすみます。たとえば、も

しコンゴのキュヴェット・セントラル泥炭地が火事になったら、世界全体の年間温室効果ガス排出量は3倍になりかねないのです。インドネシアは6,500万ヘクタールの泥炭地をパーム油のプランテーションに転換させてきましたが、これはフランスの国土面積に相当します。残念ながら、キュヴェット・セントラル地域はアブラヤシの完璧な生息地です。アブラヤシはコンゴなどの西アフリカが原産だからです。アブラヤシからは、現在栽培されているなかで最も広く使われている種類のパーム油が採れます。投資家は、すでにそこにアブラヤシを植えつつあります。●

[上] 不純物を取り除くために高圧の蒸気室に移されるアブラヤシの実。マレーシアの企業サピのパーム油プランテーションは、世界最大のパーム油貿易会社と言われている。1ヘクタールで6トンのパーム油を生産する（大豆油は1ヘクタールで1トン）

[右] マレーシアのボルネオ島サバ州のキナバタンガン野生生物保護区に生息するテングザル。パーム油会社による森林破壊で絶滅の危機に瀕している種の1つ。樹上性のサルで、陸地に出ることはほとんどないが、生息地の分断により、餌を求めて陸地を移動する必要があるため、ジャガーや先住民の餌食になっている

アグロフォレストリー（森林農法）

Agroforestry

鶏は、東南アジアの森林が原産地で、ヤケイ（野鶏）と呼ばれる原種から進化したもの——この豆知識が、家禽を中心に据えて木も植える、革新的な農業のビジョンのカギを握ります。鶏は、ヘーゼルナッツの木の陰で自由に草を食べ、木の列の間に植えた被覆作物（カバークロップ）についている虫も食べます。上空を飛ぶ捕食者から木の葉の陰に守られながら、土壌を肥沃にします。木は商業上有用な製品を生みます。これがアグロフォレストリー（森林農法）の基本的なやり方です。アグロフォレストリーというのは、木や、木質多年生植物、一年生植物、家畜などを多様にダイナミックに組み合わせた農法です。

アグロフォレストリーは、1ヘクタール未満から数千ヘクタールまでさまざまな規模で行なえ、植物や人間のコミュニティ全体を支えます。植えつけるものを多様に組み合わせることで、その土地の生態学的なニーズも農家の経済的なニーズも尊重します。そして、特に気候変動や土壌侵食の影響を受けやすい世界各地で、科学者や実践者がほぼ理想的だとして広く推奨している資源管理システムを生みます。木は、風から守ってくれ、水による侵食の速度を緩め、土壌や作物からの水分の蒸発を減らします。木陰は土壌温度を下げ、直射日光の下では育たない作物に適した微気候をつくります。木の根は土を固定し、落ち葉や剪定した枝や分解された幹が地面を覆います。水の浸透が改善され、土壌は有機物でどんどん肥沃になります。灌木や花樹が、ポリネーター（花粉媒介者）などの益虫に花粉を与えます。木が与えてくれる木陰や水分や有機物が多種多様な土壌微生物をはぐくみ、その土壌微生物は養分の吸収を高めて土壌構造をつくります。

アグロフォレストリーで使われる木の多くが、窒素固定菌と共生します。窒素は、植物の健康と生長に欠かせない栄養素です。概して商品作物は、大気中の窒素を直接取り入れることができません。その代わり、土壌中のある種の真菌類と共生関係を築き、炭素と引き換えに根から窒素とリンを取り入れています。このような真菌類は、バクテリアから窒素を得るのですが、そのバクテリアは、特定の植物や低木や高木の根に共生する窒素を固定する菌から、窒素を得ています。従来の単作農業では、農地に窒素固定植物がないため、化学肥料をまいて栄養分を与えなければなりません。化学肥料が悪影響をもたらすことは、これまでに十分に裏づけられています。アグロフォレストリーでは、栄養分となる窒素が草木の力で自然に与えられます。おまけに、真菌類と木の根の間で交換される炭素の大半が大気中にあった二酸化炭素で、これが土壌中に隔離され続けることになります。

米国では歴史的に、作物栽培と林業が別々の分野として見られてきました。特に西部では、森林は製材用丸太を得る場であり、中西部においては、グレートプレーンズ*は、優先順に並べると豚、牛、人々のための一年生作物（大豆、トウモロコシ、小麦）を生産する場でした。でもドローンで撮影すれば、この国のほとんどの集水域が作物・木・家畜・自然地域のモザイク状になっており、この各

*ロッキー山脈の東側に形成された沖積平野

要素が地元社会の文化や経済にとってきわめて重要な役割を果たしています。米農務省（USDA）は1990年代半ばに、作物や家畜と木との組み合わせを土地所有者に促すような基準づくりを始めました。そして、アグロフォレストリーを3つの農法に分類しました。

アレイ栽培（alley cropping）：　高木や低木を列で植え、その列と列の間のアレイ（小径）の部分で食用作物を栽培するものです。アレイの幅は、狭くも広くもできます。木の列は、土地の輪郭に沿ってまっすぐでもカーブを描いていても構いません。木の種類は、果物やナッツがなる木、木材になる軟木、特殊用途の硬木など、どれでも良いです。アレイで栽培する作物は、家畜が食めるような被覆作物も含め、一年生作物や多年性作物、どのような種類のものでも構いません。さまざまなタイプの木や作物が一緒に栽培されることで、生態学的な恩恵をもたらしながら、農業所得源を多様化させることができます。木陰が家畜を守り、家畜は土壌を肥沃にし、低木はポリネーターに隠れ家を与え、葉の土壌被覆がミミズや微生物の食べ物になります。アレイ栽培はダイナミックです。高木や低木が生長すると、林冠や根が広がってその栄養や水のニーズが変わり、作物の生産に影響を与えます。農家は、この力を自分の利益になるように生かします。たとえば、土壌の肥沃度が高まったら、育てる作物を増やしたり、新しい木を植えたりします。この農法は、作物が多様であるため、市場や気候の変動による農場経営への影響を和らげ、レジリエンスを高めます。

シルボパスチャー（林間放牧）：　木と家畜を意図的に同じ土地区画の中で組み合わせる農法です。ラテン語の「シルバ」は、木、森、ジャングルを表します。それを「パスチャー（牧草地）」と組み合わせており、木と動物のために管理されるアグロフォレストリーを表します。家畜は毎年、牧草地の持続可能性を確保するよう慎重に管理され、放牧を短期間にすることもよくあります。長期的に見て、栽培される木は、家畜の食べられる葉など貴重な産物の安定供給を行ないます。シルボパスチャーの中には、牛や羊、山羊、リャマ、馬、豚、鶏、ダチョウ、ヤク、カリブー、鹿といった動物を重要視するものもあります。また、果物やナッツ、木製品などを重視し、放牧を補完的にとらえるシルボパスチャーもあります。たとえばブドウ園で草を食んでいる羊は、雑草などの植生を制御する助けになります。豚やイノシシは、森林下層をすっきりさせ、鼻で掘り返す行為も、慎重に管理されれば草の生長を刺激できます。逆に木は日陰をつくり、暑い日に放牧家畜や野生動物を守ります。

フォレスト・ファーミング（森林農業）：　管理された林冠の保護の下で作物を栽培するものです。フォレスト・ファーミングを行なう場は通常小規模で、熱帯地域で見られることが最も多く、ホームガーデン（家庭菜園）とも呼ばれます。野生の食べ物を収穫する場合もありますが、ほとんどのフォレスト・ファーミングは計画的に栽培を行なっています。特に注意が払われるのは、垂直方向の空間と、さまざまな高さの樹種の配置です。作物と樹木が生長する中で、両者間の相互作用がフォレスト・ファーミングの成功のカギを握ります。フォレスト・ファーミングの農場のなかには、価値の高い林産品、たとえばキノコやベリー、ナッツ、医療やスピリチュアルや文化の目的で使われるハーブなどを中心に生産するところもあります。野生植物の種子を採取して販売することも、もう1つの収入源に

なります。家禽以外の家畜はたいてい、フォレスト・ファーミングには含まれません。作物の生産と自然林の生態系を融合させることで、農家はいいとこ取りができます。

　実践者たちが長年経験してきたことが、研究で裏づけられています。農地に木を組み入れると、たとえば土壌や植物に炭素が隔離され、作物の収量が増え、風や水による侵食が減り、農村の経済活動が多様化するなど、重要な恩恵が生まれるのです。条植え作物から

ドクターブロナーが出資してガーナのアスオム町で展開している有機栽培・フェアトレードのパーム油プロジェクト「セレンディパーム」の有機アグロフォレストリー を鳥瞰した写真。アブラヤシ、カカオ、バナナ、キャッサバ、柑橘類、さまざまな木材などが間作されている。農家にはフェアトレードのプレミアムが支払われ、農家、従業員、セレンディパーム社の経営陣が管理するファンドに蓄えられている。フェアトレードの収入は、井戸の水、アスオム町の学校の教材や制服、近くの病院の住宅、公衆トイレ、5,000枚の蚊帳、コンピューターラボ、奨学金などに使われている

アグロフォレストリーに転換すると、土壌有機炭素が平均で34％増えました。

インドでは、木と農業を組み合わせることが何百年も前から伝統的に行なわれています。現在1,300万ヘクタールの土地で行なわれ、そこで国内の木材の65％が生産されています。インドは、世界で初めて国としてアグロフォレストリー政策を公式に採用しました。アフリカにおけるアグロフォレストリーの例としては、エチオピアの日陰栽培（シェイドグロウン）のコーヒープランテーションや、タンザニアの多層構造のホームガーデン、ケニアの植林地、サヘル地域（サハラ砂漠の南縁）でのサバンナのようなシステムなどがあります。東南アジアでは、果物やナッツのなる木が田んぼの畦に沿って、あるいは畦の中に植えられており、苗に日陰をつくるとともに、農家にとって副収入源になっています。インドネシアでは、何十年にもわたる熱帯雨林の皆伐で重度に劣化していた土地を回復するためにアグロフォレストリーが行なわれ、成功を収めています。

西アフリカのニジェールでは、農家主導の運動が起き、自生種の高木や低木を、切り株や根や種子から育てるという効果的で低コストの森林管理技術を用いて、きわめて劣化した土地を回復させています。「農民管理型自然再生（FMNR）」と呼ばれるこのアグロフォレストリーは、1970年代から80年代にサヘル地域を襲った深刻な飢餓を発端としています。慢性的な貧困が起き、砂漠化により植生などの天然資源が絶え間なく失われていくなか、農家や農業専門家は、生きている木の切り株がつくる「地下森林」を発見しました。これは、何年も前に耕地を開拓するために切り倒された天然林のなごりです。切り株からまたうまく芽が出るようにして、再生のプロセスが始まるようにするとともに、伝統的な

剪定方法を用いて垂直方向の生長を促しました。今日では、多くの高木や低木が、家畜の放牧など従来の農業活動に組み込まれ、ダイナミックな関係性を生み出して、土壌の肥沃度や水分、そして作物収量の増大をもたらしました。また、果物や薪も得られます。ニジェールでは、農地のおよそ半分にあたる400万ヘクタール以上がFMNRで再生され、食料安全保障を高めるとともに、異常気象へのレジリエンスを構築するのに役立っていることが、近年の調査でわかっています。FMNRは、アフリカのほかの国々、そして世界中で、農家や開発機関や非政府組織（NGO）の注目を集めています。

ガーナでは、革新的なアグロフォレストリー事業が2007年に始まりました。ドクターブロナーという企業が、同社の固形石けんで使う有機栽培かつフェアトレードのパーム油を生産するために、地元の農家や農業労働者と手を組んだのです。アブラヤシの果肉から採ったパーム油は、半硬化油の代わりとして人気です。半硬化油は、食品や化粧品、洗浄剤、バイオ燃料に広く使われていますが、健康に良くないトランス脂肪酸を含んでいるのです。けれども、パーム油プランテーションは環境破壊が著しく、工業型のオイル工場は現地社会に悪影響を及ぼす可能性があります。再生型の代替物を提供するため、ドクターブロナーは「セレンディパーム」事業を立ち上げました。アブラヤシの実を800軒近い小規模有機農場（各2〜3ヘクタール）から買い、アスオム町の工場で平均をはるかに上回る生活賃金で200人以上を雇って油を加工するというものです。残ったアブラヤシの種子は、隣国のトーゴのフェアトレードパーム油事業に送り、実の絞りかすはマルチとして農場にまいて肥料にし、栄養分を土にかえしています。

セレンディパームは2016年、取り引きする有機アブラヤシ農家（同じ土地でカカオや果物などの樹木作物も栽培していることが多いです）が、さらにアグロフォレストリー農法を取り入れるように手伝いを始めました。たとえば、自然林を模倣して、層をなすようにさまざまな樹種を混ぜるなどです。樹高や葉の大きさ、林冠の密度がさまざまに違う木を組み合わせると、日光を最大限に受けられるようになります。こうして光合成が増えると、木は元気になり、生長が速まります。数ある利点の中でも特に、健康な木は害虫の圧力を受けにくくなります。落ち葉や、剪定枝、さまざまな種類の植物の根が合わさって、多様性に富んだ土壌微生物群を活気づけます。その結果、農家にとっては作物収量の増加、セレンディパームの市場にとっては商品の品質の向上、現地社会にとっては食料の安定供給、動植物にとっては生態学的な恩恵の増大、そして炭素隔離量の増加が起きます。この事業で生産されるパーム油や有機ココアの需要は高まり続けており、セレンディパームは農家との取り組みを拡大し、フェアトレードのキャッサバ粉やウコン、果物のピューレも扱う計画を立てています。

ポリネシアでは、アグロフォレストリーが歴史を通して広く行なわれ、住民が生活や工芸、建設、儀式に必要とする原材料の大半を提供してきました。このアグロフォレストリーは、「ノベル林（新奇な森林）（novel forest）」と呼ばれる植生パターンを形成します。この中には移入種と在来種が混ざっており、当初ポリネシア人以外の目には自然景観として認識されていたものの、実際には先住民の知識に基づいて意図的につくられたシステムであることがわかりました。ノベル林は、労力があまりかからず多世代にわたって利用できる資源で、特定の形の生物景観を構成し、段々畑や水路や耕地システムなど恒久的なインフラを伴わないことが多いです。自然林の生態学的な機能の一部の代わりを果たすか、場所によってはこれまでのレベルを超えることもあります。樹木は永続的な多層構造のホームガーデンで栽培され、下層作物はバナナ、タロイモ、ヤムイモです。ノベル林の広々とした土地には、タイヘイヨウクルミ、マレーフトモモ、ククイノキなど19種の樹木作物が含まれていますが、主要作物はパンノキとココナッツです。

欧州には、牧畜と林業を、野生生物保全および地元の食料生産と組み合わせる長い伝統があります。一例が「デエサ（dehesa）」と呼ばれるものです。デエサでは、多様な高木や低木、多年生草地、一年生作物、草食動物がモザイク状に組み合わさり、これらすべてが土地と水の限界に合わせて高度に管理されたシルボパスチャーの構成要素となっています。スペイン南西部からポルトガル東部（ポルトガルでは「モンタド」と呼ばれます）にかけて300万ヘクタール近くに及ぶサバンナのようなデエサは、慎重に耕作を行なった成果です。長年にわたってこの土地では、在来の草やカシの木（セイヨウヒイラギガシやコルクガシなど）が好まれ、常緑樹や灌木などの樹木種が伐採されてきました。セイヨウヒイラギガシにはドングリがなり、これを豚が喜んで食べます。土壌が薄く気候が乾燥しているこの土地は、主に家畜をまばらに放牧するのに使われていました。時が経つにつれて、農業利用が拡大し、山羊の放し飼いや、特定の植物の栽培、キノコ採集、養蜂、天然コルクの生産（急成長中のワイン産業への供給）まで含むようになりました。近年では、オリーブやブドウ園、さらにはスペインの闘牛やイベリコ豚など伝統的な家畜の品種の飼育にも着目するようになりました。デエサは、さま

ざまな絶滅の危機に瀕した生物種、たとえばイベリアカタシロワシ、スペインオオヤマネコ、クロハゲワシなどの生息地でもあります。

デエサは、あらゆるアグロフォレストリーと同様、人間の管理を必要とする意図的につくられた景観です。介入を行なわなければ、やぶなどの樹木植生が盛り返してきて、サバンナ効果の恩恵は減ります。カシを再生するなら、若木のうちは枝打ちや育成、家畜からの保護が必要です。地域に深く根ざした伝統的な景観として、デエサは地元農家や地域社会と持続的な関係を築いています。長い経験に基づき世代を超えて伝えられる知識が、成功にきわめて重要な役割を果たしてきました。たとえば工業型の食料生産方式の導入といった近代化の動きは、ほとんど排除されてきました。デエサでどのような炭素隔離の恩恵があるかを、研究者たちが明らかにしています。炭素循環と養分循環は、境界線の中でほぼ自己完結しています。デエサでは生産の集約度が低いことと、葉や肥やしなど炭素の出所が多様であることが相まって、有機物を捕捉して貯留する効果が高いのです。このようなアグロフォレストリーでは、土壌の炭素貯留が増え、土壌から大気への二酸化炭素の流れが減ることを示した研究があります。また別の研究では、牧草地よりも木の林冠の下のほうが土壌炭素量の計測値が大きく、よって、デエサで木の被覆を維持し増加させれば、土壌中の長期的な炭素貯留量が増える可能性があることを示唆しています。

乾燥地でもアグロフォレストリーの可能性はあります。たとえばアガヴェ（リュウゼツラン）は、食料源や繊維の材料として何千年も前から先住民社会で栽培されてきました。一番有名なのがテキーラの原材料としての用途です。200品種にのぼるアガヴェが、もはや一年生作物の生産には適さないほど劣化し

た土地も含め、世界中で生育しています。暑い気候で繁殖し、水をほとんど必要とせず、干ばつに強く、一年中育ち、100年も生き続ける——気候変動で温暖化している世界に理想的な植物です。アガヴェの特定の品種は、収量が乾燥重量で年に1ヘクタールあたり平均100トンになります。これは非常に大きな重量で、気候変動に大きな影響をもたらす可能性があります。また、劣化した土地という負の遺産に悩まされている地域の人々に、再生をもたらしながら収入も与えます。アガヴェは、メスキートやアイアンウッド、キンゴウカン、アカシアなど、窒素固定を行なう木とともに育てられることがよくあります。

　アグロフォレストリーにはサボテンも含まれます。ウチワサボテンは、食料源や燃料源として積極的に栽培されています。砂漠を象徴するこの植物の食用部分は、メキシコで「ノパル」と呼ばれ、国旗にも描かれています。サラダやサルサ、スープ、タマル、キャセロールなどに使うほか、粉にしてトルティーヤの材料にもなります。食用に適さない部分は、通常はごみとして捨てられますが、蒸留して、自動車のバイオ燃料や発電用のバイオメタンガスの原料として使われるようになっています。ほとんどの作物が育たないような地域で豊かに育つこの植物を、こうして二重に利用することで、極端な気候事象の影響を受けやすい土地の人々を支えられる可能性があります。

　この100年間、先進国で農耕機を使い、敷地の端から端まで耕作する農法が定着するに従い、世界中の農地から木々が取り除かれました。ほぼすべての途上国で森林破壊が広く起きており、伝統的なフードシステム*が犠牲になっていることも多々あります。アグロフォレストリーは今、持続可能な形で食料や繊維や飼料を生産しながら、さまざまな切迫

した環境問題に対処する能力（炭素隔離など）があるため、活気づき、復活しつつあります。●

■■■■■■■■
セレンディパームのアグロフォレストリープロジェクトでは、多くの小規模農家のパートナーを支援し、最高の収量と効果を得るための最も効果的なメンテナンスプログラムを作成するトレーニングを行なっている。剪定で得られた挿し木は、土壌の肥沃度を高めるのに役立つ。ここでは、農家のグループがカカオのさやを開いて豆を取り出している。収穫農家が近隣の農家や友人を招き、さやを割る作業だ。コミュニティの互恵的な行為として、全員分の食事が用意される。鍋の中の湿った豆はその後、発酵させる

*農水産業から、製造、卸、小売、外食、食卓までの一連の流れ

85

火災生態学
Fire Ecology

火は、景観を破壊することもあれば、再生することもあります。西洋の先進国ではここ100年以上、火が破壊的なものとして見られてきました。しかし、先住民は何千年も前から積極的に火を使い、破壊的な大火事を免れるような生産性の高い豊かな森林や草地を世界中で育ててきました。欧州からの入植者が1500年代に北米にやって来たとき、森林は、健康的で立派な木や草で青々と茂っていました。多くの森が非常に広々としていたため、入植者たちは木々の間で荷馬車を走らせることができました。そこが野生状態の生態系ではなく、手入れされた森林なのだとは気づかなかったほどです。何千年もの間、北米の西海岸に住む先住民の部族は、先祖代々伝わる方法で野焼きを行なって、大火事発生のリスクを低減させながら、望ましい景観づくりを促し、豊富な獲物の生息環境を整えていました。長年、森林や草地の区域をローテーションさせながら野焼きを行ない、やぶや二次林にある火事の燃料を減らしてきました。森林が再生すると、ハックルベリーやドングリ、ユリ根、キノコなどの食べ物が育ち、またハシバミの若枝などかごを編むのに使える有用な産品も得られました。

「先住民の（indigenous）」という言葉は、名詞「先住民（indigene）」の形容詞形です。「先住民」とは、最古の昔から、あるいは少なくとも欧州人入植者が到着する前から、その土地に存在し住んでいる人々を指します。先住民文化の大多数は、何千年も前からその故郷に生きてきました。導き出されて蓄えられた知識は、土着科学あるいは観察科学とも呼べるものにまとまっています。自分たちが依存する生命系に最大の恩恵があるように、どのように故郷の大地や自然と相互に作用し合えばいいかについて、何百年にもわたって洞察を続けてきた成果です。生物物理学的な循環について、およびそれがどのように景観に影響を与えたかについて、理解を進め、深めてきました。先住民は土地を豊かにし、そこでは火災生態学がきわめて重要な役割を果たしました。しかし入植者は違いました。木材が欲しかった欧州人は、火を資産や保有地や財産への脅威と見なしたのです。米国では公有地に火をつけることが、1911年に犯罪化されました。火災の抑制が、林野部の政策となりました。すべての火事を、発見翌日の午前10時までに消し止めるようにと命令がくだったのです。その結果、国有林は抑制されずに育ち、低木と下層植生の密度が高まって、激しく破壊的な火事が発生するようになりました。

地球温暖化と生長しすぎた森林は、手に負えない火事を引き起こすには理想的な条件をつくりだしています。今や、世界の多くの地域で火災シーズンが長くなり、火災件数は増加し、燃えた土地の面積は広がり、消火にかかる費用は劇的に増えました。2019年、世界全体の森林火災による二酸化炭素排出量は80億トンを上回り、二酸化炭素総排出量の4分の1近くを占めました。2019～20年の火災シーズンには、オーストラリアの火事で4億9100万トンの二酸化炭素が排出され、実質的にその年の同国の温室効果ガス総排出量を倍増させました。オーストラリアは、世界

第14位の排出国だったのが、一気に6位にまで浮上しました。

　先住民の火災管理（野焼き）の基本原則は、慎重にタイミングを見計らって、弱い火災を起こすことです。特に火事の起きやすい環境で、そうやって下草を取り除き、重要な草や多年生植物を再生させるのです。カギを握るのはタイミングです。季節や気温、天気、風によって特定された地域に、火を入れます。もっと繊細な基準もあります。それは、朝と午後に露がたくさん付いているかどうかなど、継続的な観察や、土地との緊密なつながりによって得られます。北米の西部では、先住民の部族は初秋の最初に雨が降った後に、火を入れていました。そうすれば、害虫駆除の効果を最大限に出しながら、成熟林へのリスクを最小化できるからです。米カリフォルニア州の先住民部族は、火事の後に回復まで時間がかかる生物種もあることを知っていたため、森林の区画の特別なローテーションを組んで火を入れていました。特定の植物が生長しきるまでの時間を計算に入れていたのです。文化的な野焼きと呼ばれるものを行なった最初の年は、草やハシバミの若枝を採集でき、かご細工の材料とします。2年目と3年目は、ベリー類が灌木にたわわに実ります。

　オーストラリアの先住民も同じような技術を使っていますが、野焼きのタイミングはモンスーンで決められています。雨季が終わって土地がカラカラに乾くと、先住民のレンジャーたちが何百カ所も小さな火をつけて監視します。今では、オーストラリアの先住民による防御的な野焼きの大半が、ノーザンテリトリー準州で行なわれています。先住民の火災予防法が、同国北部で危険な山火事を半減させてきました。山火事の面積は57％減り、温室効果ガス排出量は40％削減されました。オーストラリアはキャップアンドト

レード制度を採用しており、排出者は排出枠を超えた分を相殺してもらうため、二酸化炭素の隔離や排出の回避を行なった人にお金を支払います。このため、古代の野焼き技術を用いている組織は、8,000万ドル（約89億円）の収入を得ました。これがコミュニティに再投資され、さらなる教育と何百もの雇用が得られています。

　先住民の野焼き技術は、米国で勢いを増しています。西部のクラマス川流域には、何千年も前から先住民が暮らしています。1900年代までサケがたくさんいて、その捕食者であるアメリカクロクマやハクトウワシなども多数生息していました。今日、クラマス川はもはや、サケやチョウザメやニジマスがあふれてはいません。1999年の山火事「メグラム」が、シックスリバーズ国有林内の5万600ヘクタールを焼き尽くしました。カルック部族とユロック部族に属するフランク・レークは、サケと河川流域を回復させるためには、この先祖代々の土地で先住民の野焼きの方法を復活させる必要があると気づきました。彼はまず、米国林野部を説得しなければなりませんでした。火災の抑制から、先住民の火を入れる方法へと切り替えるべきだ、そうすればこの地域の山火事の数と勢いを減らせるから、と。

　10年間に及ぶ連携と提言を経て、いま林野部は、部族の人々および非営利組織（NPO）とパートナーシップを組み、カルック部族の野焼き手法を用いて、クラマス川とシックスリバーズ国有林内の数千ヘクタールに火を入れています。もし何もかもうまくいけば、このパートナーシップでいつか、カルック部族の40万ヘクタール以上の土地を維持できるようになるだろうとフランク・レークは希望をもっています。いま彼は、先住民の火災管理の価値を理解する火災生態学者、研究者、

環境保護活動家、政府職員のコミュニティに参加しており、このコミュニティは拡大しつつあります。火災管理手法は、雷が落ちるのを待つやり方から、先を見越して定期的に火を入れるやり方へと、ますます変化が進んでいます。この方針転換は先住民も歓迎しています。

　北カリフォルニアに住むモノ族のノースフォーク部族の人々は、ターゲットを絞った野焼きを「良い火」と呼びます。彼らは歴史的に火を使って、食料や水、たきぎ、繊維を与えてくれる森林生態系の健全性を維持してきました。良い火は、土地との重要な文化的な絆を生みました。今では先住民の知恵が州や連邦政府当局から認められつつあり、各部族は良い火を復活させつつあります。部族の人々が火勢を抑えて管理する火で、小さな区画が野焼きされています。しかし、ただ適切な火災管理方法を採用するだけの問題ではありません。良い火は、心構えです。まるで敵

であるかのように火と「闘う」のではなく、モノ族をはじめとする部族は、火を「私たちの共有する地球を再生し、管理する」というきわめて重要な仕事におけるパートナーとして見ています。このパートナーシップは先住民の暮らしに織り込まれています。土地と火は、文化と歴史から切り離せません。抽象的に管理することはできません。スピリチュアルで社会的で生態学的な全体の一部です。先住民の火に関する知識が再び尊重されつつあ

りますが、単純化され過ぎて、限定的な成果で測定されるようになるリスクがあります。大事なのは「全体」です。効果的で長続きする解決策は、先住民の知識に基づき、先住民コミュニティを後押しし、その権利を保護するものでなければなりません。●

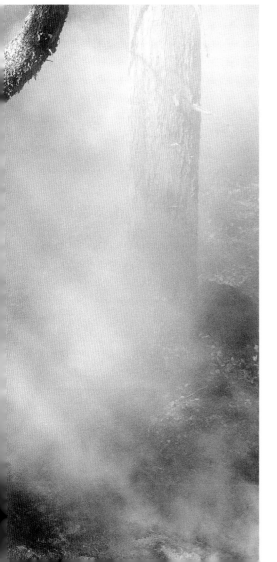

米カリフォルニア州ウィッチペック近郊で行なわれた火災訓練交流会（TREX）で、先住民による所定の火入れの境界を管理するユロック族の消防士。近年、米国西海岸で山火事が頻発していることから、先住民の手による火災生態学が注目されている

竹
Bamboo

竹は、おいしい食料です。人間もパンダも、竹を食べますし、薬にもします。種によっては1日に76センチメートルも生長できます。5年で成竹になります。収穫されたら、また種子を蒔かなくても再生します。灌漑も農薬も肥料もいりません。草ですが、林のように見えます。酸素を同じサイズの立木の1.3倍、大気中に放出する可能性があります。炭素を隔離し、劣化した土地で育ち、日光も日陰も好み、アグロフォレストリーの作物にできます。5つの大陸で自生し、世界中で25億人の人々に利用されています。魅力的で、深い文化的な価値があります。軽量なのに信じられないほど丈夫です。木でつくるものは何でも、竹でもつくれます。繊維は柔らかく、耐久性があり、しなやかで、吸収力もあります。竹炭にして調理用の燃料にも使えます。トーマス・エジソンは、彼の電球の中に竹のフィラメントを使いました。タケノコは人気のある食べ物です。敷物やドレープ、ベッド、椅子、テーブル、コップ、調理用品、皿、おもちゃ、宝飾品、芸術品、オートバイのヘルメット、楽器もつくれます。

竹からは素晴らしいトイレットペーパーもつくれます。工程は、バージンウッドから通常のトイレットペーパーをつくるのと同様で、熱と水と圧力で繊維をパルプに分解します。違うのは、原料です。バージンウッドは、カナダの亜寒帯林に由来する可能性があります。亜寒帯林では何十年も前から、生長が遅くて炭素密度の高い木が皆伐され、きわめて重要な炭素吸収源に被害が生じ、野生生物の生息地が破壊されています。対照的に、竹は狭い場所でも育ち、すばやく再生し、いくつもの気候条件に適応できます。

竹は、大気中の炭素を大量に隔離できます。生長が速いこと、高く伸びること（30メートル以上）、根系が広がること、収穫後にまた芽を出せることから、竹は地上および地下に大量の炭素を貯留できます。生長中の若竹は、同等サイズの速く生長する木よりも多くの炭素を隔離できるのです。巨大な竹林は、60年間に1ヘクタールあたり約335トンの炭素を貯留することが示されています。竹の利点の一部は、その根に見ることができます。1,662種ある竹の一部は株分かれして増えますが、多くは根茎で増えます。これは水平に伸びる根で、地下茎とも呼ばれ、急速に広がり、1シーズンで長さを3メートルも伸ばすことができます。1本の竹稈の平均寿命は10年に満たないのですが、根は何十年も生き続け、炭素を貯留します。カギは、栽培にあります。放置された竹は、手入れされた竹ほどは丈夫に育たず、そのため貯留する炭素は減ります。枝を落としたり間引いたりすれば、竹に生長するスペースを与え、竹1本の二酸化炭素を捕捉する能力を高め、根系を傷つけずに済みます。

竹の細胞の中には、植物化石と呼ばれるシリカ構造がたくさんあります。植物化石は、中に炭素を閉じ込めます。シリカはきわめて劣化しにくく、そのため竹の幹や葉が地面に落ちたとき、竹自体が分解された後も貯留された炭素はずっと隔離され続け、それが何千年にも及ぶこともよくあります。気候面で大きな効果を及ぼす可能性があるのです。もし

も耕しうる土地100億ヘクタールのうち半分が竹の栽培に使われたとしたら、植物化石の二酸化炭素の隔離能力は年に19億トンに及ぶと推定されます。地下の竹の幹や根系で見つかる植物化石も含めたら、この総量はもっと多くなるかもしれないことが、近年の研究で示されています。

竹の中に隔離された炭素は、その竹が伐採され、住宅、オフィスビル、橋などの建材など、耐用年数の長い物に形を変えても、隔離され続けます。驚くことに、竹はスチールよりも引張り強度が強く、コンクリートよりも圧縮強度が強いのです。マホガニーなどの硬材の代わりに、床板や家具など家財道具の材料として竹を使えるため、絶滅の危機に瀕した森林生態系やきわめて重要な野生生物生息地への負荷を下げることができます。防腐・防虫処理を行なえば、竹は50〜100年もちます。製造の進歩により、竹をまっすぐの縁でカットしたり、直交集成材にしたり、幅広い構造上のニーズを満たす形に整えたりできるようになりました。こうして、実用性が高まり、世界の炭素吸収源としての役割がさらに強化されているのです。デジタル設計や超強力な複合材の製造に注目した新技術により、スチールやセメントなど幅広く使われている建材の代わりに、竹が使えるようになっています。その際、通常なら建材の製造時に出る温室効果ガス排出量が回避され、代わりに炭素を何十年も建築環境に閉じ込めておけるのです。

竹は、劣化した生態系を回復させる手段として重要です。その根系、特に地下茎は、ダメージを受けた土地を安定させ、風や水による侵食から守ってくれます。竹は、急斜面でも、層の薄い土壌でも育ちます。中国は、砂漠化の進行を遅らせ、劣化した農地を回復させ、防風林をつくるために、長年竹を植えて

います。アフリカ南東部のマラウイでは、何十年にもわたる森林破壊で生じた環境破壊を埋め合わせるために、リョウリダケを何列も植えつつあります。これは地元社会に木材と燃料も与え、しかも生長が速くて伐ってもまたすぐ元通りになります。ニカラグアでは、エコプラネット・バンブーという団体が、立木が点在するところに在来種のグアドゥア竹の株分けした株を植えて、数千ヘクタールの劣化した森林を回復させています。ここで得られた竹繊維は、持続可能性を示す森林管理協議会（FSC）の認証を受け、製品の材料として輸出されています。インドでは、工業用レンガ製造のために焼き窯の所有者が表土を採掘して荒廃した農地に、モリンガ、竹、グアバ、バナナ、マンゴーの木や、主要作物、野菜などが植えられました。その後何年分もの落ち葉が地面に堆積し、雨水の浸透を高め、分解して土壌中の微生物群を増やしています。枯渇していた地下水位は、20年間に約15メートル上昇しました。

竹は、経済と社会に重要な恩恵をもたらします。急生長し再生する作物として、農家の安定した収入源となります。竹からは、調理用コンロや家庭の暖房に使える竹炭をつくれます。従来の木炭を使うよりも燃焼時の汚染が少なくてすみます。世界の多くの場所で、木が成木になるまでに何十年もかかるため、燃料として竹を使えば森林破壊の重大な原因が減ります。竹は、ペレットやバイオガスに転換して発電に使えます。バイオ炭の原料にもなり、その場合、中に含まれる炭素が長期にわたって隔離されます。竹の強さと汎用性は、地球温暖化によって変化しつつある生態学的・経済的条件を満たすのに非常に適しているといえます。

竹は完璧ではありません。多くの草本と同じように、適切に手入れされなければ、侵入

するように広がっていく可能性があります。近くの植物を排除してしまうことのないように、ほかの種類の植生と融和するように注意を払わなければなりません。単一栽培のプランテーションで育てる場合、野生生物など在来種に悪影響を及ぼす可能性があります。竹は、衣類の繊維の材料としても人気になりましたが、その利用には綿密な調査が必要です。たとえばレーヨンは、木のセルロース（植物繊維）でつくられる生地ですが、その製造工程で有害な化学物質が使われており、これが人々の病気に関係していることがわかってきました。その副産物は、大気汚染や水質汚染をもたらしています。竹をレーヨンの原料として使用して（そして売り込んで）いる製造者もいますが、もともとの繊維はすべて化学分解されていることまでは説明していないことが多いのです。もし竹レーヨンの製造工程

でグリーンケミストリー（環境や人体に配慮した合成化学）を採用できたら、持続可能な衣料繊維となる可能性があります。

　竹は、自然の気候対策となりながら、多くの目的を果たせます。アグロフォレストリーや、食料生産、ビルの建築、土地の回復、農村の経済発展、野生生物の生息地保護、大気中の炭素隔離に役立つのです。これらすべてが1つになったのが、竹です。●

韓国・慶尚道の城郭都市で、孟宗竹（*Phyllostachys heterocycla* f. *pubescens*）に追い越されるチョウセンゴヨウ（*Pinus koraiensis*）の曲がりくねった幹

『オーバーストーリー』の
パトリシア・ウェスターフォード
Patricia Westerford in The Overstory

リチャード・パワーズ　**Richard Powers**

スザンヌ・シマールが米オレゴン州立大学で森林生態学を学ぶため、カナダから引っ越してきたときに目にしたのは、それまで住んでいた地とは違う世界でした。カナダのブリティッシュコロンビア州の温帯雨林で、馬搬林業を営む家庭で育った彼女は、選んで伐採した木を1本ずつ地面に滑らせるところをいつも見ていました。ヒノキの丸太は道路脇の集積所に置かれ、林床にはほとんどダメージがありませんでした。実際に起きた撹乱といったら、時おり馬の恵みの肥料を与え、ナッツや種子の発芽を助けたことぐらいでしょうか。一方、オレゴン州では、伐採が全速力で行なわれていました。森林地帯は市松模様に皆伐され、ブルドーザーできれいにはぎ取られ、除草剤がまかれました。「一掃」された土地にはその後、何列も苗木が植えられました。失われたのは、ヒノキ、カエデ、ビターチェリー、ハシバミ、ハンノキ、トウヒ、トネリコです。樹木プランテーションでは、競争がなく、適切な間隔が空けられ、十分に水がまかれ、日光が降り注いでいました。しかし、植林されたベイマツの苗木は明らかに、在来種のマツほど丈夫ではなく、元気がありませんでした。茂みも在来樹種も失われ、一様な植林が行なわれた味気ない工業的な景観と、この失敗は符号しているようでした。

林学の博士論文を書くため、シマールは森に行きました。当たり前のことのようですが、当時、林学の学生はたいてい大学構内から足を踏み出さずに、実験室で遺伝子の研究をしたり温室の中で挿し木をしたりしていたのです。彼女は、なぜ多様で密生したオールドグロス林のほうが、林業大手のウェアーハウザーやプラム・クリークが所有する二次林よりも生産性が高くて健康的なのかを解明したいと思いました。二次林は、現在の森林科学に基づいて植林を最適化していたというのです。彼女には、かなりの確信がありました。その原因は、木の下の、土壌の中の、根の間にあるのではないか、多様な植物を一掃し、単一種で置き換えることによって生じた森林生態系の変化にあるのではないかと。

シマールは研究のため、ブリティッシュコロンビア州の森林に戻りました。まず、2種類の炭素をベイマツとアメリカシラカンバに注入しました。すると、夏にマツの木にあまり日が当たっていなかったとき、マツがシラカンバから炭素（糖）を受け取っていることを突き止めました。冬になって、アメリカシラカンバがすべて葉を落とすと、ベイマツはシラカンバに炭素を送っていました。このような奇想天外な、パラダイムを崩壊させる現象には、少なくとも林学の世界では科学的な名前が付けられていませんでした。「相互依存」「共生」「互恵主義」「利他主義」「生成的」などが、これを記述する言葉でした。「菌根」と呼ばれる糸状の白っぽい菌類の地中ネットワークを通じて、木は食料や水や化学信号を交換して、多様な種の草木を支えるようにし

ていました。プランテーションの木は、実質的に「孤児」といえます。ネットワークもなく、支えもなく、「家族」もいません。この研究論文が1997年に『ネイチャー』誌に掲載されたとき、編集者はこれを「ワールドワイドウェブ」ならぬ「ウッドワイドウェブ」と呼びました。これはメディアでセンセーションを巻き起こし、男性の同僚たちからの反発を招きました。その後、シマールの研究は、科学者たちによって何度も再現されています。彼女の根本的な発見は、手つかずの森林はコミュニティであって、競争し合う種の集まりではないということです。科学者たちからは、彼女の手法も、技術も、結果も、疑問視されていません。不屈の競争が種の進化を決定づける主要因だとするダーウィンの遺産を捨てきれない科学者たちが批判しているのは、彼女の命題です。興味深いことに、ダーウィンの著作は、経済学者アダム・スミスの競争優位論から影響を受けており、その解釈はそれ以降、資本主義のイデオロギーに影響を与えています。シマールはそれを違った目で見ています。彼女は論文の中で、ほかの何百もの草木を支える老齢樹を「母樹」という言葉で表しています。シマールは草木の中に別の性質を探していたのです。それは、じゃまし合うのではなく、相互に関係し合う能力です。

ピュリッツァー賞を受賞したリチャード・パワーズの2018年の小説『オーバーストーリー』で、主人公の1人、パトリシア・ウェスターフォードはシマールを下敷きにして描かれています。この小説の中でウェスターフォード博士は、次のような論文を発表します。「木が共同体を形成していると考える以外に、個々の木の生化学的振る舞いを合理的に説明する方法はないだろう」。その後何カ月間か、彼女は同僚や大学教職員から、残酷

とまではいかないにしても、痛烈な批判を受けます。避けられ、嘲笑され、学界から追い出されます。彼女は西へと旅し、何年もの間荒野の中に姿を消していましたが、やがてガイドになります。20年以上経ったとき、カスケード山脈にある森林研究所で仕事を再開します。ウェスターフォード博士のもともとの発見は最終的に裏づけを得て、著書『秘密の森』が出版された後、彼女は大いに注目されるようになりました。シリコンバレーで開催された権威ある気候会議で、基調講演を行なってほしいと招待されます。そこでは、企業の幹部やリーダーたちが集まり、世界の窮状や未来について議論しています。講演のタイトルは「明日の世界のために人ができる唯一最善のこと」。ウェスターフォード博士は緊張と動揺で言葉に詰まってしまいます。やがて聴衆は、講演の途中で会場から出て行ってしまいます。——PH

講堂は暗く、内装には出所の怪しいレッドウッドが使われている。パトリシアは演壇から、数百人の専門家たちを見渡す。そして、期待に胸を膨らませた聴衆から目を上げて、装置をクリックする。彼女の背後に、素朴な木造の箱船の絵が現れる。動物たちが列を作って、ぞろぞろと箱船に乗り込む場面だ。

「世界が一度目の終わりを迎えようとしたとき、ノアは動物たちをつがいで保護して、救命ボートに乗せました。でも、これは妙な話です。ノアは植物を見殺しにしたんですから。彼は陸上での生活を再建するために必要なものは乗せずに、ただ飯食いの連中を救うことに専念したのです！」

「問題は、植物なんて生き物ではないとノアの一族が思い込んでいたということです。植物には意志もなければ、生命の光もない、と。

いわば、たまたま大きくなるだけの石みたいなものですね」

「植物がコミュニケーションをし、記憶を持っていることを私たちは既に知っています。植物には味覚、嗅覚、触覚、さらに聴覚や視覚まであるのです。そうしたことを発見する過程で、私たちが世界を共有する仲間のことがたくさん分かってきました。私たちは樹木と人間の間にある深い関係をようやく理解し始めたのです。でも、樹木と人間とのきずなよりも、その両者の間にある断絶の方が、先に大きくなってしまいました」

「この州だけでも、過去6年で3分の1の森が死んでしまいました。森が減っている理由はたくさんあります——干魃、火事、オークの突然死、マイマイガ、マツクイムシ、キクイムシ、銹病、そしてもっとありきたりなパターンで、農場や住宅地を作るための伐採。しかし、遠因はいつも同じです。それは皆さんもご存知だし、私も知っているし、まともにものを考えたことのある人なら皆知っている事実です。1年の時計は1か月か2か月ずれている。生態系全体が壊れ始めているのです。生物学者は底なしの恐怖を覚えています」

「生命はとても気前がいい。そして私たちはとても……貪欲だ」

「さて、木なんて単純なものだ、木には何も興味深いことはできない、と多くの人が考えています。でも、この世には、あらゆることを行う樹木が存在しているのです。木々は驚くほど多様な化学物質を生み出します。蠟、脂肪、砂糖。タンニン、ステロール、ゴム、カロチノイド。樹脂酸、フラボノイド、テルペン。アルカロイド、フェノール、コルク質。樹木は常に、作れる物質は何でも作ろうとしています。そして、樹木が生み出す物質のほとんどは、まだ私たちには知られていません」

「血のように赤い樹液を流す竜血樹。ビリヤードの球みたいな果実が幹に直接付くジャボチカバ。樹齢千年のバオバブは、3万ガロン（約11万4000リットル）の水をおもりにして地上に係留された気象観測気球のようだ。虹のような樹皮を持つユーカリ。矢筒に使える茎を持ったアロエディコトマ。時速160マイル（約256キロメートル）の勢いで実が爆発して種子を飛ばすスナバコノキ、学名フラ・クレピタンス。」

「少しでもうまくいく可能性がある戦術はすべて、いずれかの植物が過去4億年の間に試しています。私たちは今ようやく、“うまくいく”というのがどれほど多様な意味を持つのか気付き始めたばかりです。生命というのは、未来へ語り掛ける方法なのです。それは記憶と呼ばれます。あるいは遺伝子と呼ばれます。未来という問題を解くには、過去を保存しなければなりません。ですから、手っ取り早い考え方はこういうことです。つまり、木を切るときには、少なくともその木よりも驚異的なものを作るのでなければならない」

「私は生まれてこのかた、ずっと異端者でした。しかし、たくさんの仲間がいました。私たちは樹木が空中や地中でコミュニケーションすることを発見しました。常識を振りかざす人たちは私たちをあざ笑いました。私たちは樹木が互いの世話をすることを発見しました。科学者集団はその考えを相手にしませんでした。種子が幼い頃の季節を覚えていて、それにしたがってつぼみを付けることを発見したのは異端者です。樹木がそばにいる生き物のことを認識していると発見したのも異端者。樹木が水を蓄えることを学習すると発見したのもそう。樹木が若い木に栄養を与え、生長を同期させ、資源を共有し、親類に警告を与え、わが身を守るためにスズメバチを呼ぶ合図を出すことを発見したのも異端者です」

[左]サー・アイザック・ニュートンと名づけられたセコイアは、ユロック族の未開拓地にあるプレーリークリーク・レッドウッド州立公園にある。1本立ちのセコイアとしては3番目の大きさで、高さは90メートル、直径は20メートルほどある。左に見えるこぶの重さは20トン。親木の遺伝情報が保存されている。森の中にはベイマツ、シトカスプルース、ベイツガなどがある
[上]米カリフォルニア州インヨ国有林の古代ブリッスルコーン・パイン・フォレストで夜明けを迎えたブリッスルコーン・パイン（Pinus longaeva）のねじれた大枝。ブリッスルコーン・パインは5,000年以上の歴史をもつ、地球上で最も古い生物だ

「ついでに、関係者情報ならぬ異端者情報を少しお話ししておきましょう。どれも、まだ確証は得られていない仮説の段階です。森は知識を持っている。森の生き物は地下でつながっている。地下には森の脳のようなものがある──ただし、私たちの脳はそれを脳だと認識できない。可塑性を持つ根が問題を解き、決断を下す。接合部に相当する菌類。さて、それを何と呼べばいいのでしょう？　たくさんの木をつなぎ合わせると、森は意識を持ち始めるのかもしれません」

「私たち科学者は、他の生物に人間を重ねてはならないと教わります。ですから結果として、私たちが研究するものは全部、人間とは違うものに見えるのです！　私たちは少し前まで、チンパンジーが意識を持っている可能性さえ認めませんでした。犬やイルカは言うまでもありません。とにかく人間だけ。何らかの欲望を持てるほど賢いのは人間だけという考え方です。でも、どうか私を信じてください。私たちが樹木に何かを望むように、樹木も私たちに対して何かを望んでいるのです。これは神秘的な話ではありません。“環境”は生きているのです──それぞれに目的を持った生き物が網の目のように互いに依存し合う関係は流動的で、常に変化をしているのです。愛と平和は切っても切れない関係にある。蜜蜂が花を形作るのに劣らず、花は蜜蜂を形作る。動物が競ってベリーを食べるように、ベリーは食べられるための競争をする。棘のあるアカシアは甘いタンパク質を与えることで、アリをボディーガードに変える。私たちは果実を実らせる植物が種子を遠くまでまき散らすためにうまく利用される。熟した果物の存在は色覚の誕生につながった。樹木はおいしいものを見つける方法を私たちに教えると同時に、空が青い色をしていることも教えてくれた。私たちの脳は森という問題を解くため

に進化した。私たちは森を形作ると同時に、森によって形作られてきたのです──その歴史は私たちがホモ・サピエンスになったときよりももっと昔から続いている」

「木はいわば科学を実践しているのです。十億の実験を実地で行っている。樹木は未来を推測して、何がうまくいくかは生きる世界が教えてくれる。生命の世界は 推論 で、推論は生命なのです。何て驚くべき言葉なのでしょう！　スペキュレーションには“思索”という意味があります。それ以外に、“鏡に映す”という意味もあります」

「樹木は生態系の中心にあるのですから、人間の政治においても中心にいなくてはいけません。タゴールはこう言いました。天国に声を届けようとする地球の絶え間ない努力が樹木なのだ、と。しかし、人間──ああ、確かに──人間ときたら！　地球が声を届けようとしている天国というのは人間のことなのかもしれません」

「私たちに緑が見えれば、近づけば近づくほど興味深い彼らの世界が見えてくるはず。緑が何をしているのかが見えれば、私たちはもう孤独や退屈を感じることはなくなるでしょう。私たちが緑を理解することができれば、空間を3層に使って、害虫やストレスから互いを守る植物を組み合わせて、私たちに今必要な食料を3分の1の土地で育てる方法が分かるでしょう。緑が何を望んでいるかが分かれば、私たちは地球の利害と私たちの利害のいずれかを選ばなくてもいい。どちらも同じことになるのですから！」

「緑を眺めていると、地球の意志が分かってきます。では、こちらの木をご覧ください。この木はコロンビアからコスタリカにかけて分布しています。若木の間は、麻縄の端くれみたいに見えます。ところが、林冠に隙間を見つけると、その若木が一気に巨木に育って、根元

はフレアスカートみたいな形になるのです」

「地上に存在する広葉樹はすべて花を付けるということを皆さんはご存知だったでしょうか？　多くの種は成木になると少なくとも一年に一度は花を咲かせます。でも、この木、学名はタチガリ・ウェルシコロルというのですが、これはたった一度しか花が咲きません。ちょっと考えてみてください。一生に一度しかセックスできないとしたら、皆さんどうですか……」

「すべての努力を一夜限りの関係に注ぎ込む生物が、どうやって地球上で生き延びることができるのでしょう？　タチガリ・ウェルシコロルのセックスはあっという間に終わってしまい、迷いがありません。それがまた謎なのです。だって、花を咲かせてから一年も経たないうちに、木は枯れてしまうのですから」

「樹木が与える贈り物は、食料と薬以外にもあります。熱帯雨林の林冠層は分厚くて、風に運ばれた種は親からそれほど遠くないところに落ちます。タチガリ・ウェルシコロルが生涯で一度だけ生む子供は、太陽の光を遮る巨木たちの陰ですぐに発芽します。古い木が倒れない限り、若い木に未来はないのです。そこで母親が死んで林冠に穴を開け、腐っていく幹で新しい苗木に栄養を与える。子供のためにわが身を犠牲にする親という究極の姿ですね。タチガリ・ウェルシコロルは一般には、自殺の木と呼ばれています」

「私は今日ここに呼ばれるということで、この会議のテーマについて自分に問い掛けてみました。手に入れられるすべての証拠に基づいて私は考えました。感情のせいで事実から目を逸らしたりしないように努力しました。希望とうぬぼれで判断が狂わないように努めました。この問題について、樹木の立場から考えてみました。**明日の世界のために人ができる唯一最善のことは何か？**」●

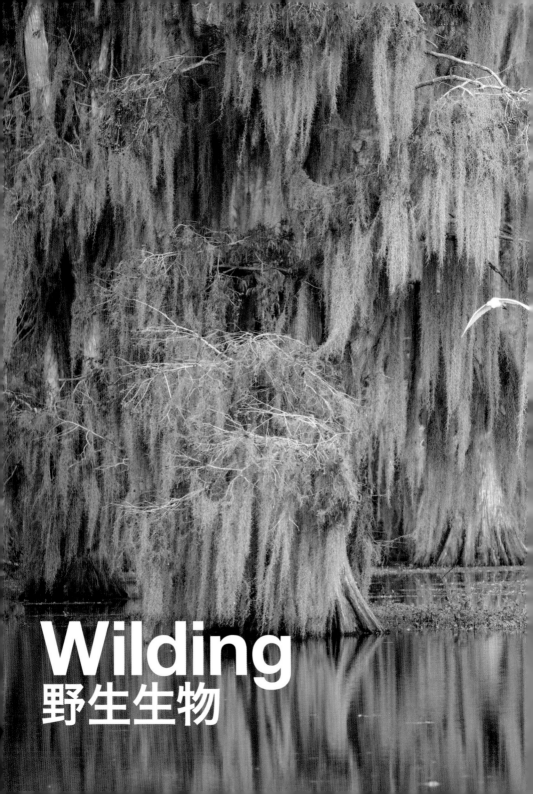

Wilding
野生生物

誰でも都市生活を送り、大自然とは縁の
ないまま一生を過ごすこともできます。
しかし、本当にそうでしょうか？　「野生の、
自然の（wild）」という形容詞は、人間が育
てるものと区別して、自然の中で育つ動物や
植物に用いる言葉です。個人の視点からは、
その区別は妥当です──朝食のベーコンは、
野生のイノシシの肉ではありませんから。し
かし、生物界の視点から見たら、その区別は
何の意味もありません。パリに住んでいたら、
セーヌ川は汚染されていても自然の場です。
歩道の割れ目に、野生の植物が育っています。
人間の体は、マイクロバイオータ*の巨大な
組織網に覆われています。既知のものも未知
のものも含めると、人体にある微生物の数は
細胞の数を上回ります。「私たちの大部分は、
人間になろうとしている細菌でできている」
ということもできます。1人ひとりが培地な
のです。私たちの器官、腸管、皮膚、濾胞には、
地球上のほかのどの人とも違う、独自の細菌
群が存在しています。そして、それを他者と
大らかに共有し合っています。触れ合ったり、
握手したり、頬に軽くキスしたり、一緒に食
事をしたり──そうした日常的な行為を通し
て、微生物を交換し、網の目のようにつなが
り合っています。それが家族や周囲との付き
合いを円滑にするのだといわれています。
　人間に生まれながらに備わった生物多様性
は、完全に明確にされ定量化されているわけ
ではありません。けれども、研究から示唆さ
れるのは、ヒトマイクロバイオームにある遺
伝子の数は、宇宙にある星の数より多いとい
うことです。そのほぼ半分が、「シングルトン」
と呼ばれる各個人特有の遺伝子です。科学に

米フロリダ州のビッグ・サイプレス国立保護区にある、サル
オガセモドキに覆われたヌマスギの木立とシラサギのつがい

*環境中の微生物を指し、マイクロバイオーム（微
　生物が持つゲノム情報の総体）とは区別される

基づく気候活動は、自然に基づく解決策があることを前提としていて、本書もそれを提唱しています。しかし、この前提には、根本的な誤解があります。それは、「自然」というのは、外界にある別個の存在ではない、ということです。私たちのことなのです。「私たちは、独自の部分と機能をもち、1つの単体として行動する個体である」という考え方は、「私たちの身体は、広範な胞子や藻類、細菌、花粉、ウイルスと密接につながった生態系である」という考え方に取って代わられます。私たちはとどのつまり、本当に地球人なのです。自然界には「個」などというものは存在しないのかもしれません。木というのは、菌糸体、微生物、真菌類、細菌、線虫、ファージ、ウイルスと相互に作用し合っている、広大なネットワークの中の接続点です。それは人間にもあてはまることです。

　私たちがどうすれば気候危機を止められるかを考えるとき、野生生物をその不可欠な要素として考えることはほとんどありません。湿地、甲虫、ゾウ、ポルチーニ、シロアリ塚、アネハヅル、サンゴ礁は、生物多様性や絶滅の危機に瀕した生息地の項目に分類されています。このように私たちは、個人のウェルビーイングを、あらゆる神秘と威厳と広大さを備えた生物界のウェルビーイングと分けて考えています。でも、私たち自身は分かれてはいません。自然の生き物の保護はきわめて重要です。体内から細菌を取り除いたら、私たちは死んでしまうでしょう。地球上のマイクロバイオータやマクロバイオータ（直径2ミリメートルより大きな土壌生物）を除去したら、今ある生き物は終焉を迎えます。私たちが抗生物質を服用したり、加工食品を食べたり、生活環境を過剰に消毒したりすると、内なる野生を破壊してしまいます。また、湿地を耕作し、野生生物にわなを仕掛け、土に除草剤

をまき、乱獲し、海洋を酸性化し、森林に火を放つとき、外部の野生を破壊します。野生生物の生息地を回復させるとき、私たちはレジリエンス、生殖、生存能力、進化のプロセスを回復させているのです。

　このセクションでは、ポリネーターや、野生生物の渡り、オオカミ、サケ、ビーバー、野生生物の回廊（コリドー）に関して、人々が変化をもたらせるいくつかの分野を詳しくご紹介します。また、バイオリージョンの考え方についても探ります。バイオリージョンというのは、政治力や金銭欲ではなく、独自の生物学的属性に従って組織され統治される地理的地域を指します。イザベラ・トゥリーが執筆した、イングランドのサセックスにある1,400ヘクタールのクネップ・キャッスル・エステートに関するエッセイは、示唆に富む作品です。このエッセイは、再野生化について書かれており、彼女と夫のチャーリー・バレルが、劣化した土地の自然発生的な再生が行なわれる条件をどのように生み出したかを雄弁に描いています。この新たに生まれた大自然は、その美しさと多様性で英国の保全活動家をびっくりさせました。危害がやむと、自然はあっという間に、優雅に、豊かに修復されます。クネップ・キャッスル・エステートの場合、豚、牛、馬の土着種を導入することでそれが起きました。死んだような赤字の農場が、生きた箱舟を生みました。クネップ・キャッスル・エステートが自然の状態を取り戻したため、人々は、サセックスに戻ってきた哺乳類や鳥類、森林性生物、昆虫を、お金を払ってでも見に来ました。生命が再生すると、複雑性が広がります。多様性が急成長します。生産性が急上昇します。生物種が再び現れます。そして、気候が反応してくれるのです。●

栄養カスケード
Trophic Cascades

1926年、イエローストーン国立公園の最後のオオカミの群れの唯一の生き残りが、最後の銃声とともに地面に倒れました。当時オオカミは、今でもそうですが、わずかでも隙あらば人間や飼っている羊を食ってしまう危険な捕食者と見られていました。有名な著者であり自然愛好家であるジョージ・モンビオはかつて、こんな問題を出しました。「以下に挙げる脅威を、それほど命にかかわらないものから最も致命的なものへ順に並べなさい。オオカミ、自動販売機、牛、飼い犬、爪楊枝。──面倒なことはありません。もうその順に並べておきました」。爪楊枝を飲み込んで命を落とす米国人は、毎年170人近くにのぼります。これに対して、今世紀オオカミに殺された人間は、1人しかいません。自動販売機？ 欲しかった商品が買えずイライラと腹を立てて自動販売機を揺さぶったら、それが倒れてきて下敷きになる人がいるのです。

イエローストーンの一件は、ロッキー山脈北部でハイイロオオカミを退治した英雄的なハンターたちが、ここでも脅威を取り除いたものと考えられていました。しかし、それから数年のうちに、イエローストーン国立公園の生態系が解明され始めました。植物の種類や数が変化したのです。主たる捕食者がいなくなって、エルク（アメリカアカシカ）やシカの個体数が急増しました。そのような野生の有蹄類は、草食性の食欲で、ポプラやハコヤナギ、ヤナギ、カエデを食い尽くしました。このような木に加え、ハックルベリー、スグリ、ミズキ、野バラも失われ、その後スイートクローバー、タンポポ、サルシフィ、ハナウド

といったイネ科草本や広葉草本もこれに続きました。これは始まりにすぎませんでした。鳥類は、種子や木の実や、木の幹にすむ虫が食べられなくなり、巣をつくる場所がなくなったため、個体数が減少しました。ビーバーは、冬の食料源であるヤナギを失いました。ビーバーのダムがないと、水流による侵食が起きます。魚は、沈泥でいっぱいになった川の影響を受けました。木がないために、河岸侵食で川幅が広がり、水の温かい浅瀬ができました。しかし数が増えた生物種もありました。競争が減って、コヨーテが何倍にもなりました。牧草地や縮小した森林で野放図に増えたコヨーテによる野ネズミや小動物の捕食が増えたため、キツネやアナグマ、イヌワシ、アカオノスリ、ハヤブサ、ミサゴが激減しました。イエローストーン国立公園は、野生生物の保護地たる原生自然と見られていましたが、生態系崩壊のシンボルとなってしまいました。

生態系というのは、ある地域と、その中の生物すべて、およびそれを支える物理的要素（小川や川、降水、岩、鉱物、微気候など）を指します。生物も非生物も相互に作用し合って、複雑に絡み合ったシステムを形成しています。それをつくり、エネルギーの元になるのが、光合成と植物の栄養物です。植物は、たとえばベリー類を食べるヒグマから蜜を吸うチョウまで、さまざまな動物や昆虫に食べられます。植物は、微生物や鉱物、菌類、水、日光から養分を得ます。どの生態系も、視点によって上向きにも下向きにもたどれるカスケード（何が何を食べているというつながり）を形成します。大型哺乳類から下向きに

行くと、林床に点在し、腐りつつある葉や松葉を食べる一握りの菌類までたどり着きます。

「栄養の（trophic）」とは、摂食し、栄養分を得ることを意味します。あらゆる植物や生物の部分、断片、食べ残し、死がいが、食物連鎖において別の生物種の食べ物となります。どのような食べ物を消費するかによって、大まかに4つの栄養段階に分けることができます。まずは「分解者」です。真菌類やミミズ、線虫、細菌などが、有機物の残骸を分解します。その上に位置するのが「植物」で、コケから低木、高木まで含みます。日光と雨、そして分解者が与えてくれる土壌の養分からエネルギーを得ています。その次が、植物を食べる「草食動物」です。野ネズミからブルーバード、リス、さらにバイソン、シカ、エルクまでさまざまです。4つめ、最上位にいるのが「捕食動物」です。草食動物を食べる肉食動物で、オオカミ、フクロウ、ピューマなどが含まれます。

生態系がどのように組み立てられているかは、場所によって、そしてそこにいる動植物種によって異なります。しかし、どの生態系にも共通して存在する要素が1つあります。それは、「頂点捕食者」です。天敵がおらず、食物連鎖の頂点に位置する動物を指します。キーワードは「天敵」です。イエローストーンの周囲にいたのは、人間という捕食者でした。何十年にもわたって牧場主たちが語っていたのは、オオカミに食われて家畜が失われたり殺されたりした、恐ろしげな話でした。なぜ公園内やその周辺で、彼らがオオカミの個体群を消し去ったのかを正当化する話です。1945年には、ハイイロオオカミ（Canis lupus）は、米国北西部全域で駆逐されていました。ハイイロオオカミの仲間の1種を除くすべての種は、1975年には米国魚類野生生物局の絶滅危惧種リストに掲載されました。オオカミが羊や牛の群れに襲いかかったという陳腐な話は、科学にも観察にも基づいていません。オオカミは、羊も牛も好きではないのです。オオカミが好むのはエルクで、群れで移動するエルクを追いかけます。これがしばしば牧場や農場と重なってしまうのです。

オオカミがさまざまな家畜に襲いかかったという陳腐な話は、データではなく恐怖心によって広まりました。ロッキー山脈北部で絶滅に追いやられるまで、オオカミは、家畜が失われたあらゆる原因の1％に満たなかったのです。

1995〜96年に、イエローストーン国立公園にカナダからのオオカミ31頭が再導入されました。すると、70年間続いていた生態系の劣化が逆転し始めました。生物学者や再導入反対論者は驚きました。レンジャーから、ライフルの発砲音のようなものが聞こえたという報告がありましたが、これはビーバーが公園に戻ってきた音でした。パドルのような尻尾を池の水面に叩きつけていた音だったのです。ヤナギやハコヤナギの木が川岸に戻ってきました。オオカミの再導入前、エルクは国立公園で越冬して、ヤナギを根っこの切り株まで食べていたものです。今では公園の内外を動き回るようになりました。頂点捕食者がもたらしたのは、「恐怖の生態学」と呼ばれるものです。エルクとシカは、公園

でオオカミの存在に気づいたとき、常に動き回って移動するという本能を取り戻しました。これにより、どこか1カ所の高木や低木を消費する行動が減ったのです。ヤナギが増えると、ビーバーが増えます。オオカミは美化して語られ、この変化の称賛を一手に受けてきましたが、オオカミだけの影響ではありません。ほかにも3種の頂点捕食者が同時に増えました。ハイイログマ、ピューマ、そして公園外でエルクを撃つハンターです。

オオカミ、ハイイログマ、ピューマは、頂点捕食者以上の存在です。これは「キーストーン種」と呼ばれ、生態系全体を1つにつなぎ合わせる生物です。キーストーン種の例としてはほかに、ハチ、ハチドリ、ラッコ、亜寒帯林のポプラの木立ちといった木もあります。ヒトもそうです。それが生存していること

［左］米ワイオミング州イエローストーン国立公園のラマ・バレーで、エルクの死骸を食べ様子をうかがうコヨーテとハイイロオオカミ。オオカミは、再導入されたドルイド・パック（群れ）の1匹
［上］3匹のブラックテールプレーリードッグの子が、根や新芽をむさぼり食っている

がほかの生物種の生存にとってもきわめて重要な「鍵」になっているのです。キーストーン種が失われると、生態系は劣化したりすべて失われたりする可能性があります。レジリエンスを失い、かつては抑制されていた侵入種の餌食になる可能性もあります。生態系は、最下層がどれだけエサを手に入れられるかで制限されるピラミッドだと長い間考えられていました。土壌がなければ植物がなく、植物がなければ草食動物もおらず、つまり捕食動物もいないことになる、と。この理論は論理的でした。植物がシカ、エルク、ウサギなどの草食動物の数を決め、これが今度は捕食動物の数を決めるというわけです。この考え方は、「キーストーン種」という言葉をつくった伝説的な生物学者ロバート・ペインによって、根底からひっくり返されました。米ワシントン州シアトル市にあるワシントン大学の動物学の助教授だったペインはよく、オリンピック半島の先端付近にあるマカー湾に学生たちを連れて行ったものでした。1963年6月、そこで彼の理論を検証する実験を行ないました。1つの生物種が生態系全体の機能にきわめて重要な役割を果たしうる、という理論です。

ペインは、7.6メートルほど広がる潮だまりで、高さ約1.8メートルの一枚岩を1つ決めました。海水に洗われるこのごつごつした一枚岩に付いていたのは、エボシガイやフジツボ、カサガイ、ヒザラガイ、海綿、海藻、ウニ、イソギンチャク、ムラサキイガイ、そして彼が「海に放り出そう」と決めた種（ムラサキヒトデ《Pisaster ochraceus》と呼ばれる紫とオレンジのヒトデ）などでした。年に2回、彼はバールを使ってヒトデを外すと、フリスビーのように海に投げ込みました。潮だまりの生態系から特定の動物が取り除かれたら何が起きるかを突き止めたかったのです。この潮だまりが彼の実験室でした。これ

は「観察に基づく科学」です。チャールズ・ダーウィンや、アルフレッド・ウォレス、コペルニクスが情報を得た方法であり、事実上すべての先住民文化の中核にあるタイプの科学です。ペインはもっと控えめに表現し、「蹴飛ばしたらどうなるかを見る生態学」と呼びました。放り投げる前にヒトデをひっくり返して見ると、ヒトデが何を食べていたかがわかりました。それは、カサガイからヒザラガイ、イガイ、エボシガイやフジツボまで、ほぼすべてのものでした。ヒトデを除去するようになって1年以内に、潮だまりの生物群集は完全に変化しました。フジツボは最初、壁の60〜80％以上に広がっていましたが、すぐにもっと小さくて成長の速いエボシガイに置き換わりました。かつては生息していた4種類の藻類がどこにもまったく見られなくなり、ヒザラガイとカサガイも去りました。イソギンチャクと海綿の個体数は減少し、小さい肉食の巻き貝が10倍以上に増えました。この生物群集の種数は、15種から8種に減りました。数年後には、イガイがこの壁全体を支配し、ほかの生物種をほぼすべて消し去ったのです。

建築で、アーチ構造をうまく固定するためにくさび型の石を使うのですが、これを「要石、キーストーン（keystone）」と呼びます。ほかのアーチをつくる石より必ずしも大きいわけではなく、ただ形と機能が違うだけです。同じように生態系コミュニティでも、特定の生物種がその安定性と多様性を決定づけます。ラッコが19世紀にロシア、英国、米国のワナにかかってほぼ絶滅しかけたとき、ラッコの主なエサであるウニが爆発的に増加し、壮大なケルプの森が食べ尽くされました。このケルプの森の消滅については、フランシス・ドレーク卿が世界の不思議として述べています。ペインは、この原因が、1800年代後半から

ラッコが姿を消したことにあるのではないか
という仮説を立てました。2人の学生がラッ
コの研究をしたいとやって来たとき、ペイン
はアリューシャン列島の2つの島に行ってみ
てはどうかと提案しました。1つは健全な数
のラッコがいる島、もう1つはラッコがいな
くなった島です。ラッコがいる島には、メヌ
ケ、コンブ床、ワシ、ゴマフアザラシも見ら
れましたが、ラッコのいない小島には、これ
らもまったく見られませんでした。ペインの
研究のおかげで、いかに1つの生物種が、ほ
かの多くの種の個体数を維持する力になりう
るかがわかります。ただそこに生きているだ
けで、キーストーン種は重層的に影響を及ぼ
す「栄養カスケード」を生み出します。これ
もロバート・ペインによるもう1つの造語です。
　イエローストーン国立公園の多くの地域で
オオカミが全滅してから始まった栄養カス
ケードは、オオカミの再導入で逆転されまし
た。エルクの個体数が減少したおかげで、そ
れまで食物連鎖の崩壊の影響を受けていたほ
かの生物種に、幅広く恩恵がもたらされまし
た。ハイイロオオカミが70年間不在だった
ために、イエローストーンの生態系はダメー
ジを受け、生態系の形が変化していたのです。
生態系は回復してきましたが、完全ではなく、
またすべての場所で回復したわけでもありま
せん。ヤナギが戻ってきていない場所もあり
ます。なぜなら、小川の侵食でヤナギの生息
地が破壊されたからです。ビーバーはそのよ
うな冬場のエサがないところには戻れず、小
川の健全性は回復されていません。私たちは
何世紀もかけて自然景観や生態系を破壊して
きました。完全に回復するまでにも、何世紀
もかかるかもしれません。
　気候の非常事態に、オオカミはどう関係し
ているのでしょうか。オオカミがいなくなり、
そして復活した中でわかったのは、生態系が

どのように機能するかを私たちは完全に理解
しているわけではないということです。生態
系はいずれも、炭素を地上と地下に貯留する
貯蔵庫です。その複雑なすべてを想像するこ
とすらできないような生命のシステムです。
私たちが生態系をどう取り扱うかによって、
生態系が炭素を排出するか、土壌やバイオマ
スの中に保持するか、あるいは隔離するかが
決まります。生物多様性を尊重し保護するこ
とは、気候問題のジレンマにおいて枝葉の問
題ではなく、解決策の中核に位置するのです。
私たちは、捕食者や生物種、植物、湿地を消
し去り、世界中の生態系の機能を劣化させ続
けています。世界の生態系の健全性が、私た
ちの未来を決めるというのにです。このよう
な気候への影響についての認識は、エッフェ
ル塔よりも高い風力タービンができたとか、
電気トラックが自動運転で全国に食料を運ん
でいるなどと熱狂的に伝える報道に隠れて、
見失われているかもしれません。水素自動車
や三重窓は独創的な技術ですが、技術の力だ
けで安定した気候環境に戻ることはできない
でしょう。
　キーストーン種には3タイプあります。ま
ず、獲物の個体数と行動をコントロールする
捕食者がいます。マッコウクジラからワシま
でさまざまです。このような捕食者の存在が、
被捕食者の行動を変えます。オーストラリア
の科学者たちの観察によると、イタチザメが
海草藻場から離れた場所にいるとき、海草に
はそれを食べるウミガメが集中し、食べ尽く
されてしまうことがあります。しかし、イタ
チザメがいるときは、ウミガメは広範囲に散
らばっており、海草にダメージを与えません。
　次に、生態系エンジニアと呼べる、環境を
物理的に変容させる生物種がいます。ビー
バーがその典型例です。プレーリードッグも
そうです。プレーリードッグが地下に掘る巣

穴は、草の海の中の「サンゴ礁」と呼ばれてきました。鳥類と動物の在来種約150種が、その生命維持と生息地をプレーリードッグのつくる生態系に依存しています。プレーリードッグがエサを食べ、トンネルを掘り、植生を刈り取ることで、アナホリフクロウやミヤマチドリの生息地をつくり、草食のバッファロー（アメリカバイソン）にもっと良いエサを提供します。また、侵入種の低木が入ってくるのを阻止し、微生物の複雑性を高め、イネ科草本や広葉草本への栄養分を増やします。さらに、プレーリードッグ自身もフクロウやタカやフェレットのエサとなり、食料を提供します。残念ながらプレーリードッグは、今日まで米ネブラスカ州などで射撃の生きた的にされています。

3つめは、相利共生生物です。相利共生は、互恵主義であり、ほかの生命体のウェルビーイングに自らの生存がかかっていると生物が認識することです。何千年とはいわないまでも何百年もの間、西洋の生命観は、若干のバリエーションはあるものの生存競争に基づいていました。「適者生存」という言葉は、ダーウィンの「ある環境に最も適応しているもの

が生き延びる」という主張を曲解したものです。アフリカのアカハシウシツツキが古典的な例です。バッファローやカバ、シマウマの背に乗って、昆虫やダニや寄生虫を食べます。まるで、その動物の頭や背中が簡易食堂であるかのようです。宿主の捕食者が近づいてくると、ウシツツキは警告の声を発して知らせます。また、蜜を探しているハチは、花の紫外線反射を見つけ、それが花の中心部にある蜜と花粉たっぷりの雄しべに導いてくれます。ハチが飛び去った後は、その足跡が遠くからでもほかのハチから見えるので、子房の蜜が元通りになるまでその花は避けられます。花は効率的な受粉の恩恵を受け、ハチはたくさんの蜜の恩恵を受けるのです。

私たちが土地や生き物や互いに対して世界中でもたらしている無秩序や苦しみを考えると、もし相利共生が、種が互恵的に双方の利益になるように行動することを意味するなら、人類はこのような3種類のキーストーン種のどれになるようにすべきだろう、と問いたくなるかもしれません。●

ザンビアのサウス・ルアンワ国立公園で、カバと2羽のアカハラチョウゲンボウ

放牧生態学
Grazing Ecology

草食動物は、地球の知られざる偉大な炭素循環者です。

草を食べることは、古代からの歴史をもつ自然なプロセスです。化石に刻まれた記録から、草を食べる哺乳動物が最初に姿を現したのは5,500万年前であることがわかっています。それから3,000万年後に広大な草地が存在するようになり、その後の何千年という間に一緒に共進化しながら、草食動物の増え続ける個体数を支えました。エサとしてはもともと、イネ科草本や広葉草本、樹種の葉を混ぜて食べていましたが、時が経つにつれて牧草がどんどん分化するようになりました。最初の真の草食動物、つまり1年を通して栄養分を主にイネ科草本から摂取する動物は、1,000万年前に出現しました。いま私たちみんながよく知っている多くの草食動物の先祖も含まれます。たとえば、バイソン、ヌー、シマウマ、水牛、羊、エルク、ラクダ、リャマ、馬、牛、ムース、ヤク、さらにウサギ、バッタ、ガンなどです。現在、地球上の陸地面積の27％が草地で、炭素の最大の貯蔵庫の1つとなっています。つまり、草食動物は、大きな生態系の健全性のきわめて重要な一部を形成しているのです。しかしながら、木や植物や土壌微生物が地球上の炭素循環に果たしている役割はよく記録されているのに対し、草食動物、特に野生の草食動物の果たす役割は、常に過小評価されてきました。

草食動物は計り知れない年月をかけて、口で葉をむしり取った後にその繊維質を胃で発酵させることにより、イネ科草本から栄養エネルギーを得る生理学的な能力を発達させました。草食動物の消化器官には2タイプあり、前胃発酵動物か、あるいは後腸発酵動物かの

ナミビアのエトーシャ国立公園のサバンナに生息するオグロヌー。150万頭のヌーは、ガゼルやシマウマとともに、セレンゲティやマサイマラの生態系を通過する地球上で最大の移動をする

いずれかに分類されます。前胃発酵動物は4つの部屋に分かれた胃をもっていて、その1つの「第1胃（rumen）」で、細菌などの微生物がイネ科草本のセルロース（植物繊維）を脂肪酸とタンパク質に分解し、これらが血流に吸収されます。このタイプの草食動物は「反芻動物（ruminant）」とも呼ばれ、牛、羊、山羊、エルク、バイソン、ヤク、アンテロープ、ガゼルなどたくさんいます。また、後腸発酵動物は、胃は1つで、その後ろに大きな下部消化管があります。たとえばゾウやシマウマ、馬、サイ、ウサギ、ナマケモノ、そして多くの齧歯類がそうです。どちらのタイプも、それぞれの方法で草地に適応しています。反芻動物は、栄養価の高いエサを消費し、第1胃からの食い戻しを噛むことなどで効率良く処理するのに対し、後腸発酵動物は栄養価の低いエサを食べるので、必要な栄養を得るために大量に食べなければなりません。広大な土地に多くの草食動物が共存できるのは、このような食性の違いがあるからです。

野生では、一部の草食動物は大きな群れで集まり、捕食者から身を守りながら、必要な栄養をとるために長距離を移動します。この行動が、草食動物と草地の間に、持続可能性もレジリエンスも高い、共進化の長い歴史を生みました。歴史的な例としては、北米のバイソンの大群や、ユーラシア大陸の草原（ステップ）におけるサイガ（シベリアの草原地帯にすむレイヨウで、オオハナカモシカとも呼ばれる）の移動などがあります。今日、大移動は減ってはいるものの、アフリカのヌーやシマウマの群れや、北極圏のカリブーなどがまだ見られます。移動する草食動物は長距離を動きます。なぜなら、その草地生態系の中でも、質・量ともにエサに大きな違いがありうるからです。動物は、どのように栄養を最大化するか、たとえばどの植物を食べて、

いつ次に移動するかなどを、本能的に決めるように進化しました。エサの中に必須ミネラルを求めることも、行動に影響します。アフリカでは、雨がやってきて乾季から雨季になり、1年の中で緑が濃い季節になると、シマウマとヌーがよく何百万頭もの群れをつくって、セレンゲティ草原を移動します。若い植物を求めつつも、シマウマとヌーは違う種類の草を食べることもあって（シマウマは背が高くて品質が低い草を好みます）、お互いにうまくやっています。

草食動物は、草地生態系の中で受け身のプレーヤーではありません。セレンゲティでのある研究によると、動物に食べられない（柵で囲われた）場所よりも食べられる場所のほうが、あらゆる種類の草が平均で43％密度が高まることがわかっています。動物が草を食むと、古い、腐敗した、あるいは死んだ植物組織が取り除かれるため、多くの日光が植物の根元に届くようになり、草の再生が促されます。植物の根元は、生長のほとんどが生じる場所だからです。動物のふん尿は、植物に窒素などの天然の肥料を与えます。このすべてにより、地上ではたくさん日光を浴びて光合成が増え、地下では水と養分の吸収が増えます。そうして、新しい葉が空に向かって伸びて、植物が元気になり、根が広く張るようになります。その結果、草は、特に生育期の初期段階で、栄養価が高まります。

個々の草本植物の視点から見ると、動物に食べられるというのは、強い影響をもたらしうる撹乱です。もし植物が、低温や水不足のせいで休眠中であるなら、草食動物の口で刈り取られてもおそらく大したダメージは受けないでしょう。しかし生育中は、葉で光合成を行ない、エネルギーを植物のあらゆる部分に送っています。お腹を空かせた草食動物にがぶりと食われたら、植物の生長が大いに阻

害される可能性があります。でも、それはほんの一時の話です。青葉が失われると、根の生長と貫入が促されます。そのため、草は丈夫になり、ミネラルも豊富になります。そして植物にはほとんどの場合、葉緑素を含む緑色組織が残っているので、特に生長点のある根元近くで再び生長を始めるのです。これは生態学的な共生で、植物と動物の双方が利益を得ています。イネ科草本は、草食動物と共進化してきました。たとえば、唾液は植物の生長を促します。草が撹乱から得る恩恵は、多くの要素によって変わってきます。たとえば、1年のどの時期に草が食まれたか、それはどのくらい深刻だったか（緑色組織がどのくらい取り除かれたか）、そして植物がまた食まれる前に回復し生長する時間が十分にあるかどうか、などです。だからこそ、移動性の草食動物は、まさに理にかなっているのです。草を食んでは行ってしまうからです。ほんのわずかな期間そこにとどまって最も栄養価の高い草を食み、1年以上もうそこには戻ってきません。

　草食動物は何千年もかけて、移動する大群の中にいようが、もっと小さな群れであろうが、草地生態系の根本的な一部を成すようになってきました。地球上の生命の不可欠な要素となっているのです。土壌と大気の間で、エネルギーや水、炭素、温室効果ガスを交換する直接の役割を果たしています。草食動物の行動や数が変化すると、植物構成や、生産性、栄養循環、その他生態系プロセスに劇的な影響をもたらす可能性があります。草食動物が草地から追い出されたり殺されたりしたら、このシステムの生態系は大きく変化し劣化します。たとえば北米では、1980年代にカンザス州のトールグラスプレーリー（丈の高い草の大草原）の保全休耕地にバイソンの群れを再導入したとき、バイソンが草を食む

ことでその土地にどのくらい影響が及ぼされるかを、研究者が定量化することができました。特に関心が払われたのは、生態系の健全性を維持する方法として行なわれる計画的な火入れと、草食動物による影響とを比べることでした。その結果、草食動物はきわめて良い影響をもたらしていると結論づけられました。科学者たちは、バイソンをキーストーン種と呼び、グレートプレーンズのほかの地域への再導入を支持するようになりました。

　欧州でも、この大陸の生態系において、草食動物がおそらく重要な役割を果たしたと思われます。有史以前、この地域の森林は今ほど密ではなかったかもしれません。その代わりに、大小の草地や、低木林、1本立ちの木、林などがモザイク状に混在していたと考えられます。このモザイクをつくるうえで、シカやイノシシ、オーロックス（現代の牛の祖先）といった固有の野生草食動物、そして種子を散布する鳥類が不可欠な存在でした。草食動物がいやがるトゲのある低木によって守られた木が、ゆくゆくは林を形成しました。木が十分に高く生長すると、その林冠の陰になって、低木は枯れました。草食動物の圧力が戻り、林の外では新しい木の生長が阻害されます。そのうち、林の中央にある最も古い木々が、朽ちて死にます。こうして、前より多くの日光が地面に届くようになって、草の生長を促し、これが今度はさらに多くの草食動物を引きつけ、草地が維持されます。最近では、たとえばスペイン南部のサバンナのようなデサやポルトガルのモンタドなどで、人間が家畜を使って開けた景観を保ってきました。

　このダイナミックな自然の撹乱のプロセスは、多様性に富んだ網の目のような生命のつながりに寄与し、炭素循環を高めてきました。草食動物と草地の相互作用の好影響を支持する人々は、たとえばチベット高原のような大

景観など、その先祖の行動にならう形で草食動物を慎重に管理することによって、生態学的な目標を達成できると主張しています。

　人類は、持続的で再生可能な形で、牛や羊など家畜化された草食動物の力を借りてきた深い歴史があります。世界中の先住民族が実践してきた伝統的な関係性の1つが、遊牧型の牧畜です。遊牧型の牧畜では、人間がリャマやラクダ、山羊、ヤクなどの動物の群れを導いて、新鮮なエサや水のあるところへと広大な土地を横断します。遊牧型の牧畜は、天気と動物と環境の間のダイナミックな相互作用と調和しています。彼らは長い経験から、動物が健康であるために何が必要か、その場所の過放牧を避けるためにいつ群れを移動させるべきか、どこに行くか、どうすれば捕食者などほかの野生生物とかち合わずにすむか、を知っています。何世紀にもわたって、土地が群れをつくり、群れが土地をつくりました。そして、その両方が人間の文化を形成しました。5億人もの人々が今でも何らかのタイプの遊牧型の牧畜を営んでおり、世界の国々の4分の3以上に遊牧民社会が存在します。

　有名なのがマサイ族で、ケニアからタンザニア北部にかけて暮らしています。100万人以上いるマサイ族は、農業と遊牧型牧畜の洗練された生活様式を発展させ、そのおかげで乾燥した過酷な環境を切り抜け、栄えてきました。牛は、牛乳や肉、そして富をもたらします。一部のマサイ族は、トウモロコシや豆などの作物を栽培します。マサイ族は強い保全の倫理をもち、ゾウやシマウマやバッファローなど、この地域の多様性に富んだたくさんの野生の草食動物に必要なことと自分たちの行動を融合させるために、どんなことでもします。遊牧型の牧畜が環境に対して生態学的な恩恵をもたらし、野生生物の保全と調和することを、彼らは経験から知っています。

特にライオンなどの捕食者との衝突も起こりますが、マサイ族は問題を最小化させる方法を発展させてきました。その結果生まれたのが、先住民族の深い知識の泉に裏づけられた、人々と草食動物と土地の間の、時の試練を経た強力な関係性です。

　しかし、このような絆が気候変動と人間の侵入で脅かされています。気温の上昇と干ばつの長期化が、牛の健康を脅かし、草地にストレスを与えています。都市化が広がり、かつては共有地だった場所が私有地化されることで、マサイ族が動き回れる場所が減っています。囲いがどんどん高くなり、大地に満ち引きするような草食動物の動きをじゃましています。野生生物を見る観光ツアーは、経済的な恩恵をもたらす一方で、マサイ族の伝統的な生活様式に影響を与えてきました。それでもなお、マサイ族にはレジリエンスがあります。彼らを支える土地にもまだレジリエンスがあるのと同じように。●

[前ページ] 米モンタナ州北部のブラックフィート族インディアン居留地のバイソンが秋の牧草地を移動している。ブラックフィート部族連合は、北グレートプレーンズにバイソンを復活させ、丈の高い草からなる大草原を再生させることをめざしている

野生生物の回廊（コリドー）
Wildlife Corridors

　まず室内から始めよう。最初に、美しいペルシャ絨毯と狩猟ナイフを思い浮かべてもらいたい。絨毯の大きさは12フィート掛ける18フィートだとする。つまり、216平方フィートの面積の織物がそこにあるわけだ。そのナイフは刃が鋭い？　鋭くなければそれを研ごう。これから絨毯を36個に切り分ける。みな同じ大きさ、2フィート掛ける3フィートの長方形だ。高価な硬材の床板のことなんて気にしてはいけない。切り裂かれる繊維が小さな音を立てる。まるでペルシャの絨毯職人が怒ってのどの奥で悲鳴を上げているようだ。でも絨毯職人なんか気にするな。裁断を終えたら、一つ一つの切れ端の広さを測り、合計する——おやおや、見たところ絨毯らしいそのしろものの面積は、やはり216平方フィート近くあるではないか。だが、それにはどんな価値がある？　素敵なペルシャ絨毯を36枚手にしているということだろうか？　そうではない。そこにあるのは3ダースのずたずたになった切れ端、どれにも値打ちなんかないし、端からほつれはじめている。
　　　　——デイヴィッド・クォメン『ドードーの歌』

　デイヴィッド・クォメンのこのよく引用されるたとえ話は、生態系が道路や囲い、過放牧、農業、都市郊外、開発で分断されるとどうなるかを表しています。2001年から2017年までの間に、米国では開発により約970万ヘクタールの生息地が失われました。郊外地域を結ぶ幹線道路や高速道路は、そこを渡らなければならない動物に、命に関わる難問を突きつけています。夜に交通量の多い大通りを歩いて、あるいは走って渡ろうとしたことがある人なら誰でも、クマやシカの抱えるリスクを想像できるでしょう。生息地の分断の結果起きるのは、緩やかな退化と種の喪失で、最終的には絶滅へと向かう道筋です。これは気候や地球温暖化とどのような関係があるのでしょうか？　すべてにおいて、です。本物の「絨毯」で考えてみましょう。

　10月半ばに米ウィスコンシン州のホワイト川湿地を飛び立つカナダヅルの群れであろうと、あるいはタンザニアのセレンゲティを移動する150万頭のヌーや何十万頭ものシマウマとガゼルといった有蹄類の大移動であろうと、草原や山や空を渡る動物の移動は、世界中でその地本来の生息地の保護に不可欠です。生態系は、その中に生息する動植物の群集で分類されます。群集は1つひとつ違いますが、すべてが複雑で、すべてが脅威や危機にさらされています。

　陸域生態系と沿岸生態系には、炭素30億トン以上が蓄えられており、大気中に含まれる炭素の4倍近くにあたります。地球温暖化を止めるためには、3種類の断固たる行動が求められます。1つめが、化石燃料の燃焼による排出量を削減し、なくすことです。2つめが、草地や森林、農地、マングローブ、湿地で、光合成により炭素を土壌に隔離することです。3つめが、この地上の炭素を保護することです。もし私たちが生息地の保護を行なわずに、化石燃料を置き換えることだけに注力すれば、それは水の泡になるでしょう。陸域の炭素貯蔵量の7％が失われれば、大気中の二酸化炭素が100ppm上昇しかねませ

ん。その喪失を未然に防ぐためには、野生生物の回廊（コリドー）を設置することがきわめて重要です。

　野生生物の回廊は、鳥類や哺乳類、無脊椎動物、爬虫類、昆虫類が移動し、エサを食べ、水を飲み、つながり合った生息地の間を行き来するための水、陸、空の通路です。回廊は、それぞれの生物種が生命を全うできるように、十分な生息地を保全します（寿命の長さは、ハチドリだったりカメだったり、種によって2年から100年までの幅があります）。回廊は、孤立した生息地の間をつなぎ、生物種が円滑に移動できるようにします。それがなければ、生物種はエサや水を追って移動することができず、遺伝的隔離*や地域絶滅の恐れがあります。世界で最も多様性に富んだ地域において、一番多い場合は地球上の動植物種の半分が、今世紀末までに地球温暖化により絶滅する可能性があります。より冷涼な気候へとつながる回廊は、生物種が気温上昇から逃れるライフラインを提供します。米国西部で陸地面積の75％において生息地の回廊をつなぎ直せば、動物が移動して、気候崩壊に適応できます。鳥類や昆虫類、爬虫類、哺乳類が回廊を移動すると、草木が受粉し、その種子が拡散されます。生息地間のつながりは、個体群内の遺伝的多様性とレジリエンスを高め、これにより、生物種が地球温暖化によって生じる変化に適応する能力を高めます。

　なぜゾウやオオカミ、トラ、アメリカシロヅル、さらに何百もの生物種を守るべきか、理由は必要ありません。ともかく彼らが存在していること、理由はそれだけで十分です。このような生き物は非凡な進化の特性や、知

ボツワナ・チョベ国立公園のリニャンティ湿地帯の葦原を縫うように歩く、現存する陸生動物では最大のアフリカゾウの家族

＊異なる集団に分かれ遺伝的な交流が妨げられる現象　　**117**

性、美を体現しています。私たちが見落としているかもしれないのは、ゾウを「救う」とき、いや、カブトムシでもクマでも手つかずの生態系に依存している実質的にあらゆる生物種を「救う」とき、私たちはその恩恵を受けるということです。それは文字通り、私たちを救うことになるのです。地球の生態系の生存能力とレジリエンスを守ることは、人間の生存にとっても、そして大気中の温室効果ガスの量を安定させ地球温暖化を逆転させる取り組みにとっても、きわめて重要です。野生生物の回廊や生息地や生物多様性は、地球温暖化から切り離された問題ではありません。生物圏が大気を生み、大気が生物圏を生みます。分けて考えることはできません。

米国中西部の湿地からアジアの熱帯雨林、カナダやロシアの亜寒帯林に至る世界中で、土地の転用や、人口増加、物理的な障壁、農業が、生息地に負荷をかけてきました。サイやトラ、ゾウ、オランウータンが生息するインドネシアの熱帯雨林は、ポテトチップスやハロウィンキャンディーをつくるためのパーム油生産のために分断されています。メキシコ・米国間の国境の壁は、オオツノヒツジ、オオカミ、オセロットの生息域を遮断し、ネイティブアメリカンの墓地や、国立公園6カ所、保全すべきホットスポット5カ所、野生生物保護区6カ所、そしてほかにも多数の野生生物保全地域（200種のチョウが生息するナショナル・バタフライ・センターを含む）を突っ切っています。

生物種が姿を消すとき、生態系は劣化します。解明が進むなか、さらに多くの生物種が失われています。生物群集にもともとある複雑性を支えられない、生物学的に分断された土地が点在する状態になるまで、それは続きます。生態系の中で、鳥類や哺乳類、カエル、コウモリ、爬虫類、草木、菌類、魚類、湿地

などが活発な関係性を築き、ダイナミックで複雑な、共生ネットワークを形づくっています。大小を問わず何か生き物がいなくなると、植物が衰えます。動植物の群集の多様性が失われると、ほかの群集の喪失が加速されます。生態系が縮小すると、バイオマスが減少するため、貯留されていた炭素が放出されます。植物群落が枯れると、湿地がなくなり、ポリネーターが減り、土が乾燥し、炭素の排出量が増えます。排出された炭素は酸化し、二酸化炭素になるのです。

2000年代半ばの時点で、グレーター・イエローストーン生態系では、エルクの移動経路の58％、プロングホーンの移動経路の78％、バイソンの移動経路に至っては100％が、人間の開発によってふさがれていました。米サウスダコタ州に住むスチュアート・シュミットは、4代目の農家であり牧場主です。グレートプレーンズでの自然の群れの移動を真似して牛を管理することで、彼は牧草地全体の表土を自生の草花で覆うようにしています。草木の多様性を高めたことで、昆虫の多様性も高まり、鳥類と哺乳類の多様性まで高まりました。自然を模倣して放牧を行なうと、シカやプロングホーンが冬の移動中に持ちこたえるだけの余剰の草を残しておけます。草を管理して自然状態まで回復させると、グレートプレーンズの野生種が草地を共有し、季節性の移動ができるようになります。

米国とメキシコの間を行ったり来たりする移動性の鳴禽類は、1960年代以降個体数が半分以下に減りました。減少の理由はたくさんありますが、一番は生息地の喪失です。営巣地で、越冬地で、そしてその間のあらゆる場所で失われています。北米の鳴禽類は1970年に比べて30億羽減りました。最も多く失われたのは、危機にさらされた草地で繁殖する鳥類です。31種の7億羽以上がいなく

なりました。

水の回廊（コリドー）は、海洋生態系の健全性にとってきわめて重要です。カリフォルニア海流は、北米の西海岸に沿って、カナダのブリティッシュコロンビア州南部からメキシコのバハ南端まで流れており、地球上で最も重要な海の回廊の1つです。この海流に依存する魚類、海洋哺乳類、海鳥、爬虫類、無脊椎動物の約30種は、絶滅が危惧されています。たとえばシャチの「サザンレジデント（ワシントン州海域に生息するグループ）」と呼ばれる個体群や、太平洋のオサガメ、カリフォルニアラッコ、アホウドリ、それからキングサーモン、サケ、ギンザケなどです。その移動経路は、その種自体の存続に非常に重要であるだけでなく、米国西部太平洋岸の生態系全体にとってもきわめて重要です。

数字を見れば明白です。20億ヘクタールの森林が失われました。熱帯林はかつて陸地面積の12％を占めていましたが、今ではわずか7％しかありません。海の回廊は、温暖化やプラスチックごみ、海上交通路、海洋汚染、乱獲によって脅かされています。米国の草地は、アマゾンの熱帯雨林よりも速いスピードで消滅しています。グレートプレーンズは、2018年の1年間だけで85万ヘクタールがなくなりました。世界の温帯草地の半分近くが、農地や工業用地に転換されています。大気が二酸化炭素の複層ガラスで覆われていることは、当然のことながら大いに注目を集めています。手つかずの生態系が失われていること、そこから温室効果ガスが排出されていること、それが大気に影響を及ぼしていることは、どれも同じくらい世間の注目を引くに値します。これは解決策を求めている問題ではありません。解決策は既に存在するからです。これは、意識の高まりを求めている問題なのです。●

渡りを行なう生物種の例

アメリカシロヅル	アンテロープ	テントウムシ
クロハサミアジサシ	チョウザメ	ヤク
モリツグミ	ターポン	マウンテンゴリラ
アメリカホシハジロ	ワキアカダイカー	ジャガー
クズリ	セグロジャッカル	シマウマ
ミズナギドリ	オオメジロザメ	クープレイ
ミサゴ	ジンベエザメ	ガゼル
ミズイロアメリカムシクイ	アオウミガメ	ゾウ
クロコビトクイナ	ケンプヒメウミガメ	ビクーニャ
ストライプバス	アカウミガメ	オリックス
クロマグロ	オサガメ	カリブー
トド	マッコウクジラ	ナベコウ
ハナジロカマイルカ	マナティー	フラミンゴ
メンハーデン	オヒキコウモリ	アオガン
レオパード	ヌー	ヨーロッパヨシキリ
チーター	オオカバマダラ	アダックス
ライオン	ジャノメタテハモドキ	ゴーラル
トラ	ウスキシロチョウ	エルク（アメリカアカシカ）
マーゲイ	ウスコモンマダラ	バンテン
コガシラネズミイルカ	トンボ	クロサイ

ザンビアのサウス・ルアンワ国立公園の水飲み場にいるアフリカスイギュウと、共生するアカハシウシツツキ

『英国貴族、領地を野生に戻す』
Wilding

イザベラ・トゥリー　**Isabella Tree**

チャーリー・バレルが1,400ヘクタールのクネップ・キャッスル・エステートを23歳で祖父母から相続したとき、彼は採算の合わない酪農・作物栽培農場も相続しました。サセックスでは、「泥」を表す30の異なる言葉があります。一部を挙げるなら、「slub（ねっとりとした泥）」「gawm（ネバネバして臭い泥）」「gubber（有機質の黒い泥）」「sleech（堆肥や、河川堆積物）」「pug（黄色いウィールド粘土）」などです。このすべてが農業を苦しめます。サセックスの悪名高いウィールド粘土は、夏にはコンクリートのように固まり、冬にはドロドロのオートミールのようになります。この痩せ地で利益を出そうとして、バ

レルと妻のイザベラ・トゥリーは、これまでより大きくて新しい機械や、高価な人工肥料と農薬を導入して、この農場でそれまでとられてきた農法を補強しました。さらに、インフラと最先端の乳製品店に投資しました。農場の収量は改善し、酪農場は国内トップ10の1つに評価されましたが、サセックスの粘土のせいで冬の間じゅうずっとその土地に入ることができず、ときにはそれが6カ月にも及ぶこともありました。黒字は1度も実現し

クネップ・キャッスル・エステートの野生地で自由に若芽を食べる3頭のダマジカ。最終間氷期に欧州の全域に生息し、氷河期は中東、シチリア、アナトリアの退避地で生き延びた。東部地中海沿岸地方では、紀元前42万年前に遡って肉の供給源となっていた。紀元1世紀に英国南部に導入された

ませんでした。2000年に彼らはある決断を行ない、それ以降ずっと、農業と保全の世界全体にわたって大きな反響を呼ぶことになりました。農場を野生に戻すことにしたのです。農場だったその土地がどうなりたいかを、自然の力で決めさせるようにしました。オランダ人の生態学者フラン・ヴェラのアドバイスに従い、かつて英国や欧州を歩き回っていた大型動物相の代役として、自由に歩き回る草食動物を導入しました。たとえば、原牛やターパン（ユーラシアの野生馬）などです。地所全体にぐるりと囲いをしたうえで、何キロメートルにも及ぶ地所内のフェンスを取り払いました。その結果は目覚ましく、驚くほど利益があがりました。自生植物、野草、トゲだらけの低木の茂みがいっぱいある湿地、チョウ、エクスムーア・ポニー、タムワース・ピッグ（政府に飼育を許される、イノシシに一番近い豚の品種）、アカシカやダマジカ、オールド・イングリッシュ・ロングホーン。農場では、動物のために従業員を1人雇っています。オオカミなどの頂点捕食者を再導入することができないため、動物を間引く必要があります。こうして、イザベラが英国で「一番エシカル（倫理的）な肉」と呼ぶものを生産しています。クネップ・キャッスル・エステートは、英国全土で最も生物多様性の高い土地の1つとなりました。ナイチンゲールや、希少なイリスコムラサキ、ほぼ失われていたコキジバト、フクロウの固有種5種が豊かに生息しています。今や夫妻は採算の取れるエコツーリズム業を営み、グランピング、キャンプ、野生生物サファリを提供しています。この土地を縦横に走る約29キロメートルの公設の遊歩道から、野生生物の姿を見たり声を聞いたりできます。これは再生のストーリーです。世界の初めから存在する自然界の

基本原理のストーリーです。そして、人類が生き物と調和したときに現れる潜在的な豊かさを伝えるストーリーなのです。——PH

ウェスト・サセックス州、クネップ・キャッスル・エステートでの、風のない6月のある日。もう夏と呼んでいいだろう。私たちはこのときを待っていた——それを期待していいものかどうか、自信はなかったけれど。でもほら——以前は生垣*だったところに茂った低木の中から、あの独特のくぐもった声が聞こえてくる。うっとりするような、気持ちの良い、ちょっと哀感を漂わせたあの声。スピノサスモモやセイヨウサンザシ、イヌバラやキイチゴが足元にまとわりついているオークとハンノキの若木の一群の横を、私たちは足音を立てないように通り過ぎる。その鳴き声に気づいた感動には、安堵、それにちょっとした勝利の喜びが混じる——運命の機嫌を損ねないよう、そんなことは口にしないけれど。私たちのコキジバトが戻ってきたのだ。

コキジバトたちの優しいクークーという鳴き声は夫のチャーリーに、アフリカの低木地帯を、両親の農場を走り回っていた幼少の頃を思い出させる。コキジバトたちはそこからやってくるのだ——その小さなちいさな飛翔筋で飛ぶ距離は4,800キロ。はるか西アフリカのマリ、ニジェール、そしてセネガルから、サハラ砂漠やアトラス山脈やカディス湾の壮大な地形を横切り、地中海を越え、イベリア半島を北上し、フランスを通過し、イギリス海峡を越えて。コキジバトは主に夜の闇にまぎれて飛び、毎晩、最高時速65キロで480キロから720キロほどを移動し、5月から6月上旬にイギリスに到達する。やはりアフリカからの渡り鳥であるナイチンゲールと同様

*低木や高木を並べて植えて、農地と農地、農地と共有地などの境界線の役割を果たすもの。

イギリスの典型的な田園風景

に、コキジバトは臆病なことで有名だ。彼らがそこにいることを私たちに知らせるのはその鳴き声である。通常ここに先にやってくるカッコウやナイチンゲールと同じく、コキジバトもここへ、繁殖のためにやってくる。アフリカの捕食動物や餌を取り合う他の鳥たちから遠く離れ、日が長いので餌を獲れる時間も長いヨーロッパの夏を利用するのである。

　私たちのように、1960年代に生まれてイギリスの田舎で育ったほとんどの人にとって、コキジバトの鳴き声は夏の象徴だ。その人なつこいクークーという声は、私の潜在意識のどこか深いところに埋め込まれて決して消えない。だが、私たちより若い世代の人たちにとっては、これは失われたノスタルジアであることを私は知っている。1960年代には、イギリスには推定25万羽のコキジバトがいた。現在はその数は5,000羽に満たない。今の調子で減少が続けば、2050年までにはつがいの数は50を下回り、一歩間違えばイギリスで繁殖するコキジバトはいなくなってしまう。私たちは今もクリスマスになると恋人がくれたプレゼントの歌を歌うけれど＊、コキジバトを見たことがないばかりかその鳴き声を聞いたことがない人がほとんどなのだ。ラテン語で亀を意味するturturという可愛らしい言葉に由来するコキジバトという英名（turtle dove）は、亀とは関係がなく、魅惑的なその鳴き声から来ているのだが、私たちはそのことを知らない。夫婦間の愛情や献身を表すかのようなコキジバトのつがいの絆——チョーサーやシェークスピアやスペンサーが描いた失われた愛を歌うかのような、もの悲しげなクークーという声が象徴するものは、不死鳥や一角獣が棲む世界へとその姿を消しつつあるのである。

　コキジバトの生息地が狭まり、イギリス南東部のみになるにつれて、サセックスはコキ

ジバトの最後の砦の1つとなった。とはいえ、私たちの郡のコキジバトの数は多くても200つがいと言われている。その理由の1つに移動経路となる地域の問題があることは間違いない。アフリカでは周期的に干ばつが起き、土地利用の仕方が変化し、ねぐらにできる場所が減り、砂漠化が進み、狩猟が増加している。地中海沿岸地方では、猟師たちによる砲火の中を横切るのは途方もなく難しい。マルタ島だけでも、毎年10万羽のコキジバトが殺され、スペイン全体では80万羽が殺される。

　これらの影響はたしかに大きいが、それだけでは、イギリスに渡るコキジバトがほぼ壊滅状態であることの説明はつかない。たとえば、繁殖を終えてアフリカに戻る途中のコキジバトが狩猟の対象となるフランスでは、1989年以降コキジバトの数が40パーセント減っている。大幅な減少ではあるが、少なくとも近年はコキジバトの狩猟が行われなくなったイギリスの方が、その減少率ははるかに高い。ヨーロッパ全体では、過去16年間でコキジバトの数は3分の1になり、600万つがいを割ったため、2015年には国際自然保護連合（IUCN）による「絶滅のおそれのある種のレッドリスト」上で、「低危険種」から「危急種」に分類が変更された。危惧すべき状況の悪化の始まりである。

　だが、ヨーロッパで一定の割合で起きている減少と比べ、イギリスのコキジバト数はほとんど突然、一気にゼロになったのに近い。イギリスにおけるコキジバトの窮状の根本的原因は、田舎の姿がほぼ完全に変わってしまったことにある。そしてそれはほんのここ50年間に起きたことなのだ。土地利用のあり方の変化、特に集約農業の隆盛によって景観は変わり、曽祖父の世代の人々には見分けすらつかないものになってしまった。こうした変化は、今では谷や丘を覆い尽くしている

＊恋人がクリスマスにくれた12の贈り物を歌うクリスマスキャロルの、2番の歌詞にコキジバトが出てくる

農場の大きさはもとより、農地に自生していた花や草がほぼ完全に姿を消したことまでが、あらゆる規模で起きている。化学肥料や除草剤によって、カラクサケマンやルリハコベといった、どこにでも生えていた植物——小さくて高エネルギーなその種子がコキジバトの餌になる植物が駆逐されてしまった。同時に荒地や雑木林は一掃され、野草の草原は耕作され、川や池は排水され、汚染されて、コキジバトの生息地が消えた。

イギリスの低地に偶然あるいは意図的に残された、小さく断片的な自然のままの土地は、砂漠の中のオアシスのように、自然の現象——つまり自然界を動かす生物間の相互作用やダイナミズムとは切り離されている。私たちは第二次世界大戦後の40年間で、その前の400年の間に失われたよりもたくさんの、何万という古い森を失った。第二次世界大戦の開戦から1990年代までに12万キロの生垣が失われた。イギリスだけで、産業革命以降、90パーセントの湿地が姿を消した。イギリスの低地のヒースの生えた原野は1800年以降に80パーセントが失われ、その4分の1はここ50年間に消失している。戦後、イギリスにあった野生の花の草原のうち97パーセントはなくなってしまった。絶え間のない単一化と単純化により、イギリスの土地は、ライグラスとナタネ、そして穀物が育つ大規模な農地のパッチワークとなり、野生の花や虫や鳥たちに残された安全な場所といえば、と

ころどころに存在する管理の行き届かない森と、途切れ途切れの生垣だけになってしまった。

イギリスの田舎が様変わりしてしまったことは、コキジバトだけでなく、すべての野鳥に影響を与えた。英国王立鳥類保護協会によれば、1966年にはイギリスにいる鳥の数は現在よりも4,000万羽多かった。私たちの空はからっぽになってしまったのだ。1970年のイギリスには、ヨーロッパウズラ、タゲリ、

クネップ・キャッスル・エステートで行なわれていた集約的な工業的農業と酪農をやめたことで、まったく異なる生態系が生まれた。畜産を一切しない、有機・野生の牧草地での自然放牧から、毎年75トンの肉が得られる。再野生化により、土壌の回復、二酸化炭素の隔離、水の貯蔵と浄化、洪水の軽減、大気の浄化、希少種やポリネーターを含む野生生物の生息地など、大きな成果が得られており、人間の健康と楽しみに貢献する自然空間になっている

ヨーロッパヤマウズラ、ハタホオジロ、ムネアカヒワ、キアオジ、ヒバリ、スズメ、そしてコキジバトといったいわゆる「農場の鳥」が2,000万つがいいた。ほとんどが、虫でヒナを育て、雑木林や生垣に巣を作る鳴禽類である。1990年までにその半数がいなくなった。2010年にはさらにその半分になった。

イギリスの空や地上のどこにでもいる身近な鳥たちは、本当の意味で「炭鉱のカナリア」なのである。その死は、もっとずっと大きく

て目に見えにくい喪失と関係しているのだ。鳥たちに先だち、そして鳥たちの後に続いて、鳥たちと運命を共にするさまざまな生き物がいる。その中には、虫、植物、キノコ類、地衣類、細菌など、地味な生き物もいる。たった30年前にアメリカ人生物学者E. O. ウィルソンが説明したように、生命の多様性は、自然の資源と生物種間の関係性が織りなす複雑な関係に依存しているのである。一般には、ある生態系に生息する生物種が多様であれば

あるほど、その生態系の生産性と回復力は高い。生命とは不思議なものだ。生物多様性が大きければ大きいほど、その生態系が維持できる生物の数は多いのである。生物多様性を減少させると、生物量は指数関数的に減衰しかねない——そして、脆弱な生物種から順に失われていく。デイヴィッド・クォメンは、その著書『ドードーの歌』（1996年）の中で、生態系をペルシャ絨毯に喩えている。ペルシャ絨毯を小さな四角形に切っても小さいカーペットができるわけではなく、使い物にならない、端がほつれたカーペット生地のかけらがたくさんできるだけなのだ。生物種の急減や絶滅は、その生態系の崩壊の兆候なのである。

こうした想像を絶するような自然喪失を背景としてクネップにコキジバトが姿を現したというのは、ほとんど奇跡に近い。私たちの土地——ロンドン中心部からわずか70キロのところにある、元は耕作地と酪農場だった1,400ヘクタールの土地は、世の中の流れと逆行しているのだ。コキジバトが今ここにいるのは、私たちがここを、再野生化の草分け的な実験プロジェクトに提供したためである。イギリスでは初めての試みだ。コキジバトの到来は、私たちを、そしてこのプロジェクトに携わるすべての人を大いに驚かせた。

プロジェクトが開始されてわずか1、2年後には、私たちはコキジバトの声を耳にするようになった。それまでは、1羽、2羽というコキジバトしか目撃されたことがなかったのに、2005年には3羽、2008年には4羽、2013年には7羽、そして2014年には11羽のオスがいることがわかった。2018年の夏には20羽いた。この2年ほどは、ときどき、つがいで茂みの外にいるところを見かけることがある。電線に止まっていたり、埃っぽい道に座っていたり。ピンク色の胸に夕方の光が当たり、首の小さな、シマウマのような縞模様がちょっとアフリカを思わせる——ほんの数週間前まで彼らはゾウの上を飛んでいたのだということを思い出させるかのように。クネップにコキジバトが形成したコロニーは、イギリス全土でのコキジバト絶滅に向かう止めようのない流れの中で、唯一の逆転現象なのだ。もしかすると、イギリスにおけるコキジバトの未来にとってたった1つの希望かもしれない。

自然保護活動家たちが気づきつつあるのは、クネップのプロジェクトが成功した要因は「自然が自ら意図する生態学的過程」にフォーカスしたことにある、ということだ。再野生化とは、手放すこと、自然に主導権を手渡すことによって、以前の状態を復元させる、ということなのだ。これまでイギリスで行われてきた自然保護活動はそれとは逆で、目標の設定と管理が重視された。人間ができる限りのことをして現在の状態を保持すること。それはある土地の全体的な景観を維持することだったり、もっと多いのは、特定の生息環境をこと細かく管理し、いくつかの生物種、ときには特別な一種のみを選んで、それらの益になると思われるような環境を作るというものだった。自然が枯渇したこの世界では、このやり方は非常に重要な役割を果たした。これをしなかったら、希少な生物や生息環境はこの地球上から姿を消していたことだろう。このような自然保護区は私たちにとってのノアの箱舟、つまり、天然の種子バンクであり生物種の保存庫なのである。だがそれらは徐々に存続が難しくなっている。お金をかけて徹底的に管理されたこのようなオアシスでも生物多様性は低下を続け、その結果、そもそもこれらの保護区が保護すべき対象の生物までが存続の危機に晒されることさえある。こうした生物の減少に歯止めをかけ、あわよ

くばそれを逆転させたいのならば、何か極端な方法が必要だ——しかも早急に。

クネップが提示するのはそれとは別のやり方である。自立し、生産的であると同時に運営費用もはるかに安価な動的システムだ。そしてそれは、従来のやり方と併せて展開できる。少なくとも紙面の上では保護の重要性がないとされる土地にこのやり方を適用してもいい。現在ある保護区の緩衝区域にしたり、保護区と保護区の間の橋渡しあるいは飛び石として使えば、生物が移動しやすくなり、気候変動、生息域の縮小や汚染が蔓延する中、生物が環境に適応し生き残れる機会がそれだけ増える。

17年前にこの地所の再野生化に着手したとき、私たちは、環境保護に関連する科学や論争について何1つ知らなかった。チャーリーと私がこのプロジェクトを始めたのは、野生動物に対する素人じみた愛情ゆえであり、さらに、農業を続ければとてつもない損失が出ることがわかっていたからだ。このプロジェクトがこれほどの影響力を持つ多面的なものになり、政治家、農家、地主、環境保護団体や土地管理関連の公共団体などを、イギリス国内からも海外からも引きつけることになるなどとは夢にも思っていなかった。クネップが、現在、火急の課題である、気候変動、土壌回復、食物の品質と安全性、作物受粉、炭素隔離、水資源と浄化、洪水の軽減、動物愛護、そして人間の健康にまつわる活動の焦点になるなどとは予想もしなかったのだ。

より自然に溢れた豊かな国を作る道程において、クネップは小さな一歩にすぎない。だがクネップは、再野生化は可能であること、野生化がその土地にいくつもの恩恵をもたらすこと、経済活動も生み出せること、自然と人間の両方にとって有益であること、そしてそれらすべてが驚くほどあっという間に起こ

り得る、ということを示している。何よりも素晴らしいのは、ここで——開発過剰で自然が失われ、人口密度が高いイギリスの南東部で——それが可能であるならば、世界中どこでも同じことが可能だということだ。それを試してみようという意志さえあるならば。●

草地
Grasslands

標高4,000メートルを越すチベット高原の草原に降り注ぐ太陽の光

草地は、地球上の陸域が貯蔵する炭素量の約15％を占めており、温帯林の炭素貯蔵量を上回っている可能性があります。草地が貯蔵している炭素のうち、地下に貯留している割合は世界の森林よりも高く、最大91％になります。地下にある炭素は、火事などの炭素を放出するプロセスから守られています。干ばつや山火事の起こりやすい地域では、草地は森林よりも安全な炭素吸収源です。

なぜ草地の炭素が地下にあるのかを理解するには、草地生態系を、頻繁な火事や大型草食動物の存在する土地として捉えることが役に立ちます。大型草食動物にはたとえばバイソンやゾウ、ヌー、それから多くの絶滅した動物、たとえばマンモスや、グリプトドン、オオナマケモノなどがいます。何百万年以上にもわたって地上の植物が食べられたり火事に遭ったりするなかで、草地の植物はそのバイオマスを地下に守るように進化しました。生態学者は伝統的に草地を、降水量が森林と砂漠の中間に位置する地域で生じるもの、と説明しますが、ほとんどの草地は森林や密な低木地を十二分に支えられるだけの降水量があります。撹乱に依存するこのような草地にとって、火事や大型草食動物は、木の侵入を防ぎ草本植物の多様性を維持してくれる存在です。火事が二酸化炭素を排出し草食動物が植物バイオマスを食べるというのは確かですが、その一方であらゆる炭素の喪失は一時的なものです。なぜなら、火事と草食動物が豊かな植物の再生長を促し、そのときに大気中の二酸化炭素を吸収するからです。さらに、草食動物がフンをしたり、火事で木炭ができたりすることが、土壌炭素貯留に貢献します。

草地の植物は、興味深い方法で炭素を貯留します。多くのプレーリーの草は、実に長い根をもち、地上の部位よりもはるかに多くの炭素を、地下のバイオマスに、そして周辺土壌の有機炭素として貯留します。特に熱帯と亜熱帯の草地では、ほとんどの草がそのバイオマスの大部分を地下に有しています。もしこのような昔からある一見小さな草を掘り起こしてみれば、その多くが地表より下の部分は実質的に樹木であり、枝のほんの先っぽが地上に出ているだけだと気づくでしょう。草地の多くの草や低木が、地下の貯蔵器官に依存しています。貯蔵器官にはたとえば、根茎などの多目的な構造や、リグノチューバ*のような高度に特殊化した器官などが含まれます。このような地下の構造が炭水化物を高密度で貯留しており、そのおかげで植物は、火事や放牧や干ばつといった地上の茎や葉がなくなるような撹乱の後に、再び芽を出すことができるのです。

熱帯草地は、バイオマスとして1ヘクタールあたり約30トン、そして土壌有機炭素として1ヘクタールあたり77トンを貯留します。温帯草地は、バイオマスとして1ヘクタールあたり約9トン、土壌有機炭素として1ヘクタールあたり156トンを貯留します。世界全体で熱帯草地が2,000万平方キロメートル、温帯草地が1,000万平方キロメートル、それに加えて氾濫原と山岳の草地もあると仮定すると、陸域の総炭素貯蔵量3兆3000億トンのうち、草地には世界合計で炭素4,700億トンが貯蔵されていることになります。

草地の保全は世界的な優先事項です。世界中の多くの地域で、草地は森林以上に減少しています。なぜなら、農地に開拓するのが比較的簡単で、また自然火災の排除や抑制も行なわれているからです。多くの草地は、固有種が多数集中している生物多様性のホットスポットです。残念なことに、植林を行なって草地の炭素貯留量を増やそうという取り組みが、古くから存在する草地の、炭素貯留能力や生物多様性を危機にさらしています。植林

＊火事などによる茎の破壊に対し保護・再生するための根冠にある木質の腫れ

にはもう1つリスクがあります。森林の林冠が暗いため、反射率が高い草地より多くの熱を吸収してしまうのです。つまり、炭素貯留のために草地に植林することは、生物多様性に悪影響を及ぼすとともに、気候変動の緩和にも逆効果となる可能性があるのです。重要なのは、草地の生物多様性が大事にされるとともに、牧畜民や狩猟民の営みを支える能力も、少なくとも炭素貯留能力と同じくらい重視されることです。炭素貯留も生物多様性の保全も両方を促そうとするのであれば、自然の草地を維持し回復すること、そして不適切な植林を回避することが、非常に重要となります。

●

ポリネーターの再野生化
Rewilding Pollinators

2008年にデザイナーのサラ・バーグマンは、米ワシントン州のシアトル大学から「ノラの森」と呼ばれる都市林までの1.6キロメートルに及ぶコロンビアストリートで、駐車スペースの分離帯を使って、ポリネーター（花粉媒介者）にやさしい顕花植物の回廊（コリドー）をつくりました。都市化や農薬のせいで、ハチやチョウやガといった在来のポリネーターの個体数が減少していることを懸念して、バーグマンは、孤立した緑地2カ所の間を昆虫が移動できるようにつなげた道をつくろうと決めたのです。昆虫学者や造園の専門家、都市計画立案者と協議の末、バーグマンはこの回廊沿いの住宅所有者を巻き込み、かなりの数の学生やボランティアも集めて手伝ってもらい、ポリネーターの再生型の

食料源になるように、分離帯にあまり手入れしなくともよい植物の花壇をつくりました。プロジェクトはあっという間に評判になり、シアトル市全域のみならず全米から、保全活動家や生態学者、計画立案者、土地所有者たちの注目を集めています。

バーグマンが理解したように、ポリネーターは世界中で苦境におかれています。ミツバチの蜂群崩壊症候群やオオカバマダラの個体数の激減がメディアで大きく取り上げられる一方で、至るところでポリネーターが、生息地の破壊や農薬、侵入種、気候変動といった脅威の急拡大に苦しんでいます。世界全体での評価の結果、コウモリやハチドリなど花粉を媒介する脊椎動物種の16％が絶滅の危機にあり、無脊椎動物種では40％以上が同

様の運命に直面しています。すべての野生の顕花植物の90％近くが、少なくともある程度は受粉に頼っているというだけでなく、地球上の全食料生産の75％にも受粉が必要です。米国で消費される食べ物のうち3口に1口は、受粉に直接依存していると推定されます。リンゴやニンジン、アボカド、アスパラガス、チェリー、ブルーベリー、カボチャ、玉ネギ、ヒマワリ、柑橘類、ナッツなどです。たとえば、バイオ燃料、医薬品、衣類の原料の繊維に使われる作物など、受粉に依存する農業生産量はこの50年間に300％増加しています。

　長距離を移動する渡り性のポリネーターは、干ばつや農薬、生息地の破壊といった脅威を特に受けやすいのです。このような種が生き延びるためには、渡りの回廊（蜜の道と呼ばれることもあります）を復元し保護することがとても重要です。研究によって、ポリネーターの繁殖地を保護する生息地保護区の間の景観レベルのつながりを明らかにし、回廊の中のつながりが弱い場所を特定することができます。その一方で、保全活動や教育活動により、保護に必要な草の根の活動を行なうこともできます。つながりを生める重要な場として、まだ活用されていないものが1つあります。それは、国を縦横に走り何千キロメートルにも及ぶ道路や送電線や敷設用地で、推定で計3,000万ヘクタールほどになります。現在このような回廊の多くで、安全と雑草抑制のために草刈りや除草剤の散布が行なわれていますが、管理方法を変えれば、野の花や自生のイネ科草本や広葉草本にあふれ、ポリネーターにやさしい生息地にすることも可能です。たとえば米国のNPO「オオカバマダラ保護財団（Save Our Monarchs Foundation）」は、ネブラスカ州および同州オマハ市の公共電力事業体と連携して、数百ヘクタールにも

[左] ブラジル、パンタナールのパラグアイカイマン（*Caiman yacare*）の上にいるチャイロドクチョウ（*Dryas iulia*）。チャイロドクチョウはよくカイマンに降り立ち、目から塩を飲む
[下] フランスのピレネー山脈で撮影されたクロホシウスバシロチョウ（*Parnassius mnemosyne*）

なる州内の送電線敷設用地の上に、自生のトウワタの生息地を復元しています。

　米国南西部のメキシコとの国境沿いの地域では、蜜の回廊に沿って自生の顕花植物を回復させ、破壊された小川や湿地などの水辺地域を復活させようとする、2カ国間の取り組みが進行中です。それにより、ポリネーターが再びエサや水を確実に得られるようにするのです。民族植物学者であり著述家でもあるゲイリー・ナブハンは、蜜の道を再生することが生態系の健全性にきわめて重要だと言い、これを「ボトムアップの食物連鎖の回復」と呼びます。野生のポリネーターは、多様性に富んで活気に満ちた植物群落に依存しており、植物群落はというと、生産的な水循環やミネラル循環で役割を果たし、また土壌炭素を生むはたらきもしています。1つカギを握るのは、在来の多年生低木の復元です。このような低木は、耕地や牧草地の境界線に沿って生垣として育てられることも多く、多様なポリネーターをはじめとする益虫に理想的な生息地を提供します。最終的な目標は、北から南へ（そして南から北へ）の移動に必要な一連の顕花植物を守るような、回廊をつくることです。ポリネーターが長旅を完遂させるために必要な、糖をはじめとする栄養分などを与えるのです。

　レッサーハナナガコウモリやオオカバマダラなど、多くのポリネーターは、大きな生態系の中のキーストーン種であり、植物と動物を互恵的な関係でつなぎます。もし個体数があまりに少なくなって存続できなくなると、一連の生態学的な悪影響が連鎖的に起こる可能性があります。ポリネーターが、地球のウェルビーイングにとっての、いわゆる「炭鉱のカナリア」になるのです。幸い、私たちは行動を起こすことができます。道路の分離帯に顕花植物を植えた小さな庭や、送電線の下の4ヘクタールのプレーリー回復プロジェクト、あるいは渡りの回廊沿いのきわめて重要な湿地の保護——ポリネーターの経路を復元し、保護するための選択肢は、このようにたくさんあるのです。●

湿地
Wetlands

何世紀もの間、湿地は、土地と燃料を得るために、排水されて乾燥されていました。米国中西部の農家は18世紀以降、プレーリーポットホール*や泥炭湿原を取り除いて、耕作地を増やしてきました。欧州北部では1,000年以上前から湿地の泥炭が採取され、アイルランドやロシアでは今日に至るまで発電所の燃料に使われています。1953年まで、湿地の研究はあまり行なわれていませんでした。湿地という言葉自体が存在しなかったからです。陸域生態系と水域生態系の狭間に落ちていたのです。なぜなら、湿地はいずれかに属するものではなく、その両方だったからです。今日では、私たちは湿地がとてつもなく価値のあるものだと知っています。地球上で最も多様性に富んだ生態系であり、陸域の炭素の最大の貯蔵庫2カ所のうちの1つです。陸地の4％を占め、1ヘクタールあたり草地の6倍の炭素を貯留しています。泥炭地だけでも、約6,500億トンという大量の炭素を守っています。大気に現在蓄えられている炭素は8,850億トンです。

3億年以上前は、植物が高温多湿の地球上を覆い、青々と茂って盛んに生長していました。季節はほとんど意識されないほどで、湿度の高い空気中を、たくさんの巨大昆虫が飛翔していました。その1つが「メガネウラ」という原始的なトンボで、翼開長が76センチメートル近くありました。また、地面の上には長さ1.5メートルのヤスデがいました。湿地林が、北米や中国、欧州の全域を支配していました。当時は「石炭紀」と呼ばれる光合成が大活況の時代で、現在の化石燃料のほとんどを生産したのがこの時代です。現代の庭や森林にも、この時代から生き延びている植物がいくつか残っています。たとえばトクサやコケ、シダなどで、これらは巨大だった祖先が小さくなって生き残っているものです。

湿地は今も、地球上で最も多様性と生産性が高い生息地であり、炭素と多様性と生命の宝庫です。湿地には、土壌や気候、深さ、生態系によって無限のバリエーションがあります。季節性のものもあれば恒久的なものもあり、淡水湿地もあれば塩性湿地もあり、また形状や形態、場所も無数にあります。低層湿原、高層湿原、泥炭地、湧水湿地、湿原、泥炭湿原、ミズゴケ湿原、干潟、マングローブ、沼地、草本湿地、バイユー（米国南部に多い流れのゆるやかなよどんだ水域）、潮汐湿地、湿地林、袋水路、氾濫原、オアシス、三日月湖などです。湿地は、夏の北極圏全域に散らばる無数の湿原から、南米の1,400万ヘクタールに及ぶパンタナール湿原まで、多岐にわたります。渡り鳥の餌場となるほか、ビーバーやナマケモノ、カワウソ、カピバラのサンクチュアリにもなり、魚や軟体動物や甲殻類の産卵の場にもなります。また、シラサギやアオサギやツルの池にもなり、さらにワニやカエル、ヘビ、カメの隠れ家にもなります。

最大級の湿地の一部では、飽和した土壌の上によどんだ水が溜まって、低酸素環境をつくり、そこでミズゴケなどの植物が何百年もかかってゆっくりと分解され、泥炭を形成しました。世界最大級の泥炭地のいくつかはカナダにあり、その面積は合計で1億1000万ヘクタール以上になります。フランスの国土面積の2倍

*グレートプレーンズに多数ある浅い湿地

です。北方の泥炭地は、激しい氷河作用によ
る侵食が続いた時代に、広大な浸水した窪地
が生まれて形成されました。泥炭地にはさま
ざまなタイプがあり、パタゴニア・アンデス
の亜高山性の泥炭湿原から、インドネシアの
泥炭林まで幅があります。インドネシアの泥
炭林は、深さが15メートル以上あります。
泥炭林をパーム油プランテーションに変える

には、水路をつくって水を抜き、残った土壌
を乾燥させなければなりません。これが桁外
れの炭素排出量を生みます。

　局地的に大量の雨が降り、流出量を上回る
場所では、河川や湖にはできない機能を湿地
が果たします。水はゆっくりと動いて、土に
染み込み、そこに何日も何カ月も何年もとど
まります。目に見えないところで、濾過と浄

極端な洪水と土壌流出を防ぎます。干ばつの
ときには、その貯水能力により、小川や川の
水の流れを維持できます。どちらの場合も、
湿地を回復させる方が、水路やダム、バリア、
堤防、防水壁といった鉄やコンクリートのイ
ンフラを建設するよりも、費用がかからず大
きな効果があります。水不足は、水の捕捉量
が足りないことと、使用量が多すぎることで
起こるのです。

　湿地は、世界中で脅威や搾取を受け続けて
います。この100年間に65％以上が失われ
ました。しかし、国際的な保全機関・団体が、
世界に残った湿地を保護しようと取り組んで
います。1971年にイランのラムサールで「特
に水鳥の生息地として国際的に重要な湿地に
関する条約」（通称「ラムサール条約」）が採
択され、署名されました。今では、国際的に
重要と考えられる2,400カ所以上の湿地が、
「ラムサール条約湿地リスト」に掲載されて
います。ここには保護区、サンクチュアリ、堰、
ラグーン、湖が含まれ、いくつか名前を挙げ
ると、ボツワナのオカバンゴ湿地帯、フラン
スのラカマルグ、オランダのワッデン海、米
フロリダ州のエバーグレーズなどがあります。
しかし、差し引きするとまだ喪失側に傾いて
います。湿地を数やタイプ、生物多様性、機
能で表すとき、湿地に依存する人間社会のこ
とも見落としてはなりません。たとえば、も
しパンタナール湿原がなかったら、熱帯の雨
はあっという間に地表を流れ、下流で洪水を
引き起こすでしょう。雨季にはパンタナール
の氾濫原の約80％が水没し、たくさんの植
物、動物、鳥類をはぐくみます。先住民コミュ
ニティから現地コミュニティ、観光業コミュ

スコットランド、ケアンゴームズ国立公園のアベルネシフォレ
ストにあるヨーロッパアカマツの湿地帯

化の生態系サービス*を提供しているのです。
上流の農家が出した窒素やリンなどの汚染物
質は、植物に吸収され、下流への影響を和ら
げ、メキシコ湾に見られるようなデッドゾー
ンの発生を未然に防ぎます。デッドゾーンで
は、窒素を摂取して藻類が異常発生し、海洋
生物の命を奪うのです。豪雨のとき、湿地は

＊生物・生態系に由来し、人類の利益になる機能のこと。酸素や水、食料の供給、気候や土壌の安定、ポリネーターに
よる送粉まで含まれる

ニティまで、少なくとも270のコミュニティ
が湿地に依存しています。しかしこのような
コミュニティすべてがパンタナール湿原を支
えているわけではありません。比較的最近で
きたコミュニティの多くは、牛の自由放牧や、
グリホサート耐性ダイズ*の生産、乱獲を行
なって、湿地や周囲の土地を劣化させていま
す。2020年にはパンタナール湿原の3分の1
近く（サバンナ、森林、低木地）が燃え尽く
されました。世界最大級のジャガーの保護区
であるエンコントロ・ダス・アグアス州立公
園を含め、保全地域がほぼ完全に破壊されま
した。ブラジル政府はほとんど何もしていま
せん。

　同時に、湿地の復元が世界中で行なわれて
おり、最も充実した保全活動の1つです。米
イリノイ州では「湿地イニシアチブ」のもと、
かつて湖だった土地から排水暗渠（埋設管）
を取り除いています。ディクソン水鳥保護区
は20世紀のほとんどの期間は農地だった場
所ですが、2001年にボランティアとスタッ
フが約64キロメートルに及ぶ陶管のネット
ワークを取り除き始めました。これは、1日
あたり3,400万リットルの水をイリノイ川に
排水していたものです。排水暗渠が取り除か
れると、農地のために排水されていたヘネピ
ン湖とホッパー湖が3カ月でまた、なみなみ
と満たされました。今日、ディクソン水鳥保
護区は、何千羽もの渡り鳥の飛来地としての
役割を果たしています。2018年のある週末
に、市民科学者や専門家が保護区をくまなく
徹底的に調査し、植物、鳥類、無脊椎動物、
昆虫類、爬虫類、両生類、菌類、哺乳類、ク
モ、ダニ、魚類の915種を特定しました。そ
れまでトウモロコシ畑だった場所に、生物多
様性が生まれたのです。このことは、再生の
基本原則を際立たせます。これが自然本来の
あり方なのです。私たちが環境を燃やすこと

や、はぎ取ること、汚染すること、伐採する
こと、排水することをやめて、その代わりに
生命に適した条件を整えれば、見事な多様性
に富んだ生命が例外なく再生します。

　ディクソン水鳥保護区でカウントされた生
息動物の中には、翼開長が2.7メートルにな
るアメリカシロペリカンや、青く輝くルリノ
ジコ、ほとんど有史前から生きていそうなエ
ボシクマゲラがいました。アメリカシロペリ
カンは、米ワイオミング州の標高4,197メー
トルのグランドティトン国立公園のはるか上
空を、らせん状に滑空している姿が、飛行機
のパイロットや登山者から目撃されています。
この鳥は、上昇気流の力でその高さまで上昇
し、しばらくしてから滑空して、また同じこ
とを繰り返します。なぜそんなことをするの
でしょう？　誰にもわかりません。でもなん
だか楽しそうです。●

*除草剤耐性の形質をもつよう設計された遺伝子組換え品種

ビーバー

Beavers

自然界における一番の水の回復技術者は、つややかな油っぽい毛皮のコートを身にまとい、のみのような門歯を見せながらやってきます。ビーバーです。ビーバーは、サケの稚魚やカメ、カエル、鳥類、カモのための水生生息地や湿地をつくる、キーストーン種です。公平を期すためにいうと、ビーバーは大型の齧歯類でもあり、「ビーバーのように大忙し」「ビーバーのような頑張り屋」という決まり文句は、まさにこの哺乳類のことを表しています。自らのニーズに合わせて地球を改変するという点で、ビーバーは人類に続く2番手にあたります。

ビーバーは緻密で熟練したエンジニアで、休むことなくダムや水路、家族の巣をつくります。ビーバーが巣をつくるには、まずダムをつくらなければなりません。ダムは、コヨーテやクマなどの捕食者から守ってくれる、水深の深い隠れ家をつくります。鋭く研いだ歯や、筋肉の発達したあごを使って、成木や若木、落ちた枝をかみきります。これを、物をつかめる前足を使って、細長い柵の支柱のように、水の流れているところに埋めます。棒や柱が設置されたら、柔軟性のある枝や低木を十文字に編みます。それから、草や水草、泥のコーキングを使って、開口部や隙間を埋め、水を通さないダムにします。巣は、最大3メートルの高さがあるドーム状で、水中に隠れた出入り口が複数あり、池の真ん中につくられることが多いです。巣の中には、2歳までの子どもも含む家族群がすんでいます。栄養のある細い枝が貯蔵され、氷に覆われた池で冬を越せるようになっています。樹木の幹にある緑色の形成層を常食し、それを穂軸に付いたままのトウモロコシのようにむしゃむしゃと食べ、さらに付け合わせとして葉や小枝、ユリの球根、根などを食べます。

ビーバーは近視であることがよく知られており、間近で見るとまるで眼鏡が必要なようです。透明のまぶた（瞬膜）があって、水泳のゴーグルのように、水中でもよく見えるようになります。地上ではその代わりに鋭い嗅覚が頼りです。ビーバーに近づくことは簡単ではありません。必ずといっていいほど人間との接触を避け、人間に見られるより先にいなくなってしまうからです。ビーバーは、水中に静かに潜るか（そこで息を最長15分間止めていられます）、あるいは巣に泳いで行きます。驚いたりおびえたりしたときは、パドルのような形のうろこ状の尾で池の水面を数回打ち、騒がしい音を立てます。これは耳をつんざくような音で、はるか遠くのビーバーのコロニーにまで聞こえます。その音を聞くと、遠くのビーバーも、自分たちの池に潜って巣の中に姿を消します。

しかし、池や、巣や、尾で水面をたたく音をもってしても、ある捕食者を阻止することはできませんでした。それは、毛皮をとるわな猟師です。北米にすむアメリカビーバー（*Castor canadensis*）の個体数は、欧州人が入植する前は6,000万〜4億匹いたと推定されています。17世紀から19世紀にかけて、ビーバーは容赦なくわなで捕らえられ、取り引きされました。当時、ビーバーの毛皮でできた帽子や衣服が、欧州で流行っていたのです。1900年には、米国北東部でビーバーが

まったく見られなくなりました。米国魚類野生生物局が止めに入って、それ以降ビーバーを捕まえて殺すことを禁止したとき、全国の総個体数はわずか10万匹と推定されました。この頃、2種のビーバーが絶滅から救われました。北米のアメリカビーバーと、欧州北部のヨーロッパビーバー（*Castor fiber*）です。後者は、近年スコットランドと英国に再導入されました。今日では、北米のビーバーの個体数は推定1,000万〜1,500万匹と見られています。

　何十年もの間ビーバーは、破壊的で木を枯らす厄介者であり、一掃すべきものと見られていました。駆除活動はいまだに続いているものの、ここ20年間で認識は見事に一変しています。生態学者や科学者は、逆の結論に至っています。ビーバーは、生息地や氾濫原、魚類、帯水層、野生生物、小川——簡潔にいうと生態系全体を、回復させる存在だということです。NPO「ビーバーズ・ノースウエスト」の事務局長を務めるベンジャミン・ディットブレナーは、ビーバーのダムが小川や川の上流からの水の流れを緩やかにすることで、地下水の涵養が大幅に増えることを突き止めました。このプロセスのおかげで、季節を通して小川の水量が増え、より長く流れ続けるのです。さらに、水が堆積物や川床の下の多孔質空間の中を流れる中で、水温が下がります。冷たい水は、ゆくゆくは下流で表流水としてまた出てきます。これは、サケの稚魚のほか、酸素を豊富に含む水がなければ生きていけない水生無脊椎動物にとって、きわめて重要です。気候変動でカスケード山脈の積雪が減る中、ディットブレナーら科学者は、ビーバーやそのダム建設によって提供される生態系サービスが、失われた水の一部を埋め合わせてくれるかもしれないと期待しています。

　米ワシントン州の研究者たちは、特にサケ生息地の回復という大義に向けて、ビーバー保全を行なっています。都市環境で厄介者といわれるビーバーをわなで捕まえて、それを高地の水系に再びすまわせたうえで、生態系にもたらす影響を測定しています。NOAA（米海洋大気局）の生態系アナリスト、マイケル・ポロックの推定によると、スチラグアミシュ川流域のビーバーの池はかつて、約710万匹のギンザケの幼魚にきわめて重要な冬期の生息地を与えていたことがありますが、このビーバーの個体群がいなくなると、ほったらかしのダムが崩壊し、池は水がなくなって消失し、ギンザケの幼魚の数は100万匹にまで激減したとされています。ギンザケの幼

魚が捕食者から守られ、豊かな食料を得ていた、深い池と豊かな河岸植生が失われたからです。ビーバーのダムは思いがけない恩恵を与えていて、「地球の腎臓」と呼ばれています。上流側の側壁にはシルトが堆積し、農薬や肥料などの有毒物質が集まります。これはその後、微生物個体群の力で分解され無毒化されます。このようにビーバーの活動がもたらす恩恵としては、地下水位を上げること、豪雨時に雨水流出を減らして保水すること、サケをはじめとする生物種の生息地を生み出すこと、侵食や河床の下刻を減らすこと、さらに河岸植生を増やすことなどがあります。ビーバーの秘密に包まれた生態について決定版と呼ぶべき本を執筆した環境ジャーナリストの

ベン・ゴールドファーブは次のように記しています。「気候変動により干ばつの悪化に直面する中で、ビーバーは表層水を捕捉して地下水面を上げることにより、水路に水を満たしてくれる。ビーバーのつくる湿地は、洪水をなくし、山火事の猛攻を緩やかにしてくれる。汚染物質を濾過してくれる。炭素を貯留してくれる。侵食を逆転させてくれる。そして、人間のつくるインフラはたいてい生命に害を及ぼすのに対し、ビーバーは、サケからハバチ、サンショウウオに至るまで生き物のすみやすい水のゆりかごをつくってくれる。私たちが負わせた傷を、ビーバーが癒してくれるのだ」●

バイオリージョン
Bioregions

「バイオリージョン」(生命地域)という概念は、環境活動家や科学者によって1970年代に広まったもので、政治経済制度を構成する郡や州や国ではなく、特有の景観と生態系で定義される地理的地域を表します。バイオリージョナリズムは、生態系と物理システムの間の空間的・生物的なダイナミクスを特定する方法として定着しました。バイオリージョンの地図には、開発業者が付けた地名も、政治的な境界線を示す抽象的なパステルカラーの塗り分けも見られません。このようなものは、鳥類や衛星からは見えないからです。最初に名づけられたバイオリージョンの1つが「カスカディア」で、米オレゴン州北部からロッキー山脈分水界まで、さらに北はアラスカ州のコッパー川デルタまで広がっています。北米で最も生物多様性に富み、生態学的に豊かな土地の1つです。国際慈善団体「ワン・アース(One Earth)」の研究者によると、明確な名前を与えられたバイオリージョンが185あるといいます。バイオリージョンは、政治に取って代わることは意図されていません。むしろ、バイオリージョンを理解することで、生態学的な管理と調和した政治・文化制度を生むのです。当時シアトル大学の教授だったデヴィッド・マクロスキーが、カスカディアを初めてバイオリージョンとして表現しました。カスカディアは、水が流れ落ちる土地です。バイオリージョンの地理を描写するのは物理的要因と生物学的要因の両方ですが、文化や習慣や伝統を守ることも、在来の草木や動物を救うのと同じくらい大変重要なことです。

バイオリージョンを定める目標は3つあります。まず、人や生物がどこにすんでいるかを特定し、情報を与えることが意図されています。都市やコミュニティにはほとんど知られていませんが、通りの名前や商店街以外に、その地域の生命を支える世界が存在します。飲み水はどこから来るのでしょうか? 流域というのは何でしょうか? 新鮮な地元の食べ物はどこから来るのでしょうか? 人間のコミュニティはその地域にどのような影響を及ぼすのでしょうか? また、その影響は有害でしょうか? それとも持続可能でしょうか? これらを明確化したうえで、森林であれ漁場であれ動物相であれ、劣化した自然システムを維持し再生することが、バイオリージョンのコミュニティの目標です。

次の目標は、教え、学ぶことです。その地域の環境収容力*と調和するように人々のニーズを満たすにはどうしたらいいでしょうか? 枯渇しつつある帯水層に、さらに深い井戸が掘られていないか? ダムが、魚の移動や生息地のじゃまをしていないか? 工業汚染が、下流の海洋環境を破壊していないか? 石炭火力発電所が、風下の作物や人々に水銀を蓄積させていないか? 一番広い意味でのコミュニティを重視することで、バイオリージョンは、どのように人々のニーズを満たせるかを明確にし、理解することができます。

3つめの目標は、「再定住」のアイデアについて探ることです。植物や動物、森林、原生自然、生物圏に関し、残されたものの保護に着目するよりむしろ問われたのは、すべて

*ある環境において、それを損なうことなく継続的に存在できる生物の最大量

の生命系のニーズが満たされ、尊重され、高められるように、その場所に応じた考え方や取り組みを生かしながら、環境をどう再生するかでした。本質的に問われるのは、どのようにもっと多くを生み出すかです——もっと多くの生命、もっと多くのきれいな水、もっと多くの魚、もっと多くの木、もっと多くの草地、もっと多くの湿地、もっと多くの野草の草原、もっと多くのレジリエンスを、です。

バイオリージョンをつくるには、地域を全体として理解する必要があります。つまり、コミュニティとして活動し、共有地を我が家として考えるのです。「測定されないものは管理できない」という格言にうなずきながら、バイオリージョンは新たな指標の構築に取りかかります。今日に至るまで、生物圏に関して地球上で何が起きているかを測る適切な指標はありません。気候、水、生物多様性の有用な指標が意味をもつのは、住んでいる場所に関係があるときです。住んでいるところが最も行動を起こしやすい場所なのです。しかし道路脇では——つまり私たちの出すごみやリサイクル資源が収集されるところでは——自分たちが地域や広く世界にどのような影響を及ぼすかという情報のほとんどが隠されていたり、遮断されていたり、忘れられていたりします。

米国のNPO「エコトラスト」の創設者スペンサー・ビービーは、2019年に「サーモン・ネーション（Salmon Nation）」をつくりました。これを彼は、(「国民国家」に対する)「自然国家」と呼んでいます。彼自身が認めているように、これは考え方でもあり、場所でもあります。歴史的な政治的境界線は機能不全に陥っているかもしれないとはいえ、自然国家はそれをなくさせようとするつもりはありません。そうではなく、政治的な境界線を越えた意識と行動の国家をつくることを意図し

ています。人間が生き続けるには、きれいな空気と水、健全な土、比較的安定した気候が必要です。自然から学び、自然のために行動することは、イデオロギーの話ではありません。同じく、バイオリージョンもイデオロギーではありません。「サーモン・ネーション」は、結束力をもつ1つのキーストーン種、野生のサケの回遊パターンで線引きされてはいますが、北カリフォルニアの沿岸部およびセントラルバレーから、カナダのブリティッシュコロンビア州西部、さらには米アラスカ州最西端であるアリューシャン列島のアッツ島まで広がっています。では、なぜサケなのでしょうか？　サケは、「海と小川のカナリア」であり、環境の健全性を示す指標だからです。

「サーモン・ネーション」は、「ワタリガラス」と名づけたネットワークを構築しています。これは自己組織化するグループで、好ましい変化を引き起こそうとする何千人ものコミュニティリーダーで構成されています。非営利組織でもあり、営利目的の社会的企業でもあります。メンバーとしては、「アーティスト、ミュージシャン、環境再生型の牧場主や農家、森林回復をめざす林業者、地域の漁師、医師、再生可能エネルギーやグリーン・ビルディング建築の擁護者、タイニーハウス建設業者、先住民リーダー、慈善家、投資家、教師、科学者、第一線のブロックチェーンエンジニア」といった人々が集まっています。「サーモン・ネーション」の目的は、「ワタリガラス」をもっと団結力をもってつなげることです。本書の読者のみなさんのほとんどが、気候危機に関して個人の生活より何かもっと大きなものの一翼を担いたいと思っているでしょうが、それと同じ理由からです。混沌と混乱の時代には、私たちは互いを求め合います。ビル・ビショップは以前、こう述べまし

ズパノヴァ川のヒグマ。ロシア・カムチャッカ半島

た。「かつて、人はコミュニティの一部として生まれてきて、個人として自分の場所を見つけなければならないものだった。今、人は個人として生まれ、自分のコミュニティを見つけなければならない」。スペンサー・ビービーは、40年間にわたり献身的に環境活動を行なうなかで、一貫してコミュニティをつくり、再構築してきました。文化を変容する物語を促し、「人間と地球の新しい神話をつくるよう、人間の想像力を解き放つ」ことに取り組んできたのです。●

野生の生き物
Wild Things

カール・サフィナ　**Carl Safina**

　カール・サフィナの生態学に関する著書は、文学とみなされています。雄弁で、博識で、とっつきやすく、詩的です。そして、驚くべき内容です。彼の最も価値ある著書から2冊を挙げるなら、『Beyond Words: What Animals Think and Feel』（未邦訳）と『海の歌』です。生態学の本が良書かどうかの判断材料は、地球とその生き物を新たな目で見られるかどうか、そして共感を覚えるかどうかです。共感というのは、生物界の存続にとってきわめて重要な連帯感です。動物の認知とさらには予知について執筆する世界的に認められた生態学者として、サフィナは、動物が感情や思考をもつという考えを超えて、動物は私たちに劣らないほどの意識と感性をもった存在であり、未知なる知性をもっていると捉えています。なかなか姿を見せない小さな森林性のツグミ、ビリーチャツグミは、今後のハリケーンの季節がどのくらい激しくなるか、コンピューターモデル以上の予測能力があるのでしょうか？　20年間研究した結果、その答えは「はい」であるようです。ハリケーンの季節の激しさは、ツグミが北米東部の森林から南米の越冬地へと渡るタイミングで予測できます。サフィナは、私たち人間の全知と、動物界には知力がないという憶測の間で、「図と地の逆転」*を提案しています。「自然界にはすべてに優先するような正気があり、人類には根幹を揺るがすような狂気があることも多い。私たちは、あらゆる動物の中で最も頻繁に理性を失い、ゆがみ、惑わされ、心配する」。彼の才能により、人間以外の動物の意識が人間のような特性をもつことが明らかになり、その結果、私たちがオオカミを撃ったり、（日本、ノルウェー、アイスランドが今も行なっているように）クジラにもりを打ち込んだり、森林から霊長類を捕まえてきて動物園のコンクリートのおりで生活させたり、コヨーテを毒殺したりしたときに何が起きるかという解釈を一変させます。サフィナは、その取り組みが認められて、無数の賞やフェローシップを受けています。たとえば、マッカーサー財団の「天才賞」を受賞したほか、ピュー慈善財団、グッゲンハイム記念財団、全米科学財団（NSF）の助成金を受けています。生物界に関する彼の魂のこもった描写は、厳密な科学で補強され、世界を生物多様性の重要性に目覚めさせました。人々を驚嘆させ、畏敬の念を呼び起こし、魅力にあふれているからです。──PH

　1976年6月、大学の学部生だった私は、米ニュージャージー州のアイランドビーチ州立公園へと一晩中運転し、夜が明ける少し前に到着した。ホイップアーウィルヨタカが、その名の通り「ホイップアーウィル」と聞こえるさえずりで夜明け前の空気を満たしている。私は、あと2人が段ボール箱1箱を持って到着するのを待ち、一緒に湿地の島へとボートを漕いだ。島に着くと、仲間がつ

＊「図」は浮き上がって見えるもの、「地」は背景。

いに箱を開けた。私は、ややうろたえて見えるフワフワしたひな鳥3羽をじっと見つめた。ハヤブサだ。初めて人工繁殖を行なったハヤブサの一群の中の3羽で、放鳥が予定されていた。この鳥類種が全米でDDTによって姿を消していたのを逆転させようとする、大がかりな試みの一環だった。DDTおよび関連の農薬は、その4年前に禁止されていて、ハヤブサを含む多くの鳥類にとって致命的な環境汚染は減っていた。私たちはひな鳥を特別に立てた塔に置いた。私の仕事は、彼らが巣立つまでの数週間、世話をすること。再野生化がうまくいくのかどうか、誰にもわからなかった。私がうまくやれるかどうかも、わからなかった。

　その後、うまくいったことも、悪くなったこともあった。昨年、国連のプラットフォームは、今後発表される報告書の要約を発表した。IUCNが「絶滅危惧種」に分類した種の割合をもとに、大まかな外挿を行なった結果、今世紀中に100万種が絶滅に直面すると示されたのだ。「100万人の死は統計にすぎない」とスターリンは語ったとされる。マザー・テレサでさえ、「集団を見ても、私は決して行動を起こさないでしょう」と言った。この感情を押しつぶすもの、津波のように押し寄せて魂を麻痺させるものは、「精神的麻痺」と呼ばれる。しかし、マザー・テレサはこう続けた。「1人を見たら、私は行動を起こすでしょう」

　保全・環境運動がもし何かを怠っているとすれば、それは、「集団の統計値が実際の悲劇を覆い隠し、数字が私たちを麻痺させる」という事実を覚えていられないことだ。それぞれの生物種が個々に、悲劇のオペラを歌うかすかな声をもっている。しかし苦難は重なり合って起こるので、生き物たち——大きなものも小さなものも——の悲しみの歌も重な

り合う。それは、空を暗くすることだったり、草をカサカサと鳴らすことだったり、水中の巨石の間で沈黙を保つことだったり、さまざまだ。至るところで問題がガラガラと音を立てる。サル、ゾウ、トラ、ライオン、キリン——ノアの箱舟のどの絵にも描かれているこれらの動物は、2頭ずつ救出される価値があると見なされた。私たちは、これらの動物を1つずつ絶滅に追いやっている。彼らにとっての洪水は、私たちだ。何十億人もいる人間が、立ち上がって世界を飲み込もうとしている。

　保全の最も厄介なパラドックスが、「最も人気がある」種が絶滅に向かっているということだ。「最もカリスマ性がある」動物（パンダ、ゾウ、ライオン、トラなど、赤ちゃんの保育室の壁に描かれているような動物）の10種すべてが、野生絶滅の危機にあるのだ。絶滅危惧種リストに載るのはその種が希少になってからなので、いま全体にわたって幅広く数が減りつつあることに気づくことが絶対に必要である。

　統計の使用はやむをえないが、いま100万種が危機にあるという麻痺を生むような丸めた統計を、もっとはっきりした数値群に分解することはできる。哺乳類の5分の1が、絶滅のおそれがある。鳥類種のうち1,450種以上、つまり8種に1種が危機に瀕している。鳥類の分類のうち、危機に瀕した種数が一番多いのが、オウム目だ。オウム目に属する約400種のうち半分ほどが、農業や森林伐採の影響を受けたり、飼育用の取引のために捕獲されたり、食用に殺されたり、作物の「害獣」として殺されたりして、減少している。アフリカの野生のヨウムは野生絶滅に直面しており、分布域内の複数地域でかつての個体数の1%にまで減少している。北米では1970年以降、鳥類の30%近くが失われた。この傾

向は、欧州でもおおむね同等でありそうだ。野生絶滅に陥った鳥類5種が飼育下で繁殖されているが、どのような運命をたどることになるだろうか。

箱舟についていうと、そこには十分なベッドがない。かつてはよく見られた生物種が、今では希少になりつつある。北米だけでも、どこででも見られたような鳥類種20種はいずれも個体数が50万羽を上回っていたが、この40年間に50％以上減少した。私が若かった頃はどの植林地でもよく見かけたコリンウズラは、良い生息地においてですら80％以上減少した。米国のシギ・チドリ類19種が1970年代以降半減した。世界中でツノメドリ（エトピリカ）などの海鳥が1950年以降70％減った。私が1976年にさえずりを聞いたホイップアーウィルヨタカも70％減少した。

世界の1,000種ほどの軟骨魚綱板鰓亜綱（いわゆるサメ・エイ類）の4分の1が、「絶滅危惧II類」か「絶滅危惧IB類」か「絶滅危惧IA類」、つまり「絶滅危惧種」に分類され、心配ないのはわずか23％だ。これは脊椎動物門のすべての綱の中で、最低の割合である。シュモクザメやアオザメやヨシキリザメは、私が海に行き始めた頃は非常にたくさんいたが、姿を消していくのを目の当たりにしてきた。スープの増粘剤の原料にされたのだ。何千匹もの命を奪う「大量死事象」もますます発生するようになっている。2015年にカザフスタンで、サイガ（オオハナカモシカ）20万頭（世界の個体数の60％）が1週間で死んだ。異常な高温多湿の状態が、無害なバクテリアを致命的なものに変えたのだ。オーストラリアでは、近年の山火事による野生生物の被害総数がひたすらすさまじい結果になりそうで、コアラやカモノハシなどの象徴的な種が激減している。米国のアラスカ州から

西海岸にかけて、この数年間で水温上昇に関係したエサの減少により、ツノメドリやミズナギドリ、フルマカモメ、ミツユビカモメ、小型のウミスズメ類、カモメ、さらに何十万羽ものウミガラスが大量に餓死した。科学者たちは、1800年代後半以降700回を優に超える大量死事象を記録しており、哺乳類、鳥類、魚類、両生類、爬虫類、海洋無脊椎動物など2,400以上の動物個体群に影響を及ぼしている。記録に残されていないものも多そうだ。

夏の街灯に、ガがシルエットをつくっていたことを思い出せる人は多いだろう。コウモリもよく、灯りで照らされた食べ放題のエサの中に飛び込んでいた。昨夏、米ニューヨーク州ロングアイランドで、私の友人が言った。「街灯を見てみろよ」。1匹も虫が見えなかった。ドイツでは飛翔昆虫が約80％減少したと科学者たちが記録している。プエルトリコのルキージョ雨林の研究者によると、地表性昆虫のなんと98％がいなくなり、林冠の昆虫も80％減少し、それに伴い昆虫を食べる鳥類やカエル、トカゲも激減しているという。科学者たちはちょうど今、世界中のチョウや

[次ページ左] ジョセフ・ワチラが臨終の床にある「スーダン」に別れを告げている。スーダンというのは、地球上で最後のオスのキタシロサイの名だ。写真は、ケニア中央部のライキピア郡に位置するオルペジェタ自然保護区でアミ・ヴィターレが撮影したもの。「スーダンを初めて見たのは2009年、チェコのドヴール・クラーロヴァー・ナト・ラベムの動物園でした。その時のことはよく覚えています。雪に囲まれたレンガと鉄でできた囲いの中で、スーダンはクレートトレーニングを受けていました。スーダンをケニアまで南に6,000キロメートルほど運ぶ巨大な箱の中に入ることを学んでいたのです。彼はゆっくりと、慎重に動きました。雪の匂いを時間をかけて嗅いでいました。彼は穏やかで、巨体で、別世界のようでした。何百万年もの歴史をもった古代の存在が私の前にいるのを感じました（化石の記録によれば、その系統は5,000万年以上前のものです）。彼らの仲間は、この地球上の多くの場所を歩き回っていたのです。あの冬の日、スーダンは地球上に8頭しかいないキタシロサイの1頭でした。100年前、アフリカには何十万頭ものサイがいたのに」

ハチや昆虫が、農場や温暖化の影響で急速に減少している記録をまとめているところだ。その絶滅速度は、哺乳類と鳥類より8倍速い。尋常でない切迫感をもって、科学者たちはその影響を「控えめにいっても破局的」と述べている。

世界の歴史の現時点で、人類は地球上のほかの生物と相容れなくなっている。過ぎたるは及ばざるがごとし、という状態だ。そういうふうに人間が記憶に残ってほしくないと私は思う。私たちが大局観をもち、自分たちの役割は、生きているものの奇跡を維持することにあるのか、それとも破壊することにあるのかを気にかけない限り、私たちは後者の行動をとり続けるだろう。しかし、大局観というのはまさに、感覚の麻痺を生じさせうるものである。

幸い、私たちは誰もが大局的な問題に取り組む必要はない。私はこの40年間というもの、何度かの引っ越しを経ても事務所のどこかにガンジーの言葉を貼り続けている。「私たち1人ひとりのやることはささいに思えるかもしれないが、一番大事なのはそれをやるということだ」。何かちょっとした地元のことかもしれないし、もしかしたら大きな何かかもしれない。あなたももしかしたら、ハヤブサを空に戻すようなことを手伝ったり、米国魚類野生生物局の局長になったりできるかもしれない。ある女性、ジェイミー・ラポート・クラークはとうとうその両方をやってのけた。最もつつましやかな個人の取り組みか

ら始まっても、大きなことが生まれうるのだ。

動物を永遠に欠けた状態には追いやるまい、と私たちが集団として決意すれば、それはうまくいく。海洋哺乳類とウミガメの4分の3以上が、米国の「絶滅危惧種保護法」のもとで保護されるようになってから、大幅に増加した。ミサゴは、DDTのせいで私が若い頃地図上からほぼ消し去られたが、今では湾や川の上空で、幅1.8メートルになる翼を広げて滑空している姿がたくさん見られる。農場が境界線の生垣の生息地を維持すれば、ガやチョウは増える。保全の取り組みは、20種以上の鳥類や、さまざまな哺乳類（齧歯類からクジラに至るまで）、そしてほかにも何十種もの生物がほぼ確実に忘れ去られるところだったのを逆転させてきた。

世界中の保全活動家が、ダチョウやサイ、大型のネコ科動物、クマ、類人猿、ツル、シカ、アンテロープ、カワウソ、ジャコウウシ、オウム、チョウ、さらに多くの種を安定させようと努力している。アホウドリは、北太平洋の営巣する島で、その羽を求めて一度は絶滅に追いやられていたが、徹底的な保護を行なうことで、再発見された6羽の個体から4,000羽以上にまで増えている。世界のすべてのツルの中で最も希少な北米のアメリカシロヅルは、1938年に成鳥が15羽にまで落ち込んだ。今日では、飼育下での繁殖や数羽の放鳥個体の回復といった徹底的な保全の取り組みを経て、成鳥が約250羽にまで増え、総個体数はその2倍ほどになっている。

1985年に、私は米ニューヨーク州からカリフォルニア州へ旅した。カリフォルニアコンドルがいなくなる前に見ておきたいと思ったのだ。そのとき野生で残っていたのは6羽だった。しかし、コンドルは飼育下での繁殖がうまくいっている。今日では、カリフォルニア州、グランドキャニオン地域、メキシコ

[前ページ右] アメリカシロヅルは、北米で最も珍しく、最も背の高い鳥で、翼幅は約2.3メートル、赤い頭頂部と黄色い目が特徴だ。農業による湿地の減少や、肉や羽毛を目的とした無差別な狩猟のため、1938年に生存する個体は15羽だった。現在では、渡り鳥と飼育下の鳥を合わせて500羽以上が生息しており、これまでに行なわれたなかで最も成功した復元プロジェクトの1つとなっている

のバハ半島で、300羽以上のコンドルが自由に空を飛んでいる。けれども、もし連邦議会が1973年に絶滅危惧種保護法を可決していなかったら、上空でらせんを描くコンドルはまだ1羽もいなかったことだろう。米国の国鳥ハクトウワシは、1960年頃にカナダとの国境の南側に約400つがいが生息していたものが、今では約1万4000つがいまで回復した。2007年からは、絶滅危惧種リストから外されている。カッショクペリカンは、40年間に700%以上増加した。ミシシッピーワニは、1967年に絶滅危惧種リストに掲載されたが、今はたくさんいる。アメリカバイソンは、ことによると歴史上あらゆる生物の中で最も不道徳な大虐殺を受けて、イエローストーンに6,000万頭いたのが1900年には野生個体がわずか23頭になった。しかし今では3万頭以上が生息している。

ほかの生物種の回復は、もっと苦労していながら、それほど称賛を受けていない。シロオリックスと呼ばれる北アフリカの大型のアンテロープは、1930年代に何万頭もいたのが、1990年代初頭には野生絶滅となったが、近年、中央アフリカのチャドに再導入されている。クロサイは、密猟のせいで1960年の個体数から98%減少した。亜種1種は失われたものの、意欲的な保全活動のおかげでその数は約5,000頭まで倍増できた。コククジラは、大西洋では漁により絶滅に追いやられ、アジアの北太平洋ではおそらくわずか150頭で踏ん張っているところだ。しかし、北米の西海岸では目覚ましい回復を見せ、メキシコのバハ・カリフォルニア州から米アラスカ州まで、海岸からよく見られるようになった。大西洋のザトウクジラは非常によく回復したため、私はニューヨーク州ロングアイランドの砂浜で犬を走らせているときに、よく目にする。

このような成功のすべてに携わった人は、誰1人いない。しかし、それぞれの活動に取り組んだ人が誰かしらいて、それが変化をもたらしたのだ。もし私たちがもっときめ細やかに考え、もっと具体的に話し、重要となりうることに注目し、今も残っている多くの美に目を配り続けたら、私たちみんなに、そして世界中の生物種のために役立つことだろう。「美」は、私たちの最も深い懸念や最も高い期待のすべてを、一番よく捉えるただ1つの基準だ。美は、自由に生きる生き物が存在し続けることや、適応、人間の尊厳にまで、くまなく及ぶ。実に美は、大事なことの存在を確かめる簡単なリトマス試験紙だ。

絶滅の危機にある生物種や、今も残る野生地域に生息する野生の生き物は、私たちからの自己本位ではなく無私無欲のケアを必要としている——彼らのために、私たち以外のすべての生き物のために、そして美とそれが示唆するすべてのために。私たちは実用性に訴えがちだが、私たちが無視するわけにはいかない、頻繁に話題にのせなければならない論点がある。それは、「私たちは神聖な奇跡の中に生きている」ということだ。この視点に従って行動すべきである。●

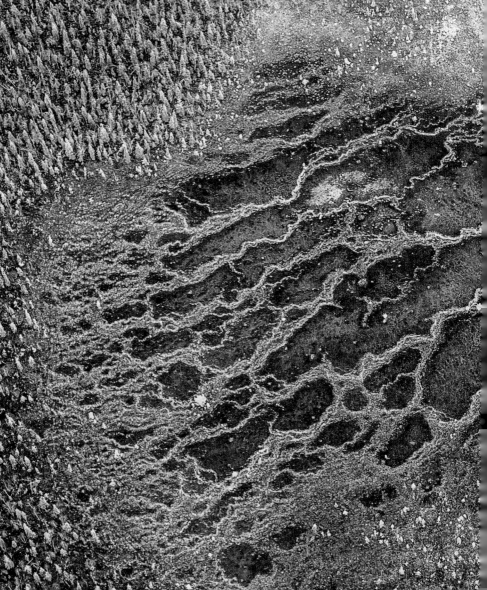

Land
土地

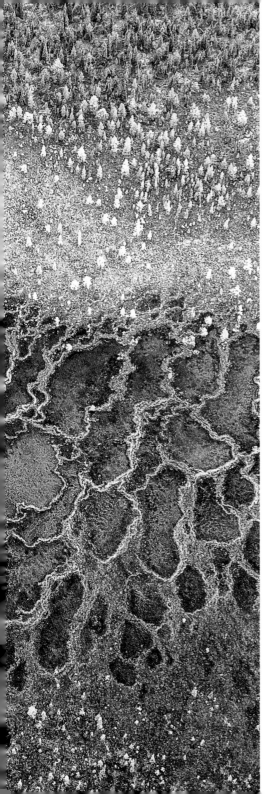

英語で「土地（land）」という言葉には、多くの意味が含まれます。土壌、地上、故郷、生き方、国、住民などです。

　わかっている最古の土壌は37億年前のものです。それは地球が誕生してからわずか8億年後のこと。酸性雨が降ってきて、岩石が化学的に風化して、土壌が生まれました。微量の炭素を含んでいることが、生命の存在を示唆しています。それから約30億年後、藻類が、海水から陸地の縁にある淡水へと移動しました。次の段階は重要です。藻類が日光をとらえ、光合成を行なって、薄い空気から糖をつくるのです。当時たくさんの種類の藻類が存在しましたが、1つのグループが陸上植物に進化しました。1億年後には、この植物群が葉や根をもつようになりました。菌類は、早くから植物と緊密に連携していました。岩石から栄養分を集めて植物に与え、その代わりに炭素を受け取っていたのです。これは相利共生の一例で、違う種が相互に作用し合い、双方が利益を得るパートナーシップです。植物と微生物が栄枯盛衰を繰り返しながら、有機堆積物を積もらせていきました。これが今日の土壌の始まりであり、すべての陸上生物の80％の生命を養う肥沃な媒体なのです。

　植物の生態は進化し、もっと複雑になりました。葉状体*や、針葉、苞葉は、太陽から受けるエネルギーを増やします。死んだ根が有機物を生み、水の通り道をつくりました。細菌が根圏に定着しました。根から分泌される糖が土壌の生物相を養い、細菌にエネル

スウェーデン北部、ラップランド地方ラポニア地域のストリング湿原と針葉樹林。現在ではユネスコ世界遺産に登録されている。ストリング湿原は、畦状の陸地や島がある泥炭湿原だ。やかな傾斜がある地形に形成され、一年の大半が凍結状態にある。パターン化植生と呼ばれる分類にあたり、縁の部分にはやがて泥炭になるカヤツリグサや木本植物が含まれている

*シダやヤシのように切れ込みの入った大きな葉　　153

ギーを与え、植物にとってはミネラルの栄養分が利用しやすくなります。菌糸が、植物と連携する菌根ネットワークを形成し、エネルギーを得るのと引き換えに栄養分や水や情報を根に送るようになりました。土壌生物が拡大することで保水力が高まり、さらに植物種の分布域と多様性を拡大させていきました。

光合成の光受容体が地球上の土地を一変させ、多様な生命をはぐくみました。ミミズからアリまで、陸生無脊椎動物が広がっていきました。草食動物が穴を掘り、土壌を混ぜて、通気性の良い媒体にしました。アフリカのフンコロガシは夜になると現れて、自分の体重の50倍にもなる動物のフンの玉を巣穴まで転がします。トンネルを掘り、有機物を消化する生き物が、土壌を肥沃にし土壌構造をつくります。大型の脊椎動物のふん尿が、土壌の肥沃度を高めます。土地は透水性が高まり、蓄えられる雨水が増えて、もっと大型の植物を維持できるようになり、より多くの炭素を大気中から固定できるようになりました。草木は水蒸気を蒸散させ、霧や雲や雨を生んで土地を冷却し、地球の水循環を一変させました。

ここ2000年の間——地質年代から見ればほんのわずかな期間ですが——都市や農業、森林破壊が自然の炭素循環を劇的に変えました。森林は、火を焚くためや建築、産業、農業のために伐採されました。鋤の登場で、土壌は空気にさらされ、土壌中の炭素が酸化し二酸化炭素に戻されました。生きた生態系は、生命のない土砂に変わり果て、簡単に侵食を受けました。工業型農業は、土壌の炭素貯留量を平均3％から1％に下げました。殺虫剤や除草剤は、土壌中の生命を全滅させ、世界中で砂漠化を起こしました。鳥類やチョウ、ミミズなどの生き物のエサが不足するようになりました。土地は損なわれ、そこに依存す

る人々も損害を受けました。ここに、原因も解決策もあります。土地にも、人々と同じようにレジリエンス（回復力）があります。環境再生型農業と劣化した土地の回復を行なえば、炭素の喪失と土地の乾燥という状況は逆転します。私たちは、より多くの炭素を回収し、より多くの酸素を排出するような農法に移行することができます。農場や森林や草地を再生するメリットは計り知れません。地球上のあらゆる場所で、すべての人々、すべての生物種の役に立つのです。●

環境再生型農業
Regenerative Agriculture

私たちは、地球の表面より月の表面のことのほうがよく知っています。月は既知の鉱物の破片でできているのに対し、土壌はそれ自体が生態系で、何兆にものぼる生きた多様な有機物からなり、そのほとんどがまだ特定されないままです。何億年も前、生物システムが土壌圏をつくり始めました。これは地球の外層で、そこで岩石や植物、大気、水が出会い、連携して土壌をつくります。それからずっと、生命は進化を続けています。健康な土を小さじ1杯分すくうと、地球上で最も複雑な生命系を手中にしていることになります。でもこれが、150年にも満たない間に、工業型農業により劣化してきました。1850年以降の人間活動による二酸化炭素総排出量のおよそ35％が、農業と森林破壊によるものです。

世界中でいま、1,500万人の小規模自営農家と何万人もの牧場主と牧羊主が、土壌の健全性の低下を逆転させ、土地を回復させ、農業と食料に生命力を取り戻すような農法を採用しています。環境再生型農業には、アグロフォレストリー（森林農法）、アグロエコロジー（農業生態学）、シルボパスチャー（林間放牧）、牧草地栽培、真の有機農法、先進的な輪換（ローテーション）放牧などがあります。具体的な手法としては、不耕起栽培、複雑な被覆作物（カバークロップ）、プレーリーストリップ＊、多年生作物、有畜農業、作物の多様化などが挙げられます。1つの成果として、大気中の二酸化炭素が隔離され、これにより健康な土壌中の炭素貯留量が大幅に増加しています。環境再生型農業は、「再生」全般の原型、テンプレートとなっています。これは農業を、生命、生物多様性、人と動物の健康、植物の活力、ポリネーターの生存能力を増進するものに変容させます。

「環境再生型農業」という言葉は、40年前に有機農業の唱道者ロバート・ロデールがつくりましたが、その起源は先住民の農業にあります。何千年もの間、南北アメリカ、アフリカ、アジアで継続的に土地が耕されてきました。最古の形態の1つが、マヤ文明の農民が「ミルパ」と呼ばれる焼畑農耕システムを用いて行なっていたものです。中国、日本、韓国、インドは、4,000年も前までさかのぼる農業の伝統を生かして、今も食べ物を得ています。環境再生型農業は西アフリカでもよく実践され、ここでは炭と植物廃棄物を使って、長もちする「黒い土」をつくりました。これは、栄養分に乏しい熱帯雨林の薄い土壌よりも、3〜4倍の肥沃度があります。アフリカの先住民族の農業の知識は、米国南部における白人のプランテーションで広く用いられました。こうした農法は、ジョージ・ワシントン・カーヴァーの興味を引きました。彼は、それを科学的に研究して知識を共有し、1900年代初頭に米国で環境再生型農業の創始者になりました。

今日、環境再生型農業の理論と実践に関する学習、実験、連携が爆発的に行なわれています。その動機は少なからず、工業型農業といわゆる「緑の革命」が引き起こしたダメージにあります。緑の革命は、高収量のハイブリッド種子（不稔のため種子の自家採取が不可能）を推進し、化学肥料や農薬の使用量を

＊在来の多年生植物を作物の畑に帯状に組み入れること

増やしました。作物の多様性や、微生物学、土壌化学、有畜農業などの進歩により、環境再生型農業はまさに新興技術と呼ぶにふさわしいものになりました。環境再生型農業は、スマートフォンより複雑で、インターネットより多くの相互作用を伴い、どのような機械や装置よりも多くの可動パーツがあります。それ

は生物学的なパーツで、いわば単なるパーツではなく、多面的なシステムの中の生きた要素なのです。環境再生型農業は複雑で入り組んでいますが、明確に定義された原則に基づいているため、世界中の農家や牧場主が実践できます。重要なことに、収量は慣行農業と同等かそれ以上で、土壌の回復力と生産性が

30年間吸収して保持することになるでしょう。環境再生型農業のこうした側面が、炭素クレジットを売って儲けを出す方法を模索している工業型農業を行なう企業にアピールするようになっています。アンハイザー・ブッシュ、バイエル・モンサント、カーギルといった企業が、気候解決策としてこの言葉を挙げており、このことが混乱を生んでいます。環境再生型農業は、土壌、農業、作物に対するシステム全体としてのアプローチであり、企業イメージを上げるためにつまみ食いできるメニューではないのです。バイエル・モンサントが炭素の隔離を促進することは、矛盾しています。なぜなら同社は、歴史的に最も売れた、最も破壊的な農薬「グリホサート」の特許を取得している会社だからです。この除草剤は、抗生物質として特許を受けました。それもそのはず、微生物を殺すのですから。そして、土壌中の炭素を減らすことになるのです。

　工業型農業と環境再生型農業の違いを、簡単に理解する方法があります。工業型農業は、植物に化学物質の形で窒素、リン、カリウムを与えます。これに対して環境再生型農業は、土壌とその微生物に栄養を与え、土壌が植物に栄養を与えるのです。工業型農業は、植物と土壌と昆虫の複雑な生態系を奪い、その代わりにモノカルチャー（単一栽培）や、レーザーセンサーの自動走行トラクター、噴霧器、化学物質をインプットして、アウトプット（作物）を得ます。土壌の肥沃度が低下するにつれ、作物の収量を維持するために必要なインプットは増えます。土壌が劣化すると、植物

向上するため、将来のリターンが高まるのです。
　環境再生型農業の主要な成果として炭素の隔離ばかり強調してしまうと、その全体的な影響がわかりにくくなります。もし環境再生型農業が段階的に導入されて、世界の農地や草地の4分の1で実践されたら、切望されているように550億トンもの温室効果ガスを今後

の健康も悪化し、作物は虫に弱くなります。殺虫剤の使用量が増えると、自然の捕食者が姿を消します。殺虫剤や除草剤、肥料、殺菌剤、抗生物質が組み合わさって、土壌に、農家に、その家族に、家畜に、野生生物に、大きな被害を与えてきました。米国の農家の発がん率、パーキンソン病の有病率、自殺率は、世界中のあらゆる職業の中でもトップレベルです。工業型農業は気候にも大打撃を与えます。世界の温室効果ガス排出量の約6分の1が、農業部門から生じているのです。

　科学者たちは、今後数十年間でどれだけの炭素を土壌に隔離できるか議論しています。しかしその論争は、農家には大して意味をなしません。農家が環境再生型農業に移行している理由は、土壌にもっと多くの水を受け取って蓄えるため、コストを下げるため、侵食を食い止めるため、負債から抜け出すため、もっと健康的な動植物を生産して家族を養うためです。以下、環境再生型農業の基本となる原則や技術をご紹介します。

土壌を再炭素化する　厚さ約15～18センチメートルの表土には、「易分解性炭素」と呼ばれるものが含まれます。これは、季節によって大気と出入りして循環をするタイプの炭素です。もっと深いところにある「閉塞炭素」は、そう簡単には大気中に逃げません。植物の根から出される、炭素をたくさん含んだ分泌物中の糖は、土壌中に放出されて、微生物のエサになります。土壌中の細菌、真菌類、原生動物、藻類、ダニ、線虫、ミミズ、アリ、甲虫の幼虫、昆虫、甲虫、ハタネズミなどは、互いに食べ、繁殖し、廃棄物を代謝させ、ミネラルを可溶性にし、地上の植物が栄養分を吸収できるようにします。土壌はコミュニティであり、コモディティ（商品）ではありません。疲弊した農地と草地に含まれる炭素は、平均1％です。土壌中にはどのくらいの炭素を蓄積できるのでしょうか？　わかりません。米オハイオ州キャロルにあるデヴィッド・ブラントの農場では、1978年に0.5％に満たないところから出発しましたが、今や再生型農場の炭素レベルは8.5％となっており、隣接する林地の6％よりも高くなっています。

撹乱を抑制する　機械による土壌の撹乱、特に耕すことは、できるだけ減らすべきです。鋤で起こすと土壌構造が破壊され、鉱物粒子の集まりや、空気や水が蓄えられる細孔がバラバラになります。また、有益な菌類を含む、微生物の繊細な群集も破壊されます。除草剤、殺虫剤、化学肥料のような化学物質による撹乱も、土壌中の生物界をひどく破壊する可能性があります。不耕起栽培や減耕起栽培を行なえば、土壌が進化し、形成され、広さと複雑さが増すようになります。（たいていは雑草を防ぐために）土が繰り返し耕されるとき、土壌微生物は太陽や風雨にさらされるため、干からびて死に、さらなる温室効果ガスを生みます。微生物は、消化作用の一環で自然に二酸化炭素を排出していますが、繰り返し耕されると分解され、貯留された炭素を空気中に放出してしまいます。

土壌を被覆する　被覆作物は、冬には土を守り、夏には冷却します。生き物の生息地を生みながら風や水の侵食から守るため、地表の上にできるだけ長い間、できるだけ多くの緑を保つという考え方です。光合成により、太陽エネルギーを土壌に取り込みます。裸地は、ただ熱くなるばかりなので、土壌を乾燥させ、微生物を殺します。砂漠や砂浜や岩の斜面以外、自然の中に裸地はほとんど見かけません。被覆作物は、暴風雨の衝撃も和らげ、水が地面にやさしく当たるようにします。その根で

土壌を豊かにし、マイクロバイオータに分泌物を与えます。こうして、窒素が固定され、カリウムやリンなどのミネラルが可溶性になり、植物が利用できるようになります。

今日、農家は多様な被覆作物を利用しています。ササゲ類、ソバ、オオバコ、チコリ、ヒマワリ、フェスク（ウシノケグサ属の牧草）、ダイコン、からし菜、エチオピア・キャベツ、エンドウ、ベッチ類、カラスノエンドウ類、クリムソンクローバー、アルファルファ、ライ麦、ソラマメ、亜麻、エンバク、ヒヨコマメ、西洋カブ、緑豆など、「菜園」に近いような、植物の祭典です。米国のもともとのトールグラスプレーリーには、200種を超える植物が生えていました。

土壌に水分を補給する　農家にとって一番大事なのは、どれだけの水が空から降ってくるかではなく、どれだけ地中に染み込むかです。土壌から微生物が失われると、土壌構造が失われ、多孔性から不透水性に変わります。土壌が雨水や灌漑用水を吸収する速度は「浸透率」と呼ばれます。砕けやすい豊かな土壌構造は、グロマリンと呼ばれる粘性物質によってつくられます。グロマリンは、菌類によってつくられる炭素をたくさん含むタンパク質であり、土壌の中で不定期に生成されます。慣行農業の農地にはグロマリンはほとんどなく、浸透率は1時間に約0.6センチメートルという低い水準にとどまります。貯めるより多くの水が流出し、侵食をもたらします。環境再生型農業を行なう農家は、浸透率が10〜30倍上がったと報告しています。1時間に1.2センチメートルだったのが、38センチメートル吸収できるようになったというのです。このような炭素のスポンジが、土壌を地下貯水池に変えます。

地球温暖化の結果、大気中に含まれる水分量が増え、暴風雨の激しさが増しています。できるだけ多くの水をとどめておく能力が、洪水や侵食を防ぐうえできわめて重要です。米オクラホマ州では、慣行農業で小麦1キログラムを生産するたびに、3キログラムの土壌が侵食により失われています。土壌の保水性が高まると、植物の生長が増し、光合成による炭素の回収量が増えることになります。炭素の隔離が増えると土壌有機物も増え、有機物が増えると保持される水も増え、つまり人と動物に与えられる食料も増えることになります。降水や干ばつのパターンが以前より不安定になった状況に対処するうえで農家にはレジリエンスが必要ですが、土壌に保持できる水分量が増えるとそのレジリエンスも高まります。メリットはもう1つあります。地表温度の約80%が、水圏によって決まります。これは、大気中と地球上のすべての水を合わせたものです。ここ200年間、地球は干からびていました。森林破壊、工業型農業、過放牧、熱の増加が、土地を乾燥させて、表面温度を上げてきました。環境再生型農業は、周辺環境を冷やします。地表温度が0.5〜1℃低下する可能性があり、植物の生長に役立ちます。土壌の温度は、裸地の場合よりも何度も下がる可能性があります。

土壌で生き物を飼う　自然の状態では、動物抜きに「耕作」することは決してありません。しかし、現代農業の顕著な特徴の1つに、作物と動物の分離があります。何千年もの間、この2つは組になっていました。あらゆる農地や牧草地や田んぼで、馬、牛、羊、山羊、ガチョウ、鶏、アヒル、（特にアジアでは）魚も飼っていました。牧草地で次々と移動する適応型の短期輪換（ローテーション）放牧が生態系にもたらす恩恵は、長年その実践者たちの間で知られています。放牧が植物の生

159

長を促し、土壌に送り込まれる炭素が増えるのです。これは農地や牧草地でも同じです。家畜だけではありません。健全な農場は、鳥類、ポリネーター、捕食性昆虫、ミミズ、微生物——これらひとまとまりの生き物の生息地を提供しなければなりません。

今日、作物と動物は物理的に引き離されており、その距離が何キロメートルも離れている場合もあります。その結果、養分の循環が損なわれています。魚はもはや、慣行農業の水田では生き抜くことができません。農薬が導入される前は、藻類や昆虫を食べて、作物に肥料を与えていました。家畜は、その土地で草を食み、畑にフンや尿を与えていました。環境再生型農業では、モブ（群れ）放牧や輪換放牧といった技術が、土壌炭素量と肥沃度を高めています。伝統的な形の群れでもこれが可能です。慎重に放牧を行なうことがなぜ効果的かというと、草の分泌物の生産は、反芻動物に食まれることにより、最も促される

からです。根に「生長せよ」という強力なホルモン信号が送られます。もし畜産を行ないたくはないという農家がいたら、ミミズを農地で増やしたり、ミミズ養殖を行なうことでも、土壌の肥沃度と炭素隔離に著しい変化がもたらされるでしょう。被覆作物と動物の放牧を合わせれば、1年間に消費される2億1,000万トンの窒素肥料のほとんどを置き換えることができます。今はそのような窒素肥料の多くが、小川や河川や海を汚染し、海洋などに無酸素のデッドゾーンを生むことになっています。

土壌の健康＝植物の健康＝人間の健康であると認識する　土の健康がなければ、植物の健康もありえません。そして植物の健康がなければ、人間の健康もありえません。ミネラル、マイクロフローラ（微生物相）、ファイトケミカル*は、人間のウェルビーイングに必要不可欠です。欠乏すれば慢性疾患になりかねません。たとえ栄養がとれるような食生活を送っていても、もし土壌中に必須ミネラルが不足していれば、あなたの消費する植物にも

この土の豊かで深い色は、健全な土壌がどのようなものかを示している。さまざまな作物、草、被覆作物が組み合わさって土地を守るように覆い、土に栄養を与えてはぐくむ

米国の環境再生型農業の創始者、アラバマ州タスキーギ大学のジョージ・ワシントン・カーヴァー。カーヴァーが開発したのは、現代の環境再生型農業者と同様の「進歩的」な農業だ。輪作や窒素を固定するマメ科の植物を導入し、単作によって栄養分が枯渇してしまった土壌を再生し、土壌の健全性を改善する。2,000年以上前からアフリカ先住民が有していた農業の知識と実践を活用した

十分な量が含まれていないでしょう。植物には、ミネラルを可溶性にして植物が吸収できるようにしてくれる土壌微生物が必要です。そして植物は、ストレスを受けると、栄養価がもっと完全に高まるようになります。人間の場合と同じように、ストレスは植物に対しても、変化して適応するようにせきたてます。水やミネラルや栄養分を求めて根がもっと深く張るようにしたり、葉の化学成分を変えて虫に抵抗したりするのです。慣行農業がやるのは、逆です。植物が急速に生長するのに必要なすべてのものが、カリ（炭酸カリウム）・過リン酸塩・窒素の化学肥料の形で、地表付近で与えられます。土壌はほぼ痩せていて、植物を直立させるための媒体と化しています。植物は、あまりストレスがなくて強く見られることが多いですが、昆虫や菌類やサビ病の影響を受けやすく、弱いのです。雑草との競争は、除草剤、主にグリホサートで排除されていますが、これはおそらく発がん性があるだろうといわれています。慣行農業でつくられる作物のほうが、生長が速く、根は浅く、栄養分は少ないのです。事実はシンプルです。

化学物質に依存した植物では、健康な食べ物は育ちません。極度に加工された食べ物では、健康な子どもは育ちません。抗生物質や医薬品では、健康な動物は育ちません。現在の果物や野菜は、50年前と比べて著しく栄養が減っています。食べ物の「栄養強化」が行なわれているのは、栄養分が低下しているせいです。1965年に、米国の人口のうち、慢性疾患を抱えている割合は4％でした。これが今では、約67％になっています。今日、子どもたちの46％が慢性疾患を抱えています。

真の環境再生型農業は、特に努力することなく植物と人間の栄養状態を改善します。その理由は単純です。自然と闘わないからです。自然と調和しているのです。環境再生型農業は、再生された社会の中核にあります。なぜならそれが、私たちの食べ物、栄養、ウェルビーイングの源だからです。私たちが気候にもたらす全影響の3分の1が、食料・農業システムに由来しています。人間の病気の大半もここに原因があります。再生の第1の原則は、より多くの生命を生み出すことです。ここから私たちは始めなければなりません。●

＊ポリフェノール、カプサイシンなどの植物由来の化合物

有畜農業
Animal Integration

米ノースダコタ州の家族経営農場に帰宅する運転中、環境再生型農業を営む農家のゲイブ・ブラウンの頭に、ある考えが浮かびました。「もし生育期に、牛を作物畑で放牧させたらどうなるだろう？」

普段ブラウンは、牛の群れを農場内の牧草地にとどめていました。作物畑に入れるのは晩秋の間だけで、土壌を生きた植物で被覆す

るため収穫後に種子をまいた被覆作物を食ませるためです。被覆作物は冬の間家畜のエサとなり、家畜の排泄物が土壌の養分になりました。それはブラウンが常に土壌の健康を改良しようとする取り組みの一環でした。1990年代半ばに災害が続いたのを受けて、彼は慣行農業を捨てようと決め、その代わりに大草原の生態系からインスピレーションを

得ています。1年を通して被覆作物を畑で育てて、裸地をなくしました。そして、鶏や豚も含め、多様な動植物を招き入れることにしたのです。バイソンの群れが草を食んでは移動する習性がもたらす影響を模倣して、ブラウンは1ヘクタールあたり60トンの牛を牧草地に放し、1日に1回違うパドック（囲い地）に移動させました。しかし、カナダを訪れた後、その密度を急激に高めて、1ヘクタールあたり600トンとし、夏の間中、耕地の一部で牛を放牧しました。トウモロコシや小麦を植える代わりに被覆作物を植え、それを家畜のエサにして育てることにより、被覆作物を

「換金作物」に変えたのです。これはきわめて型破りな考え方だとわかっていました。しかし試しにやってみることにしました。そして、うまくいきました——土壌が改善し続けたのです。

そのときブラウンが気づいたのは、農場経営全体に家畜を取り入れることが、真の再生を生み出すうえできわめて重要だということです。

ある意味でブラウンは、農業を原点に立ち返らせていました。家畜種は、何千年も前に飼い慣らされました。それから何世紀にもわたり世界中で、作物の栽培と家畜の飼育は、排泄物を肥料として使うことも含めてかかわり合っていました。今も多くの伝統的な文化や先住民族文化で、家畜と作物が、さまざまな組み合わせで一緒に育てられています。

かつて農家は、牛の小さな群れを育てたり、家畜小屋で豚を飼ったりしていました。トラクターが登場するまで、農家は馬や牛を農地で使っていました。北米で農業が変化し始めたのは、1970年代のことです。国の農業政策が分業化を奨励したのです。そのため、農家がどちらか1つを選ぶ中で、家畜と作物の分離が起きました。この分離により、一方では、トウモロコシや大豆などきわめて集約的な作物の単一栽培システムが生まれました。また他方では、肥育場や閉鎖型の畜産など、工業化された肉や乳製品の生産が行なわれる

米ミズーリ州ラッカー、656ヘクタールのグリーン・パスチャーズ・ファームに立つグレッグ・ジュディ。特にグラスフェッド（牧草飼育）に適した遺伝子をもつ英国産のサウス・ポール種の牛を専門に飼育している。輪換放牧を実践しており、ホルモン剤の注入や、寄生虫駆除、殺虫剤含有耳標および殺虫剤を使用しない。その代わり、農場に巣箱を450個設置してツバメを飼わせ、自然の力で害虫を防除している。慣行農業を実践して破産寸前になった経験から、現在ジュディは強くて健全な土壌と家畜を生産するための放牧をほかの生産者に伝授している

ようになりました。どちらのシステムも、収量を最大化するように、そして均一の商品（コモディティ）を市場にできるだけ効率的かつ安価で出荷するように設計されました。しかし、すぐに厄介なことが起きました。コモディティ農業が環境や人間の健康に被害を及ぼすことを示す証拠が積み重なり始めたのです。そして、反対運動が巻き起こりました。その中心になったのが、土地に活力を回復させ、健康的な食べ物を提供していた有機農法やホリスティックな農業です。多くの有機農家が自然から手がかりを得て、多様な作物を栽培し、土壌に堆肥を施しました。

　ここ20年というもの、農場で家畜と作物を再統合することへの関心が生まれています。その背景には、土壌微生物学に関する理解が大きく進んだこともあり、新たな世代の農家や農業専門家が引っ張ってくれていることもあります。これは、環境再生型農業における、土をつくり生物学的な豊かさをめざす動きの一環です。ゲイブ・ブラウンの農場の、痩せた土地を回復させる旅路は、その縮図となっています。地上の動植物の管理と、地下の炭素貯留量および炭素循環の増大の間には、多くのつながりがあることが研究から明らかになりました。このことは、知識を深め、目標を広げています。オーストラリアの土壌科学者クリスティーン・ジョーンズが行なった、環境再生型農業が炭素隔離と土壌の健康に与える恩恵についての調査結果から、ブラウンは直接刺激を受けて、自らの農場で家畜がより積極的な役割を果たすようにし、炭素循環の改善をめざすようになりました。

　有畜農業の例としては、鶏が作物畑で餌をついばむことや、牛を果樹園で放牧すること、羊をブドウ畑で放牧すること、牧草地で複数の草食動物の群れを混ぜることなどがあります。米国で過去に行なわれていた有畜農業の

調査では、さまざまな管理手法が示されています。たとえば、動物と作物が1年の中の別々の時期に同じ畑を占有する方法や、同じ畑で一年生の飼料と多年生の飼料を毎年交互に植える方法、同じ畑で一年生作物と多年生作物の間作を行ない牧草と作物を生産する方法などです。有畜農業では、七面鳥や、アヒル、豚、ウサギ、羊、山羊、馬、ダチョウ、リャマ、さらには魚まで、たくさんの種類の動物を取り入れることができます。中国では、養殖池にアヒル、ガチョウ、鶏を入れたところ、魚の生産量がほぼ倍になりました。東南アジアでは、よく牛と山羊が、ゴムやヤシやココナッツなどのプランテーションの木の下で草を食んでおり、雑草を抑制するとともに土壌を肥沃にしています。

　有畜農業は、牧草地でも行なわれています。米バージニア州のジョエル・サラティンのポリフェイス・ファームでは、牛や鶏、豚、ウサギ、七面鳥が、農場の放牧地全体で、慎重に編成された順番で輪換されています。牛は冬の間、家畜小屋で干し草を与えられ、その排泄物は木くずやトウモロコシ芯と混ぜられて堆肥化されます。春になって牛が牧草地に放たれると、豚が家畜小屋の堆肥を掘り起こし、空気にさらします。炭素が豊富な堆肥はその後、牧草地にまかれます。牛が次の畑に移動した後は、鶏や七面鳥、さらにはウサギも牧草地に連れてこられ、排泄物からの病害虫発生を防止して再資源化します。オーストラリアのニューサウスウェールズ州でエリック・ハーヴェイが営むギルガイ・ファームでは、5,000頭の羊と600頭の牛を「フラード（flerd）」と呼ばれる1つの単位に統合しています。羊と牛の飼料の好みや草を食む習性の違い、さらには排泄物の組成の違いのおかげで、植物の活力、多様性、密度を高めました。ギルガイ・ファームの植物種数は、

10年と経たないうちに、7種から136種にまで増えました。

　家畜を営農生産に取り入れることは、事業全体で栄養のバランスを高めるなど、多数の恩恵があります。たとえば、家禽の排泄物には、植物が必要とする窒素が多く含まれます。排泄物と堆肥を施すことで、土壌中の生物活性が高まり、そうして今度は養分循環、土壌構造、保水力が高まる可能性があります。米テキサス州における肉牛と綿花の統合システムで5年にわたる研究が行なわれた結果、飼料と綿花を統合した区画では、綿花の連作区画よりも有機炭素、土壌の安定性、微生物の活性が高いことがわかりました。オーストラリアでは有畜農業を行なうことにより、農家が生産性を改善し、持続可能性を高め、気候変動や市場の変動に伴うリスクを低減することに役立っています。穀物を飼料用と収穫用の二重用途にすると、家畜と作物の生産性を25〜75％と大幅に高めうることが、ある研究からわかっています。有畜農業により、多様性に富んだ景観のモザイクをつくり出し、野生生物の生息地も改善させる可能性があります。

　このように利点があるとはいえ、有畜農業を実践するうえでは課題もあります。たとえば、慣行農業の農家が、2つのシステムは別々の種類の農業を表しているのだから一緒くたに混ぜるべきではない、という考えを根強くもっていることが挙げられます。また、気候活動家の間では、家畜が温室効果ガス排出の役割を果たしていることに絡んで、反対意見が上がっています。特に「腸内発酵」と呼ばれる消化の際の、メタンの排出です。とはいえ、米国環境保護庁（EPA）によると、家畜に直接由来する排出量は、2016年の米国の温室効果ガス総排出量のわずか2％に過ぎません。また、もう1つの障害として、原則と

して畜産に反対するという、一部の消費者の文化的な考え方もあります。最後に、多くの農家は、作物と家畜をうまく統合させるのに必要な経験もなく、研修も受けていないことが挙げられます。

　このような挑戦を克服できる1つの動機は、「収益性」です。ゲイブ・ブラウンの農場では、土の健康が改善された結果、土壌中の炭素量が増加したことにより、事業の採算性が大幅に高まりました。この成功における重要な要素は、家畜です。ブラウンは旅をする中で、仲間の農家から、農場の採算が取れないという嘆きをよく聞くとして、次のように記しています。「どのような生産モデルなのかと彼らに聞いてみると、たいてい、農場に家畜をまったく入れていないことに気づく。私はすべての農場経営者に、家畜が提供してくれるたくさんのメリットを生かすよう勧めたい」●

劣化した土地の回復
Degraded Land Restoration

る日、ビル・ジーダイクは米ニューメキシコ州西部の牧場で侵食された河床を歩いているとき、深い溝を横切って延びている有刺鉄条網の下をくぐりました。鉄条網の支柱は、頭上1メートル弱のところに垂れ下がっていたのです。牧場主に尋ねると、その鉄条網は60年前に設置されたもので、支柱はもともと地面に埋まっていたそうです。この短期間にどれだけの侵食が起きたかを表しています。

ジーダイクにとって、これは驚くにはあたりませんでした。南西部の多くが同じような劣化の状況にあることを、じかに知っていたからです。その10年前に、野生生物学者として働いていた米国林野部の仕事を退職した後、彼は新たな任務に乗り出していました。ダメージを受けた小川の、健康な状態を取り戻す方法を探すことです。林野部で仕事をしている間に、いやになるほどたくさん、水路で問題が起きているのを目にしていました。かつてはくねくね曲がった小川だったのが、深い溝になった場所。ニックポイント（急速に流れ落ちる所）が河床を下流から徐々に上がってきて、上流の湿性湿地から水がはけてしまった場所。かつては緩やかに傾斜した排水路だったのが、約6メートルのニックポイントとガリー（水の侵食によるV字状の溝）になっている場所。うまく設計されていない泥道と小川の交差する場所で、土地全体の水の自然の動きが阻害され、幅広く侵食が起きている場所、などです。地下水位が低下して植生が変化する中で結局、ビーバーや野生の七面鳥といった動物の生息地がだめになりま

した。小川が険しいガリーになり、貯水池が堆砂により浅くなるなか、侵食は家畜にも影響しました。しかし、水が流れているところだけではありませんでした。ジーダイクは、地域全体の自然放牧地や森林が劣化するのも

目の当たりにしたのです。

　IPCCによると、地球上で凍結しないすべての土地の約25％で人為的な劣化が起きており、その土地に依存して生計を立てている最大30億人に影響しているといいます。世界の劣化した土地の40％が、貧困率の高い地域に位置しています。何百万人もの人々が移住を強いられていますが、貧困のために身動きがとれない人も推定10億人います。

　土壌侵食は、最も一般的な種類の土地の劣

オーストラリア、西オーストラリア州のヤラ・ヤラ生物多様性回廊プロジェクトは、土地を回復させることで既存の自然保護区を結んで200キロメートルの回廊をつくることをめざしている。2008年以降、1万4000ヘクタールの土地に、この地域に固有の3,000万本以上の高木や低木が植えられている。回復した土地の9割以上が1900年代に開墾されたもので、もはや慣行農業には適していない。上の写真は初期の植樹後、土地の回復が進んでいる様子を撮影したもの。積極的に関与することで、低木と草地が徐々に戻り、上層の高木に加わることになる。若木と下層植生の生育を同時に促す技法を、新たに植樹する用地で実行中。その中には、さらに密度を高く、列間を狭めた植林や、カーブや起伏のある列植、羊の常時排除が含まれている

化です。自然景観は、草本や低木や高木によって、風、雨、融雪の侵食効果から守られています。こうした被覆が、農耕や過放牧、伐採、土地の皆伐によって撹乱されたり取り除かれたりすると、土壌は厳しい侵食効果にさらされます。1回の嵐で、農地の畝間がガリーに変わる可能性があります。土壌劣化は、作物への化学肥料や農薬の散布によっても引き起こされます。地下で土粒子をくっつけている微生物の生命と養分循環を損なうからです。土壌が農場から流出するとき、リンや窒素、カリウムといった植物にとって不可欠な栄養分も一緒に出て行きます。気候変動と相まって土壌も失われることで、特に影響を受けやすい地域では、作物の収量が減ります。土壌の喪失から、人々の移住が起きて、紛争が増え、政治不安も引き起こしかねません。人間はことによると何千年も前から、土地利用によって炭素を排出してきました。農業、林業、その他の土地利用による温室効果ガス排出量は、2018年の世界全体の排出量の22％を占めています。

乾燥地で、より深刻な土地劣化が起きています。乾燥した景観は、全陸地の約40％を占め、そこに20億人近い人々が暮らしています。その大多数は貧困に陥っており、干ばつの影響を受けやすい人々です。乾燥地は、あまり栄養分のない土壌で有機物が不足していることも多く、適切に管理されなければ侵食を受けやすくなっています。乾燥地の劣化の主な原因は、家畜の過放牧、木の除去、耕作、バイオ燃料の生産にあります。土壌を保つ植生が着実に失われており、気候変動のもとでの降雨量の減少も相まって、こうした地域では侵食が続き、砂漠化のリスクにさらされるでしょう。

米ニューメキシコ州の大半は、いかにもこの国の南西部らしく乾燥した土地で、干ばつ

に強い植物と少ない年間降雨量が特徴です。年間降雨量の半分くらいは、激しい夏の嵐のときに降ります。土壌は薄く、地被植物は撹乱を受けやすい状態です。米国人の保全活動家アルド・レオポルドは、南西部の砂漠地帯で、米国林野部の仕事を始めました。彼はかつて、この地域の生態系が「一触即発」の状態にあると表現しました。自然放牧地では牛や羊の群れが何十年にもわたって土地を酷使し、高地では大規模な伐採が行なわれたため、1950年代までには「一触」がありました。たとえばリオ・プエルコ川は、同州の中央部を300キロメートル流れるかなり大きな川で、かつてはニューメキシコ州の穀倉地帯として知られていました。ところが今や、その長さのほとんどで、侵食された深さ9メートルの溝が続いており、この地域のあらゆる河川の中で最多の土砂を運んでいます。

このような傾向に対抗して、ダメージを受けた川が回復するのに役立つように、ビル・ジーダイクは復元活動のツールボックスを開発しました。水路に、慎重に設計した小さな構造物を設置するのです。大小を問わず水路が侵食されるとき、たいていの場合まっすぐに、そして垂直に刻み込まれ、自然の蛇行を失います。突然の豪雨で洪水が発生すると、特に破壊的になりえます。ジーダイクの構造物は岩石や木でつくられ、水の流れをゆっくりにし、川が回復し始めるようにします。彼の設計の多くは、水の流れを意図的に、水路の片側からもう片側へと向きを変えるようにしています。このテクニックを彼は「誘導された蛇行（induced meandering）」と呼んでいます。ジーダイクの構造物は、高地で侵食されて川に流れ込んだ堆積物をとらえます。堆積物は新たな氾濫原を作り、川の安定性を高めます。スゲやイグサなどの植物は、水中や土手の上に根を張り、新たな堆積物を栄養

源として用います。すべての活動において
ジーダイクは自然のプロセスに導かれており、
彼はこれを「小川の視点で考える（thinking
like a creek）」と称しています。このアプロー
チは、再生の面で数多くの恩恵をもたらしま
す。たとえば、魚の生息地の改善、野生生物
と家畜のための植生の増加、地下水涵養のた
めの湿性草地の回復、路面の傷みの減少、す
べての人のための流域の健全性の向上、など
です。

　劣化した公有地や私有地の復元をめざして
いる専門家、保全活動家、科学者、農学者は
急増しており、ジーダイクもその1人です。
割と最近まで、自然と野生生物の擁護者たち
は、土地管理がうまく行なわれていないため
に生じた環境破壊に立ち向かう際は、無干渉
のアプローチが良いと信じていました。多く
の場合、人間活動全体を抑制したり取り除い
たりするほうが良いと考えたのです。近年、
劣化の規模が世界的に拡大する中、多くの人
が復元に関心を払うようになりました。伝統
的な先住民の慣習に再び関心がもたれたこと
に支えられ、現場のイノベーター（科学的な
研究で裏づけられ、先住民や農家や牧場主が
率いることが多い）が、土地復元活動のツー
ルボックスを劇的に発展させました。たとえ
ば、土壌を守るための被覆作物の活用、農業
環境での多様な動植物の統合、再植林などで
す。

　劣化した土地を回復させる一番簡単な方法
は、自然の再生を抑制するものを取り除くこ
とです。たとえば家畜の過放牧をやめれば、
草などの植生がまた生長を始められます。同
じように、乱獲の圧力が低減されれば、海の
魚類資源も改善できます。自然界にあらかじ
め組み込まれている仕組みは、再生なのです。
壊れているのは、土地ではなく、私たちと土
地との関係性です。自然ははるか昔から、洪

水や山火事、ハリケーン、火山の噴火、さら
には時折の小惑星の衝突といった撹乱から回
復してきました。自然界は自ら再生します。
自然のプロセスに対して人間がどのような制
約を課しているかを特定することが、土地を
回復させる最も費用対効果の高い方法である
ことが多いのです。たとえば深いガリーが生
じた小川や、生い茂りすぎた森林など、自然
の回復力が著しく損なわれている場所や大災
害のリスクがある場所では、復元に人間の力
添えや介入が必要かもしれません。

　すべての土地再生戦略に共通するのは、土
壌炭素を再構築することです。それが、生命
に必要な条件を整えることによって自然のプ
ロセスを回復させるカギを握ります。さらに
それだけでなく、今の世代のうちに気候危機
を終わらせることにも大きく貢献できる可能
性があります。ある主要な研究によると、あ
らゆる再生型の気候の解決策のうち、土壌炭
素が4分の1を占めています。そのうちの
40％は、既存の土壌炭素を劣化から守るこ
と、残りの60％は、減った貯留炭素を再構
築することです。私たちはまず土地の劣化を
引き起こすことをやめ、自然の再生への制約
を取り除くことにより、この方向に向けて大
きな1歩を踏み出すことができます。●

堆肥（コンポスト）

Compost

アルバート・ハワード卿は32歳のとき、インド植民地政府の帝国経済植物学者に任命されました。ケンブリッジ大学とロザムステッド研究所で植物学、菌学、農学の教育を受けたハワードは、大英帝国全域でさまざまな職に任命され、とりわけすぐれた業績を残していました。インドのマディヤ・プラデーシュ州で、ハワードは人生を変えるような経験をしました。古くからの先住民族の技術を実践していた農家の人々に「科学的」な農法を教えていたのですが、自らが信奉していたものよりも彼らの農法のほうが目に見えて明らかにすぐれていることに気づいたのです。彼らの中核技術は、主に森林を模倣した堆肥化方法に根ざしていました。

堆肥化とは、有機物の腐敗と分解のことです。手つかずの森林の林床で目にするものです。自然界では、すべての廃棄物がエサにな

ります。しかし都市部では、自然の廃棄物が常に何かのエサになれるわけではありません。有機廃棄物が嫌気性の埋め立て地に埋められると、強力な温室効果ガスであるメタンに変わります。森林でのやり方は違います。木は、広葉や針葉、球果、種子を落とし、これらは木の下のリター層*になります。鳥類や掃除屋の哺乳類の排泄物も加わります。これらが合わさって、ミミズや細菌、原生動物、真菌類からなる群集にとっての栄養分になります。これらは分解者で、樹皮や樹脂、セルロース（植物繊維）、テルペン、複雑なデンプンを消化、分解して腐葉土にします。腐葉土は、黒い豊かな混合物で、その下の土に栄養を与え、

地上の植物のさらなる生長をもたらします。この循環は、あらゆる持続可能な農法の基本で、「有機農業」「バイオダイナミック農法」「環境再生型農業」などさまざまな呼び方をされています（USDAオーガニック認証を受けていても、このような循環の原則に従っていない作物もあります）。健全な農業には、生長と豊かさを生み出すために、死と分解が必要です。もし農場がかつて森林だった土地にあるのなら——英国と欧州ではほとんどの農地がそうです——農業システムは森林に似たものでなければならないと、ハワードは考えました。彼は、近代農業科学が「自然の営み」の理解をじゃますると気づき、工業型農業を信奉する人々を「実験室の世捨て人」と呼びました。

　米カリフォルニア州のセコイアの森や、カスケード山脈、アマゾンなど、原生林に足を踏み入れたことのある人なら誰でも、とてつもなく多数の生命が自己組織化し、維持しているのを感じたことがあるでしょう。ハワードは、工業型農業がいかに正反対のことをしていたかを目の当たりにしました。ハワードは1人でこれに気づいたわけではありません。彼の妻、ガブリエル・マッセイ・ハワードは、インド植民地政府の2人めの帝国経済植物学者です。夫妻はすべての研究に一緒に取り組み、同じ結論にたどり着きました。アジア、アフリカ、米州の先住農家は、再生型で持続可能な農法を何千年も前から知っていて、実践してきたのです。大原則は同じでした。土地でつくられたものすべてを、その由来する土地に返すということです。堆肥化は、この古来の農業の循環を回すためのカギであり、架け橋であり、道筋です。

家畜ふん尿や野菜くずなどの産業廃棄物を堆肥化。英国

＊落葉や落枝が地表に積もってできた層　　　171

堆肥は、たいてい捨てられるものからつくります。たとえば、食料廃棄物や生ごみです。生産される全食料のうちほぼ40％近くが消費されないまま、農場や加工業者や家庭で捨てられていることを考えると、これは主たる原料です。それに加えて食品加工の副産物、たとえばマメのさや、穀物の殻、切りくずなどがあります。有畜農場では、排泄物が中心です。都市では、食料廃棄物に加え、葉や刈った草、わら、木くず、おがくずを用います。紙は、大豆インクで印刷されてシュレッダーにかけられたものであれば、印刷物やダンボールも一緒に入れられます。

　堆肥化プロセスには、森林と同じように、積極的なプロセスと消極的なプロセスがあります。農場の堆肥は通常、深い溝か、あるいは「ウィンドロー」と呼ばれる細長く積み上げた山でつくられます。消極的なプロセスでは、穴の中に自然の廃棄物の層と動物の排泄物の層が交互に積まれ、いくらかの水分や、ことによると血や骨粉も足され、その後覆いをした状態で10〜12週間かけてつくられます。この方法のバリエーションとして、堆肥の材料を地表に置き、そこに新たな有機廃棄物（尿が染みた動物の敷きわらなど）を毎日あるいは毎週加える方法もとれます。消化された堆肥は、土の表面にまくことができ、そうしてマイクロフローラ（微生物叢）や微生物の新たな一群が植え付けられます。積極的なプロセスでは、堆肥を機械で撹拌して空気にさらし、発熱と酸化を加速させます。都市の堆肥化はすべてウィンドローで行なわれ、北国では十分な暖かさを維持するため屋内に設置することもあります。

　堆肥化できる材料の大部分は、農家や庭師の自由になりません。森林の閉じた生態系と違って、中央集約型の農業では、植物性の物質がその発生源から遠く離れた郊外や都市部に移動されます。こうして、食べられることなく捨てられる食料に含まれる潜在的なエネルギーや炭素が、ほぼすべて養分循環から外れます。米国では、食料廃棄物の96％が埋め立てか焼却処分されており、堆肥化されるのはわずか4％にすぎません。2018年に米国では、堆肥化できる材料5,000万トン以上が埋め立てあるいは焼却されました。

　2009年に米カリフォルニア州サンフランシスコ市は、市営サービスとして全米で初めて、すべての有機廃棄物を分別して出すよう求めるようになりました。今では、同市のごみの80％以上が埋立地以外に運ばれるようになり、毎年何十万トンもの有機物を堆肥化しています。サンフランシスコ市の堆肥化の成功が始まったのは、主にイタリアからの移民たちが1921年に「スカベンジャー保護協会」を結成したときのことでした。各家庭がスカベンジャー（ごみの中から資源を回収して生活している人）にお金を払って、ごみを荷馬車に乗せて運び出してもらい、その一方でスカベンジャーはホテルや寄宿舎にはお金を払って、有機物を運び出させてもらうのです。このような施設から出る良質な生ごみや食べ残しは、市の外れの養豚農家に良い値で売れました。市が発展するにつれて、このスカベンジャーの団体は競合するスカベンジャーとも手を組み、それを何度か繰り返した後、最終的に1932年からは「リコロジー」という私企業になって市のごみ収集の独占権を得ました。この従業員所有の企業は、10億ドル規模の会社になりました。ナパ・バレーやソノマ・バレーにある地元の農場やワイナリーに堆肥を提供し、養分循環の途切れた鎖をまたつなぎ直しています。

　米国内でも道路脇でのごみ収集を行なわない地域では、世話役の市民がコミュニティの堆肥の山をつくることでその隙間を埋め、地

　＊プレバイオティクス＝細菌や真菌などの有益な微生物の成長または活動を誘発する難消化性食品成分

元の農場や都市部の庭師と連携した回収サービスをつくり上げています。貴重な栄養物が裂け目からこぼれ落ちているところでは、それをとらえるビジネスを立ち上げるべきです。今では荷馬車の代わりに、バンに再利用可能なプラスチック製容器を備えた、ニューウェーブのスカベンジャーと堆肥化活動家が、市全域にわたる市営サービスになるかもしれません。

　どのように土壌微生物をはぐくんで豊かにするかはさておき、土壌に栄養を与えるという原則が、農業の中核であり、再生の基本原理です。土壌に栄養が与えられないときに何が起きるかは、人間が栄養を与えられないときに起きることと似ています。病気になるのです。植物が病気になるというのは、作物が病弱になり、低収量になり、病害虫の大発生が起きることです。アルバート・ハワード卿は、病気を見たら、追求すべき手がかりが現れたと捉えました。毒殺すべき昆虫や生物が発生したと考えるのではなく、です。

　有機堆肥を地球の広大な草地全体に薄くまくことは、気候危機への対処になりうるのでしょうか？　カリフォルニア大学バークレー校の科学者たちによると、もし堆肥をカリフォルニア州の2,400万ヘクタール近い自然放牧地のわずか5％に、1.3センチメートルの薄さでまくだけでも、同州の農林業部門の年間温室効果ガス排出量を相殺しうるといいます。彼らは、堆肥が植物の生長を大幅に促し、土壌の保水力を高めて、大気中の炭素の地中への隔離量を押し上げることを発見しました。

　土壌への貢献はよく知られていますが、堆肥は簡単には計測できない好影響ももたらします。人間は今、「超生命体（supra-organism）」として認識されています。なぜなら私たちの腸内細菌叢には、ヒト体細胞の2倍の数の微生物が含まれているからです。土壌微生物の貢献も同じように過小評価されていました。人間の中に真菌類や細菌、古細菌、原生動物が複雑に勢ぞろいして、消化や免疫に影響を与えたり、病気から守ったり、脳の健康を支配したり、生存に不可欠なホルモン生成を増やしたりします。土壌も似ています。微生物の多様性、数、機能性は、ほとんどが知られていません。プレバイオティクス*やプロバイオティクス*が栄養を与えて腸の健康を改善するように、堆肥も土壌に同じことをします。堆肥化は、ほぼすべての人が手をつけられるような気候の解決策と関われる機会の象徴なのです。●

ミミズ養殖
Vermiculture

初めて農業を始めるモリー・チェスターとジョン・チェスターが土壌をよみがえらせる必要性を感じたとき、夫妻が目を向けたのはちっぽけなパートナー、ミミズでした。

　チェスター夫妻は2011年に、アプリコット・レーン・ファームを引き継ぎました。米カリフォルニア州ロサンゼルス市から北西に車で1時間のベンチュラ郡にある、約53ヘクタールの果樹園と牧草地です。彼らは、慣行栽培と摩耗した土壌を、再生型モデルに変容させるプロセスに取りかかりました。彼らの旅路は、「ビッグ・リトル・ファーム　理想の暮らしのつくり方」というドキュメンタリー映画に記録されています。まず、農場の痩せた土壌に生物学的な健康をできるだけ早く取り戻すという素晴らしい挑戦から始まりました。大きな一歩は、ミミズ、特にミミズのフンを用いたことです。所有地の納屋に置いた長さ12メートルのコンポスト容器に、ミミズを集めました。容器の中には、牛の排泄物など農場から出た有機廃棄物を入れ、シマミミズの大集団のエサにします。ミミズは喜んで有機物を食べながら進んでいき、栄養分と有益な微生物をたっぷり含んだフンをします。チェスター夫妻はその後、ミミズのコンポストを水に浸し、微生物のために少し砂糖を加え、こうしてできた「コンポストティー（液肥）」を農場の灌漑システムに混ぜ、栄養分がたっぷり混ざった水を土地全体に散布しました。

　チェスター夫妻がやったことは、ミミズ養殖（バーミカルチャー）の一例です。ミミズを使って、有機物の分解を助けてもらうのです。ミミズの助けで堆肥をつくることは、世界各地の多くの文化で奥深い歴史があります。ミミズが文字通り地球を動かす能力は、農家や科学者を魅了してきました。最も有名なミミズの称賛者、チャールズ・ダーウィンもその1人です。最後の著書で、ダーウィンは40年近くかけて主に裏庭で行なった研究の結果を報告しています。ミミズが絶え間なく食べて動き回る中で、どれだけの新たな土壌をつ

米カリフォルニア州ベンチュラ郡ムアパーク市、アプリコット・レーン・ファームの果樹園の空中写真

くり出すのか、です。彼は、地面に置いた石や、石炭の破片が徐々になくなり、その周りに土が積み上がる様子を観察しました。ミミズの消化プロセスの結果、ミミズのフンが土壌の肥沃度を高めるのではないかと、彼は推測しました。この理論は、一般市民の態度を変えるのに役立ちました。人々はそれまで、この下等無脊椎動物を害虫として見ていたのです。

　今や私たちは、ミミズがさまざまな重要な

形で助けてくれていることを知っています。ミミズがただ土の中にいるだけで、環境再生型農業に適切な条件が整っているという強力なシグナルになります。なぜなら、ミミズは熱すぎる土壌や、冷たすぎる土壌、さらには乾燥しすぎていたり湿りすぎていたり、酸性が強すぎたりアルカリ性が強すぎたりするような土壌は耐えられないからです。そして、

植物と同じように、ミミズも適切な量の酸素と水が必要です。それに対して、殺虫剤はミミズの個体数に大惨事をもたらします。エサとして、ミミズは有機物を何でも食べます。1日に、自分の体重の半分にあたる量を食べることもよくあります。繁殖も速いのです。適切な条件下であれば、ミミズの個体数は60日間で倍増することができます。フンには、リンや窒素など、ミミズが消費した有機物から解放された栄養分がいっぱいで、これらは植物の生長に不可欠です。フンは水に溶けますし、特にミミズが土の中でフンを残しながら穴を掘って進んでいくので、このような栄養分が植物の根にすぐに吸収されます。環境再生型農業でミミズがいることにより、作物の収量が平均25％増加していることが、ある研究で明らかにされています。

穴を掘って進む中で、ミミズは固く締まった土を柔らかくし、水や酸素の通り道を多数つくります。ミミズのいる土壌は、いない土壌よりも最大10倍の速さで排水するため、圃場の冠水を防ぐのに役立ちます。有毒物質や、有害な細菌、鉛やカドミウムなどの重金属を土壌から取り除きます。そのフンには金属は含まれていません。ダーウィンが突き止めたように、牧草地や森林なども含め、ミミズが積極的に動物の排泄物や植物の小片や落ち葉を分解する場所では、ミミズが常にかき混ぜることで表土が拡大します。ミミズは、鳥などの捕食者にとってのエサでもあり、大きな生命の循環の一部を構成しています。

再生型の庭や農場、放牧地の健全性と生産性を上げるのに加え、ミミズ養殖は埋立地に運ばれる有機物の量を減らします。埋立地は、温室効果ガスの重大な発生源です。土の中で、複数種のミミズのフンは炭素と固く結びつき、お腹を空かせた微生物ですらそれを分解しにくくなっています。ミミズは微生物も消費します。このことは、分解プロセスで生じる温室効果ガスの量を減らすため、気候状況に恩恵をもたらしうることが、近年の研究でわかっています。これは重要です。なぜなら、地球温暖化のもとでは土壌の温度が上がって、微生物の活性が高まるため、二酸化炭素の排出量が増えてしまうからです。ミミズは、土壌の再生に恩恵をもたらしながら、温室効果ガスの増加を鈍化させることができるのです。●

雨を降らせる
Rainmakers

人間は、雨を降らせて地球を冷却し、土地に水を与え、砂漠を緑化することができます。何から始めるか——それは、想像力です。

そして、微生物の力も借ります。土壌微生物ではなく、空中の微生物です。細菌（おびただしい数の細菌）が、雨、あられやひょう、みぞれ、雪として、頭上から降ってきます。これは水循環と呼ばれ、陸地や海洋での蒸発から始まります。気体の水蒸気が生まれるのです。水蒸気は、大気中を上昇するにつれて冷やされます。雲をつくるには微粒子が必要です。それが核となり、その周りに水滴と氷の結晶が形成されるのです。科学者たちは何十年もの間、このような微粒子としては、ちりのような不活性の鉱物しかないと考えていました。細菌が上空6キロメートルもの高さの気流に乗って大気中を移動することは知っていましたが、猛烈な乾燥や、紫外線、厳しい寒さで微生物は死ぬだろうと仮定していたのです。しかし細菌は、地球上で最もレジリエンスに富んだ生物の1つです。極端な環境、たとえば溶岩の火口や、地熱貯留層、有毒廃棄物の中でも繁殖することができます。金星にも存在しているかもしれません。雨つぶや雪片の中でも生きていることがわかっています。

研究者は、雲をつくる細菌には、氷の生成を可能にするようなタンパク質が含まれていることを突き止めました。スキー場で雪を降らせるのに使われるタンパク質と似たようなものです。自然は、空で同じことをしていたのです。実のところこのような細菌は、ちり粒子よりもっと暖かい温度で、水の凝結や凍結をします。雲をつくる細菌は、世界中のあらゆる場所で見つかりました。韓国や米モンタナ州、ルイジアナ州、フランス、さらには南極でもです。米ワイオミング州上空の雲の氷晶のうち、3分の1が有機物を核にしていました。アマゾンの森林上空の雲や霧は、生体粒子でいっぱいです。細菌微生物1つで、1,000個の氷晶を形成することもできます。このような微生物のDNAを研究している科学者たちは、それまで雨や氷の形成に関連づけられていなかった微生物種を含め、新しい菌株を発見しています。雲の水を直接しらべたある研究では、2万8000種の細菌を見つけています。

このような発見は、地球を冷却し、水を取り戻すうえでの突破口となりえます。なぜかというと、このような雨を降らせる細菌は、植物に起源があり、つまり局地的な植生管理が雲の生成を刺激しうるからです。その結びつきを最初に解明した科学者の1人が、ラッセル・シュネルです。彼は、なぜケニア西部の茶農園では、記録的なひょうの嵐が起き続けているのかを知りたいと考えました。そして、茶の木の葉に付いている微生物が、ひょうの中心で見つかった細菌と同じであることを突き止めました。どうやら風が植物から微生物を拾い上げて空高く運び、そこでひょうの核粒子となったようです。そこには循環があります。降水によって細菌が寄主植物に戻ると、急速に繁殖し、また空高く運ばれるのです。それは海でも起きています。アオコに由来する細菌が湧昇流で海面に運ばれ、そこで嵐によって波しぶきとしてはね上がり、風

に乗って大気中へと舞い上がっていきます。

　このことは重大な意味合いをもっています。もし植物が陸地に降水をもたらす微生物を提供するのなら、植物がなくなるとその地域で雨や雪が減るということになります。過放牧を行なって植生を失わせたり、植物の多い生態系を植物による被覆がほとんどない耕地や単一栽培農地に転換したりすると、干ばつの条件を生み出す可能性があります。逆に、植物を回復させれば、降水が増える可能性があります。このシナリオに基づけば、気候変動により温暖化と乾燥の進んだ条件下で砂漠化が拡大していることも、急にそれほど破滅的な問題ではないように見えてきます。雲の核となる細菌は、意図的に植物で培養することができます。そうして、風で空高く舞い上がって、そこで水蒸気を凝結させることになります。その結果生まれる雨や雪は、下界の陸地を緑化することになるでしょう。

　この可能性は、小さな水循環から生まれます。自然界での水の動きはたいてい、大きな循環で描かれます。雲が陸地に雨や雪を降らせ、水は川を流れて海に出ます。海面から水

蒸気が大気へとのぼります。そこで凝結して雲になり、陸地の上を漂ってまた降水となります。このような陸と海の間の流れは、大きな水循環です。しかし、陸地での降水量のうち、海に由来するのはわずか40〜60％しかなく、残りはその陸地自体から発生したものです。中国は、水分をその西に広がる大陸から得ています。水分は、湖沼や草木、土壌から蒸発し、上空で雲をつくります。この水分は、発生した地域内でまた地上に戻ることがよくあります。もしその土地が緑の植物で覆われていて、炭素の豊富なスポンジ状の土壌であれば、雨や雪は吸収されるでしょう。その水は蒸発して大気中に戻り、また雲をつくります。

　化石燃料を燃やして気候変動をもたらしていることなど、人間が大きな水循環を乱していることは、深刻な問題であり、十分な裏づけがあります。しかし、小さな水循環を乱していることも、生態系や日々の生活を大きく危険にさらす可能性があります。森林破壊、過放牧、工業型農業が、局地的な水循環を壊すことは多々あります。その結果、長期にわたる干ばつ、地下水面の低下、深刻な洪水、

過度の熱波などが発生する可能性があります。たとえば西アフリカでは、内陸になるにつれて、海に由来する雨が内陸部の熱帯雨林から蒸発した水分で徐々に置き換えられ、最大で総雨量の90％にも達することを、オランダ人科学者ユーベルト・サヴェネイが見いだしました。このことは陸地を危うくします。長年森林が伐採されてきたため、内陸国はますます乾燥が進んできたのです。

　この崩壊にこそ、チャンスがあります。小さな水循環は、土壌や草木の炭素貯留を再生する多くの手法を使って、回復できます。炭素が豊かで健康な土壌は、たくさんの水を蓄えることができます。炭素レベルが上がって、それとともに微生物群集が増えると、植物の生長が促されます。それが今度は水の蒸発量を増やし、水蒸気を生んで、雲をつくるのです。雨や雪は、水を土壌と小川に戻します。そして冷却します。一方で、裸地はほとんど水蒸気を生みません。太陽放射を直接吸収し、熱されます。ちりは発生しますが、雨はほとんど降りません。

　雨を降らせるカギを握るのは、想像力です。水を与えられた土地を思い描きましょう。涼しい地球です。足りない様子ではなく、豊かな様子を想像しましょう。私たちは足りないものについて考えるように訓練を受けてきたので、豊かにあるものを見過ごしがちです。日光、酸素、窒素、二酸化炭素、土壌、植物、水は大量に利用することができます。豊かさは、至るところにあります。私たちはただ、ものの見方を変えるべきです。たとえば、蒸発は通常、失われるもの、最小限に抑えたいものと見られています。しかし視点を変えれば、蒸発は降水の源と見ることができます。しかも豊富な量です。陸地に降る水の3分の2もの量が、小さな水循環で生まれています。それが干ばつに対して何を意味するか、考えてみ

ましょう。干ばつは、地球規模の気象パターンとつながっており、地球温暖化によって増幅されています。しかし、それは大きな水循環です。小さく考えてみましょう。想像してください。あなたは、農場か草地に立っています。ビューッと風が吹いて、雲の核となる細菌が空気中に立ちのぼり、地面から空高く浮かんでいきます。水蒸気が、水になります。雲に凝結すると、雨になって降ってきます。

　エジプトのシナイ砂漠に緑を取り戻すことを想像してください。それが、ウェザー・メーカーズの共同設立者であるオランダ人科学者タイス・ファン・デル・フーヴェンの夢です。ウェザー・メーカーズは、シナイ半島の北側半分を茶色から緑色へ、農場や森林や動植物でいっぱいの場所に変える計画を立てている会社です。何世紀か前、シナイ半島は、生命力あふれる緑地でした。けれども、土地を劣化させるような人間活動が大きな代償を与え、最終的に砂漠化しました。ウェザー・メーカーズの計画では、地中海沿岸の湖から堆積物を浚渫します。そして、その生命力を回復させる堆積物を、土地全体にまき、新たな農業活動を促して、土壌を形成するのです。湿地が回復するでしょう。木々が生長し、植物が広がるでしょう。丘にネットが設置されて霧の水分が捕捉されるでしょう。蒸発が雲を生み、潮風の向きを変え、水を運ぶでしょう。温度は下がり、緑が広がるでしょう。それが可能なのです。

　私たちの未来はあらかじめ決まっているわけではありません。変えられます。緑化も可能です。豊かなものや生命力であふれかえり、繁栄できます。しかし、私たちはまず、それを想像しなければならないのです。●

米アイダホ州クラーク郡ソートゥース山脈の麓にあるヤマヨモギ草原に降り注ぐにわか雨

バイオ炭（バイオチャー）

Biochar

2012年、オーストラリアの農家ダグ・パウは、気候変動を逆転させるために考えた型破りな方法を試してみることにしました。牛にバイオ炭（バイオチャー）を食べさせるのです。

バイオ炭は、パワーアップした炭の1種です。たいていは特別に設計された窯の中で、有機物（木や、穀物の茎、草から落花生の殻まで）を、酸素への暴露が非常に限られた状態で500℃以上の熱でゆっくりと焼いてつくります。この工程は「熱分解」と呼ばれ、軽くて安定し、きわめて分解されにくい、炭素を多く含んだほぼ結晶質のバイオ炭ができ上がります。バイオ炭は、生物学的に分解されることなく、何千年ももちます。これは主に土壌改良資材として、特に劣化した土地やもともと肥沃度が低い場所で、機能を高めるために使われます。古典的な例としては、南米のアマゾン盆地の各地に住む先住民族の文化が、何千年ではなくとも何百年も前から、自分たちの土地の中で栄養分の少ない土壌に大量のバイオ炭を投入していたことを、考古学者が近年解明しました。この炭素豊富な黒い土（「テラ・プレタ」と呼ばれます）が、農業生産性を押し上げ、この地域の800〜1,000万人と推定される人口を支える一助となりました。今日でも非常に栄養分が豊富なため、よく掘り出されて鉢植え用土としてブラジルの市場で売られています。

しかし、バイオ炭は肥料ではありません。構造が頑丈で分解しにくいため、微生物やミネラルや水分子といった再生に不可欠な存在に、理想的な長期の住まいを与えるのです。

有機物が熱分解されてバイオ炭になるときに、それまでの細胞のほか、水と栄養分を植物全体に運ぶトンネルのような管（道管・師管）があったところに、空室がつくられます。このような空室が膨大にあるということは、有益な菌類の小さな糸状体を含め、栄養物や微生物が入り込む余地があるということです。微生物は、集まって互いに支え合うことを好み、この空室はそれを促します。植物の健康と生長は、植物の根と微生物と菌類の間の複雑な「物々交換」システムに依存しています。そこで植物は、地上の光合成でつくった炭素を根から提供し、その物々交換で、不可欠な微量ミネラルを菌類と微生物からもらいます。バイオ炭は、これらの集まる場所を提供します。もう1つ追加の利点として、バイオ炭はマイナスの電荷をもっており、カリウムやカルシウムなどプラスに帯電したミネラルを引き寄せます。また、空室に水を容易に蓄えられます。この水は、植物の生命維持に必須ですし、渇水期の影響を和らげるのにも役立ちます。

バイオ炭は、微生物やミミズの力をもってしてもほぼ消化できません。そのため、普通であれば自然の循環で大気中に戻っていったであろう炭素を、長期間「閉じ込める」ことになり、気候変動を逆転させるのに役立つことができます。剪定枝や刈った芝などは、もし埋立地にただ埋めたら、時が経つにつれて分解し、メタンなどの温室効果ガスを排出してしまいます。そうせずに、このような生物廃棄物をバイオ炭にして土に加えれば、炭素はその後何百年と大気中に戻ることがありま

せん。バイオ炭の生産と土への添加を広範囲に行なえば、世界全体の温室効果ガス排出量を年に2％削減できる可能性があります。熱分解の工程では、気体と液体の副産物も生まれますが、これらは再生可能エネルギー源の1つであるバイオ燃料にすることができます。バイオ炭の原料として使える有機廃棄物は、工業型の酪農場や肥育場で発生する大量の動物の排泄物など、たくさんあります。バイオ炭システムは柔軟性があり効率的で、用途に応じて調節できます。さまざまな原料から、さまざまな種類のバイオ炭が生まれ、それぞれに独自の特徴があります。つくり方も、地面に穴を掘る伝統的なやり方からハイテクな窯まで、いろいろです。土壌中でバイオ炭の効果を加速させるために一番良い方法は、まく前に、堆肥などの追加の有機物と混ぜて、水か栄養分をたくさん含んだ液体で湿らせて、微生物と菌類を引き寄せることです。

どのような原料が使われようと、どのようにバイオ炭が生産されて準備されようと、次の課題は同じです。それをどのように効率的かつ経済的に土の中に入れるかです。庭や小規模農場の場合、バイオ炭を表土に混ぜるときはたいてい手作業で、シャベルやくわなどの道具を使って行ないます。もっと大きい土地ではほとんどの場合、堆肥散布機やばらまき機を使います。しかし、すばやく土壌に混ぜ込まなければ、特に裸地にまかれる場合、バイオ炭の最大30％が風や水の侵食で失われる可能性があります。機械でまいた後、バイオ炭を一番よく混ぜる方法は浅耕を行なうことです。とはいえ、それにより土壌に撹乱が起き、足元の微生物界に悪影響を及ぼす可能性が高いでしょう。代わりに、不耕起用ディスクやキーラインプラウ（不耕起土壌に溝を切る農具）に播種機を取り付けて、バイオ炭を土に混ぜることができます。このような方法で土に細い切り込みを入れながら進み、バイオ炭を置いて、後ろのディスクで覆土していくのです。この方法の欠点は、広く散布する場合よりも、まかれるバイオ炭が少ないことです。こうした方法それぞれで、燃料代や人件費、資源の購入代金など、経済的コストがかかります。そのため、農場や放牧地規模での有用性は限られる可能性があります。

そこで登場するのが、ダグ・パウの牛です。

オーストラリア南西部の小さな農場から気候変動を逆転させるのに役立ちたいと考え、パウはバイオ炭を自分の牧草地にまくことにしました。しかし、これを土に混ぜ込むのに必要な機械がありませんでした。そこで、斬新な戦略を思いつきました。バイオ炭を牛に食べさせるのです。パウは、ローマ時代から、病気と闘うために少量の炭を家畜に食べさせていたことを知っていました（炭は有毒物質を吸着させます）。桶の中でバイオ炭を糖蜜と混ぜ、その桶を牛の前に置いてみたら、牛はムシャムシャと食べたのです。どうやら牛の消化管の影響を受けることもなく、その後バイオ炭は、排泄物として牧草地全体に効率的に散布されました——実質的にタダで。この仕事の仕上げをするのはフンコロガシです。フンコロガシはオーストラリアの在来種ではありません。そのため、パウは数十年前にこの国に持ち込まれていたアフリカ在来種のフンコロガシを使わなければなりませんでした。2匹1組で働くフンコロガシは、排泄物をあっという間に片付け、それを地下に埋めました——バイオ炭もすべて一緒に。

パウは農学研究者たちと連携しながら、この斬新な戦略を3年にわたって繰り返しました。この間に起きたのは、農場の土壌の著しい改良でした。科学者もこの所見を支持しました。「予備調査の結果は、この戦略が土質を改良し、農家へのリターンを増やすうえで

効果的であると示唆された」と研究者らは論文に記しました。バイオ炭は、牛の腸とフンから栄養分を吸収し、消化中に分解された形跡はほとんどないまま、バイオ炭とフンの混合物はフンコロガシによって土壌の深さ38センチメートルまで運ばれたのです。また、このアプローチの費用・便益の財務分析も行ないました。そして、「バイオ炭の実践が非常にすばやく商業化されうることを示す、非常に肯定的な最初の証拠があった」と結論づけました。パウは、バイオ炭に加え、フンコロガシのすばやい行動のおかげで、排泄物中の窒素が、もう1つの温室効果ガスである亜酸化窒素にならずにすんでいることに気づきました。

牛にバイオ炭を食べさせることによる重要な恩恵がもう1つあるかもしれません。それは、牛が排出する強力な温室効果ガスであるメタンの削減です。世界には約10億頭の牛がいて、畜産部門から排出される温室効果ガス総排出量の70％を発生させています。この寄与の大部分がメタンで、牛の腸内発酵で生成され、げっぷで放出されます。この種のメタン排出量を削減するために、牛に油糧種子や、蒸留酒製造所の穀物残渣や、海藻を与えるなど、さまざまな戦略が探られてきました。2012年に、ベトナムの研究グループがバイオ炭を試しました。少量を牛の飼料に加えたのです。すると、メタン排出量が10％以上削減されることを発見しました。この分野でのバイオ炭の可能性を見極めるため、さらなる研究が進められています。一方で、科学論文の広範なレビューを行なった2019年の論文の執筆者らは、飼料添加物としてのバ

イオ炭は、動物の健康を改善し、養分損失と温室効果ガス排出量を減らし、土壌の有機物含有量と肥沃度を高める可能性があると結論づけました。「したがって、ほかのすぐれた実践と組み合わせて、バイオ炭を混ぜて食べさせることは、畜産の持続可能性を高める可能性があるかもしれない」と述べています。

パウが農場（アボカドの栽培も行なっています）でバイオ炭を使用した結果、この「黒い金」のもつ再生力が実証されています。バイオ炭のおかげで、①農業生産性の向上、②農場コストの低減、③土壌の健康とレジリエンスの向上、④廃棄物から資源への転換、⑤炭素隔離による気候危機解消への貢献、⑥家畜から生じるメタンなど温室効果ガス排出量削減の可能性、⑦自然界との連携による健康的な食料の生産、が可能になりました。パウ

はインタビューの中でこう語っています。「できるだけ自然のシステムを真似ることは、必ずしも難しいことではなく、間違いなく経済的である可能性があります。オーストラリアの森林で近年起きている破壊的な山火事を考えると、林床の燃料を減らすために、私たちは今ある大量の燃えやすい物を農業に移転、転用して、価値ある土壌炭素を急速に再構築する必要があるのかもしれません」

近年、バイオ炭の農業以外の用途が急拡大しています。たとえばコンクリートに加えて、

[左]「農村起業・経済発展研究所（Institute for Rural Entrepreneurship and Economic Development）」のメンバー、ジョセフ・カップ（左）。ジョシュ・フライとともに、米ウェストバージニア州ワーデンズビル町のフライの家禽農場にて撮影。カップはフライが生産する鶏糞を原料としたバイオ炭の市場販売を支援している
[右]ジョシュ・フライの農場の鶏糞とウッドチップを原料とするバイオ炭。米ウェストバージニア州ワーデンズビル町

ひびを減らし、耐侵食性を高め、より柔軟な素材をつくろうとしています。コンクリートは、水に次いで世界中で2番目に多く商業利用されている物質ですが、石灰石や粘土などの材料を非常に高温で焼いて製造するため、大量のエネルギーを消費します。毎年200億トン以上が製造されるコンクリートは、世界全体の温室効果ガス排出量の5％を占めています。これはつまり、コンクリートがバイオ炭の重要な用途になる可能性があることを意味しています。こうしてバイオ炭（バイオチャー）でつくられたコンクリート製品は「チャークリート」と呼ばれることもあります。特に、規制により農業での使用が認められない可能性がある原料（食品、汚泥、人間の排泄物など）からつくられたバイオ炭の大きな受け入れ先になりえます。バイオ炭の擁護者アルバート・ベーツとキャスリーン・ドレーパーによると、「もしセメントとモルタルの10％をケイ酸塩から炭素に切り替えたら、年間の温室効果ガス排出量の1％を相殺できるだろう」とされています。

バイオ炭の別の産業利用としては、幹線道路や舗装道路、内装建材、屋根材、断熱・調湿材、石膏、バッテリー、リサイクル可能なプラスチック、スポーツウェア、紙、包装材、タイヤ、家庭用品、消臭材、生活排水のフィルター、電磁波吸収材、3Dプリンターのインク（フィラメント）、化粧品、塗料、医薬品……まだまだたくさんあります。もし最初の用途後にまだ実用性があれば、使用済みのバイオ炭を別の有用な製品にリサイクルしたり、土壌改良材として使ったりできます。土壌が、バイオ炭のもともとのスタート地点です。こうして、循環の輪がぐるっと閉じます。

生物学的な原則に注目することと、生命力を増進させることから、バイオ炭は実践活動であると同時に、考え方でもあります。炭の

専門家であるデヴィッド・ヤローが述べているように、私たちの21世紀の挑戦は、農業および私たちの生活全般を、生物に対抗することから、プロバイオティクスへと変容させることです。「このように関係性を逆転させて、微生物を敵ではなく、味方として尊ぶ。全滅させるのではなく、賢明な生産者たちが、微生物をはじめとする有益な生物の個体数の爆発的な増加を促す」と彼は記しています。バイオ炭による土壌再生は、地球上の生命を養い、拡大させるような形で、炭素の回収と隔離を加速させることができます。●

ヨシキリのさえずり
Call of the Reed Warbler

チャールズ・マッシー　**Charles Massy**

　チャールズ・マッシーは、まれに見る資質を3つもち合わせています。農家であり、学者であり、賢者なのです。オーストラリア南東部で育ち、若い頃は慣行農業の農学の教育を受けました。彼の言葉を借りると、父親や友人や近隣住民が採用していた支配的な工業型農法に「導き入れられた」といいます。何十年も勤勉に実践した後、彼は自然そのものについて——生物システム、生態学、土壌生物学、エネルギーの流れ、土壌や生命界を満たす生物のネットワークなど——ほとんど何も知らないことに気づきました。さらには、先住民ナーリーゴウの人々が近くに1万2,000年以上前から住んでいるのですが、自分が耕して放牧を行なっている土地について彼らが知っていることはないか、尋ねてみようと足を止めたこともありませんでした。スノーウィー山脈に位置する1,800ヘクタールの放牧地で、メリノ種の羊の育種家として大成功を収めていましたが、35年間農業を営んだ後、キャンベラの大学に戻ることに決めました。そして、2012年にオーストラリア国立大学で、人間生態学の博士号を取得しました。彼は先住民の長老と連携を始め、彼らが何千年もの間、火災生態学（野焼き）の利用も含め、いかに「国」を再生してきているかを学ぶようになりました。マッシーは、才能あふれる著述家であり詩人です。再生型の土地利用に関して最も明晰で貴重な本の1つといえる『Call of the Reed Warbler: A New Agriculture, A New Earth』（未邦訳）を執筆し、2017年に出版しました。この本は、オーストラリアの言い回しにあるように「fair dinkum（本物）」です。執筆者の性格どおり、正直でうそいつわりのない1冊です。——PH

8月下旬、朝4時。大地や木々、枯れ草には固い霜が降りている。農舎まで歩くなか、頭上で天の川がカーブを描く。澄みきった空気に、1つひとつの星がすばやく脈打ち、南十字星がゆっくりと肘を回している。先住民が「空のエミュー」と呼ぶ黒っぽい形が見える（南十字星の下にエミューの頭が寄り添っている）。私の足が草をザクザクと踏む中、ユーカリ・ルビダの林冠のどこかにいるカササギフエガラスのオスが、美しい旋律の穏やかな夜のさえずりを続けている。

　この夜の世界の透明さを思う。私の話は、国についての話だ。私自身の国について。5世代にわたって家族が暮らしてきて、私自身も人生の大半を過ごした国。子どもの頃から、1日中裸足で駆け回り、人工飼育した子羊と跳ね回り、オタマジャクシを捕まえ、密生する低木を探検して遊んだ国。この国で私は、自然界を知り、鳥類や哺乳類や爬虫類などの生き物、さらに植生や地下のすみかに対して、生涯にわたり興味をもった。この国で、研究対象の鳥類を捕まえて足環を付け、チョウを収集し、フクロウや滑空する有袋類にスポットライトを当てた。この国で、ワラビーやカ

ンガルーの跡を追うことを学び、ユーカリの木のうろから静かなヨタカを興奮させることを学んだ。

それだけでなく、この国で私は、銃やライフルを使って猟をしたり、近くの小川でマスを（最初はミミズで、その後はフライで）釣ったり、牛の乳搾りをしたり、薪を切って割ったり、羊や去勢牛を殺して食肉処理をしたり、家畜（羊、牛、山羊）を集めたり、馬に乗ってジャンプしたり、農業用トラックやトラクターやオートバイを運転したり、ディーゼルエンジンやポンプを始動させたり、羊毛を刈るバリカンを（へたくそだが）使ったりすることも学んだ。

それなのに、心の奥底から私の国なのに、私はこの国について長年、十分に理解していなかったのだと気づくようになった。それゆえ、私はときおりこの国に甚大なダメージを与えた。一部のパドック（囲い地）では、ひょっとすると少なくとも数千年分のダメージだったかもしれない。私は今、もし国を有益に管理し、はぐくみ、再生させたいなら、それがどこからどのように来たか、何でつくられて

いるか、どのように働き機能するか、私たちが来る前はどのように管理されていたか、どのような生物や植物が生息しているか、今度はそれがどのように機能して役割を果たしているか、を見抜かなければならないと考えている。生態学を悟ろうとする旅路で、私はオーストラリアの新しい環境再生型農業について大きな目覚めを得た。

環境再生型農業とは何か。それは、景観の管理だ。食べ物には、健康的なものと不健康なものがある。いかに現代の工業型農業やつながり合ったフードシステムが、ただ私たちに毒を与えるだけでなく、当惑するほど私た

ちを肥満にし、また同時に飢えさせているか。農村や都市部の社会と人間のウェルビーイングのもつ可能性。並外れた景観の再生を行なっている一見普通の農家の行動。──こうしたものが環境再生型農業だ。「根本から解決策を生み出した世界はどんな感じがするか？」という挑発的な問いに、農家らのグループが答えを提供している。私はこれが、ヒトという種が地球上に生まれて以来の最も重要な瞬間において、人類の将来の生存にかかわる問題だと気づいた。

　人類は、永遠に再生を続ける有機的な経済から、圧倒的に搾取型の経済へと移行してき

た。その理由は、異彩を放つイエズス会の生態学の思想家である故トーマス・ベリーが指摘したように、私たちが今、「自分たちを並外れた存在だと」見続けているからだ。「私たちは本当は、もはやここに属さないのだ」と。

　農業は、地球の陸地面積の38％を占有し、地球上の土地の最大の使用者であるとともに、人類がつくり出した最大の生態系でもある。光合成で大気中の炭素を吸収し糖をつくって蓄える植物をベースにしているため、そして

魚を求めて水に飛び込むニシオオヨシキリ（*Acrocephalus arundinaceus*）

このような植物には地中で育つ根があるため、健全な農業には、大量の炭素を長期間埋めておける可能性がある。さらに、健全な農業が長もちする炭素をより多く土壌に蓄えながら、このような炭素の喪失を最小に抑えるとき、これが今度は水循環に大きな影響を及ぼし、それが地球の温度調節に重要な役割を果たす（地球の表面温度の80%が、水圏、つまり地下水や霧、湖沼、雲、河川、海洋など地球上のあらゆる液体によって制御されている）。問題は、従来の工業型農業が、土地の開拓のために植生を燃やし、化石燃料を（肥料や農薬、農機具の燃料として）使用し、過放牧、耕起、休耕などを通じて、炭素を貯留するどころか排出していることだ。

こんな形である必要はない。生態系と社会を豊かにする農業（環境再生型農業）は、工業型農業が炭素を排出するというこの有害な特性を逆転できる。これはさまざまな方法で行なえるが、すべてが植生回復をベースにしており、健康な生きた土壌（植物や昆虫、細菌、真菌類などの生き物を含んだ土壌）を植えつけている。世界中の広大な農地や、草地、辺境のサバンナ、乾燥地域で環境再生型農業を実践することで、気候変動に重要な解決策を提供できるのだ。

先日、私は町で孫のハミッシュを乗せて、車を運転していた。彼がサッカーをするのを見に行くためだ。その道中、農家がトラクターに乗ってパドックにグリホサートを散布しているところを通り過ぎた。ハミッシュはまだ9歳だが、当惑した表情で私の方を見た。「おじいちゃん、なんで、何かを育てるのに何かを殺さないといけないの？」私は一瞬、言葉を失った。これは核心を突いた問いだ。だが、この問いには単純な答えがある。「育てるために殺す必要はないんだよ」

私がこのことと、環境再生型農業の重要性を理解できるようになるための旅路が本当に始まったのは、22歳のときだった。私の父は当時68歳だったのだが、突然、重度の心臓発作に見舞われた。私はすぐに大学から実家に戻り、農場の経営を引き継いだ。パートタイムの学生として学位をとる一方、農場での実地教育がその初日から始まった。

農場で育ったからといって、農場経営が身につくわけではない。肉体労働ができるほど体が鍛えられるまでに何年もかかるし、未熟な若者は、重要な教訓を吸収できるような理想的な人材ではない。私は熱心に経営スキルの習得に取りかかった。父親に助言を求め、農務省の職員を引き入れ、科学論文や行政資料を読んだ。そして、アルファルファや「改良型」牧草地や反芻動物の管理に関する父の蔵書にも、よく目を通した。また、地区で一番素晴らしく、一番進歩的と言われていた農家の人たちからの助言も求めた。10年以内に、「モナロ地域で有能な家畜＆牧草地の経営者というのはこういう人のことをいうのではないか」と想像していた人物に、私はなった。その最初の数年間、私は欧米で主流である工業型農業のアプローチに組み込まれていた。

私は今、それから20年間の「教育」にもかかわらず、実際にはほとんど何も理解していなかったことにハッとしている。大学で動植物の生理学や土壌について学び、個人的にも自然界やホリスティックな人類生態学に関心をもち研鑽を重ねたにもかかわらず、どういうわけか完全に異なる管理手法とそれに伴う知識体系が存在することに気づかなかった。やがてこの無知が、げんなりするほどの債務の山を生んだ。そしてやっと、別の見方、別の考え方を受け入れられるようになった。

この別の見方は、土壌は無生物の化学物質を入れる箱ではない、と考えるものだった。

農場は、想像を超えるほどのダイナミックな循環や、エネルギーの流れ、自己組織化された機能と共進化したシステムのネットワークをもつ、複雑な生きた存在なのだと考えるのである。その後も、このようなパラレルワールドが逆説的に、最も古くから伝わる先住民の知識でもあり、なおかつ最新の科学的知見でもある両面から成り立っていること、そして人間の健康に大いに関係することに気づくことになる。さらにこのアプローチは、資本主義的な意味でも生態学的な意味でも、（それ以上ではなかったとしても）これまでと同程度の利益をもたらす可能性がある。ほぼ確実に、同時に環境を破壊することなく、世界を養うことができる。私は、先を行っている農家、農業を変容させるとともに自らも変容している農家を探して、津々浦々を訪ねる旅を始めた。そして、このような変容を果たす農家は、アンダーグラウンド（前衛的な）農業という反乱軍の最前線に立っていることに気づいた。それは今も同じだ。

近年、私はこのような環境再生型農業を行なう農家の1人を訪ねた。かつてオーストラリアの第一線の経済学者だった、友人のデヴィッドだ。私たちは彼の農場内を車で移動し、「自然継承型農業」を用いて彼が再生した小川とパドックを訪れた。それは干ばつの年だった。近隣の両サイドの農場は、草が食べ尽くされ、土埃が上がっていた。草も灌木も、生物多様性はまったくない。いうまでもなく緑色は存在していない。上流にある近隣の農場からデヴィッドの農場に流れ込む小川は、ひどく侵食されていた。しかし、その同じ小川が、フェンスをくぐってデヴィッドのパドックを流れるときには、著しく対照的な姿を見せていた。侵食が止まり、小川は岩の間をちょろちょろ流れ、大きな池に注いでいた。ヨシが生える大きな区画ができていて、

小川の両岸のパドックはいずれも、緑餌が何百メートルもの幅で広がっていた。小川のそばに立ってこの変容について語り合っていると突然、ヨシの大きな区画から美しい鳥のさえずりが聞こえてきた。ヨシキリだ。姿は見えないが、確かにそこにいる。見事なさえずりが、私の心に鋭く突き刺さった。なぜなら、150年以上にわたる欧州型のお粗末な管理でいなくなっていたヨシキリが、この谷に初めて戻ってきたのではないかと気づいたからだ。これもすべてデヴィッドが、この土地にまた健康と再生を取り戻したからだ。

私にとってヨシキリのさえずりは、強力な隠喩となった。なぜなら、地球に共感する思考を行ない、同じ意見をもつ都市部の同志（健康的な食べ物や社会の健全性について、そして地球とその自然システムについて同じくらい情熱を燃やしている人々）とのつながりをもつ、デヴィッドのような環境再生型農業を実践する農家は、オーストラリアでも世界中でも急速に勢いを増している強力な先駆者の1人だと気づいたからだ。この運動は、景観や人類とその社会を、健康な状態に戻そうとしている。私たちの進化の歴史が、そうなるように設計していた状態に。そして、この激動が起こりうる時代に突入するなか、この運動は私たちが母なる地球や人間社会を破壊するのを方向転換させることができる。このような農家は集団として、地球を再生させるひな型を提供しているのだ。●

People 人々

多くの人にとって世の中はうまく回っていますが、もっと広く目を向ければ、人類の大部分が不安を抱え、傷つき、恐怖の中に暮らしています。権利や、土地、生計手段、所得、食料の安定供給、機会といったものの損失に直面しているのです。その結果、たとえば移住や貧困など、ただでさえ脆弱な生活基盤をもっと悪化させるような苦難の連鎖が押し寄せています。日常的に絶え間なく障害にぶち当たり、侮辱まで受け続けている人もいます。社会からの疎外感、人種差別、仲間外れ、搾取、軽蔑、さげすみといった屈辱を受けているのです。栄養や健康や教育が欠けているために、子どもが短命になったり、発育が阻害されたりします。世界中の女性たちが、どんな目に遭うかと恐怖におびえながら暮らし、実際にわが身に起きたことを訴えたならば、今度は何をされるかとおびえます。

男性たちは、目的も将来の希望もないような低賃金での重労働をさせられ、おとしめられています。先住民は、何千年も前から居住し狩猟・採集していた土地に戻ると、逮捕され、殺されることすらあります。

ニュージーランドの先住民マオリ族には、「マナアキタンガ」と呼ばれる習慣があります。これは、アオテアロア(マオリ語で「ニュージーランド」)のすべての公立学校で教えられています。親切や、寛容、他者への配慮を意味します。他者を気遣うこと、守ること、あたたかく接し手助けすることも含みます。それが誰であれすべての人を思いやることがこの言葉の核心です。出会うすべての人を、重要で大切にすべき人だと考えます。それは、個人より集団を優先するということです。客人や見ず知らずの人などが皆、自分以上とまでは言わなくても、自分と同じくらい重要な

のです。マナアキタンガは、いま私たちの生
活で見失われているものに注意を向けさせま
す。それは他者とつながっているという感覚
で、それが尊敬と敬意を生みます。これは普
遍的なニーズであり、私たちが協力して気候
危機を終わらせるためには、必要不可欠な感
覚です。

　このセクションで扱う言葉とテーマは、女
性、先住民、有色人種、子どもです。人類史
のこの時代に、気候変動の最大の被害にさら
されている人々、飢餓や貧困を耐え忍んでい
る人々、何が変わらなければならずどう変え
たらいいのかを直に感じている人々の声に耳
を傾けるのは賢明なことでしょう。気候問題
の技術的な解決策については、いろいろと耳
に入ってきます。しかし、気候変動の包括的
な解決策には、それよりはるかに広い範囲の
理解や実践まで含まれる——そうわかってい

る人々もいますが、そうした声は特権階級の
人々の意見にかき消されて、聞こえてくるこ
とがほとんどありません。このセクションで
引用するエッセイは、このような声の一部を
反映するものです。彼らの言葉は道理にか
なっており、洞察力にあふれ、普遍的です。
●

[左から右、上から下] エクアドルのヤスニ国立公園バミノ・
コミュニティのワオラニ族の女性。ボツワナのハンツィ地区カ
ラハリのサン族ナロ民族の男性。エチオピアのダナキル砂漠
のアファール族の女性。ネパールのランタン地区スーマンの
タマン族の女性。シベリア北西部のヤマロ、ヤル＝サレのネ
ネツ族のトナカイ遊牧民。インド北西部のナガランド州チェ
ンサン地区のチャンナガ族の女性。エクアドルのアマゾン地
域ランチャマコチャのサパロ族の男性。エチオピアのオモ渓
谷のハマー族の女性。エチオピアのオモ渓谷下流のアルボレ
族の男性。エクアドルのアマゾン地域、ヤスニ国立公園バミ
ノ・コミュニティのワオラニ族の男性。西アフリカのセネガル
北部のフラニ族の女性。エクアドルのアマゾン地域、ヤスニ
国立公園バミノ・コミュニティのワオラニ族の子ども

191

先住性
Indigeneity

　もし持続可能性が最高の科学であるなら、何千年もの間、生命を宿す能力を破壊することなく、ひとところに住んできたという確かな実績のある人々に、答えを求めるべきだ。定義からして、このような人々は先住民のことである。
——パトリシア・マッケーブ、ディネ族の思想リーダー

　創造主は言われた。
「この大地は、お前たちのものだ。私が戻ってくるまで、大事に守っていなさい」
——トーマス・バニヤッカ、ホピ族の長老（『大地に抱かれて』より）

　私たち、先住民以外のオーストラリア人も、こういうふうに想像してみたらわかりやすいもしれない——自分たちが5万年間住んできた土地を取り上げられたとしたら、そしてそこはそもそもお前たちのものではなかったと告げられたとしたら、と。自分たちの文化が世界で一番歴史が古いのに、それが無価値だと言われたら、と想像してみよう。この入植地に抵抗し、自分たちの土地を守ろうとして被害に遭ったり命を奪われたりしたのに、歴史書に「無抵抗で引き渡された」と書かれていたら、と想像してみよう。先住民でないオーストラリア人が平和時や戦時下に国に仕えたのに、その後、歴史書ではそれが無かったことにされていたとしたら、と想像してみよう。スポーツ競技場で快挙を上げて称賛や愛国心を巻き起こしたのに、偏見を減らすことにはまったく役立っていなかったとしたら、と想像してみよう。自分たちの精神生活を否定され、あざ笑われたとしたら、と想像してみよう。不公正に苦しみ、そしてその責任を押し付けられたとしたら、と想像してみよう。
——ポール・キーティング、オーストラリア首相（当時）

　「先住性（indigeneity）」とは、「特定の土地または地域に、自然に端を発するあるいは発生すること」を意味します。人間の場合は、在来の動植物と同じように、特定のバイオリージョンに固有の、そこに生まれついた人間のさまざまな文化を意味します。とはいえ、先住民自らが「先住」が意味するものを決め、その言語とアイデンティティを通して定義づけます。最初に欧州の入植者たちが現在米国となっている土地に到着したとき、590の個別の「ネーション」があったとされています。しかし、入植者の「nation＝国家」の概念と先住民の「ネーション」の概念とは一致していません。ネーションの統治構造はおおらかで、時には重複し、越境的かつ流動的であったにもかかわらず、nationという言葉が使われたことによって、欧米人は、先住民は独立した国家のもとに暮らしていると考えたのです。今日では、4億人近い先住民の人々が、世界最古の言語を話す5,000以上の先住民文化の中で暮らしています。

　先住民文化を残忍な形で征服したことは、「発見の法理（Doctrine of Discovery）」と呼ばれるようになった15世紀のローマ教皇の教令に基づいていました。アジア、アルケブラン（アフリカ）、タートル・アイランド（北

米）、アブヤ・ヤラ（米州）、オーストラリア、アオテアロア（ニュージーランド）で、地面に旗が立てられたら、キリスト教徒の君主の名において土地の所有権を主張できるというものです。先住民の文化が欧州の基準を満たしていない場合、彼らが反訴しても不十分とみなされました。そして、誰もキリスト教徒ではなかったため、どの文化も欧州基準は満たしませんでした。侵略者による領有権の主張にさらに輪をかけたのが、所有権の概念でした。先住民族の大多数が、土地を自分たちの所有物とは見なしておらず（今でもそう見なしていません）、逆に、自分たちが土地に属しているのだと考えていました。このような理解の相違（土地から切り離された個人として考えるか、それとも土地の中にすむ生物群集と考えるか）が、タートル・アイランド（北米）で入植者が6億ヘクタールの土地を先住民から盗み取るのに使われた言い訳でした。このような場所は、「盗まれた土地」と言われています。

　発見の法理は、1823年の「ジョンソン対マッキントッシュ」の最高裁判所による判例で、米国法に組み入れられました。先住民から土地を取り上げる判決を書いたのはジョン・マーシャル判事で、「発見の法理は、新世界の土地に対する絶対的な権利を欧州各国に与えた」と主張しました。この「新世界」は、大昔からそこを管理してきた先住民にとっては、決して新しいものではありません。トーマス・ジェファーソンは、発見の法理は国際法だと主張しました。マーシャル判事は、この訴訟の管轄権内の土地を所有しており、判決により得をする立場にありましたが、担当から外れませんでした。後にこの2人の流れを受けたのがルース・ベイダー・ギンズバーグ判事で、同判事は2005年に発見の法理に基づき、オナイダ族の土地所有権に不利な判

決を下しました。植民地化の前に先住民が「占有」していた土地の所有権が、発見した国（つまり英国、および後に米国も）に属するという判決文を書いたのです。2015年6月に教皇フランシスコは、すべての先住民に、教会の犯した「大罪」を謝罪しました。しかしまだ、発見の法理を公認した15世紀のローマ教皇の大勅書は、カトリック教会でまったく撤回されていません。

　先住民は、天気や植物、動物、渡りや移動、薬草、森林、食べ物、海を熟知しているおかげで、何千年も前から陸域や海域で繁栄してきました。観察に基づく科学を実践し、何千年にもわたって自然界に関する発見を蓄積し、それを例え話に描いて、途切れることなく口頭伝承してきました。先住民は、コロンブスが到着するよりはるか前に、激しい戦争や紛争を経験していました。このような厳しい試練から発展させたのが、先進的な平和と共存の仕組みでした。その良い例が、ホデノショニ連邦の五部族連合が民主主義を生み出すのに手を貸した、「ピースメーカー*」です。

　先住民族の中には、ほとんどの人があっという間に命を落としてしまうような場所に存在してきたものもあります。ベーリング海沿いのユピック族、カナダ・ユーコン準州のトリンギット族、グリーンランドのイヌイット族などです。生き抜いていけるように、ユピック族は2年先の天気を予測することを学びました。海水や氷、コケ、アザラシ、霧、毛皮、魚、カモメ、カリブーなどのタイムリーで詳細な観察を組み合わせることで、気候学的な初期兆候や指標を識別することを学びました。そこに命がかかっていたからです。

　いま先住民は、世界の陸地面積の約4分の1を管理しており、世界的に生物多様性を保全すべきと指定された地域の約85％に居住しています。言語の多様性が最大である地域

ように、農薬や化学肥料を見つけたり、医薬品をつくったりできるのでしょうか？　その科学的な能力は、華麗で、不完全で、危険なものです。制御の必要性には、将来への配慮が伴っていません。短期的な目的をかなえるために、長期的な持続可能性を引き換えにしているのです。正確に認識し計測する能力は、すべての存在に広がる相互依存の関係性を断ち切ります。関係性は計測できないからです。先住民がもっていた生物学的、科学的な知識は、複雑で洗練されていました。その存在論*は、創造の神聖さへの敬意に満ち、何千年もの間に蓄積してきた詳細な観察と洞察から知識を得て、言語や慣行の中に符号化されました。そして、祈りの中で尊ばれ、儀式を通じて記憶され、式典で称賛されました。私たちが生物圏との関係性を取り戻し、大気を安定させるために絶対に不可欠な見識です。

　先住民の知識は、断固としてそれを消してやろうとされても、生き残り続けました。植民地化は、何世紀にもわたって強姦や暴力、大虐殺、強奪を扇動しました。このような暴力が先住民から「許容」されなかった時期や場所では、欧州の入植者たちは代わりに先住民の文化をはぎ取ろうとしました。子どもたちは両親から引き離され、強制的に遠く離れた寄宿学校へと送られ、制服を着せられ、母語を話すのを禁止され、新兵訓練所の生徒のように統制され、彼らの文化や歴史をおとしめるような考え方を教え込まれました。文化を消し去ろうとされたのに加えて、寄宿学校や、先住民の郷土に入った一部の教会で、身体的、性的な虐待も受けました。タートル・アイランドのディネやチェロキー、オーストラリアのグンガリ、アブヤ・ヤラのアグアルナ、ニューファンドランド島のベオサック族、その他の何千もの文化が戦争や病気、隔絶、大虐殺をどう生き抜いたか。それは並大抵の

と、生物の多様性が最大である地域とが同じであることが、ずっと見落とされていたわけではありません。先住民の言語は、その言語を使う者に、郷土に関する複雑な理解について教えてくれ、導いてくれます。これは、別の見方、別の知り方、別の生き方です。西洋の学生は、人々や植物、動物、生物種、つまり生命そのものを、生息地や川や草地や林床から分離し、各部分に分けてバラバラにするという科学的な学習方法にすっかり染まっています。あたかも、1つの植物や生物種が、それ以外が何もなくても生存できるかのように、です。この科学的な手法は、誇らしげに「自然の脱魔術化（disenchantment of nature）」と呼ばれました。操作や研究、制御、詳細な予測を可能にするからです。それは理にかなっていました。すべての変数を制御したり排除したりしないで、どのように実験を行なえるというのでしょうか？　それ以外にどの

　　　　　　　　　　　　　*存在とは何かを考察する学問

苦労ではありません。

先住民の文化を軽んじ、犯罪とし、追い出そうとする取り組みは、21世紀の今もまだ続いています。ケニアで、チェランガニ山地とマウ森林に住む先住民族のセングウェルとオギエクは、人権侵害に直面しています。強制的に立ち退かされ、「密猟」したとして逮捕され、さらにはエコガード（森林警察）に殺されてもいます。ボツワナではかつて、外国人がサン族を追跡して殺害する免許を発給されていたこともあります。サン族は14万年前から住み続けていたことがわかっているものの、ボツワナの自分たちの土地から強制退去させられています。インドでは、先住民のアーディワーシーがトラ保護区から強制退去させられており、昔ながらの天然の蜂蜜の採取を行なうと起訴されます。カメルーンのバカ族は、古くからの猟区に入ることを禁止されており、たびたび逮捕され苦しめられています。

世界中で、先住民が昔からの土地を搾取や種の絶滅から救おうと奮闘しています。「もし昆虫や動物だけを救い、先住民を救おうとしないなら、そこには大きな矛盾があります」と、「アマゾン盆地の先住民族組織調整団体（COICA）」のコーディネーターを務めるホセ・グレゴリオ・ディアス・ミラバルは言います。ファースト・ネーションズ（カナダ先住民）は、アルバータ州の鉱業を阻止するために公園をつくっています。ディネ族は、高収入の仕事が失われることになるにもかかわらず、居留地内の石炭火力発電所を閉鎖させました。アマゾンでは、カヤポ族、ワオラニ族、ウルエウワウワウ族といった民族が、伐採、狩猟、採鉱、農地開拓をしようとする侵入者に立ち向かっています。

彼らの警戒は味方を得つつあります。「30 by 30」と呼ばれる世界的な運動がそれです。

2030年までに地球上のすべての陸域・水域の30％を保護しようとするものです。この取り組みは、ほぼすべての環境保全団体、さらには「自然と人々のための高い野心連合」を組織する57カ国によって採用されています。それが成功するかどうかは、先住民とその土地への攻撃をやめさせられるかどうかにかかっているでしょう。つまり、人種差別を受けている文化、トラウマに苦しんできた文化、踏みにじられてきた主権や母語を取り戻すことを願う文化を、回復させる取り組みを支援することです。まさにいま必要とされる、地球についてのたぐいまれなる教えがあります。この気候危機をもたらした断絶、つまり、人々と自然の断絶を消し去る知恵です。その知識がここにあるのです。●

[左] 母なる大地について語りながら涙をぬぐうマスコギー（クリーク族）のメンバー、フィクシコ・アキシタ。「ここは私たちのふるさとです。そう決めたのです。私たちはこのようにここで生きることを選んだのですから。……私は将来世代に約束しました。まだここに存在すらしていない人たちに。私の命が危険にさらされることになっても、それはそれでいいと思っています」
[上] デブラ・アン・ハーランドは、現在の米ニューメキシコ州にあたる地域に1200年代から居住しているアメリカ先住民プエブロ族のカワキア部族民として登録。シャリス・デヴィッドとともに、先住民の女性として初めて米連邦議会議員に選出された2人のうちの1人。ハーランドは現在第54代米内務長官となり、アメリカ先住民で初めての閣僚となった

ヒンドゥ・ウマル・イブラヒム

Hindou Oumarou Ibrahim

伝統的な知識と気候科学はいずれも、気候変動に対処できるような農村社会のレジリエンスを構築するうえで、きわめて重要です。先住民は、気候変動の緩和と適応に役立つ自分たちの知識を分かち合おうとしています。
──ヒンドゥ・ウマル・イブラヒム

サハラ砂漠以南のアフリカのサヘル地域に住む遊牧民、ワーダベの1人であるヒンドゥ・ウマル・イブラヒムは、「チャドの先住民族の女性および人々のための協会（AFPAT）」の共同設立者です。この協会は、先住民の権利と環境の保全を訴える団体です。2016年に彼女は、世界が気候変動に対して行動することを約束したパリ協定の署名式において、市民社会組織を代表してスピーチを行ないました。チャドの農村部で育った女性としては珍しく、イブラヒムはこの国の首都で公教育を受け、その中で、女性が多くの形で社会の重要な役割から排除されていることを知りました。また、気候変動を含め環境問題についても学びました。今では、先住民女性や社会的に疎外されたコミュニティが地球の未来を左右する政策形成や施行の場で担う役割を押し上げようと、世界的な運動の先頭に立っています。

ワーダベは、牛飼いの遊牧民で、フラニ族に属します。家畜のための水と草を求めてあちこちへ赴き、1年で1,000キロメートルも移動することもあります。遊牧文化であるため、自然界と調和して暮らすことができます。イブラヒムはその密接な関係性について、「私たちは互いを理解しています」と語ります。

「自然は私たちのスーパーマーケットです。そこで私たちは食べ物や水を集められます。自然は私たちの薬局です。そこで私たちは薬草を集められます。自然は私たちの学校です。そこで私たちはどのように自然を保護すればいいか、自然はどのように私たちの必要なものを与えてくれるかをよく学べます」。彼女の祖母は、その日の天気を予測できるだけでなく、風の向きや雲のパターン、渡り鳥、果物の大きさ、開花時期、牛の動きなど、周囲をこと細かく観察して、良い雨季になりそうかも予測できるのだと、イブラヒムは話してくれました。これは、その地に住まなければ得られないような、深い知識です。この知識は、気候変動の研究者と共有すべきだと、イブラヒムは考えています。

彼女は、ある科学者を自分のコミュニティに招待したときのことを話してくれました。ある日、イブラヒムが雨が降りそうだと言ったとき、その人は驚いたそうです。イブラヒムはすばやく荷物をまとめ始めましたが、科学者は空は晴れているじゃないかと反論したそうです。イブラヒムは、首を横に振りました。昆虫が卵を守るために巣の中に運んでいるのを高齢の女性が見つけたそうですよ、と研究者に話しました。それは予兆なのです。まもなく激しい雨が降り始め、科学者は木の下で雨宿りしなければなりませんでした。嵐の後、イブラヒムと科学者は、昔ながらの知識と分析的な天気予報とをどう組み合わせられるか、真剣な議論を始めました。「こうして私は、気象科学者や私のコミュニティと連携を始めました。人々が気候変動に適応する

ために、より良い情報を与えるためです」と
イブラヒムは言います。

　彼女は地球温暖化の影響をじかに経験して
きました。母親が生まれたとき、アフリカで
最も重要な淡水湖の1つであるチャド湖は、
約2万5000平方キロメートルの水面があり
ました。イブラヒムが生まれたとき、湖は1
万平方キロメートルに縮小していました。現
在はおよそ1,500平方キロメートルです。水
面の90％が消えました。遊牧民や漁師、農
家など、湖がなければ生きていけない人は
4,000万人以上にのぼります。水は、ほかの
場所でも不足するようになっています。その
結果、気候危機が深刻化する中、この地域で
紛争が増えています。イブラヒムは、自分た
ちが生きていくことがますます難しくなって
いると言います。雨季は短くなり、干ばつが
長くなっています。ワーダベが食べ物と水を
見つけるために移動しなければならない距離
が伸びており、滞在期間は短くなりました。
たとえ雨が降っても、変動が大きくなってい
ます。洪水の頻度も増しています。イブラヒ
ムは牛への影響にも気づいています。乳量が
減っているのです。以前は1日のうちに、朝
に2リットル、夕方に向けて2リットル、計4
リットルの搾乳ができました。今では、乾季
には1頭の乳牛から1日おきに1リットルしか
搾れません。雨季でも1日1リットルだけで
す。このような変化は、イブラヒムが生まれ
てからほぼずっと起きてきたことです。

　気候変動は、ワーダベの人々の社会構造に
大きな影響を及ぼしています。伝統的に、男
性は家族を養いコミュニティの面倒を見るも
のとされていて、もしそれができなければ彼
の尊厳は危機に陥ると、イブラヒムは言いま
す。そのため、今では仕事を求めて都市部に
出稼ぎに出る男性もいます。出稼ぎが12カ
月もの長きに及ぶ人もいるのです。仕事が得

られなければ、欧州まで移動します。残され
た女性たちは、このような変化から莫大なス
トレスを受けています。女性の慣習的な役割
（十分な食べ物を見つけて家族の健康を守る
など）に加え、多くの女性は安全を確保する
といった男性の責任も引き受けなければなり
ません。このような変化に刺激されて、女性
が革新的なことに取り組んだり問題解決策を
生み出したりするようになり、わずかな資源
を、コミュニティ全体のために再生型の
資産に様変わりさせていると、イブラヒムは
語ります。イブラヒムはこのような女性たち
を、私のヒーローと呼んでいます。

　彼女は先住民や地球を保護し、悪化する生
態系を回復させるために、科学・技術と伝統
的知識を組み合わせることを提唱しています。
ここでも彼女には個人的な経験があります。
2013年に、自分のコミュニティで何百人も
の人々を集め、「3D参加型マッピング」と呼
ばれるプロセスを使って、地域内の資源の目
録をつくるプロジェクトを主導しました。そ
れにより、特定の資源がある正確な場所や、
1年のどの時期にそれを使えるかを知ってい
た女性たちに、さらに発言権が与えられまし
た。マッピングのプロセスでは、コミュニティ
内の男性たちに異議を唱えることも多々あり
ました。「男性たちはもっているすべての知
識を地図上に落としこんだ後、女性たちに『見
に来いよ』と言うわけです」とイブラヒムは
その時のことを思い出しながら語りました。
「で、女性たちが来て地図を見るなり、『えー
っ、いや、違うでしょ。薬草を集めるのはこ
こ。食べ物を集めるのはここ』。それで、地
図上の知識を書き換えました」。最終的に老
若男女の別なくみんなで、山々や聖なる森、
水源、渡りの回廊、その他文化面・環境面で
重要な場所を記録しました。このプロジェク
トは政府職員の目にとまり、天然資源をめぐ

る紛争を緩和する取り組みで役に立ちそうだと判断されました。

このプロジェクトはイブラヒムに、声を上げる動機と機会を与えました。「みんなだんだんと、私をリーダーと認めるようになりました。私は、このコミュニティの中で女性がどのように見られ、扱われるかを変えているのです」

世界の舞台に立つリーダーとして、イブラヒムのメッセージは明快です。それは、先住民のもつ知識は、地球の生命の未来にとってきわめて重要だということです。ここ200年ほどの間に科学的な知識が出回り、近年の技術で大量のデータが提供されてきた一方で、先住民の知識は何千年もの歴史があるのだと彼女は指摘します。これは尊重されるべきです。私たちの目標は、このような知識をすべて取りまとめて、特に地球温暖化の最前線に立たされることも多い先住民も含めて、気候危機の中で互いに助け合うことであるべきです。共有することには力があります。先進国も、山火事や洪水、より強いハリケーンといった気候変動の影響を目の当たりにしていることを、イブラヒムは指摘します。私たちの知識すべてを集結する必要があり、その中心に先住民を据えるべきだと彼女は主張します。意思決定者は行動を変えるべきです。そうさせるために、私たちは集合知を分かち合い、意志決定者を教育しなければなりません。時間はないのです。●

ワーダベの牧畜民はカメルーン北部からチャド、ニジェールまでのサヘル地帯を移動するこの地区最後の遊牧民だ。ヒンドゥ・ウマル・イブラヒムと仲間の牧畜民は、頭上に水を乗せてバランスを取りながら1日に何キロメートルも歩く。この乾燥地域が雨季に入るまで、水は貴重な資源なのだ。イブラヒムはワーダベが1,000キロメートルの距離を移動する際の行程を改善しようと、地理空間画像を導入した。また、「チャドの先住民族の女性および人々のための協会」の創設メンバーでもある

9カ国の指導者宛ての手紙
Letter to Nine Leaders

ネモンテ・ネンキモ　**Nemonte Nenquimo**

　ネモンテ・ネンキモは、伝統的なワオラニ族の女性です。クララィ川とナポ川に挟まれた、エクアドル東部のオリエンテ低地にあるパスタサ州に住んでおり、そこは未開のアマゾン熱帯雨林の最も広大な地域の1つです。その一部地区には事実上、ワオラニ族以外、誰1人足を踏み入れたことがありません。ワオラニ族は、いちばん最近になって外の世界から発見されて接触が行なわれた民族の1つです。5つの村落共同体は外部との接触を拒み続け、熱帯雨林のさらに奥地に移住しています。280万ヘクタールに及ぶこの地域および周辺には、何百種もの哺乳類、約800種の魚類、1,600種の鳥類、350種の爬虫類がすむなど、生物多様性が桁外れに集中しています。たとえば、アマゾンカワイルカ、アナコンダ、マーモセット、モンクサキ、ナマケモノ、ヒメアリクイ、ヘラコウモリ、キンカジュー、ジャガーなどが生息しています。ワオラニ族の生態学的、植物学的な知識は膨大で、計り知れないといえそうです。約5,000人のコミュニティで使われる言葉はワオラニ語で、ほかのどの言語とも同じ系統になく、言語学的に祖語がない「孤立言語」といわれるものです。彼らの物質的・精神的な生活は、木と森と不可分であり、木や森の力で1つにまとまっています。ワオラニ語で、「森」を意味する言葉と「世界」を意味する言葉は同じです。1990年代から、彼らの土地は石油会社に搾取され違法に伐採され始めました。

侵入者が増える中、ワオラニ族はいつの間にか、先祖代々受け継がれた土地の中で、もっと人里離れたもっと小さい地域へと撤退していました。潮目が変わったのは、2019年です。最初はキリスト教のミッションスクールで教育を受けていたネモンテ・ネンキモは、この流れに抵抗して活動家となり、先住民主導の「セイボ同盟（Ceibo Alliance）」を共同設立しました。アイ（コファン）族、セコヤ族、シオナ族、ワオラニ族から成る同盟です。ネンキモは原告代表となり、エクアドル政府に対し、アマゾンの熱帯雨林20万ヘクタールを石油探査と違法伐採から保護するよう求める訴訟を起こしました。2019年、エクアドルの裁判官3人で構成される審査員団は、原告の訴えを認める判決を下しました。アマゾンの歴史で初めて、国家政府が、国際法の基準に従うことが求められるとともに、どの土地も石油会社に譲渡する前に、十分な情報に基づくオープンな同意プロセスを経なければならない、と示されました。この判例は、アマゾン全域の先住民を奮い立たせました。2020年に、彼女は権威あるゴールドマン環境賞を受賞し、『タイム』誌の「世界で最も影響力のある100人」に選ばれました。ここに示すのは、彼女がアマゾン周辺9カ国の指導者に宛てた、「西洋世界へのメッセージ——あなたの文明は地球の生命を殺しています」で始まる手紙です。——PH

アマゾンを擁する9カ国の大統領の皆さん、そして地球の収奪に等しく責任を負う全世界の首脳の皆さん。私たち先住民がアマゾンを救おうと闘っているにもかかわらず、皆さんが地球に対して敬意を払わないために、この星は窮地に陥っています。

私はネモンテ・ネンキモと申します。ワオラニ族の女性であり、母親であり、民族のリーダーです。アマゾンの熱帯雨林は私のふるさとです。この手紙を書いているのは、いまだに火が燃えさかっているからです。企業が私たちの川に石油を流出させているからです。採掘者が金を盗んでいて（500年前からずっとです）、露天掘りの穴や有害物質を残していくからです。土地の収奪者が、牛を放牧できるように、プランテーションを行なえるように、白人が食べ物を得られるようにと、原生林を伐採しているからです。私たちには何の恩恵ももたらしたことのない経済活性化のために、あなた方が私たちの土地を切り刻む次の動きを計画しているなかで、私たちの長老が新型コロナウイルスで命を落としているからです。先住民として、愛するもの、つまり私たちの生き方、川、動物、森林、地球上の生きとし生けるものを守ろうと闘っているからです。今こそ私たちの声を聞いてください。

アマゾン全域には何百もの違った言語がありますが、どの言語にもあなた方、つまり「部外者」「よそ者」を表す言葉があります。私のワオラニ語では「コウォリ（cowori）」と言います。必ずしも悪い言葉ではありません。でも、あなた方がそうさせました。私たちにとってこの言葉は、「自らがふるう力や、引き起こす破壊について、あまりにもわかっていない白人男性」を意味するようになりました（そして、あなた方の社会は、ひどい形でこれを体現するようになりました）。

おそらく、先住民女性から無知呼ばわりされるのには慣れていないでしょう。さらに、このような形で無知呼ばわりされることには、もっと慣れていないことでしょう。しかし、先住民から見て明らかに言えることがあります。それは、何かについて知らなければ知らないほど、そこに自らにとっての価値がなければないほど、破壊するのが簡単になるということです。「簡単」というのは、罪の意識なく、冷酷に、愚かに破壊することを意味し、さらにはそこに当然という気持ちすらあります。これこそまさにあなた方が、私たち先住民に対して、熱帯雨林の私たちの土地に対して、そして最終的にはこの地球の気候に対して、行なっていることです。

私たちが母なるアマゾンの熱帯雨林をよく知るためには、何千年もかかりました。熱帯雨林のあり方やその秘密を理解し、アマゾンとともにどう生き延びて繁栄するかを学んできました。私たちワオラニ族はあなた方のことを70年前からしか知りません（1950年代に米国の福音派宣教師の「接触」を受けました）が、私たちは学習が速く、あなた方は熱帯雨林ほど複雑ではありません。

ハチドリが花の蜜を吸うように、石油会社は私たちの土地の地下から石油を吸い上げられるすぐれた新技術をもっている、とあなた方が言うとき、私たちはそれが嘘だと知っています。なぜなら、私たちは原油流出箇所の下流に住んでいるからです。アマゾンは燃えていないとあなた方が言うとき、私たちは衛星画像なしでもそれが間違いだと示せます。なぜなら、私たちは先祖が何百年も前に植えた果樹園からの煙を吸って、息が詰まっているからです。あなた方が気候の解決策を早急に探していると言いながらも採掘と汚染に根ざした世界経済を構築し続けているとき、私たちはそれが嘘だと知っています。なぜなら、

私たちは大地と一番密接な暮らしを送っていて、大地の嘆きを最初に聞くからです。

私は大学に行ったことがなく、医者や弁護士、政治家、科学者になる機会はありませんでした。長老たちが私の先生です。森林が私の先生です。私は、あなた方のことを理解できるだけの学びを得てきました（そして、世界中の先住民の仲間たちと同じ志のもとに話をしています）。それは、あなた方が道を見失っていること、あなた方が窮地に陥っていること（あなた方はそのことをまだ十分には理解していませんが）、そしてあなた方の問題は地球上のあらゆる生き物にとっての脅威であることです。

あなた方は、あなた方の文明を私たちに押し付けました。それが何をもたらしたのか見てごらんなさい。世界的なパンデミック、気候危機、種の絶滅、そしてすべての原因となっている精神面の貧困の広がりです。長年にわたって私たちの土地から取って取って取り尽くしたこの間に、あなた方は私たちのことについて知ろうとする勇気も好奇心も敬意ももちませんでした。私たちがどのように見て、考えて、感じるか、この地球上の生命について何を知っているか、理解しようともしませんでした。

ネモンテ・ネンキモ（1985〜）

私がこの手紙の中であなた方に教えること
もできないでしょう。でも私に言えるのは、
何千年も何万年にもわたるこの森、この場所
への愛がかかわっているということです。最
も深い愛である、畏敬の念です。この森は私
たちに、どうすれば軽やかに歩けるかを教え
てくれました。私たちが耳を傾け、学び、守っ
てきたからこそ、森は私たちに水や、きれい
な空気、栄養、住まい、薬、幸せ、意味など、
すべてを与えてくれたのです。そしてあなた
方はこのすべてを、私たちからだけでなく、
地球上のすべての人、将来の世代からも奪っ
ているのです。

　アマゾンの早朝、夜が明ける直前——。今
のこの時間は私たちにとって、夢を、私たち
の最も強力な思考を、語り合う時間です。で
すから、皆さんにお伝えします。地球があな
た方に望んでいるのは、救ってもらうことで
はありません。敬意を払ってもらうことです。
私たち先住民が望んでいるのも、同じことで
す。●

農場としての森林
The Forest as a Farm

ライラ・ジューン・ジョンストン　**Lyla June Johnston**

　ライラ・ジューン・ジョンストンは、ディネ（ナバホ族）とツェツェヘスタヒース（シャイアン族）の血が流れている詩人であり、パフォーマンス・アーティストであり、学者です。スタンフォード大学で環境人類学の学位をとって優秀な成績で卒業し、ネイティブアメリカンの大虐殺を引き起こすに至った暴力の連鎖について研究しました。アブヤ・ヤラ（米州）の先住民人口の90％が、奴隷化や暴力や病気のせいで亡くなったと推定されています。彼女は、「タオス平和・調停協議会（Taos Peace and Reconciliation Council）」の共同設立者です。この協議会は、米ニューメキシコ州北部で何世代にもわたるトラウマを癒やし、民族の分裂を和解させる活動をしています。彼女は、ディネタ（ナバホ族のふるさと）の中を1,000キロメートルも祈りながら歩く「ニヒガール・ベー・イーナ運動（the Nihigaal Bee Iina Movement）」に参加しています。この運動は、ウラン、石炭、石油、天然ガス産業により、ディネの土地や人々が搾取されていることを白日の下にさらしています。彼女は、「ブラックヒルズ・ユニティ・コンサート」も主催しています。これは、先住民のミュージシャンも、先住民でないミュージシャンも一堂に会して、ラコタ族、ナコタ族、ダコタ族が再びブラックヒルズを自分たちの手に取り戻せるように祈りを捧げる場となっています。彼女はまた、「リジェネレーション・フェスティバル」の発起人でもあります。こ
れは子どもたちの年に1度のお祝いで、世界中の13カ国で9月に行なわれています。余暇には、絶滅の危機に瀕した母語を学んだり、トウモロコシや豆やカボチャを育てたりするほか、伝統的な精神的・生態学的な知識をもっている長老たちと過ごすことに時間を費やしています。──PH

　私の祖先たちは食べ物とつながりをもっていたのに、私はそうではなく育った。食料品店やレストラン、ほんのちょっとファストフードも買ったりして、内務省インディアン局（BIA）の学校の普通のランチメニューを食べていた。それはひどい食べ物だった。私たち先住民の小さい子どもたちはみんな、学校で牛乳を飲まされた。私たちは遺伝的に乳製品を受け付けないのに。ほとんどの人と同じように、私も植民地化された米国の食生活で生き延びていた。

　27歳くらいの頃、長老がやってきて私に言った。「そろそろ種子を撒く時期だ」と。「オーク林の周りにまた火を入れるときだ」「ケルプを移植して、ニシンが腹子をもったり産卵したりする場所をつくろう」「さあ、クリの森を東に植え替えるぞ」「病気で全滅しないように、木の間隔を空けなければ」「また森の下草を刈って、鹿の居場所をつくるときだ」「トウモロコシを栽培しよう」。私たちがいま食べているものより小さいかもしれないが、栄養が詰まっているトウモロコシだ。「今年もサボ

テンの種子を採ろう」「さあ、今年もベリーの収穫期が来た」「また低木を繁殖させて、将来世代がもっと収穫できるようにしておこう」。私たち先住民が培ってきて、何千年にもわたる試行錯誤の末に完成させた、高度に洗練されたフードシステムを再生させるときが来たのだ。私たちの言葉で「食べ物」は名詞ではない。それは動詞だ。なぜなら、食べ物は「モノ」ではないからだ。それは動的で、常に流動的な生きたプロセスだ。いま、またこのような行動に飛び込むべきときである。

北米の先住民がマヌケだったという長年の誤った通説がある。原始的で、半裸で森を駆け回る遊牧民で、見つけたものは何でも手づかみで口に入れる、と。欧州の人々はそういう風に私たちを描いたし、今でもそう描き続けている。あまりにもそれが長年続いたせいで、先住民でさえそう信じ始めている。現実はというと、タートル・アイランドの先住民は高度に組織化されていた。多くの先住民がこの地に暮らし、広い範囲を管理していた。これは食べ物と大いに関係していた。なぜなら、土地の植物を刈り込み、燃やし、再び種子をまき、土地を整えようとするのは、多くの種族を養うことにつながっていたからだ。人間だけでなく、仲間の動物も含めた種族である。

もし何千年も前にその土地で何が起きていたかを知りたければ、地下の土壌コアを掘れば良い。このような土の柱は深さ9メートルまで掘ることができ、それを使って特定の場所の化石化した花粉を分析できる。そして下部から上部まで、各層の年代を推定し、その花粉がいつ堆積したかを割り出せるのだ。この中には化石化した木炭の証拠があり、人々が定期的に、大々的に土地を燃やしていた様子が明らかになっている。現在ケンタッキーと呼ばれている場所から採取された土壌コア

は、1万年までさかのぼれる。1万年前から約3,000年前まで、そこは主にスギとツガの森だったことがわかっている。その後、約3,000年前の比較的短期間に、森全体の構成がクログルミ、ヒッコリー、クリ、オークの森へと変化した。さらに、シロザやサンプウィードといった食べられる植物種が存在していたことも、花粉から証明された。3,000年前に移住してきた人々が、土地の見た目や味わいをがらっと変えたのだ。

これは、住民が支配的な形ではなく穏やかな形で土地を形づくる、人間活動による人為的な「食の景観」である。同じようにアマゾンでも、かつて食べ物の森があり、多種多様な果物やナッツの木があったことが、土壌コアの調査でわかっている。研究結果から示されているのは、人間が現在のようなアマゾンの雨林を共創したということだ。彼らは「テラ・プレタ」を使った。テラ・プレタは人間が昔居住していた場所の近くで見つかった土壌改良技術で、現在では「バイオ炭」として知られている。テラ・プレタは、何千年ももつような、深くて大変肥沃な土壌を生成する。それがどのように機能するのか、現代の第一線の土壌科学者はやっといま理解し始めているにすぎない。

もう1つの例が、カナダのブリティッシュコロンビア州中央沿岸部に位置するベラベラにある。ここでは、ハイシャクフ（ヘイルツク）族が海藻のケルプを植えて育てている。ケルプ林はニシンに産卵場所を提供し、ニシンはそこで卵を産む。ニシンの卵は、その生態系における生命の網の目のようなつながりできわめて重要な役割を果たしている。人間がニシンの卵を食べ、オオカミがニシンの卵を食べ、ニシンの卵を食べたサケが今度はシャチに食われる。みんながニシンの卵を食べるし、ニシンの卵を食べたものをみんなが

食べる。このように人間が海岸線沿いのケルプ林の手入れをしなければ、生態系全体が衰えてしまうだろう。

　私たちが発見しつつあり、欧州の科学者たちも気づきつつあるかもしれないこと、それは人間がキーストーン種の位置づけにあるということだ。キーストーン種は、ほかの種のために生息地や生息条件をつくる。キーストーン種を取り除いたり絶滅させたりしたら、生態系は劣化してダメになる。オオカミ、ビーバー、ラッコ、ハイイログマはすべて、生態学的に果たしている役割から、キーストーン種である。

　私たちがここにいるのには理由がある。どの岩も、どのシカも、どの星も、どの人も、その1つひとつのすべてに、ここに存在する理由がある。創造主は、目的や機能をもたないもの、大きなパズルの1ピースではないものをつくってはいない。先住民は、人間をキーストーン種の役割に戻そうとしている。この土地に存在することで、土地やそこにすむ生き物をはぐくむような役割だ。私たちは、ただ自分たちだけを持続させることはできない。それは低レベルな話だ。私たちがめざしているのは、私の友人ヴィーナ・ブラウンのいう「向上可能性（enhanceability）」だ。これは、どのような場所に赴こうと生態系の健全性を高め、その土地を発見したときより向上させる能力である。

　どのバイオーム（生物群系）や生態系に住んでいるかによって、土地とどのような関わりが求められるかが決まるだろう。たとえば現在、米カリフォルニア州サンタクルーズ市と呼ばれる場所に住む先住民族、アマ・ムツン族には、オークの木で行なう儀式がある。彼らのオークの木を見ると、樹皮が硬くて耐火性がある。何千年もの間、人間の火とともに共進化してきたからだ。アマ・ムツン族に

は経験則がある。1ヘクタールあたりの木の数は、わずか35本というものだ。いまカリフォルニア州で1ヘクタールあたりの木を数えると、500〜1,000本になるかもしれない。この土地が対応できる数ではない。このような木は、もし栄養不足で枯れてしまわなかったとしても、ストレスを受ける。土壌の養分や水には限りがあるからだ。アマ・ムツン族の人々だったら、より大きく、より豊かで、適切な間隔を空けたオークの森でサバンナをつくり、木々の間に豊かに広がる緑の牧草地でシカやエルクなどの有蹄類に草を食ませるだろう。

　長老の話では、アマ・ムツン族は低いとこ

カリフォルニアブラックオーク（*Quercus kelloggii*）の紅葉。
米カリフォルニア州ヨセミテ国立公園クックメドー

ろにぶら下がっている枝を毎年切り落としているという。火がつきやすいからだ。秋には落ち葉を集め、オークの木の周りに円を描くように置いて燃やす。木に、煙の恵みを与えるのだ。煙は、葉から吸収され、木の病気を抑制したり予防したりする。虫は火の中に落ち、より健康なドングリが収穫できるようになる。競争相手の若木は全滅し、一番頑丈で一番強い植物だけが生き残る。先住民の部族なら、これをカリフォルニア州全体でやるだろう。森林のすべての生き物の秩序と健康を保持した、穏やかな圧力だ。森林は私たちを必要としている。私たちは理由があってここ

にいる。人間の脳が大きいのは、たまたまではない。私たちはそれを活かして、すべての関係する生き物のために土地の健康を取り戻し、高めることができる。部族が伝統的な火入れを禁止されてきたため、今や州全体で壊滅的な山火事が起きている。

　欧州の探検家たちが初めて北米の東海岸に上陸したとき、森林に驚嘆し、まるで公園のようだと感じたと記している。木々の間には空間があった。そこをシカが歩いていた。この「大自然（wilderness）」を美しいと彼ら

は評した。この「大自然」という言葉は、よく吟味し、再検討する必要がある。この土地は必ずしも野生（wild）の状態ではない。それを「大自然」と呼ぶとき、自分たちをそこから切り離している。あたかも、私はこちらの大自然ではない場所にいて、あちらの本当の大自然に本当の自然があるというかのように。その自然は、思われているほど「野生（wild）」の状態ではないかもしれない。健全な生態系は、人の手による慎重な手入れを必要とするからだ。

グレートプレーンズには何千万頭ものバッファローがすんでいたが、ここも人為的に改変されたものだった。つまり、人類がグレートプレーンズをつくったのだ。人々がかつて秋の暖かい日を「インディアンサマー」と呼んだのは、この時期に先住民の野焼きで空が暗くなるからだ。もし火入れをしていなかったら、有名なトールグラスプレーリー（丈の高い草の大草原）は、低木や森林や食用にならない植生になっていただろう。確かに、私たちはバッファローの狩りをしていた。でも、狩りをしていた場所は、私たちがバッファローのためにつくった青々と茂った草地だった。バッファローを追いかけていたのではない。バッファローが私たちを追いかけてきたのだ。

私たちがバッファロー共有地で行なってきたことを表す言葉がある。「連続的な再生」だ。ある区域に火を入れると、そこは段階を追ってまた再生する。火入れから1年後、特定の動植物が姿を見せる。2年後には別の種類の動植物が現れる。3年後にはまた変わって、4年後にはさらに進化している。グレートプレーンズ全体を見ると常に、一年生植物や多年生植物のさまざまな再生段階にある区域があり、多様な動植物が存在していた。このように、多様な再生の段階がモザイク状になっ

てグレートプレーンズの「キルト」をつくり、その地域の生物多様性全体が高められていた。これこそが、私たちの祖先が土地と場所を忍耐強く観察してつくり上げた天才的な仕組みなのだ。

私たち自身の長老ですら時折、先住民はほかの人種ほど賢くないと私たちに言うことがある。しかし、欧州の入植者が私たちについての話を書き始める前、写真を撮り始める前に、先住民の90％が一掃されていたことを理解しなければならない。みなさんが目にする写真（白黒の銀板写真や鉄板写真）はいずれも、北米の先住民が病気や大虐殺で多くの命を奪われた後に撮られたものだ。知恵も知識も失われて、消し去られていた。このような写真すべてが、偉大な文明の偽りの姿を表している。

今日知られている先住民族（チェロキー族、セミノール族、シャイアン族、スー族）は、生き延びた集団だ。生き残って、どうにかしのぐために寄り集まった先住民部族は、ほんの数パーセントだった。そこには、先住民部族のもともとの構成は反映されていない。といっても、今も残る子孫の存在を小さく見せたいわけではない。私たちに伝えられた話をもっと深いところまで見てほしいと、世界の人々を誘い、招き入れているだけだ。北米大陸で繰り広げられたストーリーは、いま私たちの誰もわかっていないほど、はるかに壮大だ。この大陸のもともとの構成人数は膨大で、高度に組織化されていた。考古学者は、もし膨大な人口がいたのであれば、今でも目に見えるような痕跡が地球上に残されているだろうと仮定する。でも、私たちは地球上に、何百年か後に見つけられるような痕跡を残さなかった。なぜなら、そんなことをすれば無礼にあたると知っていたからだ。私たちは最初の「痕跡を残さない集団」だったといっても

いい。しかし私たちが後世に残したものがある。生物多様性に富んだバイオームだ。その生物多様性の多くが生き続け、今も地球を支えている。そして多くが使い尽くされつつある。口承や、世界がいま口に入れている生物多様性に富んだ食料システム、土壌コアなどで見つかる化石化した記録以外、私たちが膨大な人口にのぼっていたことを示す記録は皆無といっていい。

　食べ物をどうするかではなく、なぜそれをするかだ。何をするかは、バイオームごとに違っている。でも、なぜそうするかは同じはずだ。創造主のつくられたものに敬意を払うために。あなたが暮らす土地をより良くするために。あらゆる機会において遺伝子を多様化するために。水の自然の流れを尊重するために、である。無私無欲の精神で、奉仕の精神で、共同体の精神で、そうするのだ。そうしている限りにおいて、技術的なスキルは後からついてくる。

　この地球上で何が起きたか、かつてここにあった文明がどれだけ繁栄していたかを知るのは難しい。欧州人がやって来る前、カリフォルニア州だけで80を超える言語が話されていた。そのような多様性に富んだ知識基盤の中で、想像を超えるような素晴らしいことが起きた。何が起きたかについて想像を広げることは、誰が原始的で、誰が文明的であったのか事実関係をはっきりさせるのに役立つだろう。そして、世界をまた 再 生 させるのにも役立つだろう――ひょっとすると、どの種子をまくかを考えることによって、再生させられるのかもしれない。ひょっとすると、12種類ものカボチャの仲間、12種類ものトウモロコシをあなたの菜園で育てようとすることによって、かもしれない。ひょっとすると、森林を切り開いて農場にするスペースをつくるのではなく、森林はすでに農場なのだと認識することかもしれない。手入れの仕方がわかったら、そこはどんな単一栽培よりも良い形で、あなたの食べ物をつくってくれる。今こそ、森林は農場だと肝に銘じよう。もしあなたが森を見つけたときにそこが農場でなかったならば、繊細に、敬意をもって、慎重にそこを農場に変えよう――決して切り開かずに。●

ドングリを食べるノロジカ（*Capreolus capreolus*）

女性と食べ物
Women and Food

気候行動の鍵となる道筋は、主な解決策が重なるところにあります。それは、世界のフードシステムの転換と、女児と女性のエンパワーメント*です。家庭、コミュニティ、政策決定の各レベルでジェンダー平等を達成することが、農業の収量を上げ、社会的な成果を改善することになります。農業は、世界の温室効果ガス排出量のうち、かなりの割合を占めます。土地の開墾も考慮に入れると、4分の1近くに相当します。気候が農業にストレスを及ぼすことは、人口の大きな部分、特に農村の女性に、食料の安定供給の点で大変な難題となっています。今後数十年間に、環境や気候の負の要因が、世界の食料価格を最大30％押し上げ、価格の変動幅を大きくさせると予想されています。農村部に住む女性農業従事者——最も社会的に疎外され、食料の安定供給上ことのほか脆弱なグループ——をエンパワーメントすることは、気候変動を前にして共同体のレジリエンスを築くうえで欠かせません。研修や、教育、信用、財産権で同等な立場に立てるようになることがきわめて重要です。女性は、食料生産関連の労働力の約40％を占めるにもかかわらず、男性よりも所有している土地が少ないのです。同じくらい重要なのが、土地や農業、調理に関して女性がもっている伝統的な知識の価値を認め、この知恵を農業政策の中核に取り込むことです。

女性は世界の多くの地域で、フードシステムを支えています。作物を栽培して収穫し、食事を考えて準備するところまで、プロセスのすべての段階に深く関わっています。しかし、世界的に女性に対する農業の助言・支援サービスは、わずかしかありません。食料の生産段階に関わっていても、女性が日々の食べ物を手に入れやすくなったり経済的利益が増えたりはしていません。たとえば土地の購入資金を調達することや土地所有の資格といった面で、女性の経済的機会を妨げる法律が少なくとも1つはある国が、9割にのぼります。国連食糧農業機関（FAO）の報告によると、もし農家の女性が農家の男性と同じ資源を手に入れられたなら、作物の収量は20〜30％増加して、栄養不良は世界で12〜17％低減できるとされています。農家の女性の収量を押し上げると、森林が伐採されずにすみます。なぜなら、既存の耕地が肥沃であるとき、農家が近くの森林にまで農地を拡大させようという気になりにくいからです。この解決策は、2050年までに二酸化炭素排出量を2ギガトン削減できる可能性があります。このことは、森林とフードシステムとの間の深いつながりを浮き彫りにします。これまでに農村部の女性が率いてうまくいった数多くの環境再生型の運動では、アグロフォレストリーや生態学的に配慮した農法を通じて、森林とフードシステムを結びつけることが中核に置かれていました。食料と水を安定して入手できるようにするためのこうした取り組みは、生態系の回復をもたらすとともに、気候危機に対する強力で多面的な対応を実証しています。

森林破壊と工業型農業の影響が、気温上昇と相まって、世界の多くの地域に深刻な干ばつや食料不安を発生させています。ワンガリ・

*権限や自信を与えることで、潜在力、やる気を引き出すこと

マータイの「グリーンベルト運動」は、女性たちを組織して大規模に植林を行ないました。そうして、土地と水資源を回復させて、ケニアで伝統的な有機農業の復活を促しました。フードシステムを刷新する女性の潜在的な可能性は、自然と農業のつながりに関する深い理解や、家族を養うための日々の労働から生まれた機知に富んだ能力に根ざしています。マータイが指摘したように、女性は毎日何キロメートルも歩いて水汲みに行くため、水源が枯れると肌で感じとります。女性たちが最初に、天然資源の入手しやすさや質が変化したと判断し、このような資源の順応的管理を行なって食物連鎖のレジリエンスを構築することも、よくあるのです。

グリーンベルト運動は1977年以降、5,100万本以上の植林を行なうとともに、何万人もの女性にアグロフォレストリーや養蜂などの仕事の訓練を行ない、女性主導でフードシステムの転換にアプローチしたモデルとなっています。「女性の地球同盟（WEA）」がインドのカルナタカ州で実施している「レジリエンスのたねプロジェクト（Seeds of Resilience Project）」は、女性が運営する種子保存協同組合「ヴァナストリー（Vanastree）」と連携しています。ヴァナストリーとは、「森の女性」を意味します。化学物質を使った農業や不安定な気候のせいで、森林や生物多様性、そして食料源や伝統的な薬草の古来の管理が破壊されている地域において、「レジリエンスのたねプロジェクト」は伝統的な種子の保存を行なうことにより、アグロフォレストリーと小規模なフードシステムを推進している農家の女性を支援しています。1年間に及ぶ研修に参加した後、農家は7つのコミュニティ種子バンクを立ち上げ、地域の種子の生物多様性を43％も高めました。農家の女性は種子を扱う起業家として成功する方法も学び、今では種

子を育て、販売しています。このような農家は、干ばつや洪水に強い在来種の種子を使って、健康的な食べ物を確保して収入を得られるように、ほかの人たちの訓練も行なっています。収入は家族に再投資されるとともに、もっと多くの女性起業家を訓練することにも再投資されます。こうした種子バンクは、きわめて重要な種子の品種を保護し貯蔵する安全装置として機能するとともに、景観も保護しており、それ自体が種子の保護区となります。

こうした活動を見ると、女性は勇ましく地域資源の守り手を務めること、女性がリーダーシップをとるとフードシステムへの効果が急拡大することがよくわかります。農場レベルで女性の力を発揮するよう促すには、教育や訓練が平等に受けられるようにすることが必要です。これには、女性からも男性からも後押しが必要ですし、男性たちがインクルーシヴな家庭やコミュニティのメリットを認識することも必要です。

インドでは、農村部の女性の4分の3が農業の仕事をしています。農業の工業化と企業化を支援する政府の政策を受けて、耕作可能な土地が徐々に縮小する中、何十年も前からの経済自由化で農業部門は大打撃を受けています。2021年初頭、この国の歴史で最大規模かつ最も長期間にわたる抗議運動の1つが起こり、その最前線に立ったのは女性たちでした。小規模自営農家を犠牲にして企業を支援する法律を撤回するよう、農家が政府に求めたのです。インドには女性が農業で平等になるのを阻んできた家父長制の伝統があるにもかかわらず、この抗議活動は、政府の権威主義的な対応が強まる中、女性も男性も腕を組んで立ち上がった、稀に見る草の根運動でした。

米国では、相当な数の女性が農業に参入しています。家族経営農場では常に女性が農業の重要な一翼を担ってきましたが、いまや女

性が農場の経営を引き継いでいたり、女性だけで農業を行なったりしている例が増えています。1997年から2017年までに、主たる農業生産者である女性は20万9800人から76万6500人に増え、農業史上最大規模の人口動態の変化の1つとなっています。伝統的な農業コミュニティには反感や障壁や性差別があるため、女性たちはネットワークや組織を形成して、「男性のように営農する」というプレッシャーとは無縁の安全な場をつくり出しています。彼女たちが直面している農業の課題は、すべての農家にとって同じです。つまり、市場がコモディティ化していること、農薬が有害であること、価格設定が低く抑えられていること、利益が少額またはほぼゼロに近いことです。融資を受けるときや、男性の体に合わせて設計された農機具で作業を行なうとき、女性はより大きな困難にぶつかります。女性は農業に、人間関係を大切にすることや、自分自身や土地の持続可能性に着目すること、環境再生型の技術、ネットワーク、共同学習などを重視した特性をもたらします。

世界中の女性たちが、土地や気候や植物に関する先住民の知識を、世代を超えて伝えています。人間のウェルビーイングが土壌のウェルビーイングと切っても切れない関係であることを、多くの理由から、女性はより簡単に理解します。農地を回復させ再生させるというのは、男性優位の搾取型の農業形態から、すべての人を巻き込んだコミュニティ主導の環境再生型農業へと変化することを意味しています。●

女性主導のカカオ生産者の協同組合クーダッドは、コンゴ民主共和国でユネスコ世界遺産に登録されたヴィルンガ国立公園の隣接地に2017年に設立された。この公園は素晴らしい景色に恵まれた、世界で最後のマウンテンゴリラの生息地である。協同組合は、環境再生型のチョコレート会社、オリジナルビーンズが女性による生産拡大を目指したことから始まった。オリジナルビーンズは、薪を得るための森林管理や、戦争で荒廃したコミュニティを回復させるための女性たちの役割に気づき、ヴィルンガ国立公園周辺の農村地域に住む何百人もの女性たちに対して、リーダーシップと職人業のトレーニングを組織した。この「ヴィルンガの女性（Femmes de Virunga）」協同組合は、カカオの販売から得たノウハウや収入をさらに多くの女性たちと共有している。2020年には、メンバーの女性それぞれが平均50本以上のカカオを新たに栽培、合計10万本以上になった。共有林の保全地域はサッカー競技場1万3000個分の広さにまで拡大している

ソウル・ファイヤー・ファーム
Soul Fire Farm

リア・ペニマン　Leah Penniman

　リア・ペニマンの人生と仕事は、並々ならぬ再生[ジェネレーション]のストーリーです。彼女は米ニューヨーク州オールバニー市の近くの「ソウル・ファイヤー・ファーム」で、食料の安定供給や人種差別、農業、投獄、表土、栄養、有色人種を結びつけ、一体的にたっぷりの優しさを表しています。人種差別社会で有色人種として育った彼女は、「自給自足すれば、自由の身になれる」と気づきました。米国南部で黒人による農業を根絶させようとする組織的で破壊的なたくらみは、農耕に精通していた黒人たちの知恵や知性や食習慣をほぼ破壊しました。あなたがガーナのクロボ族の女性だとしましょう。1740年、あなたは誘拐され、奴隷にされました。鎖に繋がれて船に乗せられ、訳もわからぬまま見知らぬ人々の手によっ

て見知らぬ土地に送られました。しかし、髪の毛の中に種子を隠す賢さがあなたにはありました——いつかどこかで植えられるのではないかと希望をもって。もし生き延びられた暁には……。大西洋の奴隷とともにやって来た環境再生型農業の歴史、知識、本質的な理解はほぼ一掃されました。リアは、大地に立ち返り、土地から学んだのです。先祖の足跡をさかのぼり、硬盤層から肥沃な黒っぽい土壌をつくり出しました。そして、都会の若者たちのために生きたサンクチュアリ（聖域）をつくり、安全で健康的な食べ物を育て始めました。一度も農地や菜園を見たことがなかった人も多い有色人種の若者に、土地を愛すること、食べ物を育てること、作物を栽培すること、どのように生命がつくられるか学ぶこ

とを教え、その気にさせました。リアは食べ物に黒人の魂を再び吹き込み、賛美と再生のための魅力的な農地をつくったのです。ソウル・ファイヤー・ファームは、再生がいかに健康、栄養、土壌、社会、教育、そして自尊心や自意識の回復を結びつけるかを、実際的かつ目に見える形で実証しています。——PH

　子どもの頃、混血の黒人の3人きょうだいの1人として、米国北部の田舎で白人の父親に主に育てられた私は、自分が何者なのかよくわからないと感じていた。ほぼ全員白人の保守的な公立学校の子どもたちの中には、私たちをののしり、いじめ、攻撃してくる子たちがいて、私は彼らの敵意にうろたえ、おびえた。でも、学校では怖い思いをすることも多かったが、森に行くと落ち着いた。人間のことが耐えきれなくなっても、足元の地球はいつも安定しており、荘厳なストローブマツの固くてねばねばした幹はどっしりしていて、私はそれにしがみつくことができた。聖なる母としての地球と一体となりながら、自分は1人きりだと思っていた。私のアフリカ人の祖先たちが、「娘よ、がんばりなさい。私たちはあなたを見捨てたりしない」と時を超えてささやきながら、その宇宙論を私に送ってくれていたとはつゆ知らず。

　私は自分が農家になるなんて想像したこともなかった。私の人種意識が芽生え出したティーンエージャーの頃、黒人活動家の関わることは銃による暴力や住宅差別や教育改革だというはっきりしたメッセージを受け取り、有機農業や環境保全は白人のすることだった。私は「自分のエスニックグループ（民族集団）」か、地球か、どちらかを選ばなければいけないのだと感じた。両方への忠誠心が私の心を切り裂き、生まれながらにもつ帰属する権利を否定していた。幸い、私の祖先は私に別の

ことを計画してくれていたようだ。私は、ボストン市の「ザ・フード・プロジェクト」で夏休みのアルバイト募集中、というチラシの前を偶然通りかかった。参加者は食べ物を育て、都市コミュニティに貢献できる、と謳っていた。私は幸運にもこのプログラムへの参加が認められた。初日から、収穫したばかりのコリアンダーの香りが指のシワの中にまで入り込み、泥混じりの汗が目に入ってヒリヒリしたが、私は農業のとりこになった。植えて、世話して、収穫した後に、ボストン市で最も治安の悪い界隈でその生産物を売る準備をし、販売することを学ぶなかで、奥深くて不思議なことが私に起きた。大地で作業して、その恵みを共有するということのすっきりしたわかりやすさに、心の安定を見いだしたのだ。私がやっていたのは、良いこと、正しいこと、混乱のないことだった。あらゆる肌の色の仲間と肩を並べて、地にしっかりと足を付けて、黒人社会のために命の源の作物を管理する——そこは私のふるさとだった。

　「全米黒人農家・都市野菜栽培者会議（BUGS）」を通じて、また私の黒人農家のネットワークが拡大するなか、自分が持続可能な農業についていかに間違った教育を受けていたか気づき始めた。「有機農業」は、何千年もかかって発展してきたアフリカ固有のシステムで、米国で初めてよみがえらせたのは1900年代初頭、タスキーギ大学で教鞭をとっていた黒人農家、ジョージ・ワシントン・カーヴァー博士だと学んだ。カーヴァーは、広く調査を行ない、窒素を固定するマメ類と組み合わせて作物を輪作する農法を体系化した。また、土壌生物学的な 再 生 の方法についても詳述した。彼のシステムは環境再生型農業として知られ、多くの南部の農家が単一栽培から多様な園芸農業に移行するのに貢献した。

　別のタスキーギ大学の教授、ブッカー・T・

ワットリー博士は、地域支援型農業*（CSA）を考案した1人だった。彼はこれを「常連客会員クラブ」と呼んだ。多様化した農業で、年間を通じてとりどりの作物が生産されているようにし、客が自分で収穫する方式を提唱した。そして、会員の消費者がスーパーマーケットの価格の40％で生産物を買えるようにする仕組みをつくったのだ。

さらに、コミュニティ・ランド・トラストは1969年に黒人農家が最初に始めたこと、米ジョージア州の「ニュー・コミュニティーズ」運動が先頭に立ったことも学んだ。ランド・トラストは、土地の共同所有と土地の利用・販売の制限条項を設けることで、環境保全や手ごろな価格の住宅を実現するNPOである。黒人の農家たちはコミュニティ・ランド・トラストを促進するのに加え、いかに協同組合が会員の物質的なニーズ（住宅、農機具、学生の奨学金、ローンなど）を満たしたり、構造改革のために組織できるかも実証した。黒人が協同農業運動でリーダーシップをとった顕著な例として、1886年に設立された「有色農民全国同盟・協同組合（Colored Farmers' National Alliance and Cooperative Union）」と、ファニー・ルー・ヘイマーの1972年の「フリーダム・ファーム」が挙げられる。

カーヴァー、ヘイマー、ワットリー、ニュー・コミュニティーズについて学ぶなかで気づいたことがある。それは、農地管理者、有機農家、持続可能性に関する対話において、私は長年白人しか見ていなかったが、その間、黒人とその土地については奴隷制と小作制度の話と、強制労働、残虐さ、窮状、悲嘆についての話しか聞かされることはなかったということだ。そこにはもっともな理由がある。残虐な人種差別——障害を負わせたり、リンチしたり、燃やしたり、強制退去させたり、経済的な暴力や法的な暴力を加えたり——は、

黒人たちが土地に根を広げしっかり根づくことをさせないためだった。黒人の土地所有権が盛り上がっていた1910年に、黒人家族が所有し耕作する農地は650万ヘクタールで、全体の14％に相当していた。

いま黒人が所有する農地は1％に満たない。私たちの黒人の祖先は、土地から離れるよう強制され、騙され、脅されて、650万人が北部の都市部へと移住した。これは米国史上最大の移住である。たまたまではない。米国政府がバッファローの大量殺戮を是認してネイティブアメリカンを土地から追い出したときとまさに同じように、米農務省と連邦住宅局は、全米黒人地位向上協会（NAACP）に加わったり、有権者登録したり、公民権に関する何らかの請願書に署名したりしたすべての黒人に対し、農業金融などの資金源の利用を却下した。カーヴァーの農法のおかげで黒人農家が債務を完済できるほど成功したとき、白人の地主たちの反応はというと、黒人を死ぬほど殴ったり、家を焼き払ったり、土地から追い出したりしたのである。

そうはいっても、黒人が土地に対する専門知識や愛、互いへの愛を有していることが証明された全歴史がここにあった。それが私たちの現在の開花につながっている。私たち黒人が土地に帰属する唯一の場所は、奴隷として、危険で骨の折れる下働きをしている場所だというメッセージを浴びせられることがある。そんなとき、農民として、生態系の管理者としての真の崇高な歴史を知ることは、深い傷を癒してくれる。

黒人が土地に帰属しているという、より正確な描写は私に力を与えてくれた。私は黒人コミュニティのニーズを中心に据え、使命に突き動かされた農場をつくる準備が整ったと気づいた。その頃私はニューヨーク州オールバニ市のサウスエンドで、ユダヤ人の夫ジョ

*生産者と消費者が農産物を通じて相互支援する仕組み

ナと小さい子ども2人（ネシマとエメット）
と暮らしていた。この界隈は、連邦政府によ
り「食料砂漠」に分類されている。これが個
人レベルで何を意味したかというと、幼い子
どもたちに新鮮な食べ物を食べさせようと全
力を注いでも、そして私たちの多彩な農業ス
キルをもってしても、良い食べ物の入手を阻
む構造的な障壁が立ちはだかっていたという
ことだ。街角の店には、ドリトスとコカ・コー
ラしか置いていなかった。一番近い食料品店
まで行くには車かタクシーが必要で、そこま
で行ってもしなびた野菜を掛け値で買うしか
なかった。菜園にできるような土地区画は皆
無だった。必死にCSAへの参加を申し込み、
集配所までの3.5キロメートルを、新生児を
おんぶし幼児をベビーカーに乗せて歩いた。
この野菜代は私たちにまかなえる額以上だっ
た。帰り道は、眠っている幼児の上に野菜を
文字通り積み上げて、アパートまでの長い距
離を歩かなければならなかった。

　サウスエンドのご近所さんたちは、ジョナ
と私が2人とも何年も農場で働いた経験があ
る（米マサチューセッツ州バリの「メニー・
ハンズ・オーガニック・ファーム」から米カ
リフォルニア州コヴェロの「ライヴ・パワー・
ファーム」まで）と知ると、このコミュニティ

向けに農場を始めて食べ物をつくるつもりは
ないかと私たちに尋ねてきた。最初、私たち
は躊躇した。私はフルタイムで公立学校の理
科の教師をしていたし、ジョナは環境配慮型
の建築ビジネスをやっていて、幼子2人の子
育て中でもあった。でも、私たちは周囲の人々
への愛や地域愛をとても感じていたため、正
義を求めるこの情熱に軍配が上がった。私た
ちの慎ましい貯金や、友人や家族からの借金、
私の教師としての年収の4割をかき集めて、
この事業の資本金にした。ご縁のあった土地
は、1ヘクタールあたり5,000ドル（約56万
円）強と比較的手頃な価格だったが、電気や
上下水道、住空間に必要な投資が、土地代の
3倍にのぼった。何百人ものボランティアか
ら精力的な支援を受けて、4年間にわたって
インフラと土壌づくりをした後、私たちは「ソ
ウル・ファイヤー・ファーム」を開設した。
このプロジェクトは、フードシステムにおけ
る人種差別と不正義を終わらせること、食料
砂漠に住む人々に命をはぐくむ食べ物を提供
すること、次世代の農業活動家にスキルや知
識を伝えることを目的にしている。

　私たちが第一にやるべき仕事は、オールバ
ニ市サウスエンドのコミュニティに食べ物を
提供することだった。政府はこの界隈を「食

料砂漠」と呼ぶが、私は「食料アパルトヘイト」という言葉を好む。なぜなら、ある集団は食べ過ぎに追いやり、ほかの集団に対しては命をはぐくむ栄養を入手できなくするという、人間がつくった分離システムの存在を浮き彫りにする言葉だからだ。約2,400万人の米国人が、食料アパルトヘイトのもとで暮らしている。そこでは手頃な価格の健康的な食べ物の入手が困難または不可能だ。この傾向は、人種と無関係ではない。白人の住むエリアには、主に黒人が住むコミュニティの平均4倍の数のスーパーマーケットがある。このように栄養豊富な食べ物を入手できないことは、私たちのコミュニティに悲惨な影響をもたらす。糖尿病や肥満や心臓病の発病率はすべての人口区分で上昇中だが、最も増加しているのは有色人種、特にアフリカ系米国人とネイティブアメリカンである。このような食生活関連の疾患を増やすのは、不健康な脂肪やコレステロールや精製糖が多く、新鮮な果物や野菜やマメ類が少ない食生活だ。私たちのコミュニティでは、子どもたちが加工食品で育てられており、今や過体重か肥満の子どもが3分の1以上を占め、この30年間で4倍に増えた。このため、次世代を担う子どもたちが、いくつかの種類のがんなど、一生涯続く慢性の健康障害のリスクにさらされている。

ソウル・ファイヤー・ファームでは、コミュニティで必要な食べ物を収穫できるようにするため、土づくりに投資しなければならなかった。不耕起農法により、耕作限界の岩だらけの傾斜地で土づくりに懸命に取り組み、何とか30センチメートルの表土をつくった。この肥沃で若い土壌に、いよいよ、私たち黒人に重要な文化的な意味をもつ作物を中心に、主に伝統的な品種の野菜や小さな果物80種以上を植える準備を整えた。週に1度、私たちはその恵みを収穫し、サウスエンド・コミュニティの会員向けに均等に分けて箱詰めした。それぞれの箱には8〜12種類の野菜に加え、卵1ダースやスプラウト、鶏肉も入れた。

会員は春先にプログラムに申し込み、この農場の恵みに対してその人が負担できる額だけを支払う。各自の所得や資力の水準に応じて貢献する、スライド制のモデルを用いた。申し込みを受けたら、私たちの気候では20〜22週間の収穫期にわたり、会員に高品質の食べ物を毎週たっぷり配達すると約束する。食料アパルトヘイトのもとで暮らす人々の玄関先まで直接箱を届け、支払いには連邦政府の補助的栄養支援プログラム（SNAP）など政府からの手当も使えるようにした。こうして、食料を手に入れるにあたって最も切迫した2つの障壁を小さくした。交通の便と、コストである。ファームシェア・モデルを使って、私たちは今や80〜100世帯に食べ物を届けることができている。これがなければ、この家庭の多くが命をはぐくむ食べ物を手に入れられていないだろう。ある会員は言った。「もしこの野菜ボックスがなかったら、茹でたパスタばかり食べていただろう」と。

私たちは、オールバニ市キャピタル・ディストリクトの6地区で、食料アパルトヘイトのもとで暮らす人々に栄養豊富な食べ物を提供し続けていたが、もっと多くのことをしなければならないと気づいていた。だから、組織化を始め、若者のエンパワーメントまで活動を広げた。特に、裁判所で裁かれ、施設に収容され、州に監視されている若者が対象だ。意見の違いはあるかもしれないが、現在進行形の公民権の問題は、刑事司法制度に浸透している人種差別と言えるだろう。「ブラック・ライヴズ・マター*」運動により、有色人種ばかりが不釣り合いに、警察官から足止めされ、逮捕され、暴力を受けている事実に、全国民の注目が集まった。司法制度のお世話に

＊アフリカ系米国人発の暴力・人種差別の撤廃運動　**217**

なると、有色人種は標準以下の法的代理人が付けられて、より長い判決を受ける傾向にあり、仮釈放される可能性も低い。2014年に警察がエリック・ガーナーとマイケル・ブラウンを殺害した件は、偶然起きたことではなく、もっと大きな、公的機関が有色人種に暴力をふるっている話の一部なのだ。

黒人の若者は、この制度では自分たちの命が大事に扱われないことをよくわかっている。「銃に撃たれて死ぬか、食事が悪くて死ぬか」と、ある若い男性がソウル・ファイヤー・ファームを訪問中に言った。「だから何をしたって無駄だ」。このような諦観は、心の中に染みついた人種差別の一種で、黒人の若者の間によく見られる。人種差別を根本的に取り払い、このような若者が自らの美しい黒人の命が本当に大事であることを見えなくしているカースト制を解体するために、この国に一致団結した社会運動が必要であることを明確に示している。私たちは3年目に、若者を刑罰制度から解放することをめざして、「若者食料公正プログラム」を立ち上げた。

オールバニ郡裁判所との協定により、若者は、刑罰の判決を受ける代わりに、私たちの農場で研修プログラムを履修することが選べる。若者を悪者扱いして犯罪者にするような、学校から刑務所へ若者を送り込むパイプラインを遮断することが絶対に必要だった。若者に必要なのは、似たような境遇の大人からのアドバイスや、土地とのつながり、自らの人間性への全面的な敬意だと感じた。

シンクタンクの「レース・フォワード（Race Forward）」によると、フードシステムで働く黒人や中南米系住民、先住民はいまだに、白人に比べて賃金が低く、手当も少なく、健康的な食事を得られずに暮らしている可能性が高いという。黒人の先祖も現代人も、常に持続可能な農業と「食の正義（Food Justice）」運動を先導してきたし、今後も先頭を走り続ける。今こそ、私たちみんなが耳を傾けるべきだ。自分たちの土地を所有し、自分たちの食べ物を育て、自分たちの若者を教育し、特に自分たちの医療・司法制度に参加する。これが、真の力と尊厳の源である。

トニ・モリスンは1977年の小説『ソロモンの歌』にこう記している。

……農場は黒人たちに言った。「どうだ、見たかい、自分にどんなことができるかを？文字と文字の違いなどわからなくても、気にすることはない。奴隷に生まれたことなど気にすることはない。自分の名前を失ったって気にすることはない。父親が死んでも気にすることはない。どんなことだって、気にする必要はないのだ。頭を使い身を入れて頑張れば、人間にはこういうことができるのだ。泣きごとを言うのはよしなさい。ぐずぐずと不平を言うのはよしなさい。有利な機会を利用するんだ。もし有利な機会が利用できなかったら、不利な機会を利用するんだ。わたしたちはここに生きている。この地球に。この国に。ここの、この郡に。ほかのどこでもないのだ。わたしたちはこの岩の中に家を持っている。わかるだろう。わたしの家では誰も飢えている者はない。誰も泣いている者はない。そして、もしわたしに家があるとすれば、お前にもある！　それをつかむのだ。この土地をつかむのだ！　それを取るのだ、握るのだ、兄弟たちよ！　それを作るのだ、兄弟たちよ！　振って、絞って、回して、ひねって、打って、蹴って、キスして、鞭打って、踏みつけて、掘って、耕して、種子を蒔いて、刈り取って、借りて、買って、売って、自分のものにして、建てて、ふやして、そして伝えるのだ──聞こえるか、わたしの言っていることが？　それを伝えるのだ！」●

クリーンな調理コンロ

Clean Cookstoves

クリーンな調理コンロはどれも、有害な粒子状物質の排出量を削減し、燃料効率を高めることをめざしていますが、たくさんの種類があって、それぞれに違う技術や燃料が使われています。捨てられる木からつくった木質ペレットを使う調理コンロもあり、これなら手つかずの森林から伐採した薪を使う必要がなくなり、森林の劣化を減らせます。バイオダイジェスターなどのクローズドループ（循環型）のシステムは、動物の排泄物から出るメタンを調理用の燃料に変えるもので、温室効果ガスを削減するとともに化石燃料のニーズを回避するという2つの働きをします。ほかにもソーラーや、電気、化石燃料（液化石油ガス《LPG》や天然ガス）を用いるものもあります。

化石燃料に頼るコンロであっても、ブラックカーボン*微粒子の排出量を減らし、燃料効率を高めることで、最終的に調理に伴う温室効果ガス排出量を削減することができます。薪を低排出燃料で置き換えることにより、年に二酸化炭素換算で約0.4ギガトンの排出量を削減できる可能性があります。家庭の昔ながらのコンロを、強制的に通風する改良型コンロで置き換えたら、ブラックカーボン微粒子の平均濃度を40％低減できることが、ある研究で示されています。別の研究では、ペレットのコンロを使うことで汚染物質が90％以上削減されることが確認されました。

昔ながらの調理コンロで発生するブラックカーボン微粒子は、雲の形成に影響を及ぼし、降雨パターンを変化させ、動植物や人々に影響を与えます。ブラックカーボン微粒子が雪や氷に降り積もると、微粒子が太陽熱を吸収し、大気中に反射する太陽光を減らすため、表面温度が上がります。昔ながらの調理コンロから生じる厄介な副生成物は、ブラックカーボンだけではありません。燃焼温度が下がる時に出る灰色っぽい白い煙は、炭素微粒子を含んでいて、煤煙と同じくらい太陽熱を吸収する可能性があり、健康への悪影響は煤煙以上かもしれません。この炭素は、発がん性があることがわかっています。

ハイチの家庭では、薪集めや食事の用意などの家事に、女性が男性の2倍の時間を費やしています。女性と女児が調理コンロで使う薪などの燃料を集めていると、ジェンダーに基づく暴力を受けるリスクが高くなります。クリーンな調理コンロという解決策は、調理にかかる時間を減らし、薪集めの長時間労働も減らします。この両方により、女性と女児は教育を受けたり、収入を得たり、家族の関心事を広げたり、あるいは単に体を休めたりするなど、ほかの活動の時間がとれるようになります。

すべてのクリーンな調理コンロが同じような目的をもっています。それは、食べ物の調理に使う燃料を減らし、調理にかかる時間を減らし、機能的で柔軟性があり安全であるとともに、地元のニーズを満たし文化的な配慮も行なうことです。料理や調理法は、その国の歴史や伝統に深く根ざしていることが多々あります。アフリカでは、多くの国がLPGコンロの普及を目標に掲げてきましたが、コミュニティレベルで障害に突き当たっています。たとえば、使い方を教えなければならな

＊大気を汚染する微小粒子で、太陽光を吸収して温暖化の原因となる

いこと、安全性が心配なこと、特に人里離れた場所でLPGのコストが高くつくことなどです。LPGコンロは、ブラックカーボン排出量の削減にきわめて効果的な一方で、家庭での長期使用率が最も低いことが研究からわかっています。それよりも有機燃料を使う強制通風のコンロのほうが、ブラックカーボン排出量は増えるものの、現在のコンロの使い方に一番近いため使用率が高くなっています。

2010年に国連財団が大規模な取り組みを始めたものの、2015〜2017年に低所得国でクリーンな燃料や技術を使って調理を行なっていた家庭の割合は、ほんのわずかしかありませんでした。近年研究者たちは、クリーンな調理コンロの普及を遅らせていた間違いを指摘しています。当初は、煙の技術的な問題という側面のみ注目されていて、実際に調理を行なう人々のニーズを見落としていました。また、推進派は往々にして外国から来たよそ者でした。今では、もっと有望な新しい戦略が出ています。地元の女性の声を聞く必要があり、新技術の採用には、オピニオンリーダーの後押しがきわめて重要です。それとともに、煤煙に伴う健康リスクについて人々に情報を伝えるという、教育の取り組みも重要です。壊れたコンロをコミュニティで修理できる技量も欠かせません。手頃な価格で買えることと、利用しやすいことも同じようにカギを握り、連動する形で取り組む必要があります。クリーンな調理コンロとその燃料は、コストが高すぎたり、取り替えが難しすぎたりしてはいけません。でなければ、人々は単純に昔ながらのコンロの使用に戻ってしまうでしょう。価格の値引き、補助金、還付金、宅配、効果的なサポート体制などが有効であることが実証されています。

長い目で見て、よりクリーンな調理コンロを大人数に行き渡らせるために、すべての選択肢の中で一番将来性があるのは、電化かもしれません。送配電網が農村部まで広がり、その電源が再生可能エネルギーになってコストが下がるにつれて、電気コンロが変化をもたらす機会は広がるでしょう。文化的に適切かつ実用的な形でコミュニティに取り入れられたとき、クリーンな調理コンロは、家庭の中でも社会の中でも 再生 の中心的存在となり、人の集まる場となります。●

ギャパの調理コンロ。製造地のガーナの森林破壊率は世界のトップにも匹敵する。このコンロはクライメートケアとリリーフインターナショナルが共同で製作した。コンロの内側と外側は地元の陶工と金属加工業者がつくり、地域の雇用を創出している。410万台以上のギャパ調理コンロが製作され、ユーザーはこれまでに7,500万ドル（約83億円）以上を節約した計算になる。また、煤煙とエネルギー使用を50〜60％削減した。リチャードおよびグラディス・イーケン夫妻はコンロの内側の陶磁器部分を製作しているが、これは木炭や木質燃料を完全燃焼させるように設計されている

女児の教育
Education of Girls

　どこに住んでいようと、どのような境遇にあろうと、すべての女児に学ぶ権利があります。誰であろうと、手元にあるのがどのようなリソースであろうと、すべてのリーダーがこの権利を実現し擁護する義務があります。
——マララ・ユスフザイ

　女児が誰でも教育を受けられるようにすることは、完全なジェンダー平等と女性のエンパワーメントを生む不可欠な前提です。女性の潜在能力を発揮することこそが、地球の再生（リジェネレーション）に向かう一番重要な道筋です。社会システムであれ、生態系であれ、免疫系であれ、あらゆるシステムの普遍原理は、「健全な再生型のシステムをつくる方法は、その中でもっと多くのつながりをつくることだ」ということです。

　慣習から、信念から、無知から、いくつもの文化ではいまだに女児をあまり重要でない存在として扱い続けています。これがどのように発生して、広がり続けているのかというと、支配や恐れや無知を表す昔ながらの「ストーリー（虚構）」によります。それを消すことに、私たちの生き残りがかかっているのです。

　女児の教育機会がもたらす影響と恩恵に関して初めて行なわれた決定的な研究は、2004年にバーバラ・ハーツとジーン・スパーリングがユニバーサル教育センターのために執筆したものです。この研究は、共著者のレベッカ・ウィンスロップとともにスパーリングが発展させ、2016年に出版されました。本のタイトルは『What Works in Girls'

Education』（未邦訳）で、この問い「女児の教育機会の拡充で何がうまくいくか？」に一言で答えるなら、シンプルです。「女児が完全に教育を受けて、エンパワーされたら、すべてがこれまでよりうまくいくようになる」です。

　スパーリングとウィンスロップが述べているように、本当は女児の教育機会に関する本が必要とされるべきではありません。敬意とインクルージョンは常識であり、きわめて人間らしく、当たり前のことです。女児の教育機会の拡充が及ぼすであろう影響は、並外れています。しかし、女性のエンパワーメントの価値を単なる数値に格下げすることはできません。

　女児の教育機会の拡充が世界の多くの地域で遅れ続けている理由の1つは、その費用にあります。お金がかかるため、多くの国でこれが足かせになっています。女子トイレや生理用品を提供できないことも、制限要因となっています。今後数年で世界が直面する最大の支出は、地球温暖化と、それが土地や森林、商業、食料、移住、水、都市に及ぼす影響です。女児を無知にしておくことはコスト削減策にはなりません。教育を受けた女性が、乳児死亡率、児童婚、家族の規模、マラリア、HIV/AIDSを激減させることを示す、圧倒的な証拠があります。逆に、健康や、経済的なウェルビーイング、農業の収量、社会の安定性は高まります。女児があたかも所有物であるかのように児童婚を強いられると、平均で約5人の子どもを産み、たいてい家族計画を利用できず、生まれた子どもの健康状態はあ

まり良くないということになります。高校卒業と同等の教育を受けた女児は、平均2人の子どもを産み、教育があるおかげでより多くの所得が得られ、それを使って子どもたちに医療や教育を受けさせる機会を確保します。このような好循環は、「兄弟を学校に行かせるために働かなければならない」「1人分の口減らしのために結婚しなければならない」という圧力を受けることなく、女児が教育を受け続けられるようにサポートすることから始まります。貧困が貧困を生みます。悪循環から好循環への転換は、教室から始まるのです。

しかし、実はもっと奥深いことが関わっています。それは女性の知力と知性です。日々の暮らしが果てしない苦闘の連続であるとき、発明したり、想像したり、革新を起こしたりすることは困難です。人間のウェルビーイングを決めるのは、つながりと、協力と、コミュニティなのですが、女児と女性を排除するとこれら3つを完全に保証することができなくなります。仕事に就く女性が増えると、女性にとっても男性にとっても賃金が上がります。公選職に就いている女性の数と、公平性・正義・経済的なウェルビーイングとの間には直接の相関関係があります。もしエッセンシャルワーカーの76％が女性、しかも教育を受けた女性だという事実がなければ、世界の医療システムは存在していないでしょう。製造業における品質管理（QC）サークル*が生まれた直接のきっかけは、第2次世界大戦で軍需品を製造する女性労働者の観察結果にありました。男性と分かれて作業していたのですが、女性のほうがはるかに良い成果を挙げたのです。女性は、組織やガバナンスやビジネスに、それまでになかったスキルや考え方、視点、協力する姿勢を持ち込みます。生産性が上がり、イノベーションが増え、収益が増

しました。これが初耳だというなら、それは、事実上すべての活動分野でこれまで見逃され見落とされてきたことが、いまだに世界でないがしろにされていることの証です。女児の教育機会の拡充と同じように、何度も何度も繰り返しこのメッセージを伝える必要があります。

マララ・ユスフザイは、パキスタン人の活動家で、世界が懸命に女児の教育機会を拡充させようとする中で、おそらく最も影響力のあるリーダーでしょう。彼女の設立した「マララ基金」は、中等教育の就学率が非常に低い8カ国で活動しており、「すべての女児に12年間の無料で安全で質の高い教育を」というシンプルな目標を掲げています。マララ基金のアプローチは、女性の社会進出を阻んでいる最も広く深く定着した障害に、直接取り組んでいます。地域の活動家や教育者に投資し、国や多国間のレベルでより良い政策を提言しています。また、デジタル刊行物『Assembly（集会）』を通じて、教育の政策提言の最前線に立つ女性と女児からの声が、大きく届くようにしています。このように、マララ財団はこの重要な大義を推し進めるためにエネルギーをどこに集中させるべきかを、私たちに示しています。それは、文化的な考え方であり、政策であり、公職への選出です。

一方で、学校に行きたいという強い思いや意欲は、圧倒的です。アフガニスタンのすべての学校のうち、41％には建物がありません。女児は、テントや階段の吹き抜けや家で勉強しています。武装勢力「タリバン」による差別的、暴力的な攻撃があります。性的嫌がらせや、酸による攻撃、無法状態、貧困、ジェンダー規範、教師不足、その他多くの障害があるにもかかわらず、それでも教育を求める声は抑えきれないほど上がっています。アフガニスタンには「ランダイ」と呼ばれる短い

*継続的に製品・サービス・仕事などの質の管理・改善を行なう職場単位の小グループ

詩を読む習慣があります。女性から女性へと口頭で伝えられるものです。15歳のリマ・ニアジは、このような詩を書きました。

　あなたは私を学校に行かせてくれない。
　私は医者にはならない。
　覚えておいて。いつかあなたは病気になる。

　それはまさに、今の世界の状況です。私たちは「医者」になって、分断を生み唯一の故郷たる地球を痛めつけるような傷を治す必要があります。私たちには、お互いが必要です。すべての人が地球や、人間、場所、そこにすむすべての生き物の 再生 に関わることが求められています。気候危機は、必ずしも常に「危機」として表現されるわけではなく、あるいはさらに差し迫った「気候非常事態」だと述べられるわけでもありません。しかし、これは危機であり非常事態です。もし放置されれば、これから気候に起きる変化は、コミュニティの枠組みを壊し、人生を狂わせ、人々

を悲嘆に暮れさせるでしょう。気候危機を解決することはほかの多くの問題も解決することを意味しますが、差し迫った問題の解決が難しくなるわけではなく、むしろ簡単になります。システム・ダイナミクスや、インターセクショナリティ（交差性）に対する活動についてわかっているのは、全面的な変化が起きると、人間が介入・参加・関与する潜在能力が包含され、押し広げられるということです。ある意味、私たちの気候のレーダーは、石炭、車、炭素という間違った方向を指し示してきています。もちろんこれらは重大な原因であり、多くの人々によって見事に対処されています。しかし、このレーダーは別の方向も、つまり真の原因も指し示すべきです。それは、「私たちが何を信じるか」「お互いをどう扱うか」です。●

ケニア北部のライキピア郡エワソのエワソ小学校から帰宅途中の姉妹。エワソ小学校など地域の小学校は、ロイサバ原生保護区のエコツーリズムの収益によって運営されている

地球にやさしい再生活動（ARK）

Acts of Restorative Kindness

メアリー・レイノルズ　**Mary Reynolds**

　メアリー・レイノルズは、アイルランドのウェクスフォード出身の、有名なランドスケープ・デザイナーです。ユニバーシティ・カレッジ・ダブリンで景観園芸学を学んで卒業しました。本の著者であり、庭園哲学者でもあります。まだ幼かった頃に実家の農場の中で迷子になったとき、草木が、あなたはファミリーと一緒にいるんだよ、と教えてくれた体験談を語っています。その経験を彼女は片時も忘れたことがありませんでした。レイノルズは、2002年に有名なチェルシーフラワーショウに28歳で応募し、伝統的な英国の園芸学の世界に足跡を残しました。彼女が英国王立園芸協会に送った提案書は、ミントの葉っぱでくるまれ、中にはこう書かれていました。「人々は、手つかずの自然の美を求めて世界中を旅していますが、現代の庭園は、そのような環境のもつ質朴さと美しさにほとんど注意を払っていません」。彼女の出展した「Tearmann si（ケルトの聖域）」は、それまでのチェルシーの出展作にはまったくない一風変わった作品でした。そこには、ドルイドの玉座、ムーンゲート、池の上には焚き火台が設置され、周囲にはアイルランドの自生植物が生い茂っていました。それは原生環境の中の神聖な場でした。金賞を受賞したこの庭園は、私たち人間と貴重なあらゆる自然との関係を修復するような景観をどのようにつくれるかを示した点で、庭園界に多大な影響を及ぼしました。2015年に、彼女のチェ

ルシーでの功績についての伝記映画「フラワーショウ！」が制作されました。演じたのは、俳優のエマ・グリーンウェルとトム・ヒューズです。劇場で上映されたほか、世界中に配信されています。——PH

　あまりに長い間私たちは、土に根づいているものもいないものも、地上でも地下でも、無数の他の生命体と地球を共有しているということをほとんど認めてこなかった。私たちがこのことを認めるまで、野生生物に残された場所はどんどん減っていくだろう。農地、公有地、個人の庭には、ほとんどの生命が存在できなくなるような強力な化学物質が使われる。水系は有毒物質で汚染され、土壌は劣化して土ぼこりになり、風で吹き飛ばされたり雨で流されたりする。自然の生息地は急速に奪われている。着実に温暖化が進んでいるため、野生生物は適応して生き残るために移動せざるを得ないが、都市や農業のスプロール化*のせいで安全に移動できるような回廊（コリドー）が残されていない。小島のように残ったサンクチュアリに閉じ込められ、行き場を失いつつある。生命の網の目のようなつながりは、ずたずたに分断されつつあるが、私たち二足歩行をする生物はその生命の網と分かちがたく結びついている。野生生物がいなくなれば、私たちも生きていられなくなる。

　アイルランドの、ある冬の朝のことだった。

*都心から郊外へ無秩序、無計画に開発が拡散していくこと

このすべてがわが身にはね返ってきた。そうして私は、庭（あるいは窓辺のプランターでも構わない）をもてる幸運な人みんなに、どうすれば解決策の一部になってもらえるか、その方法について考えがまとまったのだ。その日、製図板の前で空想にふけっていた私の注意を家の窓の外に向けさせたのは、驚いたキツネではなかった。それは、珍しく庭でキツネを追いかけている2羽のノウサギだった。それからすぐ、ハリネズミがノウサギの後をすばやく追いかけるのが見えたが、私の目の前の芝生の端にある厚いサンザシの垣根に隠れるように潜り込んだ。動物たちはみんな、私が手入れしていた土地の半分を占める、手つかずの下生えの中へと消えていった。それは初冬の天気の良い午前中のことだったから、普通なら冬眠しているはずのこの夜行性の動物たちに何かが起きているに違いない、と私は思った。それで、調べようと外に出た。彼らが出てきた方向へ、わが家の小径をぶらぶらと歩いて静かな田舎道に出た。

しかし、今日はあまり静かではなかった。道路の向こう側に、かつては植物が生い茂って通り抜けられない、自然に任せた0.4ヘクタールほどの土地があった。いずれもとげだらけのハリエニシダとキイチゴとサンザシ、それからスピノサスモモや、青々と茂ったシダ植物やワラビが密生していた。今日はそこに、破壊をもたらす大きな黄色い怪物が上陸していた。ご近所さんがとうとう、そこに家を建てる建築許可を得たのだった。それで、みんながやるのと同じように、掘削機を送り込んで、「ごみ」を一掃し、庭をつくっていた。たくさんの家族がすでにそこにすんでいることには、まったく思いも寄せずに。

私は恐怖のあまり、息をするのも忘れてそこに立ち尽くした。私自身も同じことを、あまりにも多くの場所で、あまりにも多くの回数、行なってきたのだ。20年以上、いくつもの国で庭園デザイナーとして働き、仕事をするどの場所でも同じような皆伐を行なっていた。そのとき初めて、自分が何をやってきたかを自覚した。私の旧来の意味でのランドスケープ・デザイナーとしての仕事は、その瞬間に終わった。

私は家に帰ると、自然の破壊について調べ始めた。そしてすぐに、生物多様性の危機が、迫り来る気候の崩壊の脅威と同じくらいひっそりと進行中であり危険であることを悟った。それほど大きな注目を集めていないものの、地球がきれいな空気や水を維持する力や、私たちも含めすべての生き物に食べ物と生息地を与える力が、急速に弱まっているのだ。主にここ50年の間に、驚くほどのスピードで進行している。多数の種が、日々絶滅の餌食になっている。戻ってくることはもうない。最も人間から愛されている生き物の中には、絶滅危惧種を集めた「レッドリスト」にいま掲載されているものや、かつて掲載されていたものもある。私たちはほぼみんな、「シフティング・ベースライン症候群」と呼ばれる現象に悩まされている。数世代のうちに、地球や海洋や空が、かつてはどれだけ豊かで生き生きしていたかを、私たちは忘れてしまう。海底の広大な生息地にすむカキの力で、海がいかに水晶のように澄んでいたか。そしていかに海水は、生命とともに文字通り飛び跳ねていたか。鳥やチョウの渡りの群れが、いかに多数にのぼり、日光を遮るほどだったか。このスピードだと、私たちはほぼ不毛の地球に住んでいることになるだろうが、その状況しか知らないとそれを「自然」として受け入れることになる。これは「大忘却」だ。

地元の食物網の中で進化してきたわけではない、買ってきたかわいらしい「園芸植物」が植えられた庭園には、野生生物のサンク

チュアリは存在しない。庭は、「静物」となるほどまでにコントロールされ農薬散布されている。私たち自身のクリエイティブな空想以外は、何者も存在する余地がない。知らず知らずのうちに、私たちは自然と敵対している。そうして、自分たち自身に牙を剥いているのである。

それで、ダイニングテーブルで紅茶を飲みながら、考えた。すると、ある計画が頭に浮かんだ。歴史上の大きな変化は最初、情熱的で焦点の定まった人々の、小さな動きから始まる。その日、難民となった動物たちの行列を窓から目撃した後、私は「われら箱舟（We Are the Ark）」と呼ぶアイデアの種について執筆を始めた（「Ark（箱舟）」は、「Acts of Restorative Kindness to the Earth（地球にやさしい再生活動）」の略だ）。これは、庭のできるだけ多くの部分を自然に戻して、そこをできる

ハリエニシダ、サンザシ、キイチゴ、ワラビが茂る土地に立つメアリー・レイノルズ。ここを「箱舟（Ark）」と宣言している

だけ多くの生き物と共有してほしい、とみんなにお願いするというシンプルなコンセプトだ。自然そのままになるように、土地を回復させるのだ。私たちの庭という名の「島国」に、自然の連続的なプロセスをマネして、自生植物や野生生物のネットワークを再構築する。そうして、つながりを絶たれて生命の崖っぷちに追いやられている人間以外の仲間を支える、希望の回廊をつくるのだ。

人々に庭についての考え方をこれほど変えてもらうのは、かなりの飛躍に思えた。草を

どんどん伸ばして、大地から在来種の種子バンクを出現させ、生態系を再起動するのだ。自然が手助けを必要としている場所で、外来植物と局地レベルで闘い、自生植物の多様性を取り戻すのだ。自生植物は、自然の礎であり、地球の防護服だ。私たちの呼吸する酸素を与え、水を濾過し、大気をきれいにし、食べ物を与えてくれる。それなのに、かわいらしい物やおいしい物以外、気にも留められない場合がほとんどだ。昆虫は、自生植物と複雑で特化した関係性をもち、ほかのすべてのものに波及効果をもつ。私たちは人々に、街灯を琥珀色の電球に交換してほしい（あるいはさらに良いのが、真っ暗にしてほしい）、野生生物用の池や丸太の山をつくってほしい、境界線を野生生物が通り抜けられるようトンネルを検討してほしい、とお願いしている。私たちの「箱舟（地球にやさしい再生活動）」は、庭が人間のために何をしてくれるのかではなく、「私たち人間が網の目のようにつながり合った生物のために何ができるのか」を考えるものだ。

運動を起こすうえでカギを握るのは、人々の想像力を掻き立てるようなシンプルな物だ。私は、自然状態の区画に「これは箱舟です」と主張する手づくりの看板を立ててほしい、とみんなに依頼した。そうすれば、だらしない庭だと周囲から見られる不名誉を避けられるからだ。恥ずかしい気持ちになるのではなく、もっとやさしい新しい世界の一翼を担っているという誇らしげな気持ちになれる。地球の世話人としての役割を受け入れ、箱舟に収容できたできるだけ多くの野生の植物や生き物を受け入れる世界だ。私たちは、どうやって共有するかを学ぶ必要がある。それをスタートするのに自宅以上の場所があるだろうか。

私たちは情報を提供する手づくりのウェブサイトを公開している。人々がこれを参考にして、自らの庭や農場、窓辺のプランター、公園、学校を箱舟に変えるための情報源になっている。能力や、土地の大きさや範囲に応じて、どうすれば生き物を支えるシステムをもっと加えられるかを伝えている。そして、こう呼びかけている。できるだけ、破壊的なフードシステムから足を踏み出してみよう。もし可能なら、自分で食べ物を育ててみよう。そして、地元の生産者、環境再生型農家、有機栽培農家を支援しよう。この地球のできるだけ多くの部分を自然に戻すことが必要とされている。私たちはガーデナー（園芸家）であるだけでなく、ガーディアン（守護者）になる必要がある。

これは一風変わっているが、土地があれば誰にでもできる行動だ。昨今、希望は砂金のように希少な存在だが、自然が回復するスピードには舌を巻く。数カ月の間に、世界中に何千人もの「箱舟活動家（アーキビスト）」が現れた。みんな、オンライングループで積極的に活動するメンバーだ。箱舟の中には、米国の6.1ヘクタールにも及ぶ大きな物もあれば、ノルウェーには地元の雑草の種子が詰まった窓辺のプランターという小さな物まである。すべてが希望の貴重なシンボルだ。

人々はその箱舟に、意味と喜びを見いだしていた。それぞれにハリネズミや、トンボ、フンコロガシ、雑草などがやって来てすみつき、家族に加わった。自らが回復させたシンプルな箱舟に、あらゆる種類の生き物がいかにたくさんやって来て、すみつくようになったかを目の当たりにした人々は、はっと垣根越しに近隣を見渡し、自然ではない庭がいかにみすみすチャンスを逃しているかに気づいた。大学や学校、公園、工業団地で空いている緑地は突如として、箱舟にする格好の場所となった。人々は、そのような空き地を自然

に戻してほしいと、地方自治体や学校に訴える活動を始めた。箱舟の手入れはほとんど必要ないため、みんなから歓迎される方策なのだ。

　私たちの比較的小さな箱舟では、再自然化プロセスにより大規模に回復された場所と違って、バランスがとれた自然景観を再現することはできない。頂点捕食者と大型草食動物は、網の目のようにつながり合った生命のバランスをとる生態系のエンジニアだ。生態系では、あらゆる段階において、破壊と再形成が絶え間なく行なわれる。地球では私たち人間と同じように、死と再生が絶えず続く。どう考えても、箱舟にもっと大型の野生生物を導入することはできない。このような生物は、分断された生息地で生き延びられないからだ。したがって、私たちがオオカミやシカやビーバーになって、このような生き物が通常担うような生態系サービスを行なわなければならない。あなたが世界のどの地域に住んでいるかによるが、地元の生態系の特性を学ぶのは役に立つことだ。そのような情報がない場合、あなたの役割を簡単に担う方法は、小さな箱舟の中にできるだけ多くの多様性をつくることだ。

　あなたに想像できるようなものはすべて、私たちがふるさとと呼ぶこの魔法のような地球上にすでに存在している。肉眼で見えるものも見えないものも含め、美しくて奇妙で素晴らしい生き物は、私たちが今ここにいる理由でもある。そのような生き物を世話し、養うのだ。そうすれば、生き物たちは繁栄するかもしれないし、私たちも生き延びられるかもしれない。

　今こそ人類は、生命の網の目を編むこと、私たちがちょん切ってしまった糸を再びつなぐことを進んで学ぶべきだ。土地を解放しよう。生命を、そしてみんなの心を豊かにするために、箱舟をつくろう。●

［次ページ左］キアオジ（Emberiza citrinella）は、この写真のようによく生垣のてっぺんに止まり、大声で鳴く。いま英国では絶滅危惧種のレッドリストに掲載されている。個体数はこの数十年で激減した。昆虫の個体群や昆虫が好んで生息する木や生垣の除去を引き起こした、EUの集約的な農業政策によるところが少なくない。キアオジの特徴的な鳴き声は、ベートーヴェンの交響曲第5番のモチーフに影響を与えた。英国全体、EU全体で見ると鳴き声に地域差があり、キアオジのメスは同じ方言で鳴くオスとつがいになることを好む
［次ページ右］庭を這うように進んでいるおなじみの生き物、ナミハリネズミ（Erinaceus europaeus）。生垣や低木などに巣をつくる。英名のhedgehogの「hog」の部分は、その鼻を鳴らす特徴的な音に由来する。墓地や排水パイプ、廃線になった線路などの都市部にも生息するが、庭のほうを特に好む。主に甲虫やナメクジ、イモムシなどをエサにするので、庭師にとってはとても有益な生物である。1匹のナミハリネズミは十か所程度の庭を「なわばり」にしている可能性がある

ビンテージワインの
ブドウ踏みをしてるのは誰？

Who's Really Trampling Out the Vintage?

感謝のメモ　Una nota de gracias

ミミ・キャスティール　**Mimi Casteel**

　フードシステムと農業システムは、密接に絡み合っています。どちらも人々と土地を搾取する採取産業です。このエッセイで、環境再生型のブドウ栽培家であるミミ・キャスティールは、人々を搾取する部分について語っています。つまり、環境再生型農業が、社会的正義や、労働者の健康、雇用の安定、報酬、尊厳に関して、何を意味するかです。肌の色が褐色や黒人の農場労働者は、米国のフードシステムの屋台骨です。彼らがいなければ、システムは崩壊するでしょう。とはいえ、彼らの賃金は、あらゆる労働者階級の最低レベルです。手当も保証もありません。お金の観点でいうと、労働者は人間ではありません。財務諸表上のインプットであり、その「コスト」は契約労働者を使って最小化されます。労働者が、重量や、箱数、木箱数に応じて出来高払いの支払いを受けるとき、最低賃金を下回ることがよくあります。貴重な物（食べ物）を生み出す人に最少限の支払いしかしないこのやり方は、奴隷制にルーツがあり、その非人間性は今日まで変わりがありません。気候が変動し、作物が不作になり、畑の温度が32℃、38℃と上がる中、苦痛は増大しています。私たちのフードシステムは、仲間である人々の困窮の上に成り立っています。でも米オレゴン州西部にあるミミ・キャスティールの農場「ホープ・ウェル・ブドウ園」には、違うストーリーがあります。──PH

　1年ほど前、仲良しの友達とリングア・フランカ・ワインズでまだ働いていたときのこと。リングア・フランカで夜の収穫をして、夜明けにはホープウェルで収穫していた、一番つらかった時期を何とか乗り切っていたときの話だ。帰宅して仮眠をとるほどの時間はなく、疲れきって暖をとる気にさえなれなかった。私が家に帰ることで家族が目を覚ますといけないので、セブンイレブンの駐車場で車の座席に座って、魔法瓶のコーヒーを飲んでいた。夜間収穫を終えた人々の中には、駐車場をうろついて、その夜から朝の時間帯に手に入る唯一の温かくて安い食事をとっている人もいた。もう家に帰って寝ればいいのに、一体どうして？　と思うだろうか。

　その理由はもちろん、みんな別の仕事に向かうところだからだ。たぶんそっちが本業かもしれないし、あるいは日中にもまた収穫作業をするのかもしれない。私たちはみんな寒くて、汗まみれで、汚くて、疲れていた。隣の車に目をやると、女性が赤ちゃん2人を胸に抱いて眠っていた。髪の毛から察するにおばあちゃんと思われ、赤ちゃんたちはすやすやと眠っていたが女性は明らかに目を覚ましていた。見ていると、彼女は母親に赤ちゃんを手渡した。母親は軽食を取り終えたところ

だった。母親が子どもたちと一緒に車の席に座る間に、おばあちゃんは装備を身につけ、収穫者たちと次の仕事に向かうバンに乗り込んでいた。

私は魔法瓶で指を暖めながら、バンが行くのを見ていた。私はおばあちゃんのことを、そしてこの谷の農場で働いている3世代家族のことを思った。母親は赤ちゃんたちをベビーシートに固定していたが、あまりにも疲れきって見えたので、私は彼女の車の窓をコンコンと叩き、お宅まで付き添いましょうか、と申し出た。そして一緒に、赤ちゃんたちを兄や姉の待つ家へと連れて帰った。母親は、日中の仕事のハウスクリーニングの服にすばやく着替えた。

まもなく夜が明けようとするなか、私は彼女に言った。どうか今日は気をつけて過ごして。なるべく早く眠って。そして、家族が素晴らしい仕事をしていることに感謝して、と。それから、ホープウェルの仲間のところに戻った。それは信じられないくらい感情を揺さぶられるドライブで、眠気も吹き飛んだ。しかし、私はいまだに、胸の中で何が燃えていたのかを伝えようとして苦戦している。

ホープウェルの門で、私は、十分に休憩をとった仲間たちから歓声と笑顔で迎え入れられた。長年付き合ってきたこの素晴らしい人々。何十年も前から私の家族と働き、今もホープウェルで私と一緒に働いてくれている仲間たち。彼らがここにいるからこそ私が行なえている仕事は、この場所のミッションにとってこの上なく大切なものだ。

私は子どもの頃から、最初はベテルハイツ・ブドウ園で、そして今はここホープウェルも合わせて、男女含め同じ仲間たちがずっとブドウづくりをするのを見てきた。そして、彼らの仕事ぶりが、私がほかのブドウ園で一緒に働く機会があった非常に能力ある契約労働者たちとはいかに違うものであるかを知っている。

私の仕事の仕方は、控えめにいって、ほかとは違う。私がこの仲間たちに求めているのは、ここで私と一緒に旅路に乗り出してほしいということだ。そのように歩を進めるため、私は彼らに、ただ外に出てこの作業をやってきて、と頼むことはできない。彼らには、ここではすべてが非常に違って見える理由を理解してもらう必要がある。私たちの仕事は常に、この土地との関係性を修復する目標に向かって行なわれていることを、理解してもらう必要があるのだ。いかにすべてがうまく組み合わさっているかを、彼らに見てもらわなければならない。

ここのブドウ園には、真の陽気さがある。私たちは心の中に大きな喜びを抱きながら、困難な仕事に取り組んでいる。その朝、門をくぐって仲間の腕の中に飛び込みながら、私の家族が維持するために闘ってきたこのシステムがあってよかったと、かつてないほどのありがたみを感じた。世界があらゆる正社員モデルから脱却し、合理化できる仕事をすべて外注し、別の企業に義務と責任を負わせる流れのなかにあっても、維持してきたのだ。ベテルハイツは20年以上も前に、フルタイムの仕事と手当と適切な労働条件を与えられるように、テンペランスヒルと提携していた。

私がこの話題を挙げた理由は、ホープウェルで私を待っていてくれた人々とまさに同じ能力とスキルが、セブンイレブンのあの駐車場にあふれていたからだ。彼らはみんな不安定な経済の一部に組み込まれている。その経済は、彼らの力で支えられているのだが、仕事の最も重要な要素、つまり人間という要素に対して責任を負わないのだ。

私たちは、この国で行なわれている最も重要な仕事を軽んじてきた。肉体労働とは、骨が折れる、頭を使わない、スキルがなくても

できるものとされてきた。教育や能力のある人であれば、ずっとそこにとどまるのはばかばかしいと思うようなものとして描写してきたのである。この見方が蔓延していることに関して、労働請負業者やそのクライアント企業を非難するつもりはさらさらない。ことの中核にあるのは、ある種の労働環境の全面的な終焉だ。私たちがどれだけ肉体労働から恩恵を受けているかを理解している環境。そのような社会を結束させる力が貶められ、疎外され、迫害されれば社会そのものが機能しなくなることを理解している労働環境の終焉だ。

国のために食べ物や繊維を栽培する農業に従事することは、私に言わせれば、まさに最高の天職だ。みんなから称賛を受けるような救急隊員や兵士や医師や弁護士に食べ物を届けるため、身も心も投じている。こうしたすべての人に食べ物や衣類を提供している人々が、正当に尊ばれることはできないのだろうか？　はっきりさせておくと、私たちが行なう仕事、空間を動き回る身体間の相乗効果、ありのままの健全な環境が手の仕事、ツールの仕事、努力の仕事について自由な発想を刺激するさま——オフィスの仕切りの中やデスクワークは決して与えてはくれない。

あの早朝の駐車場にいた人たち、ブドウ園の門で迎えてくれた人たち、私が失敗したときに励ましてくれ、私が損失を出したときにまるで自分のことのように一緒に苦しんでくれた人たち。私たちはあなたたちだ。私たちは、あなた方の子どもたちの未来をつくっている。「スキルがない」と分類される手や、その仕事の方向性に、この世界の運命を変える可能性がある。どうか立ち上がって、食卓に恵みをもたらしてくれた彼らの背中に、この感謝祭で最大の感謝の念を送っていただけないか。

彼らは、私たちだ。私たちの土地は、彼らの愛情にかかっている。私たちの未来は、彼らの未来なのだ。

私のホープウェルの仲間たち：ホセ・ルイス、ヴィクトル、チャポ、ティト、ホアキン、ブランカ、カタリナ、アスンシオン、ヘスス、ニコラサ、フランシスコ、マリア、イサベル、センテ。毎日、1年中、本当に、本当にありがとう。そして、農場、牧場、学校、家、病院で働いているすべての家族にも、感謝しています。●

慈善団体は気候非常事態を宣言すべき
Philanthropy Must Declare a Climate Emergency

エレン・ドーシー　**Ellen Dorsey**

　エレン・ドーシーは、ヘンリー・A・ウォレスと息子のロバート・B・ウォレスが1996年に創設したウォレス・グローバル基金の事務局長です。2008年に『タイム』誌は、フランクリン・D・ルーズベルト政権で農務長官を務めたヘンリー・ウォレスを、「20世紀の閣僚ベスト10」の1人に挙げました。長官時代に彼は、現在まで続くフードスタンプ（低所得者向けの食料クーポン）や学校給食制度を整備しました。ウォレスは農家の3代目で、間違いなくダスト・ボウル*での農家の窮状を目の当たりにした影響で、人権や「普通の市民」に切実な関心を寄せていました。彼が気にかけていたのは、農村の人々の運命だけではありませんでした。彼は南部で大きな危険にさらされながら、地域特有の人種差別に

ついて講義を行ない、1947年には「私たちの進歩的な民主主義としての最大の弱点は、人種隔離政策であり、人種差別であり、人種の偏見であり、人種間の恐れである」と記しました。その意識と目的は、ウォレス・グローバル基金によって今日まで受け継がれています。同基金が特に重点を置いているのが、人権と民主主義に対する脅威、気候、企業の力、

235、238、239の各ページの画像は、ウォレス・グローバル基金の助成金受給者による直接および関連の成果を示す
［上］タンザニアのアルーシャ市近くの自宅で、クリーンな調理コンロで夕食を調理しているジュリエット・モレル（61歳）。モレルは、女性起業家を育成することでエネルギー貧困の撲滅に取り組むNPOソーラーシスターの支援を受けた起業家。同団体は、女性たちによる直接販売ネットワークを通じて、ソーラーライトや携帯電話の充電器、クリーンな調理コンロなど、クリーンエネルギー技術をアフリカ各地の農村コミュニティに普及している

*1930年代に米国中南部の大草原地帯が土砂嵐の被害を受けた

市民活動の構築です。ダイベストメント（投資撤退）／インベストメント（投資）の動きを加速させたのは、2011年のウォレス・グローバル基金の会議でした。都市や、年金基金、大学、宗教団体、財団に対し、そのポートフォリオから化石燃料への投資をすべて撤退させ、気候の解決策に投資を行なうよう呼びかけたのです。ブラウン大学やハーバード大学など多くの組織が、ポートフォリオ理論や成長と収入の必要性を理由に、その呼びかけに抵抗しました。ダイベストメントは倫理的責任を果たすというだけでなく、最も財務面での責任を果たす行為であることが判明したのです。2020年までに、エクソンの株価は50％下落しました。もし2011年にどこかの年金基金がエクソン株を売却して世界最大の風力タービン会社ヴェスタスに投資していたとしたら、その年金基金は20倍以上の額になっていたでしょう。2020年、米国のエネルギー会社の中で株価トップの地位を、ネクストエラ・エネルギーという風力タービン会社が数カ月間占めており、シェブロンやエクソンをも上回っていました。ポートフォリオの規模にかかわらず、変革のために資産を使い切るよう、エレン・ドーシーは慈善団体に訴えています。そうしなければ未来はないでしょう。慈善団体が提供した総額のわずか2％が環境や気候関係にわたりました。歴史上の今この時点でお金を貯める必要はありません。地球とそこに住む人々、そしてすべての生き物を 再 生 することが求められており、それができるかどうかは公平、社会正義、「普通の人間」への敬意があるかにかかっています。慈善活動家は耳を傾けています。Appleの共同創業者スティーブ・ジョブズの未亡人、ローレン・パウエル・ジョブズは、彼女の生きている間か死後間もなくに資産280億ドル（約3兆円）を寄付すると約束し

ており、気候に関する世界最大の資金提供者となっています。——PH

気候危機の規模と進行速度を考えれば、慈善団体は科学に従って緊急に行動をとるべきだ。温室効果ガス排出量を増加させている根本的な行動を変え、増加から減少へ転じさせるのに残された時間は、10年*だ。それを効果的に行なうには、急激な変化が必要だ。私たちは慈善団体として、問題の大きさを理解し、まだそのために何か対応を間に合わせられるかもしれない最後の世代にあたる。

慈善団体は、「気候非常事態」を宣言しなければならない。いくら支出し、何に資金を提供するかが大事だ。寄付者は、私たちが行なうすべての中核に気候を据える意志をもつべきである。たとえば、昔からあるような研究、政策、技術に加え、気候に基づく政策提言や全面的な変化をめざす運動に資金を提供するなどだ。残された期間を考えれば、各財団は、分配する総額を大幅に増やすか、今後10年の間にすべての資金を提供することも考えなければならない。そしてもちろん、私たちがそのお金をどう投資するかも重要だ。こうした行動をとらなければ、必要な解決策を時間内に実現することはできないだろう。

現在、大半の財団は、気候に焦点を当てていない。求められる緊急性に応じた行動もとっていないし、協力して一致した対応策を考え出すこともしていない。これは変えるべきである。潮目を変えるのに残された時間は10年だ。従来どおりのやり方で対応するのは不可能である。政府や企業や金融機関が期間内に行動するよう、必要な政策提言を私たちの資金で強化できる。私たちのような財団は資金を提供することで、コミュニティがレジリエンスを得て経済の変化に適応し、エネ

＊この原稿執筆時点での値

ルギー転換の設計に参加し、新しいエネルギー経済で少数の富裕層だけでなくすべての人に恩恵をもたらすような経済機会を生み出すことができる。きわめて重要な研究や新しい技術的な解決策に、助成金や投資の形で資金を提供することもできる。また、そもそもこの危機を引き起こした搾取型の経済を根本的に置き換えるような、正義と持続可能性を意思決定の前面に押し出した新しい経済モデルの開発を支援することもできる。

生存できる範囲内に地球温暖化を抑えるために、慈善団体は、私たちが対峙しているものは何かという明快な分析を手掛かりにしなければならない——それは、何十年も利益と権力の保持をめぐって争ってきて、政府を腐敗させ、役人を協力させて無策を貫いてきた、経済面での既得権益者の存在である。もし長続きする変化を望むなら、私たちは、権力に対抗する力を構築する戦略をとる必要がある。行動を拒んでいる産業界や金融業界を規制するように政府に圧力をかけ、すべての人が参加できる新しいエネルギー経済を築く強力な運動を構築するために、十分な資源を提供しなければ、成功することはできない。

そのためには、気候変動と闘うための支出額を急速に拡充する必要がある。地球と将来世代に闘うチャンスを与えるため、全面的な変化を引き起こす大胆不敵で思い切ったアイデアに投資をする必要があるだろう。事態を一変させるような変化を実現するには、政策提言を後押しすること、居心地のいいところから出てくるように多くの財団をせき立てること、最前線に立つリーダーやコミュニティにお金を出すことが求められる。現状維持派にも対抗できる規模の運動になるように、私たちは十分な資金を提供する必要があるだろう。そのためには、これまでと同じ非営利組織にただ単に資金を提供するのとは違ったア

プローチが必要だ。

気候非常事態では、私たちの基金にも疑問を投げかけなければならない。「どれだけ給付しているか」と「基金がどう資産運用されているか」の両方だ。慈善団体はもはや、法で義務づけられた年間純益の5%強の分配という姿勢を正当化することはできない。特に財団の基金が積み増しされているときには、それを正当化することは不可能だ。また、化石燃料企業への投資も正当化できない。もし財団の資産の大部分がそもそも危機に拍車をかけている企業に投資されている場合、気候変動と闘うために資産のわずかな割合だけ助成先に提供するなどありえない。このような姿勢はもはや認められない。将来世代は、そんなことは許されないと思うだろう。

気候非常事態宣言に、どのようなことが含められるべきかを以下に挙げる。

気候をミッションの中心に据える。地球の温暖化は、すべてに影響を及ぼす。財団の主眼が社会サービス、人権や公民権、芸術、社会的・経済的正義のいずれにあろうとも、各財団のサービス提供先の人々の短期的・長期的なウェルビーイングを、温暖化が決定づける。気候を優先すると決めたら、ミッションの定義の仕方、変化の進め方、戦略の構築方法、緊急の行動計画を推し進める力のある助成先の見定め方が自ずとわかってくるだろう。財団において戦略的重要性がある優先事項とは関係のないところで、少額環境助成金プログラムをいくつか作る、というだけでは不十分だ。人類が長期的に生き延びられるようにするため、私たちは気候を、差し迫った横断的な優先事項にしなければならない。

もっと、今すぐ、すべての資金を提供する。各国政府は、求められている規模で課題対応できていない。そのため、慈善団体は、緊急な悪影響を阻止する対応に資金提供する重要

な役割を担わなければならない。あらゆるレベルで気候に対応し、事態を一変させて人間を救う全面的な変化を生み出すため、私たちはもっと多くの資金、そして賢明な投資も必要だ。もし慈善団体が気候変動との闘いに真剣に取り組むなら、今すぐ、もっと多くを支出する必要がある。最近の慈善団体の集まりで、カリフォルニア大学バークレー校の教授ロバート・ライシュ元労働長官が聴衆の慈善団体関係者に向かって、私たちの最大の希望となるような各活動に資金を出してほしいと懇願していた。そして、各活動が、体力をつけ確実に成功できるよう、さらに資金提供してほしいと促していた。

このような歴史的な存続の危機に直面しているときに、法で義務づけられた最低限度の給付を行なって、財団の基金を積み増し続けることは、倫理に反する。財団や寄付者は、支払額をどのレベルにするかを決めるため、それぞれに保有する財産を評価する必要があるだろうが、すべての人・組織が増額しなければならない。財団は、理事会レベルで問題を提起しなければならない。地球の大惨事を未然に防ぐために残されたこれからの10年間に、基金の50%、あるいは全額を使い切ることを検討するのだ。

全面的な変化を引き起こす。気候変動は、

たまたま起きているのではない。公益よりも利益と権力を重視した、経済活動と政治を選択した結果である。気候変動と地域ごとの不平等を増幅させているのは、私たちの現在の世界秩序だ。そこでは、金融が政府よりもはるかに強い力をもっている。搾取型の経済を別の搾取型経済で置き換えることはできない。企業と金融システムが最低限果たすべき義務を、気候リスクと連動させるべきである。真に事態を一変させる変化を起こすには、私たちの気候行動に関する思考や計画立案、資金提供において、人種や経済、ジェンダー、環境に関する正義を優先することも必要となる。

最大の資金提供者のためではなく、人々のために機能する政府をつくることが必要で、経済の全セクターが変わらなければならない。農業、輸送、水道システム、化学品の製造資源の調達といったことがすべて、再設計されなければならないだろう。インフラの再構築や、新しいエネルギーシステムを拡大するために政府の投資が必要だ。こうした課題の1つひとつが、コミュニティに投資し、良質な雇用を生み、過去の遺産である資源採取産業に依存する労働者やコミュニティの「公正な移行*」をもたらすチャンスとなる。

革新的なシステムレベルの対応が必要とされていることは、慈善団体が大胆不敵で思い切った考え方を後押しすべき特別な時であることを表している。それは、正義を最優先課題に掲げ、不平等に挑み、コミュニティが先頭に立つ力に投資するような考え方である。私たちはかつて同じような経験をしたことがある。惨状をものともせず、ニューディール政策とその後の「偉大な社会」へと進歩してきた米国の歴史の延長にあるのは、今日のグリーン・ニューディール政策と、工業型農業に取って代わるアグロエコロジーという革新的なモデルだ。こうしたシステム全体にわた

る思い切った計画は、真に社会に恩恵をもたらした革新により、経済と政治の巨大な危機に果敢に立ち向かったのだ。

市民活動と連携する。一般大衆が結集することなく真の変化が起きたことはないと、歴史が教えてくれている。現在世界中で、若者たちがどんどん気候運動を先導するようになっている。先住民、女性、有色人種コミュニティ、LGBTQIA+の人々がともに立ち上がっている。彼らは、既得権益を揺さぶるために必要な、頭脳明晰な分析や実行可能な提案を出している。慈善団体は、彼らを子ども扱いしたり、その抗議運動を単なる若者のエネルギーや青臭さと片付けたりはできない。私たちはこのような運動と連携する必要がある。そして、彼らの力を矮小化するのではなく、確実に成功させるように彼らの背後にある非営利組織界の一番良いところを引き出す手助けをしなければならない。理事会の会議室でコンサルタントが示すような現状維持の解決策では、気候危機は解決されないだろう。

政策提言や運動への資金提供を敬遠する財団や寄付者は多いが、必要とされる規模での政府の行動を強力な既得権益が阻んでいるとき、政策提言はきわめて重要である。現在のエネルギーシステムから利益を得ている人々の力に対抗し、政府が少数の利益ではなく公益を推し進めるよう要求するには、科学的な研究や政策の提案だけに資金提供をしていては不十分だろう。一歩進んで、草の根運動と並んで立ち、私たちの総力を使って、草の根と歩みをそろえて——その根を抜くのではなく——力をつけていく手助けをするのだ。

慈善団体は、「スタンディングロック」「ファイヤー・ドリル・フライデーズ」(消火訓練の金曜日)「サンライズ・ムーブメント」などの抗議行動のように、不公正に抗議する勇ましい社会運動を支援することができる。私

*持続可能な経済に移行する際に、労働者の権利を確保するために開発された枠組み

たちは、彼らがリーダーシップスキルを伸ばすのに手を貸し、彼らの戦略から学び、組織化の取り組みを後押しし、従来の非営利団体がもつ研究や政策提言の才能を伝えて、経済面での既得権益層が政府の行動を阻むときにこうした運動を手助けできる。私たちの気候戦略には、彼らの優先課題の進展に手を貸す活動も含めなければならない。慈善団体は、超党派を維持しながら、こうした政治的な運動に資金提供を行なう適切な方法を見いだすことができる。

良いことのために基金のすべてを注ぎ込む。 2021年に助成金と投資を区別している場合ではない。気候非常事態の宣言は、私たちのツールをすべて活用することを意味する。間に合うタイミングで世界を100％再生可能エネルギーにするには、すべての機関投資家が資産の少なくとも5％を、再生可能エネルギー、省エネルギー、クリーン技術、エネルギーアクセスに投じる必要があるだろう。財団は、株主としての声も使って、炭素の使用量を抑制するようにすべての産業に圧力をかけるべきだ。

グリーンで公正な世界に向けて歩みを進めるプロジェクトへの投資によって、慈善活動家が何を達成しうるか想像してみてほしい。先住民コミュニティへのかなりな経済的恩恵だけでなく、あなたの財団にも適正なリターンをもたらす、先住民コミュニティ所有の送電網規模のウィンドファームに投資をしてみることを想像してほしい。女性主導の小規模ビジネスにあなたが投資することによって、大きな収入が生まれるとともに、そのコミュニティに初めてエネルギーを、しかもクリーンエネルギーをもたらすとしたら、と想像してほしい。チャンスは無限にあり、収益をあげられるのだ。

財団は、化石燃料からのダイベストメントも行なわなければならない。化石燃料に投じられるあらゆる資産が、気候変動を悪化させる。化石燃料およびそれに資金提供する人に投資することは、究極的には私たちの助成先の活動を弱めることになる。世界中の200の財団とともに、運用資産が14兆ドル（約1,600兆円）超の1,200を超える世界的な投資家が、これまでにダイベストメントを行なっている。化石燃料はここ6年以上ひどいリターンとなっているため、ダイベストメントは経済的にも非常に賢い選択だとわかっている。5年以上前にダイベストメントを始めた財団は、それ以外のところに比べて良いリターンを得た。投資もしくはダイベストメント（投資撤退）にコミットすることは、リターンを増やし、受託者責任を果たし、プログラムと投資をマッチングさせ、財団のポートフォリオを気候非常事態の要求事項と合致させるだろう。

このように大規模で世界にまたがる全面的な危機にあって、慈善団体がとれる唯一合理的な対応は、気候非常事態を宣言し、これまでとはがらりと違う、この難題にふさわしい形で行動することだ。私たちが説明責任を有するのは、理事会に対してだけだ。私たちは、支出し消費する資金水準に関し、巨大な特権をもっている。そして、この窮地を生み出したまさにそのシステムおよび経済的主体と、深い関係にある。私たちは助成先や政府、さらには企業に対して求めるような類の行動を、自らとろうと挑むことはほとんどない。今こそ、それに挑戦すべきだ。

いま私たちはみんな、気候に資金を注いでいるが、もしすぐに行動すれば、永遠にそうする必要はなくなるかもしれない。●

The City
都市

都市は、文化、科学、芸術、料理、音楽、学問、劇場、多様性、革新が織りなすタペストリーです。また、世界の資源をすさまじいスピードで使い尽くしている場所でもあります。都市が必要とするもの、欲しいもの、求めるものが、すべての大陸や海洋のあらゆる生き物を最終的に劣化させています。都市住民がほとんど気づかぬうちに、です。今世紀の文明世界がどうなるかは、都市および郊外の環境で何が起きるかで決まるでしょう。

都市では、紙やプラスチック、衣類、電子機器、車、食べ物の廃棄物の流れが果てしなく続きます。米ハワイ州とカリフォルニア州の間の「太平洋ごみベルト」にあるプラスチックごみの数は、地球上の人間1人あたり250個に相当します。世界の温室効果ガス排出量の70％が、都市部での消費、たとえば発電や製造業、建物の冷暖房、輸送、廃棄物などに由来します。IPCCが定め、本書も支持している目標を達成するためには、温室効果ガス排出量を2030年までに半減させなければなりません。このことから、都市およびそこに住む43億人の人々は、問題の中核および解決策の中心に位置することになります。

都市の大気汚染は高濃度に及んでおり、何百万人もの早すぎる死を招いています。化石燃料の燃焼で発生する排ガスには、有毒物質が含まれています。一酸化炭素、亜酸化窒素、粒子状物質（PM2.5など）、ベンゼン、トルエン、エチルベンゼン、キシレン、多環芳香族化合物（PAC）などです。大気の質が世界保健機関（WHO）の基準を満たさない地域に住む人は、世界人口の92％にのぼります。このことにより、子どもたちの短期的・長期的な健康状態に取り返しのつかない被害をもたらし、高齢者の早期死亡を引き起こす可能性があります。

幸い、世界の都市の市長たちは、大気汚染や騒音、廃棄物、モビリティ（移動手段）、環境に配慮した住宅、気候に関して率先して行動を起こしています。市長は、国や州のリーダーよりも実際的です。なぜなら、コミュニティや町や都市で人々を結びつけるものが、彼らを分断するものよりも重要だからです。世界が繁栄するためには、都市は再生（リジェネレーション）に向けた実践、手法、成果の主たる推進役となる必要があるでしょう。

問題は、再生可能エネルギーがどれだけ早く、輸送や発電や冷暖房で使われる化石燃料に取って代われるかです。都市の空気を、森林の空気と同じぐらいきれいにできるでしょうか？　どのくらい早く、子どもの健康が当たり前になり、喘息がなくなるでしょうか？　自然と人間のシステムを再生することで、尊厳が守られ生活賃金が得られる仕事をどれだけ多く生み出せるでしょうか？　再生された農地の土壌を、どれだけ肥沃で生産的なものにできるでしょうか？　どれだけの水を草地や湿地や農地に戻して蓄えられるでしょうか？　生命を再生するうえでどのような制限があるのかは、まだわかりません。もし地球が再生されるなら、そしていつの日か大気中の温室効果ガスが減少に転じるなら、それは市民と都市の行動、政策、リーダーシップのおかげでしょう。

再生型の都市とはどのようなものでしょうか。建物と輸送機関は電化され、電源は再生可能エネルギーです。移動手段は、ほとんど音がせず、手頃な価格で、汚染を生まず、だいたいが無料です。大気汚染は遠い昔の記憶

中国・北京市、MAD Architects設計の朝陽公園プラザのツインタワーの間から見た眺望。朝陽公園の建設は1984年に開始し、今は北京市最大の公園である。緑地が主だが、水面も68.2ヘクタールにのぼる

です。電気バスや電気自動車、電気トラックしか走行できないため、昼も夜も静かです。市内とその近郊では、天然ガスやディーゼル、石油、ガソリンを燃やすことが禁止されています。再生可能エネルギーシステムに加え、今や再生可能なフードシステムもあります。新鮮な地元の食べ物が、手頃な価格で歩ける範囲内で売られています。食べ物は、市内あるいは近郊で多様性に富んだ都市農業コミュニティによってつくられ、供給されています。

空き地をつくるために住宅は集約されており、都市はむしろ森林のように見えるようになるでしょう。建物はつる植物に覆われ、送電線などの敷設用地に高木や低木が広がり、屋上は農場と庭園になっているでしょう。利用されていない工業用スペースでは、垂直農法が行なわれるでしょう。造園されたテラスや路上の分離帯は、鳥類やポリネーター（花粉媒介者）のサンクチュアリになるでしょう。地元やその地方でつくられた生産物、特に食べ物や衣類が、差し支えない程度に、遠く離れたところで製造されたものに取って代わるでしょう。都市は車のためではなく人のために設計されるため、車道や駐車場は、住宅や公園、庭園、レクリエーションの場に転換されるでしょう。都市は、地域の雰囲気、安全性、静けさ、草木のため、徒歩での移動を呼びかけています。

護岸舗装された小川は元に戻されます。長い間見られなかった多くの生物種が、公園や小川や森林にまた生息するようになります。都市は、人間や動物や小川が横切れるように設計されます。人々は、廃棄物ゼロではない都市を想像できません。どの自治体にも、食べ物や産業廃棄物の堆肥化を行なう施設があります。コミュニティのインフラは、今より破壊的な気象現象に対応できるように、レジリエンスが高く、多様性に富んだ分散型のインフラになっています。

もしこれが幻想のように聞こえるのであれば、考えてもみてください。都市は、文明の誕生の地だったのです。このような取り組みは世界中の都市で生まれ、実践されています。そのような都市が、新しい文明の先駆者として、いま必要とされているのです。●

ネット・ゼロ都市

Net zero Cities

2500年以上前、ギリシャ文明はエネルギー危機に直面しました。都市国家とその植民都市の成長により、住居や公共の建物の暖房にかつてないほど大量の燃料が必要になったのです。主な燃料源は薪で、森林は破壊されつつありました。これに対応するため、ギリシャ人は無尽蔵にある熱源に目を向けました。太陽です。現在のトルコの海岸にあるプリエネなどの都市の発掘調査の結果、通りが精巧な碁盤の目のように配置され、どの建物も南向きにすることでパッシブソーラーエネルギーを生かせていたことがわかりました。ソクラテス自身もこう記しています。「冬の日光はベランダから忍び込むが、夏には屋根が心地よい日陰をつくってくれる……私たちは南側を高くして冬の日光を取り入れ、北側を低くして冷たい風が入らないように建築すべきである」

古代の中国人やローマ人も都市計画に太陽を活かす設計を組み入れていましたが、中世には状況が変わっていました。森林保護法の施行や、新しい農法、燃料源としての石炭開発により、薪不足が解消されました。都市は、中心部に密集することを選び、太陽を活かす設計をやめました。第二次世界大戦の頃には、先進国の都市は、発電、暖房、輸送にほぼ化石燃料（石炭、石油、天然ガス）のみを用いていました。すぐにそこに冷房も加わりました。戦後に住宅建設が急増する中、空調利用の急拡大が起きました。建築的に人気はあるものの熱効率が悪いガラス張りのオフィスビルは、冷やすために大量の空調を必要としました。それは時代の風潮でした。建築家はも

はや、どっちが南であるかに注意を払いませんでした。

1973年、石油供給に一連の混乱が起き、都市がいかに化石燃料に依存しているかが明らかになりました。ソーラー、風力、バイオマス、地熱、水力といった再生可能エネルギーを開発しようという世界的な取り組みが始まりました。1990年には、化石燃料以外の電源が、世界の発電量の3分の1以上を占めるようになりました。再エネが19％と、原子力が17％です。残りの3分の2が化石燃料です。しかし、それから30年が経っても、再エネと化石燃料の比は1対2で変わりません。唯一変わったのは、原子力の割合が10％に減ったことです。

レイキャビク、サンフランシスコ、済州、バルセロナ、ハンブルク、シドニー、ミュンヘン、バンクーバー、サンディエゴ、バーゼルと入力してみてください。すべての都市が、100％再エネという目標を掲げているか、もしくはすでに達成済みです。すでに電力の70％以上を再エネでまかなっている都市は、世界全体で100都市を超え、2015年の合計数の倍になっています。多くが中南米の都市で、水力発電が大きな電源となっています。米国では、合計で1億人近い人口を抱える150を超える都市が、発電、冷暖房、輸送部門で100％再エネの目標を達成することを公式に約束しています。米カリフォルニア州ロサンゼルス市は、約1,000カ所の操業中の油井・ガス井を含め市内のすべての石油・天然ガス生産を停止すること、すべての天然ガス火力発電所を閉鎖すること、新築の建物に温

室効果ガス排出量ゼロの認証を義務づけること、ガソリンエンジンとディーゼルエンジンを段階的に廃止すること、建設機械はすべて電動とすることを義務づけること、2万5000カ所の充電ステーションの新設など電気自動車のための公共インフラを設置することを計画しています。

　デンマークのコペンハーゲン市は、あと一歩のところまで来ています。ここは、車の6倍の自転車を有する自転車にやさしいデンマークの首都ですが、2010年に、そこから15年のうちに世界初のカーボンニュートラル都市になると決めました。それから7年後には、温室効果ガス排出量を2000年の水準

からほぼ半減させました。市内の建物の暖房はほぼすべて、木質ペレットとゴミを燃やす火力発電所の排熱を利用しています。そして、陸上と洋上の風力エネルギーに同じくらいずつ依存しています。デンマークは、2050年までに100％再エネにするという公式目標を設定しており、今その半分まで来ています。主たる戦略は、省エネを行ない、全国の電力需要を風力とソーラー発電だけで満たせるようにするというものです。デンマークは、1970年代にまでさかのぼる風力発電のパイオニアで、タービンの革新と製造で世界をリードし続けています。

　再生可能エネルギーは、ピーク時も含め

カナダのバンクーバー市。2030年までに炭素排出量を50%削減し、2050年までにネット・ゼロ都市になると約束した。重点分野は、建物での天然ガス使用の代替、ガソリン・ディーゼル車の廃止、歩いて暮らせる街、社会的不公正の歴史的な負の遺産である差別の克服など。2030年には、市民の9割が、生活で必要なところへ徒歩か二輪車（自転車、電動キックボード）で行ける距離に住んでいる。すべての移動の3分の2が、公共交通機関か、動力ではなく人間の体力を使うアクティブ・トランスポーテーション（徒歩や自転車）になり、全移動距離の半分がゼロエミッション車（ZEV）によるものとなる。化石燃料から再エネへの移行をめざし、既存の建物に炭素排出規制が設定され、炭素排出ゼロの暖房・温水システム（地熱ヒートポンプ）にすべて置き換わる。新築建物に内包される炭素は4割減となる

四六時中需要を満たせるほど信頼性の高い電力を供給できるでしょうか？　一言で答えるなら「イエス」です。それには、電力需要全体の低減と、バッテリーの蓄電容量の増加、送配電網の性能向上、発電所間の調整、多様な再エネ電源の利用（地熱発電など、継続的に運転されるベースロード電源の拡大を含む）といったものを組み合わせることが必要でしょう。米国のすべての住宅と建物の半分以上が、セントラルヒーティング、台所のガスコンロ、給湯装置で天然ガスなどの化石燃料に依存しており、これが国内の温室効果ガス総排出量の1割を占めています。新築の建物にオール電化を義務づける条例を可決して

いる市議会も少なくありません（「ガス禁止条例」と呼ばれることもあります）。よくある選択肢は屋根上ソーラーです。

　このような進展の多くは、低所得層の住民や恵まれないコミュニティにとって手の届く範囲を超えています。ネット・ゼロを実現するために、より公平な道筋をつくる政策が求められます。幸い、ソーラーや風力など再エネのコストは劇的に下がっており、消費者向けの電気料金を上げる圧力は弱まっています。

　電化は、都市や市民に、重要な副次的メリットをもたらします。大気汚染の最大の原因をなくし、多くの人々、特に子どもや高齢者や有色人種コミュニティの健康と安全を改善するでしょう。化石燃料による大気汚染にさらされたせいで、2018年には900万人近い人々が亡くなりました。その年の世界中の早期死亡の5分の1に相当します。電化は騒音も減らします。交通騒音は、不安や不眠、高血圧、聴覚障害をもたらしうる慢性的なストレス源です。電気自動車や電動バイクは、エンジンがほぼ無音なのでマフラーがいりません。温暖化が進む世界において、エネルギー需要全体を低減することにより、電化した都市は欠乏ではなく、繁栄を促しています。●

建物
Buildings

建物は私たちが日常生活のほとんどを過ごす場所でありながら、人間のウェルビーイングのためにも地球のウェルビーイングのためにも設計されていない建物が非常に多くあります。建築材料は有害物質だらけです。分譲マンションは、建設効率から設計されており、良い社会的ダイナミクスを後押しすることは考えられていません。開発業者は、自分たちがつくる建物の長期性能に目を向けるような、知識基盤も経験もインセンティブももち合わせていません。このような問題は、都市部や農村部の最も貧しい地域で深刻化しています。再生型の建設とは、1つひとつすべての建物が生態系・社会・個人の健康にもたらす影響に目を向けることを意味します。

今日、新築建物の建設は歴史上最も速いスピードで広がっています。世界人口の半分以上が都市部に住んでおり、世界中の都市人口に毎週150万人ずつ新たに住民が加わっています。2050年には67億人が都市部に住んでいると予測されます。このような過去に例を見ない成長に対応するには、推計2,300万ヘクタールの建物が新築および改築される必要があります。これは世界に今ある建築ストックの2倍に相当し、今後40年間にわたって30日に1個ずつニューヨーク市を建設するのに等しいのです。

この成長を予測して、建築家のエドワード・マズリアは、2006年に「2030チャレンジ（The 2030 Challenge）」を発表しました。すべての新築および主要な改築の建物を、2030年までにカーボンニュートラルにすることをめざしています。また、既存の建築環境で炭素排出量を50〜65％削減することもめざしています。マズリアは、カーボンニュートラルな建物を、「エネルギー使用量が、敷地内での発電量を超えない建物、または外から購入する再生可能エネルギーを20％以下とする」と定義しました。世界全体で、建物からの排出量の12％を占めるのが建築資材および建設工程で生じた炭素であり、使用時の排出量は28％にあたります。ゼロ排出の建物を建設する際は、この両方に対処します。マズリアとその組織は連携して、ゼロ排出都市をつくれるようにする道筋、資金調達、基準、原則を示しました。たとえば以下のようなものです。

「ゼロの達成」——建築環境から二酸化炭素排出量をすべてなくせるような統合的な政策の枠組み。3つの分野に注目します。新築時にゼロカーボン建物の建設。既存の建築ストックの改修と性能向上。建築資材と建設方法により生じる炭素の削減方法について政策や提言の創案。この枠組みは、性能向上の費用をまかなう新しい資金調達モデル、大幅な省エネ、地元の雇用、健全なコミュニティを生み、エネルギー効率化の改修を行なった建物の売買を促す仕組みも含まれます。

「ゼロ基準」——都市が既存の建築基準を最高基準に改良できるようにする、モデルとなる国際建築基準。都市は「国際建築基準（IBC）」に依拠してきました。IBCは、どの国でも安全基準が守られるよう、統一した建築基準をつくるために設置されました。しかし、もっと緩い基準を望んだ企業の利害関係によってIBCは弱められ、気候変動に対応す

る取り組みが妨げられてきました。マズリアの「ゼロ基準」は、企業の利害ではなく、未来のために建築基準を改良するためのエネルギー効率基準を提供しています。

2006年に、「リビング・ビルディング・チャレンジ（LBC）」も創設されました。これは、建物を、地域の生態系に完全に組み込まれる再生型の構造物として見る設計哲学です。建築家ジェイソン・マクレナンが開発したLBCは、カーボンフットプリントであれ、エネルギー使用量であれ、水利用であれ、ニュートラルを超えて「正味プラス」という設計目標にしています。LBCは建物とその住人を、資源の受動的な利用者から、構造物の建設、維持、用途にかかわる全要素の能動的な管理者に変えます。たとえばLBC認証は、建物が消費するよりも多くの淡水やクリーンエネルギーを発生させることを求めます。すべての資材と物質は、最大限に無毒に近く、原材料に至るまで持続可能な形で調達されたものでなければなりません。

LBC認証が確定するのは、建物が継続的に12カ月間占有されて、12の基準のうちの少なくとも1つが達成された後のことです。建物が周辺コミュニティの生態系および人間に及ぼす影響は、健康的な生活条件を保護し回復させるものでなければなりません。水は敷地内で回収し、自然の水循環を真似した形で利用しなければなりません。建物では1年間に必要とするエネルギーの105％を発電しなければなりません。屋内空気の質、照明、冷暖房システム、部屋の間取り、アクセスがすべて、感情面・肉体面・平等面で良い影響を与えることを念頭に置いて設計され、統合されている必要があります。建物は関わる人すべてにとって美しくて、心躍らせるものであるべきです。

LBCのチャレンジを最初に達成した大き

な構造物は、米ワシントン州シアトル市の6階建てのオフィスビル「ブリット・センター」でした。LBCの一部要件に合致したほかの建物としては、ニューヨーク市ブルックリンの2ヘクタールのEtsy本社や、米イリノイ州シカゴ市のGoogleの新しい7階建てオフィスビルなどがあります。2013年以降100を超える建物がLBC認証を取得しており、さらに500の建物が審査プロセス中で、14カ国に広がっています。

人口密度の高い、確立された都市での主な問題は、既存の建物の性能向上です。世界中の10億を超える老朽化した建物において、新しいエネルギー基準に沿って性能が向上されない限り、世界全体の排出量目標は達成できません。地域の気候や、建設や、使用状況により、そのすべてで改修が必要なわけではありません。しかし、住居や製造所、事務所、学校、礼拝所となっているほとんどの構造物でのエネルギー使用量は、管理や冷暖房に必要なエネルギーをはるかに上回っています。

世界全体で大規模に建物の性能向上を行なうことは、負担が大きく不可能にも思えるかもしれません。しかし別の見方をすれば、今後30年間にわたって世界のすべての建物をネット・ゼロ排出量になるように改修する可能性からは、ほかに知られているどの取り組みよりも長期かつ高給の職が創出されるでしょう。私たちはエネルギー産業の雇用というと、石炭・石油の採掘や、天然ガスのフラッキングを行なう労働者を連想しますが、エネルギー効率の良い建物をつくることもエネルギー分野の雇用に入ります。エネルギー効率の価値は、長期的に使われずに済んだお金です。それは投資のリターンです。あなたは石油1バレルを汲み上げるたびに支払いを受けることもできますし、石油1バレルを節約するたびに支払いを受けることもできます。節

ディープ・エネルギー・レトロフィットを施した米国暖房冷凍空調学会（ASHRAE）のアトランタ本部。1970年代に建設されたエネルギー効率の低い建物を改修して、先進HVAC制御システム、ＩＥＤ照明、ビルディングオートメーションシステムを備え、日中は太陽光が入る業界トップの高効率の建物に変えた。化石燃料ゼロのネット・ゼロ・エネルギー・ビルで、マクレナン・デザインとハウザー・ウォーカー・アーキテクチャが設計

約額の合計は、既存および新築の建物の寿命の間に、何兆ドル（何百兆円）にものぼるでしょう。

　2021年に、ローレンス・バークレー国立研究所は、米国経済が化石燃料から完全に脱却して再エネでやっていくコストは、1人1日あたり約1ドル（約110円）と試算しました。このお金は自国内で支払われるもので、石油の代金として他国に支払われるものではありません。経済活動を刺激して、雇用を創出し、経済的利益が波及することになるでしょう。その1ドルの出所は主に、民間部門の投資や、住宅所有者の財布ですが、投資に対してリターンが得られます。また、住宅所有者や企業に課された住宅ローンの保険料から支払われることもありますが、彼らはエネルギーコストの節約により見返りを受けています。

　ニューヨーク市では、総炭素排出量の70％が建物に由来します。市内の5つの行政区およびウェストチェスター郡におけるエネルギーの年間支出総額を計算すると、年に120億ドル（約1兆3000億円）を超えます。もしも毎年その支出の80％、96億ドル（約1兆1000億円）を節約できるとしたら、何

に投資しますか？　エネルギー価格が上がらないと仮定した場合、1,000億ドル（約11兆円）の投融資から9.6％のリターンが生まれるでしょう。ニューヨーク市（そして世界のほかの地域）の改修費用は、この節約分から捻出できることになります。

　これはすでに起こっていることです。ニューヨーク市に住むドネル・ベアードは、気候変動と公民権という2つのことに情熱をもって育ちました。それを組み合わせて、「ブロックパワー（BlocPower）」という会社を立ち上げました。この会社が扱うのは、ブルックリン区および他市の低所得地区にある中規模のビルやアパートです。このような建物は一般に古い構造で、大量の天然ガスを燃焼させて暖房と給湯を行なう、エネルギーを食う建物です。ブロックパワーは、屋上で高い位置に（発電しながら日陰をつくるため）ソーラーパネルを設置しますが、成功のカギを握るのはその下に置いたヒートポンプで、ガスボイラーにとって変わることです。ブロックパワーは改修費用を融資し、住民の光熱費の節約分から返済を受けます。もし生活協同組合や建物所有者が再エネの購入を選べば、そ

アムステルダムの「ジ・エッジ」は、先進的なネット・ゼロ・ビルディングだ。2015年建設。3万個のセンサーを使って、人が部屋にいるかどうかや、動き、温度を常に計測。効率を最大化するように自動的に設定を調節するほか、必要となる食べ物の予測情報まで施設管理者に提供できる。ソーラーパネル、革新的な設計、帯水層蓄熱システムを組み合わせたジ・エッジでの発電量は、使用量以上だ。設計者兼施工者のエッジ・テクノロジーズは、アムステルダムに建設した別の建物「エッジ・オリンピック」も含め、世界で最もスマートな建物をつくったと高評価を受けている

の建物は何カ月かのうちにゼロカーボンビルになり、しかも所有者には一切コストがかかりません。ベアードとブロックパワーの強みは、乗り気でない建物所有者がやり方を知らなくても、変化を起こせるということです。ベアードが扱った建物はこれまでに1,000棟を超え、次は10万棟を目標に掲げています。

建物の改修は、気候変動に対して最も労働集約的な解決策かもしれません。これは良いことです。世界中のあらゆる都市で、現在失業中あるいは不完全雇用の人々の能力・スキルを向上させる機会となり、知識や経験を与えて将来のチャンスを生み出すような訓練となるからです。住宅や建物の性能を向上させる重要な方法が5つあります。冷暖房、断熱、窓、照明、再エネへの転換です。そして6つめが、電気が来ていない8億人と、安定した信頼できる電力のない20億人に再エネ電力を供給することです。

冷暖房　ほとんどの建物は、冷暖房で古い技術に頼っています。たとえば、灯油や天然ガスのボイラーや、大きな建物では大規模な屋上空調ユニット、小さな建物では窓ベースのエアコンなどです。世界中の多くの都市が、地域冷暖房を採用しています。これは、地域で地下の断熱パイプを通して温水や冷水を再配布するネットワーク型システムです。大幅に（最大50％）エネルギーを低減できますが、発電所や焼却炉や下水処理場の排熱を回収するなど、主に従来型の加熱法に頼っています。その答えは、一戸建て住宅であれ、分譲マンションであれ、アパートであれ、商業ビルであれ、「ヒートポンプ」です。ヒートポンプとは、逆向きに使うエアコンと考えてください。暖かい空気を冷たい空気に変えるのではなく、冷たい空気を暖かい空気に変えるのです。夏には逆に、空気を冷やすことができま

す。エアコンと同じように外部電源を使って冷媒を圧縮し（冷蔵庫で音をたてているのが、このはたらきをするコンプレッサー）、冷たい空気中の「潜熱」をより大きな熱に変えることができます。ヒートポンプの熱エネルギー源としては、空気も地中もあります。

ヒートポンプははるかにエネルギー効率が高いため、同じ熱出力を得るために必要な総エネルギー需要を50％減らすことができます。再エネに移行する建物のコストを分析するとき、化石燃料の社会的コストを示すことが重要です。そこには、世界中の都市部で、大気汚染により毎年870万人の早期死亡が生じていることも含まれます。石油が豊富な中東で、果てしなく続いているかのような戦争のコストもあり、米国だけで過去15年間に5兆ドル（約560兆円）を越えています。こうした支出には、女性や子どもや兵士が耐え忍んでいる膨大な苦痛は加味されていません。水圧破砕法（フラッキング）や油井、BPのディープウォーター・ホライズンでの石油流出、カナダ・アルバータ州のタールサンド（オイルサンド）で起きた環境破壊も含まれていません。そして最後に、コスト分析のどこにも、地球温暖化の影響が含まれていません。このようなコストを足し合わせたとき、ヒートポンプはコストが40％低いだけでなく、エネルギー消費量も3分の1以下になるのです。

改修　改修には、エネルギー効率の良い窓を設置する、空気漏れを防止する、屋根や屋根裏や壁を断熱する、既存の照明をLEDに交換する、などがあります。もし建物を改修すれば住宅と建物の所有者が毎年何千億ドルも節約できるのだとしたら、なぜそれが行なわれていないのでしょうか。こんな冗談があります。効率の悪い工場のフロアに、1,000ドル

紙幣（約11万円相当）が落ちていました。経営者は来客を案内しながら、紙幣の上をまたいで通り過ぎました。後からその客が「なぜ拾わなかったのですか？」と経営者に尋ねると、「もし本物だったら、誰かがもう拾ってたに決まってるでしょう」。私たちは何十年も前から、化石燃料エネルギーを生産するよりも省エネのほうが安上がりだと知っています。省エネを行なえば、住宅と建物の所有者の財布にお金が入ることになります。化石燃料への投資は利益を集約し、少数の人にリターンを生みます。2015年にパリ協定が署名されて以降、金融業界が石油・天然ガス産業に行なった投融資は3.8兆ドル（約420兆円）を上回ります。これは、米国のすべての建物を、エネルギーの無駄がゼロの構造に改修して余りあるほどの額です。節約できるエネルギーは、石油と天然ガスの探査で得られるエネルギーより10倍大きいでしょう。

　改修では、地域の主に中小企業で雇用が生まれるでしょう。改修を行なう企業の70％超が中小企業です。もし2035年までに改修を完了させる目標を掲げたら、米国全体の改修プログラムで100万人以上を動員することになるでしょう。一戸建て住宅は7,900万戸、さらにアパートや分譲マンションやメゾネット型アパートに4,500万世帯が住んでいます。米国人は1年間に平均1,380ドル（約15万円）のエネルギー代を支払っています。住居用の建物の半分近くは1973年より前に建てられたもので、エネルギー効率に関する建築基準がまだ存在しない時代でした。エネルギー使用量が少なくとも40％削減されれば、全世帯の節約額の合計は年に1,020億ドル（約11兆円）になります。世界全体では、さらに14億6000万世帯ありますが、だいたいは米国の家ほど大きくありません。しかし、節約額は年間5,000億ドル（約56兆円）に迫る

可能性があります。このような大きな数字が何を置き換えるかを考えるとき、ここに示した事実と数字はためになります。つまり、もし家庭のエネルギーコストを年間1,380ドル（約15万円）節約するとしたら、それは今まで何に使われていたのでしょう？　圧倒的に、石炭と天然ガスと石油に使われていたのです。もし2050年までに建物が電化されて再エネを電源とするようになったら、世界の温室効果ガス総排出量の6分の1が削減されるでしょう。●

都市農業
Urban Farming

都市で育った食べ物は、産地で消費されます。明るくて使われていない区画、公園、屋上、埋立地、汚染地、分離帯、倉庫、コミュニティガーデン（市民農園）、自宅の庭（家庭菜園）、土を入れたコンテナがあればどんな大きさや形でも、都市のどこででも食べ物を栽培できます。都市の中心部からもっと広々した都市周辺地域まで、都市農業から生まれるのは、野菜だけではありません。人々を、新鮮で生命力と栄養に満ちあふれた食べ物、そして多様な風味や食感に触れさせます。菜園や農園には、都会っ子の暮らしで

はなかなかふれあう機会のないような、鳥類やチョウ、ハチなどのポリネーターが集まります。ミニ農園は教室です。作物を栽培する人は、普通の農家と同じように、種子や時期、水、日照、土壌、耕作、味について年々学んでいきます。ここでは研修が行なわれます。かつて収監されていた人々向けの社会復帰プログラムが実施され、万人のための教育が提供されています。新鮮で多様な果物や野菜やハーブは、特定の伝統料理に貢献できます。都市環境には世界から多くの文化が集まる傾向にありますが、その伝統的な食習慣を維持することができるのです。食べ物は、教会や学校や炊き出し所で配ることができ、レストランに販売することもできます。そこに近所のつながりが生まれます。

都市農業は気候変動に歯止めをかけるでしょうか？　答えはイエスですが、それほどではありません。しかし違いをもたらしうる何かは起きます。都市農業は、食べ物について、そして食べ物が人間の健康や幸せやウェルビーイングに及ぼす総合的な影響について、人々の認識を新たにさせます。食料アパルトヘイト*のもとで暮らしている人々は、脂肪やでんぷんや糖だらけの「超加工食品」に取り囲まれています。ファーマーズマーケットや、市民農園、都市農園は、人々が肥満で不健康な生活から活力と満足感にあふれた生活へと、文字通り引き返す手伝いをしているのです。人々は、買い物による投票を始めました。より良い食べ物を買って、ジャンクフードを避け始めています。最終的にはこれが唯一、大規模なフードシステムが変わる方法です。フードシステムは、地球温暖化に最大の影響をもつシステムです。火事や洪水や嵐への影響が伴い、それを加速させます。逆に言えば、火事や洪水や嵐が、サプライチェーンをもっともろく、不確かなものにします。都市農業は、食料の安定供給にはほんのわずかな影響しか与えませんが、レタス1玉やトマト1個が食卓にたどり着くまでにどれだけ長

ミシガン都市農業イニシアチブは、食料を確保しやすくし、教育、持続可能性、コミュニティを推進するため、デトロイト市のノースエンド地区に都市農業キャンパスを運営。1万人以上のボランティアが有機農産物54トンを栽培し、地元の2,500世帯以上に分配してきた。農産物はすべて無料で、それぞれが支払える額だけを支払う仕組み

*新鮮で栄養価がある食料が容易に手に入らないコミュニティに住まざるを得ない差別された社会状況

い距離を移動しているかを知るきっかけになります。新鮮な地場の食べ物への需要が変化すると、都市周辺地域の小さい農園の数が増加して、食べ物のローカル化を促します。副次的なメリットとしては、都市のヒートアイランド現象の緩和、ポリネーターなどの野生生物の生息地の改善、有機物の堆肥化によるリサイクル推進、化石燃料由来の二酸化炭素排出量の削減、食料の調達・保存が停止することに対するレジリエンスの強化などがあります。

　都市は自給できるでしょうか？　それは都市によるかもしれません。米オハイオ州クリーブランド市の研究によると、同市内には多くの空き地があるため、その80％を家庭菜園に変えて養鶏や養蜂も加えた場合、市内で消費される生鮮食品の最大で半分、鶏肉や鶏卵の25％、はちみつすべてを供給しうることがわかりました。屋上菜園も加えると、生産可能な量はクリーブランド市の需要すべてをまかなえるところまで急増します。これに対してニューヨーク市では、人口がはるかに多く、空き地ははるかに少ない状況です。2013年にコロンビア大学が行なった研究によると、ニューヨーク市の果物と野菜の年間需要を満たすには、農地が6万6000〜9万4000ヘクタール必要だということです（地元で栽培できない熱帯の食べ物を除く）。しかし、同市内で農業に使える空き地は2,000ヘクタール以下しかありません（そこで開発を行なう経済的な価値は、食料生産地としての価値をはるかに上回ります）。可能性としては、ニューヨーク市周辺の郡に空き地が16万ヘクタールあり、その50〜75％を使えば市内の果物と野菜の需要を満たせますが、それもそれだけの土地が食料生産に使われればの話です。

　近年花開いてきたアイデアは、昔からある

ものではありますが、屋上菜園です。建物の屋上で植物が栽培されている記録は、何千年も前までさかのぼって証拠が残っています。ことによると、有名な「バビロンの空中庭園」も含まれるかもしれません。近代では、屋上菜園を設置する流れが15世紀のイタリアで始まり、1890年代にニューヨーク市で人気になりました。当時、マディソン・スクエア・ガーデンとして知られる建物の屋上に、広大な菜園が設置されました。近年、屋上菜園は都市農業の刺激的なモデルへと発展しています。2010年に若手農家のグループが「ブルックリン農場（Brooklyn Grange）」を組織し、クイーンズ区のスタンダード・モーター・プロダクツ・ビルディングに、0.3ヘクタールという当時世界最大となる屋上野菜農園をオープンさせました。めざしているのは、「ニューヨーク市の未使用空間」で、健康的でおいしい食べ物を栽培することです。商業的な養蜂、インターンの研修プログラム、教育センター、毎週のマーケットやオープンハウスといった活動を行なっています。2012年にブルックリン農場は、歴史的な「ブルックリン海軍造船所」の建物（地上12階建て）の面積0.6ヘクタールの屋上に、2つめの農場を開設しました。2019年には3カ所めにあたる最大の農場を、ブルックリン区のサンセット・パーク地区で、ウォーターフロントのビルのだだっ広い屋根の上につくりました。そこには大きな温室やイベントホール、台所も設置しています。ブルックリン農場は、計2.4ヘクタール近くの菜園で年に45トン以上の有機野菜を生産し、すべて地元で販売しています。

　屋上菜園の動きは拡大し多様化してきました。ワシントンD.C.では、NPO「ルーフトップ・ルーツ（Rooftop Roots）」が、地域住民が屋根やバルコニー、テラスなどの空間を

食料生産事業の場に変えるのを手伝うプロジェクトにより、社会的・経済的正義を後押ししています。香港では「ルーフトップ・リパブリック（Rooftop Republic）」が、人口密度の高い都市の住民が屋上農園を実現できるような、独創的な方法を見いだしています。2020年にはカナダのモントリオール市の「ルファ・ファームズ（Lufa Farms）」が、同社4つめの世界最大となる屋上温室を開設し、新鮮なトマトやナスなどの野菜の生産能力を2.8ヘクタール以上に拡大させました。新しい温室では週に11トンの野菜が生産されます。新型コロナウイルス危機の最初の数カ月間に顧客からの需要が倍増したのを受けて、急速に実現する運びとなりました。ルファはまた、定休日なしの営業も始め、宅配を3倍に増やし、新たに35にのぼる地元農家や食品メーカーと契約し、3万人の新規会員を獲得しました。「人々が暮らすところで食べ物を育てることが、私たちのミッションです。この温室は、そのミッションを加速させるものです」とルファ・ファームズ共同創業者のローレン・ラスメルは話します。「地元で責任をもって育てた新鮮な食べ物に対する右肩上がりの需要に対応するため、これ以上のタイミングはありませんでした」

現在探られているもう1つの都市農業のアイデアが、「垂直農法」です。このシステムでは、野菜などの作物が、倉庫や事務所やレストランなど、都市部の建物の中で、積み上げた設備を使って栽培されます。構成要素としては、シンプルに植物のトレーを並べたものもあれば、人工照明やヒーター、ポンプ、何列か並んだ容器、コンピューター制御のタイマーを複雑に配列したものもあり、さまざまです。垂直農法の1種が、土を使わない水耕栽培で、たいていは植物に最適な光合成条件になるように微調整したLED照明を用います。もう1つが「エアロポニックス（気耕栽培）」で、植物を空気中にぶら下げ、専用のハイテク器具で根に栄養豊富な霧を吹きかけるというものです。このような「空中農園」は、学校やレストラン、政府の建物、公民館、集合住宅など、ほぼどんな空間にも合うようにカスタマイズできます。3つめの垂直農法が、野菜とともに、食べられる魚も育てる「アクアポニックス」です。この自己完結型のシステムでは、窒素豊富な魚のフンも含む魚の水槽の水が、水耕栽培の植物を通して濾過されて、また水槽に再循環されます。植物は自然の肥料が好きで、魚は戻ってきたきれいな水が好きです。アクアポニックスシステムは、ほとんど廃棄物が発生せず、ほぼどんな室内空間にも合うように適応でき、多様な魚と植物を育てることができます。

先進技術により、標準モジュールでの垂直農法も可能になっています。ニューヨーク市に基盤を置く革新的な新興企業「スクエア・ルーツ」の場合、輸送用コンテナを標準モジュールとして使います。スクエア・ルーツは、2016年に起業家のキンバル・マスクとトビアス・ペグスが創業し、地元の新鮮でおいしい食べ物を栽培するような、技術的に洗練され、気候をコントロールしたフードシステムをつくることをめざしています。そのために同社は、普通の約30平方メートルの輸送用コンテナを再利用して、食べ物を育てます。コンテナ1つで1週間に約45キログラムもの食べ物を生産できます。各コンテナを地元農家1人ずつが管理していて、彼らが苗から育て、水耕栽培の養分を管理し、自然光を模したフルスペクトルLEDシステムを調整し、作物を収穫し、市場に持って行きます。エネルギー集約的な垂直農法システムではエネルギー使用量が悩みの種となることが多いのですが、スクエア・ルーツのモデルでは、

エネルギー効率を最大化する技術を生かして使用量が入念に測定され厳しく制御されています。コンテナ内の照明システムは、自然光のもとでの完全な生育条件をマネして設計されています。人気のあるバジルの場合、このシステムでは、数十年に1度のバジルの大豊作といわれた1997年のイタリアの生育条件を再現しています。生育プロセスの1つひとつの段階について、データが収集され分析されます(ペグスはかつてデータ・サイエンティストでした)。こうして、品質と収量を最適化し、農家の利益を増やすように調整できます。

　スクエア・ルーツは、事業をほかの都市に広げており、ハイテクシステムで栽培できる食べ物の多様性を広げる計画です。この拡大計画は、21世紀の都市の進化ビジョンにピッタリと合致します。コンテナは、移動できて積み重ねられ、適切な空間ならほぼどこにでも置けます。都市が車のないモビリティシステムへ移行するにつれ、使われなくなった駐車場にも理想的です。個々の農場はコンテナ1個でも20個でもよく、使える空間の大きさや農家の目的によって決めることができます。コンテナの動力源は電気で、つまり、都市部のエネルギー使用によるカーボンフットプリントを大幅に削減するために「すべてを電化する」という動きの一端を担えます。コンテナ農場は、1日のうちのピーク時を外して電線から受電する設計にもでき、エネルギーの節約ができます。送迎サービスと同じように、依頼を受け次第、ただちに準備して食べ物を提供することだってできます。「超地元」とも言えるほど地元でつくった食べ物なので、常に新鮮でおいしいのです。

　屋上農園、温室、コンテナ農場は、都市が自給に向けて挑戦している数多くの革新的な方法の、ほんの一部にすぎません。究極の目標は、食べ物が生産された場所で、食べ物との関わりを住民がまた取り戻すことです。「自分で食べ物を育てる人は、農業における自然のプロセスを理解している可能性が高い」とルーフトップ・リパブリックのミシェル・ホンは語ります。「私たちがめざしているのは、食べ物はスーパーマーケットでしか扱わないものだという考え方を変えることです。この分断され、壊れた関係性に対処することでこそ、私たちは人々の物の見方や行動を変え、食べ物についてもっと情報を得たうえで決定できるようになるのです」●

都市の自然
The Nature of Cities

2030年には中国人の70％、米国人の85％、英国人の86％が都市部に住んでいるでしょう。アフリカ全体では、幅がありますが平均すると約50％です。6,000年前に都市が誕生するまで、人々の生活は、集落や村という限られた場所としきたりの中で営まれていました。比較的少数の住民や地元のしきたりによって、誰に会って、迎え入れて、結婚するかが決まっていました。みんながお互いに顔見知りだったからです。見ず知らずの人に会うことはほとんどなく、知り合い同士というのが普通で、よそ者嫌いが広く根づいていました。余剰農産物が生まれたことで都市が発生したものの、なぜ都市がつくられたかは明確ではありません。都市が形成される中、村の生活の特性はほとんどひっくり返されました。見ず知らずの人に会うことがあり（そして結婚する可能性もあり）、市場で

ステファノ・ボエリがエジプトの首都カイロ市で設計した「垂直の森」。広範にわたる「よりグリーンなカイロ（Greener Cairo）」ヴィジョンの一環であり、このヴィジョンは生態学的な転換を実現できるよう、6つの脱炭素戦略を描く。新しい建築形態を構想すること、大規模キャンペーンにより市内の何千もの平屋根を緑化すること、この古い首都を横切って大きな環状の森林をつなぐような緑の回廊システムをつくり都市植生を増やすこと、カイロ市を北アフリカで初めて気候変動と生態学的な転換の課題に対処した都市にすることなどが含まれる

よく知らない人に会うことが普通になりました。草の生えた丘、川辺林、丘の頂上、森林の飛び地といった、村が置かれた場所への思い入れは、もはやなくなりました。また、哺乳類や捕食者、鳴禽、昆虫、ヘビ、無脊椎動物、ハーブ、キノコ、薬草との関わりもなくなりました。青空市場、広場、神殿、スタジアム、劇場、鍵のかかったドアが好まれ、家畜や似たような住宅が残りました。都市環境の多様性、比較的暇な時間、人と人の距離の近さが、芸術や音楽、宗教、政治、法、発明、学問の爆発的な発展を生みました。

都市のレイアウトと設計は、建物と町の中心部との近さにより、場当たり的だったり、計画的だったりする傾向にありました。都市計画は、町や、通りの広さ、中央市場の場所、開放される広場の広さ、都市を洪水から守る排水装置の位置、小川や川の橋の場所を、人々と当局者が集団で決めるプレイスメイキング（場づくり）を実践することでした。古代都市の多くは今日、地下に眠っています。ローマやロンドン、パリ、広州、東京、メキシコ市、カイロ、アテネ、イスタンブールなどで行なわれた発掘調査やトンネル工事によって、家や広場、陶器、落書き、骨、道具、墓などの層がいくつも発見されています。

産業主義と今日の都市化の広がりが、車とコンクリートと鉄鋼に支配された都市をつくってきました。1885年に米イリノイ州シカゴ市に建設された最初の高層ビルは、I形鋼を採用して10階建ての石造建築を支えました。建設技術が進化するにつれて、石造りの外観は見られなくなり、鉄鋼とガラスの超高層ビルが街の中心部にそびえ立つようになりました。日中ににぎわうダウンタウンが、夜間には危険なゴーストタウンと風の通り道になりました。ニューヨークやバルセロナ、ロンドン、パリ、サンフランシスコ、ミュン

ヘン、メルボルンといった多くの古い都市では都市公園が整備されていましたが、新しい都市は第二次世界大戦後に急速に開発され、ロンドンのハイドパークやパリのチュイルリー宮に見られるような先見の明はありませんでした。米国では、歴史あるダウンタウンが取り壊されて、自動車や鉄鋼、コンクリート、アスファルトの形をとる「進歩」に場所を明け渡しました。現代の都市で緑が見られるのは、道路脇や、幹線道路の植栽、空き地、小さな公園くらいです。庭は少なく、木も鳥も、花を咲かせたつる植物もほとんど見られません。多くの大都市の周辺地域で育った子どもにとって、自然景観はありません。あるのは、歩道と車の往来と騒音の都市景観です。野生生物といえば、大小のネズミにゴキブリです。天気以外、子どもの生活に自然の要素はありません。

心理学者ピーター・カーンは、「環境世代健忘症（environmental generational amnesia）」という言葉を使って、複数世代が連続して都会で育ち、さらに大自然と無縁になることを表しています。子どもたちは、夜に星を見上げたり、真夏にホタルを見たり、夕方にコオロギの鳴き声を聞いたり、キツネが草むらで跳ね回るのを見たり、求愛中のハチドリが求愛相手を引きつけようと時速72キロメートルで急降下する様子に息を飲んだりすることはありません。都市に、自然の不思議はありません。生物多様性がないため、自然への懸念をもたず、無関心な状態に陥りやすくなります。鱗翅類学者のロバート・パイルの言う「経験の絶滅」に対して、都市環境に広い植栽や公園、森林、緑道を用意するといった対応が必要です。パイルは、こう警告しています。自然との隔たりが「環境問題への無関心を生み、必然的に共有の生息地のさらなる劣化をもたらす。知らない人は、気にならない

のだ。ミソサザイも知らない子どもにとって、コンドルの絶滅が何だというのか」と。そのような環境にあって、子どもが地球温暖化と聞いても、エアコンが必要だという以外、何を思うというのでしょうか。

今日、大都市についての考え方は変化しつつあります。都市計画家は、植物学者や農学者、地理学者、林学者、都市農業者、鳥類学者、建築家、動物行動学者、医者、研究機関、微生物学者、開発業者、市民社会、造園家といった人々と並んで座るようになっています。森林や果樹園、ブドウ農園、木質多年生植物、人間の精神的・肉体的なウェルビーイングを、これまでに思い描かれたことのない形で都市に組み込むためです。丘の上の都市ではなく、庭や森林や湿地や塩性湿地の中にある都市が設計され、提案されています。空き地や、公園用地、残った森林は、開発されていないため貴重な場所と見られます。都市は、石垣や建物、舗装道路といった「ハードスケープ」を後悔しているのです。2012年に北京市は、壊滅的な洪水に見舞われました。暴風雨による水が排水を上回り、地中に染み込むこともできずに街の通りを流れました。全国的に似たような話があり、気候変動のもとで悪化するばかりです。これに対応するため、中国は緑あふれる「海綿城市」(スポンジ・シティ)をつくっています。屋上庭園の設置、湿地や湖の回復、新たな公園の整備、木などの植生の追加といったことを行ない、雨水や洪水の水を吸収できるような自然の場所を用意するのです。歩道や道路には多孔質材が使われています。回収された水は地下のタンクに貯水され、利用できるようになっています。2030年までに中国は、国内の都市の80%で、降雨量の3分の2を吸収できるようにする計画です。インド、ロシア、米国の都市も同様に、「スポンジ」事業を実施しています。

シンガポールの国立公園局は、1年間に5万本以上の木を植えています。木は、窒素や硫黄や二酸化炭素を取り除きます。木や緑は、ストレスを軽減させ、人々の気持ちを落ち着かせます。周囲に木が多いところに住む人のほうが精神疾患にかかりにくいことを示すデータもあります。また、免疫システムも強くなります。ロンドン市長のサディク・カーンは、この首都の半分を2050年までに完全に緑地化し、都心部に都市林4カ所を整備し、ロンドン市を世界初の「国立公園都市」にしたいと考えています。温暖化が進む世界で、都市や人々を涼しくする能力への需要が高まっています。北京市は2012〜2015年に、政府主導の「百万畝」(666平方キロメートル)計画のもと、推定5,400万本の木を植えました。この植林のおかげで、1年間に発生する砂嵐の数は1桁前半に減り、不毛の岩だらけの土壌がマツやヤナギの木が生える地域に変わりました。カナダのブリティッシュコロンビア州バンクーバー市の「都市林戦略」には、低所得地域で林冠の被覆を増やすように戦略的な植林を行なうことや、レジリエンスを高めるために樹種を多様化することなどが含まれています。そして、市内の都市林を、生きた資産と見なしています。

イタリアの建築家ステファノ・ボエリは、最初の「垂直の森」を設計し、2014年にミラノ市のポルタ・ヌォーヴァ地区、ガリバルディ駅の近くに完成させました。イタリア語で垂直の森を意味する「ボスコ・ヴェルティカーレ」は、19階建てと27階建ての2棟のタワーマンションで構成されています。830平方メートルのテラスに800本の中高木、5,000本の低木、1万5000本のつる植物や多年生植物が植えられ、森林都市に住んでいるような経験を住民に与えています。植物の選定は、各階の高さや近隣の高層建築物の日陰

261

などを加味し、全体的な日照量から慎重に決められました。こうして、空に向かって110メートル伸びた、複数種からなる多様性に富んだ森林ができ上がっています。もしこれだけの緑を平らな土地に植えたとしたら、約2ヘクタールの森林に相当します。草木が湿度を生み、二酸化炭素を隔離し、酸素を排出するため、各住居に独自の微気候が生まれます。そして各テラスに独自の微生物群集が生まれます。多様性に富んだ空気にさらされ、自然との接点があることで、人々はより多くの微生物とつながります。森林の微生物群集に触れるほど、体内のマイクロバイオームの質が高まることがわかっています。木や植物が都会の騒音を緩和して静かになったテラスには、巣をつくる鳥20種がやって来て、さえずっています。成木は毎日約380リットルの水蒸気を大気中に蒸散させるため、住民や近隣住民にとって周辺の気温が下がります。都市部では、周辺の農村部よりも気温が高くなると

いう「ヒートアイランド」現象が典型的ですが、ボスコ・ヴェルティカーレは「クールアイランド」です。1年間に約20トンの二酸化炭素を酸素に変えると見込まれています。

革新的な都市計画は今、都市の中に森をつくるのではなく、森の中に都市を配置しています。中国の広西チワン族自治区でステファノ・ボエリが手がけている「柳州森林都市」は、世界初の森林都市となります。周囲の山岳景観をマネするように構築され、面積は推定約180ヘクタール、そこに3万人が住み、4万本の木と100万本の草本が植えられる予定です。住宅のテラスと建物の側壁は緑で覆われ、地元の動物種に生息地を提供します。年に二酸化炭素1万トンと、微粒子状の大気汚染物質57トンを吸収します。この都市は、高効率の鉄道と電気自動車専用道路で、柳州と結ばれることになります。

ボエリは、世界中で都市林業を行なう運動を進め、温室効果ガスの最大の排出源である都市を、気候変動に対処するためのリソースとして見ています。都市における森林と木の存在を何倍にも増やしたいと考えているのです。ボエリは、スイスの「グレート・ジュネーヴ」プロジェクトの構想と設計で積極的な役割を担いました。これは中央に位置するサレーヴ山を中心に、ジュネーヴ市、アヌシー市、そして2つの湖など、11の都市核をひとまとまりで捉えた大都市として構想されています。地球上で初めての生物多様性都市圏を設置することをめざしています。

ひょっとしたら、都市の草木からの最高の贈り物は、学びと鑑賞にあるのかもしれません。都市の表面と構造は、静的で、固定していて、硬く、ほぼ不変です。草木はその逆です。水がなければ枯れ、春には見事な花を咲かせます。日々進化します。それを見る者と同様、生きています。広葉、針葉、苞葉は変化し、地面に落ちます。空中ブランコ乗りのように、リスが木から木へと飛び移ります。これが、自然と呼ばれるものです。世界中で温暖化が進み、生物界では弱ったり、洪水が起きたり、熱波に襲われたり、減少したり、燃えたりするところが増えるなか、木やそこにすむ生き物の日々の営みから、都市住民は世界で失われつつある感覚を得ることができます。都市で林冠被覆が40％になると、温度が最大5℃下がる可能性があることがわかっています。その力は地球全体でも働くため、進行中の地球温暖化を逆転させるということが、抽象的ではなく、もっと理にかなった話になります。活気に満ち、多様性に富んだ生きた緑の都市で子ども時代を送れば、学生は来たる世界に備えることができます。もし子どもたちが自然のないところで教育を受けたら、田舎に行ったときに目の前にあるものをほとんど理解できないでしょう。彼らの地形に関する語彙は、森、丘、川、野原といった言葉ぐらいになってしまうでしょう。名前のないものは、目に入りません。世界を再生するというのは本質的に、より多くの生命を生み出すことです。これは、人間がもって生まれた、最も奥深くて最も重大な意味をもつ喜びの1つです。その種子は、すべての庭、川岸、公園にいる、すべての子どもの心に蒔くことができます。●

ドイツ・テューリンゲン州イェーナ市、朝のパラダイスパーク

マイクロモビリティ（超小型モビリティ）

Microbility

都市が発明されたのは6,000年前のこと。なぜかは誰にもわかりません。何千年もの間、少人数の集団で地球上を歩き回る暮らしをした後、多くの人々が村に定住しようと決めました。そして農業を始め、ビールや、糸を紡いだ衣類、銅製の道具、手ごねの陶器をつくるようになりました。こうした初期の都市は、モビリティ（移動手段）を確保しなければなりませんでした。徒歩、車輪のある荷車、動物の利用、ヴェニスやバンコクのような運河システムなどです。

ガソリン車が都市に登場したのは、20世紀初頭です。1908年に最初のT型フォードが組立ラインで製造され、1927年までに1,500万台が売れました。自動車の台頭が、都市のインフラ設計や移動手段のパターンを変えたのです。米国最初の高速道路は、ロサンゼルス市のダウンタウンからパサデナ市までを結び、1940年に開通しました。7年後には、南カリフォルニア全域の高速道路の基本計画が採択されました。全米の州間幹線道路システムは、1956年に着工されました。世界全体の自動車の台数は1976年の3億4000万台から、今日では乗用車とトラックを合わせて約15億台まで増え、これが2030年には20億台に達する見込みです。中国の車の所有台数は、米国を追い抜きました。

都市計画者は、ほかの移動手段、特に徒歩という手段を犠牲にして、乗用車やトラックのニーズを満たすように都市を変えることで、この新たな自由と便利さを求める情熱を後押ししました。変容は、犠牲を伴います。車の排ガスによるひどい大気汚染が事実上すべての大都市で見られ、肺疾患など健康被害を引き起こすほか、騒音公害もあります。交通事故による死者は年間150万人に迫ります。交通渋滞で、多くの大都市圏が麻痺しています。米国人は1日に平均約1時間、たいていは1人で車の中で過ごしています。世界のほかの地域はさらに悪い状況です。通勤は人々を幸せにしていません。新しい道路をつくっても、7年も経たず渋滞が発生します。公共交通機関は常に成功するわけではありません。都市は、適切な量の歩道や自転車レーン、駐輪場、日よけの木、交通量の多い道の安全な横断方法を提供できず、歩行者や自転車利用者を失望させてきました。

都市や市街地は、世界全体の年間温室効果ガス排出量の70%を発生させており、その約3分の1が陸上輸送に由来します。しかし、こうした数字は人々の目を欺いている可能性があります。ほとんどの自動車からの排出量は、通勤の距離と関係しています。スプロール化した都市のカーボンフットプリントは通常、人口密度の高い市街地を上回っています。ニューヨーク市は米国内で1人あたりのカーボンフットプリントが一番小さく、第2位がサンフランシスコ市です。都市がどのように成長するかと、住民がどのように移動するかが重要です。都市は、面積ベースでは地球上のほんの2%未満ですが、そこに40億人が住み、さらに2050年までに25億人が加わります。その増加のほとんどがアジアとアフリカです。世界最大の都市圏は東京圏で、一都三県に3,700万人が住み、次がニューデリー（2,900万人）、そして上海（2,600万人）です。

人口1,000万人以上の巨大都市は、2030年には43都市に達すると予測されています。

このような傾向に対抗して、都市は新たなモビリティ戦略を実施しており、人々が車ではなく、徒歩や自転車やバイクに戻るように、あるいはバスや電車や地下鉄に乗って移動するように促しています。中心部への乗用車やトラックの乗り入れを完全に禁止している都市や、特定の日だけの乗り入れに制限している都市もあります。パリ、ボゴタ、マドリード、ダブリン、ロンドン、ハンブルク、四川省成都、ハイデラバードなどです。ガソリン車とディーゼル車すべての販売を禁止しつつある国は14カ国にのぼり、ノルウェーはその期限を2025年に設定しています。イスラエル、ドイツ、デンマーク、アイルランド、オランダ、スロベニア、スウェーデンでは2030年です。各都市は移動手段での重点を変えており、自転車インフラ、歩行者空間、駐車場の削減、オープンスペースの拡大、公共交通機関の再活性化に投資しています。特に、都市を歩いて暮らせる街に戻すことに注目が集まっています。歩くことは、一番安上がりで、一番シンプルで、一番健康的で、一番再生可能な形の移動手段です。そして、一番大きな見返りが得られることも多いのです。

ミラノ市は、約35キロメートルの通りを、歩行者と自転車専用にすると発表しました。オスロは、駐車場を禁止し、坂道が多いため電動自転車の購入に奨励金を出しています。ベルギーのヘント市は2017年に、最も交通量の多い20の通りから車を締め出す決定を行ない、人々から好評を得ています。人口1,400万人の広東省広州市は、スポーツ会場と観光地へ何キロメートルも歩けるように、道珠江沿いに自然の回廊を整備し、世界最高レベルの歩行環境をつくりあげています。バルセロナ市は、1980年代に工業用の建物の区画を公園などの快適な空間に変え始め、それ以降公共空間を再生してきています。同市は、多くの通りを、市民を中心に据えた「スーパーブロック」に変える計画です。

オーストリアでは、気候・環境・交通担当大臣のレオノーレ・ゲヴェスラーが、排出量を削減して、車のない社会を加速させる独創的な計画を始めています。国内のどこに住んでいても1日3ユーロ（約400円）払えば、全国のバス、電車、地下鉄、すべての公共交通機関を無制限に利用できます。EUで車を所有するコストは1カ月平均600ユーロ（約7万9000円）を上回るため、市民は1カ月に500ユーロ（約6万6000円）を節約できる計算になります。

「カ ・フリー」運動は、都市モビリティで急速に進んでいる新しい傾向と融合しています。その多くが革新的な技術を中心にしています。自動車の電化は、特に送電網に供給する電源がよりクリーンでより分散型になるなか、温室効果ガスの排出と大気汚染を大幅に減らしています。自動運転技術が実現すれば、交通事故およびその死者を削減できるとともに、通勤の精神的苦痛を減らせるでしょう。また、十分なサービスを受けられていないコミュニティでも、移動手段の選択肢が広がります。配車サービスやカーシェアリングを進めれば、使用される自家用車の総数を減らせるでしょう。公共交通機関は、新しい技術で再活性化されています。自動運転のバスの利用や、データを活用したオンデマンド配備システムなどです。後者は、顧客にとっても交通当局にとっても利便性が上がります。

特に車や電車やバスや人々が集まる交通拠点では、「統合」が都市モビリティの未来のカギを握ります。スマートシステムにより異なる交通手段がデジタルでつながり合い、目的地まで効率的な経路をとれるようになりま

す。この統合は、アプリやデータ収集により可能になる一方で、目標は大規模に機能させることで、そのためには市民が交通サービスをいつも求めている必要があります。都市計画者にとってカギを握るのは、人々、特に都市通勤者に自家用車の使用をあきらめさせることです。このような新しい交通システムのメリットは、お金の節約、環境問題への対応、公共交通機関の信頼性の向上、体を動かすことによる健康の増進、都市が快適になることで魅力の高まりなどがあります。都市住民にとって、車以外の移動手段があることと、近所づきあいのよさや地域社会への帰属感との間には、強い相関関係があることが研究で示されています。その結果、人々は社会への関わりを深く感じるようになり、政治にも積極的になります。また、公共交通機関を利用し、電気自動車や再エネの導入を応援する可能性も高まります。

　ある意味で、この新しいモビリティは、都市のもともとの考え方に戻ることです。アテネ、リスボン、エルサレム、ミラノ、ハノイ、北京、デリー——こうした古い都市は、今日まで続くような共有空間をつくりました。通り

ローマ市で、電動自転車が手ごろな価格の市民の移動手段を拡大している。ローマ市はイタリアで初めて、世界最大級のシェアリング・モビリティのネットワークを立ち上げる都市に選ばれた

や、作業場、祈りの場、市場、公共の場、スポーツの場などを、みんなで共有したのです。人々は互いに交流し合い、路地で押し合いへし合いし、群衆の中で暮らしていました。このような経験をいま再現すれば、多くの恩恵が得られます。注目の対象を車から人に移すことで、都市は、生き生きと暮らし働ける場として、自らを再生できます。そのために、公共交通の計画担当者や都市住民は、何世紀も繰り返されてきた質問を投げかけています。通りは何のためにあるのでしょうか？　共有空間を使う一番良い方法は何でしょうか？　どのように移動すべきでしょうか？　どのような決定を行なえば、もっと楽しい生活、もっと公平な都市になるでしょうか？　これから何年かのうちに都市が成長して人口密度がもっと高くなるなか、生活を向上させ、安全で楽しく、共通の目標を達成するような交通システムをつくることが不可欠になるでしょう。●

15分都市
The Fifteen-Minute City

　必要なものが何でも、自宅から15分歩く
か自転車に乗るかで手に入るような都市を想
像してみてください。新鮮な食べ物、医療、
学校、職場、お店、公園、ジム、銀行、さま
ざまな娯楽など、何でもです。そこまでの道
中は安全で、木陰があり、車が走っておらず、
人々は互いをよく知っています。互いにつな
がり合っているとき、地域の人々はコミュニ
ティを生き返らせて強化し、温室効果ガス排
出量を削減し、きれいな大気と秀でた公共交
通システムで住みやすい街をつくっています。

　これは「15分都市」と呼ばれています。
想像の産物ではありません。パリ市長のアン
ヌ・イダルゴは、通りを走行する車に制限を
かけながら、市内のあらゆるところで徒歩や
自転車、そして人間第一の経済発展の選択肢
を増やす、野心的な計画を実施してきました。
2016年に、セーヌ川沿いの交通渋滞の激し
い道路で車の進入が禁止され、歩行者に開放
されました。大規模な建設事業が進んでおり、
シャンゼリゼ通りのような大通り沿いを含め、
市内に1,000キロメートルの自転車専用道路
を完成させることをめざしています。最終的
にはすべての道路に自転車専用道路が設置さ
れることになっています。そのスペースを空
けるため、自家用車用の駐車場6万台分が廃
止の対象となっています。新型コロナウイル
スのパンデミック中に、この取り組みは加速

スペイン・カタルーニャ州ジローナ市の旧市街のメインスト
リート、ラ・ランブラ・デ・ラ・リベルタ

しました。同市はまた、対象地区での新規ビジネスに資金を援助し、緑地を増やし、都市農業事業を奨励し、標準的な業務時間以外にも学校の建物を使えるようにしてきました。これは、2050年までにカーボンニュートラルを達成するための市の計画の一環ですが、それ以上のものももたらします。

イダルゴ市長が取り入れた15分都市の概念は、パリのソルボンヌ大学の教授カルロス・モレノが開発しました。モレノは、日々の暮らしで必要なものはすべて、徒歩か自転車か公共交通機関による少しの移動で手に入れられるべきだと考えています。彼の研究はもともと輸送部門の温室効果ガス排出量を削減することに焦点を当てていましたが、住民が家庭や仕事や娯楽のニーズを近所で歩いて満たせる、そのような近接地域がモザイク状に集まったものとして、現代都市を見るようになりました。カギを握るのは、1つの地域の中にできるだけ多くのさまざまな活動を混ぜ込むことです。また、業務時間外も含めて、学校や図書館やその他の多目的スペースを活用することを提唱しています。通勤時間が短くなり、自家用車の必要性も減ると、通りは歩行者が使えるようになり、人々が家にとじこもらず、近所での買い物やレジャー活動に出かけるようになります。2019年だけで、パリ市は車両通行量が8％減りました。これは住民にもう1つの恩恵ももたらします。大気がきれいになるのです。自動車公害は、人々に肺疾患や心臓病などたくさんの病気を引き起こし、その大気汚染は子どもの認知機能の低下との関連性も指摘されています。交通騒音は、うつや不安のレベルが上がることと関連づけられています。15分都市では、その両方が大幅に軽減されるのです。

この動きは世界中に見られます。2015年に米オレゴン州ポートランド市が採択した「気候行動計画」では、住民の80％、特に低所得地区の人々が、自転車か徒歩で簡単に基本ニーズを満たせるようにするという目標を設定しました。スペインではマドリード市が、パンデミック後の復興の一環で15分都市モデルに移行する計画を発表しました。これは、車両の進入を減らして歩行者のための公共空間を優先したバルセロナ市の「スーパーブロック」システムにインスピレーションを受けています。中国の都市は成長計画に「便利な15分生活圏」を含めており、そこでは各コミュニティが車の進入しない市街地とつながっています。オーストラリアのメルボルン市は、少しだけ拡大したバージョンを試行しています。「プラン・メルボルン2017-2050」は、人々が日々のニーズのほとんどを満たせる「20分生活圏」の創設をめざしています。米ワシントン州シアトル市は2020年9月に、市の「総合計画」を次に改定する際の指針として15分都市の概念を考えると発表しました。これにより、シアトル市は「C40*グリーンで公正な復興に向けた市長アジェンダ」と呼ばれる世界的な取り組みに参加し、住みやすい地域社会にするために15分都市をつくることを強調しています。

15分都市の概念のカギを握るのは、人間が使えるなかで最も軽視されてきた移動手段、つまり歩くことです。人間は直立歩行できるようになってからの400万年近い時間の大半で、主な移動手段として2本の足を頼りにしてきました。しかし近年では、自動車や都市部の大量輸送交通機関が支配的になり、歩くという行為がほとんど娯楽に成り下がってきました。都市を支配しているのは、乗用車やトラックのために建設され、都市の計画と設計でスピードと便利さを最適化させた道路で

＊世界大都市気候先導グループ。世界の人口の12分の1と世界経済の4分の1を代表する
東京都、パリ、ミラノ、LA、ソウルなど世界96都市で構成されている

す。個人で車を所有することは、移動の自由というメリットをもたらすものの、公園よりも駐車場を優先させることになり、都市のスプロール現象を引き起こし、汚染をもたらす輸送システムから身動きがとれなくなりました。

しかし、15分都市は、視覚障害などの障害を抱えている人、歩けない人、人口密度の高い都心で生活する金銭的余裕のない人、所得や人種や年齢に関連した格差により輸送手段の利用に限りがある地域に住んでいる人にとっては、まるで違う意味をもちます。「ウォーカビリティ」（歩いて暮らせること）は、矛盾するようですが、特に豊かではない地区では特権になりました。歩道は、あってもなくてもいいものではなく、必須のものです。同じく、定期的に頻繁に運行される固定ルートの補助交通機関も必須です。それは、人口密度の高い裕福な地区だけではありません。15分都市がインクルーシヴであるために、安全で確実な乗り換えの接続ができるように、歩行者インフラに多額の投資をする必要があります。公園、緑地、縁石スロープ、歩行者にやさしい交差点が、すべての地区で義務づけられるべきです。そして都市は、特に住宅など、手頃な価格にすることを重視すべきです。公共交通機関の便の良いところに住むか、それとももっと安くて済むもっと遠くの家やアパートに住むかで、選択を迫られることが多々あります。15分都市では、移動のスピードと移動しやすさと同じくらい、移動手段へのアクセスを重要視しなければなりません。都市が市場やお店や学校などのリソースに公平にアクセスできるようにと取り組むなかで、都市は持続可能性を高め、人々と地域社会との間の絆を強化できることを示しています。

15分都市に共通する、核となる要素があります。

● すべての地区の住民が、特に新鮮な食べ物や医療など、必要不可欠な財とサービスを手に入れられるようにする
● すべての地区がさまざまな大きさや価格帯の住宅（かつてオフィスビルだったところも含む）を含めるよう推奨し、多様な世帯に配慮し、人々が職場に近いところに住めるようにする
● 多目的の小売・事務スペース、コワーキングの機会、テレワーク、特定サービスのデジタル化を押し進め、こうしたすべてのおかげで、移動の必要性が抑えられる
● サービスが行き届いていない低所得地区に投資を集中させ、住民や企業が改善策に手を貸すよう促す
● その都市独自の文化や情勢に合わせ、地域個別のニーズに対応する
● 頻繁で確実な公共交通機関でほかの地区との接続を求める
● 地上レベルで「通りに面した」利用を促し、にぎやかな通りになるよう後押しする
● 別の用途に簡単に転用できるように建物を設計するなど、建物や公共空間の柔軟な活用を促す
● 魅力的な街並みや緑地など快適な空間の必要性を後押しする

車の時代が去りゆく中、都市はどれだけ健康的で、活気にあふれ、レジリエンスをもてるかを見極めながら、住民の役に立つように再設計されつつあるのです。◉

カーボンアーキテクチャ
Carbon Architecture

カーボンアーキテクチャ（木材などの炭素でできた建築物）は、建物の建設に使われる原材料を、炭素を隔離するバイオ素材で置き換えようとするデザイン・ムーブメントです。石（鉄鋼、セメント）で建てるのではなく、繊維で建物をつくるのです。建築業界を気候変動の主要因から炭素の吸収源へと転換するため、大気中の二酸化炭素を吸収

する植物原料を採用します。この建設は、地球を温暖化するのではなく、冷却します。地球上の人口は今後30年間に25％増加しますが、住宅や商業施設や職場が従来の方法で建設されるなら、大量の鉄鋼とコンクリートが必要になるでしょう。カーボンアーキテクチャは、都市を炭素の排出源ではなく吸収源に変えることができます。

カーボンアーキテクチャで使われる原材料は主に木、泥（粘土）、竹、わら、ヘンプで、耐久性や耐火性や構造強度の点で、鉄鋼やセメント、レンガ、石と比肩するように設計されています。当初のグリーン・ビルディング（環境や持続可能性に配慮した建物）ムーブメントは、冷暖房や電力消費に由来する、ビ

オーストリア・ウィーン市の24階建て「ホホ・タワー」は、いま世界一高い木造ビル。ホテル、アパート、レストラン、フィットネスセンター、オフィスが入る。この建物のほとんどの部分が、現場で組み立てを行なうプレハブ工法。建築施工システムは意図的にシンプルにされ、プレハブ建材4種（支柱、梁、天井パネル、ファサード部）を多数組み合わせてつくられた。オーストリア・スプルース（トウヒ）でできた約800本の柱が各階の床を支える。エネルギー効率の良い「パッシブハウス」だ

ル稼働中の排出量を削減することに焦点を当てていました。それは理にかなっています。なぜなら、米国の総排出量の約29％が建物に由来するからです。鉄鋼やガラス、コーティング、セメント、レンガを製造するのに必要な炭素は「内包二酸化炭素（embodied carbon）」と呼ばれ、わりと最近まで重要と考えられていませんでした。今日では、エネルギー消費量が敷地内での発電量でまかなえるネット・ゼロ・ビルディングが何千もあり、消費量が発電量より少ない建物すらあります。カーボンアーキテクチャはさらに踏み込んで、電気のスイッチを入れる前に炭素を隔離するような建物をつくります。めざすのは、生物由来の材料で建物を建設し、原生林よりも土地面積あたりで多くの炭素を回収して保持できるように、都市と中低層の建物を変容させることです。本質的には、パネル、梁、床、建物といった単位で、炭素を隔離した材料を建築環境に移すことで、私たちが今、都市と考えているものを完全に変革することになるのです。

粘土は、何千年も前から石造建築物に使われてきました。粘土でつくった日干しレンガは、米ニューメキシコ州では「アドベ」と呼ばれ、イエメンの多層住宅は1,000年経っても健在です。粘土には、帯電したきわめて微細な粒子が含まれているため、ゴムのようなべっとりした媒体を窯で乾燥させると、耐久性と耐水性があるセラミックをつくることができます。粘土は、強度の点でセメントの代わりになることはできませんが、ほかの方法でコンクリートの代わりに使えます。メッシュ素材や竹で補強して、床や調理台やレンガに使えるのです。

わらを、こう考えてみてください——米や小麦、ライ麦、オート麦、大麦、ヘンプなどの作物を支える、繊細で小さい、中が空洞の木であると。このような穀物や種子が毎年収穫された後、管状の茎に貯蔵された炭素が残ります。世界全体で毎年数十億キログラムものわらが生産されます。建築家や材料科学者は、繊維状セルロース20億トンをパネルやブロックや断熱材にしたいと考えています。わらやヘンプを代替材料として採用する方法はたくさんあります。しかし、建築基準や業界がリスクを嫌い、保守的なのです。建築家やエンジニア、請負業者は、建設後の部品不良をめぐる訴訟を警戒し、「伝染性反復症」ともいえる無難な戦略を進めています。慣例どおりの方法で建設したほうが、リスクは少ないでしょう。わらのメリットは、その豊富さとコストです。欧州にもっと良い話があります。フランスでは、1990年代初頭からヘンプを使った建設を行なってきており、EU最大のヘンプの生産国です。スペインでは、建築家のモニカ・ブリュマーが、完全にバイオ繊維からつくったレンガやブロック、断熱パネル、フェルト、ボードなどを製造するカナブリック（Cannabric）という会社で、大きな市場をつくっています。

何世紀にもわたって、建物の構造材料として一番たくさん使われてきたのは、木でした。中国山西省の応県にある高さ67メートル、9階建ての、釈迦塔（応県木塔）は、900年以上前に建立され、戦争や地震や王朝の変遷を生き抜いてきました。釘もボルトも紐も金属も、何1つ使っていません。多種多様な木組みの技術で建てられているのです。

木は20世紀まで、丸太や角材、用材として使われていました。化石燃料が安い時代に、長期的、短期的な影響への認識が不足したまま、鉄鋼とコンクリートがそれに取って代わりました。鉄鋼とコンクリートの利点は、強度、耐久性、均一性にあります。エンジニアは、せん断や荷重に耐える強度を得るのに必

要な材料を、正確に指定することができました。鉄鋼とコンクリートの難題は、重量でした。建物が高くなればなるほど、低層にかかる荷重と圧力は大きくなり、つまりそれを支える鉄鋼の使用量が増えます。建物が高くなるにつれ、物質集約度（MI）が指数関数的に増大しました。鉄鋼とコンクリートが比較的安価だったとき、集約度は問題にはなりませんでしたが、今日では鉄鋼とコンクリートの真のコストは、名目上の価格をはるかに上回っています。年間の二酸化炭素排出量はそ

れぞれ、およそ37億トンと26億トンです。環境への直接の影響を2つだけ挙げるなら、鉄の採鉱による影響と、セメント製造のために海岸から砂を盗み、荒らすことが挙げられます。

　ここ20年間、建築家と設計者は、低中層の建物で鉄鋼とコンクリートを使わないという可能性に触発されて、いわゆる「木造高層ビル」ムーブメントを生み出しました。そして、このムーブメントは本格的になってきました。米国最大の集成材（薄板を層状に重ね

ホホ・ウィーン新築にあたり、建築業者代表であり、エンジニア兼プロジェクト開発者を務めるカロリーヌ・パルフィ。「建設業界における昨今の木材ブームのなか、プロジェクトの木材資源は足りるのかとよく聞かれました。オーストリアの森林では毎年3,000万立方メートルの木材が生産され、そのうち2,600万立方メートルが伐採されています。残りの400万立方メートルが森林に残るため、木材のストックは絶えず増えています。言い換えると、この国の森林では木が毎秒1立方メートルずつ生長するため、ホホ・ウィーンプロジェクト全体で使用した木材の分は、わずか1時間17分でまた元通りになるのです」

て接着したもの）を使った商業ビルは、オレゴン州ポートランド市の「Carbon 12」というビルです。「12」という数字は、その8階建ての建物の高さを表しているわけではなく、炭素の原子番号を表しています。完全な木造高層建築物とハイブリッドの木造高層建築は、フランス、オーストラリア、イタリア、スウェーデン、カナダ、英国に見られます。ノルウェーのブルムンダルにある「ミョーストーネット」は、最近まで世界一高い集成材建築物でした。これは、アパート部分とホテル部分からなる、高さ85メートルの18階建ての建物です。（そこにある25メートルプール2つも完全に木でつくられました。）内部の柱や梁、斜材には、柔軟性と耐火性にすぐれた大きな「グルーラム」という種類の集成材が使われました。内壁やエレベーターシャフト、バルコニー、階段には、「直交集成板（CLT）」が使われました。木材は、鋼板やダボで接合しました。持続可能な林業認証を受けた木材であることは必須条件です。

カナダのブリティッシュコロンビア大学の「ブロック・コモンズ」は、18階建ての学生寮で、高さ53メートルと世界で3番目に高い集成材建築物です。集成材建築物は組み立て式でつくるため、建物の構造部分が完成するまで70日もかかりませんでした。パーキンス＆ウィル建築事務所は、米イリノイ州シカゴ市で8階建ての「リバー・ビーチ・タワー」のプランを提出しています。集成材建築物は、革新的な技術で、新たに設計された構造部材を使うためほとんどの地域で調達が難しく、また、発展途上にあるため、コストが高くついてしまいます。設計やデザインが行なわれた集成材建築物のいくつかは、資金問題で延期や中止になっています。

鉄鋼とコンクリートは合計で温室効果ガス排出量の12％に寄与しているため、木造の

環境面のメリットは相当あります。建物1棟に使う鉄鋼とコンクリートを製造するときに二酸化炭素が2,000トン排出されますが、集成材で建設されれば2,000トンが回収されることになると、木造の擁護者は試算しています。集成材技術の研究者以外の人々の間で、最も広く懸念されているのが、耐火性の問題です。火には、乾式壁（石膏ボード）で対応できます。ただし、集成材の建材に関するイェール大学の研究では、グルーラムとCLTは激しい炎の中で炭化して保護層を形成するため、さらなる燃焼を防ぐことができると、明確に示されています。木造建築物の設計では、理論上の火災で構造用木材が部分的に弱くなる可能性を考慮しています。火への暴露に耐える点で、そもそもこれ以上に良い材料はありません。鉄鋼は、高温にさらされるとプラスチックのようになって曲がり、構造崩壊をもたらすのです。

集成材の材料には、数々の調達源があります。間伐で得られた小さい木、製材所で商業利用からはじかれた板、プランテーションの木、山火事で発生したまだ朽ちてはいない枯れ木、解体から回収された木などです。小さめの木片を接着してつくった集成材は、1本の大きな木の梁よりも強度が高く、現時点では温帯林で得られる木よりもはるかに大きいサイズになります。とはいえ、集成材建築物の人気が高まるにつれて、森林破壊も起こりえます。これまでのところ、木造建築を行なうと決めた企業は、建物の意図に合う調達源の木を選択します。集成材建築物にはもう1つメリットがあります。鉄鋼とコンクリートで建設するよりも重量が80％低減されるのです。高層ビルの重量の90％は、鉄鋼とコンクリートが占めています。材料からの温室効果ガス排出量の90％も、鉄鋼とコンクリートが占めています。もし、集成材建築物のコ

ストが鉄鋼とコンクリートよりも下がって、木材の需要が手つかずの森林システムに破壊的な影響を及ぼす恐れが出てきたら、そのときは、木よりもさらに強度がある代替物があります。それは竹です。

竹の薄板は集成材にでき、全体的な強度と耐久性において、木よりも性能が高い角材や梁、柱、合板、床、パネルをつくることができます。そして、竹は、成長の速い木よりずっと速いスピードで炭素を隔離します。1年間のカーボンオフセットは簡単に確認して測定できます。その結果、竹は木よりも経済的に大きなメリットがあることがわかっています。そして多くの庭師が気づいているように、竹は木と違って伐採しても枯れません。竹は何十年も延々と収穫できます。

バイオ素材の研究と適用を遅らせている原因は主に、建築基準などの規制環境のほか、意識や知識の欠如にあります。特定の方法で製品を生産して長い間繁栄してきた産業はどれも同じですが、抵抗があります。しかし食品やエネルギーと同じように、建築家、エンジニア、企業が生物を活用して建設された世界へ向け、道筋を示すなんて、移行は進んでいます。●

Food

食

2 00万年前の原人の時代から、人は食べ物を探し求めてきました。道具を発展させ、定住し、火を使いこなし、動植物についての複雑な知識を深めながら、起源であるアフリカ大陸からアジア大陸、ヨーロッパ大陸、アメリカ大陸へと移住していきました。

イタリア人のクリストファー・コロンブスは、インドと中国への西の玄関口を探すため、スペインのパロス・デ・ラ・フロンテーラから大西洋へと出発しました。風味を増し、消化を助けるために欧州で使われていた、ショウガ、ウコン、ナツメグ、コショウ、クミン、シナモンなどのスパイスを持ち帰ることが任務だったのです。彼の3隻の船がイスパニョーラ島に上陸したとき、彼らが出会ったのはアジア人ではなく、島で平和に暮らしていたタイノ族の人々でした。そこは現在のドミニカ共和国とハイチです。コロンブスはアメリカ大陸に4回にわたり航海しましたが、彼がシナモンだと主張した木の皮以外のスパイスは見つけることができませんでしたし、最後までインドへの西航路を見つけたと信じていました。「インディアン」という言葉は、今も残る彼の盲信の証です。彼がタイノ族にもたらしたのは、病気、略奪、奴隷化、強姦、拷問であり、彼らをほぼ絶滅状態にまで追いやりました。

コロンブスと彼の後に続いた欧州人が見つけたのは、先住民文化ではぐくまれた食べ物の豊富な景観でした。初期の探検家たちは、特にジャガイモなどの新しい食べ物を持ち帰り、欧州大陸で慢性的に起きていた飢餓を軽減させました。彼らが「発見」したもう1つの重要な食用作物がトウモロコシで、今日、重量ベースで世界で最も栽培されている穀物です。アメリカ大陸で先住民が開発した3つの根菜——ジャガイモ（ペルーだけで3,800品種）、サツマイモ（400品種）、キャッサバ

——を合計すると、世界最大のカロリー源になっています。カカオ、トマト、アボカド、コショウ、カイエンペッパー、チリーペッパー、落花生、カシューナッツ、ヒマワリ、バニラ、パイナップル、パパイヤ、ブルーベリー、イチゴ、パッションフルーツ、ピーカンナッツ、バターナッツカボチャ、カボチャ、ズッキーニ、メープルシロップ、クランベリー、タピオカ（キャッサバでんぷん）、数百品種のマメ類を加えると、アメリカ先住民の農民たちは歴史上有数の植物育種家だったと言えるでしょう。

世界の大半では、もはや食べ物を探し求める必要がなくなりました。比類なき豊かさを生み出した、途方もなく複雑で洗練されたフードシステムで、食べ物は私たちのもとに届きます。しかし今のフードシステムは、地球温暖化、土壌流出、化学汚染、慢性疾患、熱帯雨林破壊、死にゆく海洋の、唯一最大の原因になりました。人々は食べたり味わったりするのが好きです。ですから、無数の害や破壊をもたらしていようとも、フードシステムには土壌や気候、地域社会、文化、人間の健康を再生させる、ずば抜けたチャンスがあります。フードシステムは、かなめとなる解決策です。なぜなら、ここで取り上げているすべての分野（森林、農場、土壌、海洋、都市、水、産業、エネルギー）における人間の取り組みとその効果を支えもすれば妨げもするからです。私たちのフードシステムを再生するカギは、味覚です。ばかげて聞こえるかもしれませんが、商業生産され加工された食べ物のせいで、私たちは味覚を失った可能性があり、それを取り戻す必要があるのかもしれません。

私たちの舌の上で波打っている繊細な葉状体のような形の「味蕾」は、現代の食品産業

に乗っ取られてきました。言語が数百の言葉といくつかの間投詞のような音に絞り込めるのと同じように、私たちの栄養学的な識別能力は4つの強い味覚（塩味、甘味、酸味、脂っこさ）に大幅に絞り込まれてしまいました。これらはすべて、フライドポテトやコカ・コーラやハンバーガーで得られるものです。それらを提供しているのは、クラフトハインツ、ペプシコ、モンデリーズ、マクドナルド、マース、ネスレといった巨大企業で、これらはひとくくりにして「巨大フードビジネス（Big Food）」と呼ばれています。このようなメーカーは、私たちの口の中で起きていることや、嗅覚と味覚の関係や舌触りについて、そしてこのような味覚が理性を失わせ、人々の脳やウェルビーイングにどのような影響を及ぼすか、私たちよりもはるかによく理解しています。これは食品化学と呼ばれる学問領域の成果です。第二次世界大戦後、米国人の食事は、スーパーマーケットという回し車の中で食べ続けるハムスターのようになりました。過度に加工され、脂肪たっぷりのデザート、甘ったるいケチャップ、高度に精白されたパン、塩味が強くて心臓をむしばむスナック菓子を、味蕾に操られるままにむさぼるように食べるようになったのです。味蕾が何千年もかけて進化してきたのは、私たちを癒やし守るためであり、私たちを肥満や糖尿病にするためではなかったのにです。そして世界がこれに続きました。ジャンクフードが世界の大半の地域で高いステータスを得ています。米国的なファストフード店での食事が、高級で裕福なものだと思われているのです。中国でも肥満が広がっていて、18歳未満の子どもの約16%に影響が及んでいます。子どもの肥満は、その後の慢性疾患や早期死亡の発生を表すほぼ完璧な指標となっています。

　私たちの口の中の味蕾は、誘惑されたり操られたりするためのおもちゃではありません。味蕾は進化そのものであり、教師であり、やさしさであり、指針です。私たちの口の中で揺れ動く、湿った、爬虫類とほぼ同じ舌は、親友であり味方です。あなたの体のすべての細胞とつながって信号を送るホットラインで、何十億年にも及ぶ知識と進化を有しています。舌で私たちの体は毒を検知します。私たちの免疫反応が出る最初で最強の器官で、何で私たちの体をつくるべきか、何を体内に入れるべきではないかを決めています。このようにして私たち人間は、「私たちは生命体だ」と言える唯一の生命体に発展してきました。そして、意図的に自分たちの生息地を破壊することもできるし、欲望や食欲には生物学的な限界があると理解することもできる、唯一の生命体へと発展してきました。私たちは食べるときに、選択をしています。食べ物の選択により、世界を良くするのか、それとも害を及ぼすのか。身体を大切にするのか、それとも痛めつけるのか。生命をはぐくむ条件を維持するのか、それとも劣化させるのか。どちらかを選択しているのです。

　この「食」セクションでは、巨大アグリビジネスと巨大フードビジネスが、いかに私たちの土地、土壌、食べ物、環境、健康を劣化させてきたか、そしていかに再生によってこの5つの劣化すべてを逆行させられるかを示していきます。土壌と気候と地球のウェルビーイングがつながり合っていることは、世界中の地域団体、先住民族、農家（規模の大小を問わず）、シェフ、活動家、栄養士、レストラン、NGOの人々にとって、明らかに見て取れるようになりました。このような人たちみんなが、本物の食べ物がもつ高い倫理性と栄養価を取り戻そう、地球上の生命を維持するために設計した新しいフードシステムを生み出そうと活動しているのです。●

何も無駄にしない
Wasting Nothing

人間のために生産された食べ物の40％は、私たちの口に入ることがありません。収穫後に畑に放置されるものもあれば、農場から小売店までの行程で失われるものもあります。その原因としては、輸送中の傷みや、不十分な冷蔵、不適切な取り扱いなどがあり、欠陥品として食品会社から拒否されることもあります。また、加工中にはじかれるものもあります。売れなかったり食べられなかったりした食べ物は、店やレストラン、食品サービス会社で廃棄されます。家庭では、ほとんどの余分な食べ物がごみになります。食料廃棄物の中には、堆肥化されたり、寄付されたり、動物飼料に使われたりするものもありますが、米国では90％以上が埋立地に運ばれたり、焼却処分されたりします。一方、世界全体で1億3500万人が日々深刻な飢餓や食料不安と闘っており、8億人が栄養不良に陥っています。新型コロナウイルスのパンデミックの中、食料不安を経験した米国人は4,000万人以上にのぼると推定されています。

食べ物を食べずに無駄にすると、お金も無駄にすることになります。その額は、米国では年に2,000億ドル（約22兆円）以上、世界全体では年に1兆ドル（約110兆円）以上にのぼります。食べ物を無駄にすると、十分に食べ物を得ていない人々に届けるチャンスも無駄にしてしまいます。NPOの「リフェド（ReFed）」によると、2019年に米国で販売されなかったあるいは食べられなかった食料は、5,000万トン（約1,300億食）にのぼると推計されています。食べ物を無駄にすると、労働、輸送、加工、包装、調理といっ

た、生産に投入されたリソースも無駄になります。収穫後に農場に残された食料は、畑にすき込んだりバイオダイジェスターでリサイクルしたりできますが、埋立地に埋め立てられた食料は、腐敗し、メタンガスを発生させます。食料廃棄物全体から発生する温室効果ガスは、世界の総排出量の9％を占め、埋立地の排出量まで含めると12％になります。もし食料廃棄物全体を60％削減すれば、温室効果ガス総排出量の7％が削減されることになるでしょう。

農場から食卓までのすべての段階で、フードロスが発生します。米国で一番捨てられる食べ物は穀物製品で、その次が乳製品、そして生鮮果物、野菜、調理済み食品、ベーカリー製品と続きます。農場では、労働力不足やコスト高、欠陥品、タイミング、低価格といった理由で、収穫後にほぼ必ず食料が残されています。製造プロセスでは、食べ物の皮をむき、脱穀し、種子を抜き、茎を取り外し、切り落とし、骨を取り除きます。こうした副産物は、別の用途に使うこともできますが、ほとんどが捨てられます。小売レベルでは、客は、種類の豊富さ、新鮮さ、見た目の美しさを求めるため、まだ食べられる食品が棚に残ります。レストランや食料サービス会社の調理場では、十分なストックが必要ですが、大量に仕入れて保管しておくと廃棄も発生します。また、客に食べてもらえず残った分は、捨てなければなりません。家庭では、食べ物を買いすぎること、捨てるタイミングが早すぎること、腐らせること、残り物を冷凍保存しないこと、あるいは堆肥化しないこと、こ

のすべてがフードロスを生みます。

　1人あたり所得が低い国々では、フードロスは食卓よりも農場に近いところで発生します。サハラ砂漠以南のアフリカでは、食料廃棄の80％以上が収穫、輸送、保存、加工の間に発生します。消費者から発生するのはわずか5％にすぎません。これに対して北米では、フードロスと食料廃棄の3分の2が消費段階で発生します。

　食料廃棄の削減を実現するには、供給から消費までのチェーンのすべての段階で、取り組みが必要です。家庭での解決策としては、よく考えて食事を計画し調理すること、残り物を捨てずに冷凍保存したり別のメニューに作り直したりすること、賞味期限の表示ばかり気にしすぎないことなどがあります（まだ安全に食べられるのに捨てられることがよくあります）。食料品店では、見た目の悪い食べ物も良しとして買いましょう。外食するときは、おいしそうなものが目に止まっても、胃袋と相談しましょう。お皿に乗っているものは全部いただきましょう。2020年に中国の習近平国家主席は、14億人から発生する食料廃棄物を減らすための取り組みを発表しました。「光盤行動」と呼ばれるこの取り組みは、レストランに対しては提供する皿の数を制限するよう促し、食事する客に対しては注文した食べ物を全部食べるよう促すもので

す（この国では、お皿に食べ物を残してホストへの敬意を表すのが伝統でした）。中国は、宴会や公式行事での廃棄物の発生に罰金を科して、厳重に取り締まっています。過剰な食べ物が、健康に深刻な影響を与えています。中国では肥満が、2004年から2014年までに3倍に増えているのです。

　サプライチェーンの最初の段階での解決策としては、効率を上げることと、収穫、加工、流通の間の腐敗を減らすことが挙げられます。「モリ（Mori）」という会社は、腐敗を防ぐために、天然の食べられるコーティングを開発しました。シルクの独特の特性を生かして、汎用性の高い保護層をつくっており、農産物

まるごとにも、カットフルーツやカット野菜にも、タンパク質にも、加工食品にも使えます。この食べられるコーティングは、安全で、目に見えず、味もせず、事実上誰にも気づかれずに使え、使用後は簡単に土に還ります。モリのコーティング技術は、脱水、酸化、微生物の増殖という食べ物を傷ませる主要メカニズムのスピードを低減させるため、品質保持期間を大幅に伸ばします。このコーティングは、食料廃棄を減らすだけでなく、品質を保持するためのプラスチック包装の需要も減らせます。

　ナイジェリアの「コールド・ハブス（ColdHubs）」という会社は、ソーラー発電によるウォークイン型の冷蔵システムを製造しています。これはほぼすべての場所にオフグリッドで設置でき、大量の食べ物を貯蔵できます。ブロックチェーン技術*により、食品サプライチェーンの透明性を改善し、商品を目的地までより効率的に運ぶことができるようになります。小売レベルでは、より良いソフトウェアを使えば、在庫管理を改善し、ダイナミックプライシング（変動料金制）を導入し、客の好みに沿った大口発注を行ない、食料の寄付が準備できたときに店舗にアラートで知らせることができます。これは、EUの組織「フェアシェア（FAIRshare）」やアイルランドの組織「フードクラウド（FoodCloud）」が行なっています。「リーンパス（Leanpath）」などのデータ分析企業は、外食産業で発生した廃棄物を定量化し追跡できます。スマートシステムを用いれば、家族が適量の食事を注文するのに役立ったり、起業家が新製品を開発するのを支援したり、「欠陥」のある農産物をサプライチェーンに乗せて消費者が手に入れられるようにしたりすることができます。計量済みのミールキットはぴったりの量の材料を届けるので、家庭から

*取引履歴を暗号技術によってつなげ、正確に維持する技術

の廃棄物を減らせます。

　生産者、店、消費者は、余った食品をフードバンクに寄付することを検討すべきです。FAOの推計によると、毎週8億2100万人がお腹を空かせているといいます。彼らは「栄養不良」という上品な用語を使用しますが、呼び名はともかく、その人数は多くの地域で増えているようです。5歳未満の子どもたち1億5100万人近くが、発育不全に陥っています。グローバル・フードバンキング・ネットワーク（GFN）は、米国だけで毎年4,600万人、さらに世界の60カ国近くで無数の飢えた人々を助けています。食品を再分配することで、フードバンクは年に推計1,050万トンの温室効果ガスが大気中に排出されるのを未然に防いでいます。

　もう1つの解決策は、余った食べ物を新しい製品に「アップサイクル*」することです。起業家の取り組みとしては現在、廃棄されそうになった農産物を活用してスープをつくること、果物から粉砂糖の代用となる甘味料をつくること、ビールの醸造工程で大麦麦芽の代わりにパンを使うこと、などがあります。コロンビアでは、カカオ豆の生産による有機廃棄物を、飲み物やお菓子や栄養補助食品(サプリ)の香りづけに使うプロジェクトが進行中です。スタートアップの飲料会社「ウォーターメロンウォーター（Wtrmln Wtr）」は、わずかな欠陥のために買い取りを拒まれたスイカでつくったジュースが、人気商品になっています。「バーナナ（Barnana）」という会社は、農場に残されて黒くなったバナナやプランテーン（調理用バナナ）から、健康的なスナック菓子をつくっています。英国に基盤を置く「ルビーズ・イン・ザ・ラブル（Rubies in the Rubble）」（「がらくたの中のルビー」の意）は、引き取ってもらえなかったナシやトマトなどの農産物を、ケチャップや、薬味、チャツネにアップサイクルしています。「プラネタリアンズ（Planetarians）」は、ひまわり油の生産時に廃棄される種子を使って、タンパク質と繊維が豊富なスナックをつくっています。食べ物だけではありません。「ヴェレス（Veles）」は、原料の97％が食料廃棄物からなる家庭用洗剤で、リサイクルできるアルミボトル容器で販売されています。

　食料廃棄物は、再生可能エネルギーや農業で使う土壌改良剤にリサイクルできます。米マサチューセッツ州のスタートアップ企業「ヴァンガード・リニューアブルズ（Vanguard Renewables）」（「再エネの先駆者」の意）は、地域の農場に380万リットルの嫌気性ダイジェスター（消化槽）を設置しています。ここに運び込まれた食料廃棄物は、ダイジェスター内で発酵してメタンを生成します。このメタンは、農場でも使用できますし、地元のエネルギー供給会社に販売することもできます。発酵した液体は、有機物をたくさん含んでおり、化石燃料から製造した化学肥料の代わりに天然肥料として農場で使用されます。ヴァンガードは、ユニリーバ、スターバックス、デイリー・ファーマーズ・オブ・アメリカといった食品サプライチェーンの企業と連携し、廃棄物の行先をダイジェスターへと変えて、それを再エネに転換し、温室効果ガス削減への道を開いています。

　食べ物はとても貴重なもので、無駄にはできません。世界中のすべての人が、その味わいや栄養、伝統、背後にあるストーリー、そして自然界への影響を思い、一口一口大切にすべきなのです。●

　＊廃棄物や不要品に新しい価値を与えることで、もの自体の価値を高めること

主に植物を食べる
Eating Plants, Mostly

食べられる植物のうち、私たちは実際に何種類のものを食べているのでしょうか？　答えを聞いたら驚くかもしれません。地球上に40万種ある植物のうち、広く栽培されてきたのは200種です。人間の食料と動物の飼料において、米、麦、トウモロコシという3種がカロリーベースで43％を占めます。これらの主要穀物を食べる量を減らし、それ以外のものをもっと食べるように食生活を見直したら、人々の健康、自然界、気候変動に大きな影響を与えるでしょう。

食べられる植物は何種類あるのでしょうか？　ブルース・フレンチによると3万1000種類で、その数はさらに増え続けています。彼は50年前から、世界中の食べられる植物1つひとつのデータベースを作成しています。始めたのは、オーストラリアのタスマニア島からニューギニアに農業専門家として派遣され、農業を教えているときでした。そこでフレンチは、彼が広めようとしていた西洋の植物ではなく、食べられる在来の植物についてもっと知りたいと、学生たちから反発を受けました。ただ、フレンチにはその知識がまったくありませんでした。調べるとすぐに、野生種も栽培種も含め、多くの在来の植物のほうが、持ち込まれた植物より栄養価が高いことに気づきました。しかも、たくさん生えているのにほったらかしです。フレンチは、栄養不良との闘いにおける在来植物の価値をすぐさま見抜き、世界中の食生活で不足しがちな5つの栄養素、タンパク質、鉄、亜鉛、ビタミンA、ビタミンCに注目してデータベースを構築することにしました。また、原産地や栽培方法、調理法などの情報も加えました。

フレンチがめざすのは、きわめて重要な問い「どの植物が、人々の暮らす場所で一番よく育ち、栄養のニーズを満たすのに役立つか？」に答えることです。彼の答えは、食べられる可能性のある植物の長いリストになります。世界中には561種以上の食べられる海藻、387種類のシダ植物、275種の食べられる竹、2,050種のキノコがあります。南米では、甘いキュウリのようなフルーツ「ペピーノ」が食べられます。東南アジアには、ショウガに似た根菜「ガランガル」があります。南アフリカには、ハーブティーの材料「ルイボス」があります。アンデス山脈で育つキク科のヤーコンの根もあります。そして、砂糖よりはるかに甘みが強く糖尿病の治療に使われる中国原産の果物「羅漢果（ラカンカ）」もあります。このリスト上の名前は、想像力を刺激します。ゴールデン・ブートレッグ（黄金のブーツ）、クリーピング・ワックスベリー（はい回るヤマモモ）、レディース・スモック（女性のスモック）、ブラダーラック（膀胱の海藻）、ペルシャン・キャットミント（ペルシャのイヌハッカ）、シーザーズ・マッシュルーム（シーザーのキノコ）、ジョイウィード（喜びの雑草）、サンド・フード（砂の食べ物）、ハングリー・ライス（空腹の米）、カートホイール（荷車の車輪）など。植物が野生種であれ栽培種であれ、葉や茎、花、果実、内皮、根、油、花粉、種子、樹液、若芽などのあらゆる可食部が食べる対象となります。

多様性は、私たちの健康に役立ちます。マーク・ハイマン博士が指摘するように、食べ物

は薬です。何を口に入れるかが、体内のつながり合った機能からなる広大な生態系で起きるすべてに影響します。白砂糖やでんぷん、加工度の高い物など、不適切な食べ物をあまりに多く消費すると、この生態系が破壊され、糖尿病、心臓病、臓器不全のもとになります。治療法を求めて、私たちは医者や医薬品産業に頼ります。現代医療は、私たちのお粗末な食生活を正すことに時間をかけていないと、ハイマンは考えています。しかし私たちは、自らが食べる物を変え、タンパク質や食物繊維、ビタミン、脂質といった栄養素が健康の回復と維持に機能するようにして、破壊された生態系を修復できます。腸内細菌は、私たちのウェルビーイングに大きな役割を果たします。悪玉菌は、砂糖とでんぷんで繁殖します。善玉菌が好むのは、植物繊維、野菜、全粒穀物、ザワークラウトなどの発酵食品です。食べ物は、酵素が機能するためにきわめて重要な必須ミネラルを供給できます。さらに、オメガ3脂肪酸、ポリフェノール、ファイトケミカル、抗酸化物質などなど。これらは免疫系を強化し、細胞にエネルギーを与え、有毒物質を体内から排出する手伝いをします。カギを握るのは、加工度の高い食べ物から、多様性に富んだ植物を中心にした食べ物に変えることです。たとえば栄養価が高い海苔、黒インゲン豆は、中南米で人気の「スーパーフード」です。ササゲは栄養があり干ばつに強いアフリカ原産の作物で、粉にしたりシチューをつくったりします。フォニオは、アフリカに古代からある穀類で、クスクスに似ています。ウベは、フィリピンにある生長が速い紫色の紅山芋です。そのほかの素晴らしい食べ物として、キヌア、スペルト小麦、レンズ豆、ワイルドライス、オクラ、ほうれん草、スパイス、お茶、カボチャの種子、亜麻仁、麻の実などもあります。

イェール大学のエリック・テーンスマイヤーが率いた特筆すべき研究で、「多年生野菜」と呼ばれる、これまでほとんど研究されていない食べ物の可能性が分析されました。多年生野菜は種蒔きを繰り返さなくても毎年収穫できる作物で、ハーブ、低木、つる植物、高木、サボテン、ヤシなどの木本植物も含まれます。世界全体で600種類以上の多年生野菜が栽培され、すべての野菜の種の3分の1以上に相当し、世界の耕地の6％を占めています。なかには、漬け物用のオリーブ、アスパラガス、ルバーブ、アーティチョークといった有名なものもあります。一年生作物が収穫できない時期に収穫されるものが多く、食用の葉も含まれます。砂漠や、水域、日陰が多い環境など、ほとんどの野菜の生産には適さない条件下で生長できます。特に耕作限界地ややせた土壌でのアグロフォレストリーにぴったりの木本植物種が、多年生野菜の3分の1以上を占めます。これは多様性に富んだ栄養源となります。特に木本植物の栽培を拡大すれば、2050年までの温室効果ガスの隔離量の幅は、230億〜2800億トンと言われています。

あらゆるものを食べることは、野生生物の生息地を守ります。1970年以降、野生生物の個体数が60％減少しています。原因は、特に大豆、小麦、米、トウモロコシの農業活動の拡大による、生息地の破壊です。同じ土地で毎年同じ作物を育てると、土壌の栄養分を流出させ、肥料や農薬の過剰使用につながることも多く、野生生物を傷つけたり環境を破壊したりすることがあります。畜産は、特に原植生が皆伐される場合、野生生物の生息地に多大な影響を及ぼします。世界全体で主に植物性食品を中心にした食生活に移行すれば、このような自然への圧力の軽減に役立つでしょう。

食べ物の多様化は、社会的正義の問題です。フードシステムの破壊的な影響は、有色人種コミュニティに最も深刻な被害をもたらします。糖尿病、心臓病、がんは、貧困と、栄養豊富な食べ物を手頃な価格で入手できないことで増えます。米国では、世帯主が黒人の家庭で食料不安を抱える割合は、白人家庭の2倍です。また、米国人全体で食料不安を抱えているのが8人に1人であるのに対し、中南米系では5人に1人です。ネイティブアメリカンが肥満になる可能性は白人より17％高く、糖尿病の割合は黒人と中南米系で高くなっています。サウスダコタ州では、ネイティブアメリカンの平均寿命は、白人より23歳短いのです。歴史的にネイティブアメリカンは、魚や野生動物、ハーブ、果実、豆、カボチャ、トウモロコシ、ワイルドライス、ジャガイモ、栄養豊富な草の種子でつくったパンなど、きわめて多様性に富んだ食生活を送っていました。強制的に移住させられて、こうした食べ物を得られなくなり、栄養不良が広がりました。米国政府は、余剰商品による高脂質で高カロリーな食料配給で、この栄養不良問題に対応しました。程なくして、栄養不良の問題は、肥満の問題になってしまいました。

貧困、差別、文化的抑圧という負の遺産により、有色人種は健康的な食べ物の入手や、白人のような幅広い選択肢がほとんど許されていません。これに対して、世界的な食料正義運動は、システムとしての不公平を正し、多様な食べ物への障壁を取り除こうと活動しています。ネイティブアメリカンの農家や、教育者、起業家、ソーシャルメディアに詳しい若手シェフらが率いて、先住民の食べ物や伝統的な調理法が復活してきました。その結果、栄養豊富で、多くの人が異国情緒を感じるかもしれない、その地域に適した植物、動物、魚のネイティブアメリカン料理が登場してきています。「私はこれを『皮肉だが異国の食べ物』と呼んでいる」と、先住民料理チーム「スー族シェフ」の共同オーナー、ダナ・トンプソンは話します。「だって、私たちのすぐ足元で育つ、身の回りのどこにでもある食べ物なのに」●

（左から右へ、上から下へ）ヤマモモ、ペピーノ、ゴールデン・ブートレッグ（コガネタケ）、ヤーコン

ローカル化
Localization

私たちが何を食べるか、それがどのように生産されるかは、気候に甚大な影響を及ぼします。車を運転するとき、温室効果ガスを排出しているのはご存じでしょう。でも多くの場合、買い物の行き帰りの運転よりも、後部座席の袋に入った食料品のほうが、気候に大きな影響を与えているのです。近年の研究によると、温室効果ガス総排出量の34％がフードシステムで発生することがわかっています。ここには、生産、輸送、加工、包装、貯蔵、小売、消費、廃棄が含まれます。

食べ物のローカル化は、家族や友人やコミュニティのために、栄養豊富で信頼できる食べ物を地域で栽培・生産するよう、再構築を着実に進めていくプロセスです。人々が食料源をローカル化しようと決める理由は、さまざまです。健康、子どもの病気、農業汚染、真っ当な暮らし、社会的正義、土壌侵食、栄養不良、都市部の食料アパルトヘイト、文化や生物の多様性などです。たった1つの活動でこれほど幅広く、生命にも、健康にも、水にも、子どもたちにも、地球にも良いことを網羅しているものは、ほかにないかもしれません。

人間が存在するようになってからほとんどずっと、人々は狩猟や、採集、栽培、取引で手に入れられたものを食べていました。鉄道の登場まで、農業は主に地元のものでした。しかし、長距離トラックなどの輸送システムで遠くの市場が開拓されるにつれ、穀物（小麦、トウモロコシ、大麦、ライ麦）を土壌や気候に最も適した場所で栽培することが、経済的に理にかなうようになりました。冷蔵技術の発達で、果物や野菜もこれに続きました。食べ物はコモディティ化し、地域性よりコストの低さが優先されるようになりました。時の試練を経てきた人々と食べ物との関係性は壊れ、わずかな痕跡しか残らないほどでした。小麦、トウモロコシ、大豆、植物油（菜種油など）の経済性を考えると、大規模な工業型農場が好まれます。これは巨大アグリビジネスの始まりであっただけでなく、巨大フードビジネスの誕生でもありました。それまで一度も存在したことのなかった、まるっきり新しい工業型フードシステムです。

巨大フードビジネスという言葉は、大豆やトウモロコシ、脂肪、砂糖、塩、化学物質、でんぷんを混ぜ合わせた食べ物まがいの超加工食品*や、大量生産された動物性食品とイコールです。「ジャンクフード」ともいわれ、米国の食生活の60％、英国では54％を占めます。もっと上品な言い方をすれば「栄養分のない食品」です。栄養不良と病気は切り離せません。工業型食品は至るところに存在し、中毒性があり、絶え間なく宣伝されるため、米国人の75％近くが肥満か過体重であり、米国人の3分の1が糖尿病予備軍もしくは2型糖尿病です。肥満は、心臓病、がん、糖尿病、高血圧、認知症、関節炎などにつながることが多々あります。

米国では、良い食べ物が近くで売っていないか、売っていたとしても高すぎて買えないという人が、過半数を占めます。米国人の食生活は、巨大アグリビジネスと巨大フードビジネスによる、大きなパン、大きなビール、大きな牛肉、大きなベーコン、大きなシリアル、

＊糖分や塩分、脂肪を多く含む加工済みの食品。添加物を加え、日持ちが良い

大きな牛乳、大きなジャガイモ、大きな炭酸飲料、大きなトウモロコシで構成されています。なぜなら、しょっちゅう宣伝されていて、安そうに思えるからです。2020年のパンデミックの間、広範囲にまたがる工業型フードシステムは崩壊しました。米国で牛を飼う牧場主たちの報告によると、損失は130億ドル（約1兆4000億円）にのぼりました。酪農家は数百万リットルの牛乳を排水溝に捨てました。巨大フードビジネスの存在に取って代わるのは、どこにでもある食べ物です。集中化ではなく、生産のローカル化です。

　工業型フードシステムを発想し直す動きは、驚くはど見事な形で現れています。「農場から食卓へ」だけではありません。「埠頭からお皿へ」もあります。販売業者やレストランの顧客へのルートが閉ざされた漁業者は、捕まえた魚を船着き場で調理し、その場で自家消費したり家に持ち帰ったりするようになりました。漁業者と同じように、牧場主も消費者に直接肉を届けています。農場主は農産物のシェアや定期購入（サブスクリプション）を販売して、毎週配達しています。これを行なっているのは、消費者から離れた場所で1種類の作物を栽培する大規模農場ではなく、多品種を栽培する小規模農家です。このようなCSA（地域支援型農業）では、果物や野菜が有機栽培で超新鮮である（超加工食品ではない）ことが多く、季節によって変化に富んでいます。そして、その農家と郊外や都市部の家族との間で、関係性を築いているのです。定期購入は、農家にとって安定したキャッシュフローが得られ、しかも卸売業者やレストランに卸すよりも高値で売れます。米国には現在CSAが1万くらいあり、近隣の生産者も巻き込んで、卵、パン、チーズ、生花、ジャム、さばいたばかりの鶏肉なども毎週の配達に加え始めているところもたくさんあります。

　逆説的な例もあります。改めて食のローカル化をしているコミュニティの1つに、主に肉牛や乳牛の飼料用トウモロコシや大豆を栽培している農村地域の農家があります。米国の農村部に住む農家のほとんどが、新鮮で健康的な食べ物や農産物を手に入れることができません。種子生産者で農学者のキース・バーンズは、米ネブラスカ州で農業を営んでおり、「ミルパ・ガーデン」と呼ぶものをつくりました。これは、農家が家族や地域社会向けに新鮮な野菜、豆、ハーブ、果物を豊富に供給できるように、多様な種子を混ぜたものです。カボチャ、さまざまな豆類、キャベツ、ブロッコリー、葉物、ヒマワリ、キュウリ、ハーブ、トマト、ラディッシュ、オクラ、スイカ、メロン、スイートコーンといった食用の植物——このベジタリアンの買い物リストのような種子ミックスを、農家は播種機に装填します。0.4ヘクタールの区画で播種機を2回、角度を変えて走らせて種子を密植させ、雑草を締め出すようにします。花を咲かせる植物種が昆虫を引き寄せて害虫を抑え、植物の密集度が土壌の水分を守ります。「カオス・ガーデン」とも呼ばれてきましたが、不耕起の環境再生型農業を営むバーンズは、「ミルパ・ガーデン」という呼び名を好みます。「ミルパ」は、メキシコの一部地域で今も話されているアステカ文明の言葉、ナワトル語で「耕地」を意味します。バーンズは、チャールズ・マンの本『1491』でこの言葉を知ったと言います。バーンズは、ミルパの種子ミックスを、3,000年前のメソアメリカの農家が実践していた、トウモロコシ、豆類、カボチャを一緒に蒔く「三姉妹」農法に基づいて考案しました。彼らは、今も同じように種子を蒔いています。この混作は北へと広がり、ネイティブアメリカンも欧州人入植者に出会うまで実践していました。ミルパ・ガーデンの種子ミックスは、「20人

姉妹」に近い多品種からなるものです。収穫は数カ月間続きますが、それはまるで宝探しのようで、招待した4Hクラブ（農業青年クラブ）のメンバーや近隣住民、フードバンク、都市住民が、畑の中を争うように探します。収穫期が過ぎると農家はその畑を、残りを食べてくれる草食動物に開放します。ミルパの種子ミックスを購入して、農産物をファーマーズマーケットや地元の食料品店や道端の野菜スタンドで販売する農家もいます。米オクラホマ州で農業を営むトム・キャノンは、トウモロコシの「迷路」の中でミルパの種子ミックスを年に8〜12ヘクタール栽培し、人々が収穫物を探し回って、さまよい、発見できるようにすることをめざしています。キャノン家は田舎で農業を営み暮らしていますが、トムと娘のレーガンは、顧客の多くがもはや生鮮食品の調理法や保存法を知らないことに驚きました。そのため、レシピを用意して、調理やピクルスづくりや缶詰めづくりの教室を開く計画を立てています。

　飢餓と食料不安は、米国では都市部と同じくらい、農村部にも存在します。キース・バーンズには夢があります。それは、コモディティ

[上] 米ヴァーモント州スタークズボロ町にあるフットプリント・ファームの温室で、テイラーとジェイク・メンデル夫妻。2013年に開設した0.6ヘクタールのこの農場で、メンデル夫妻は有機野菜を栽培している。150人のCSAメンバーにたくさんのニンジンを届けるところだ。チームにはスパッドと名づけた8歳の犬を含むほか、最近加わったのが1歳の子どもテオだ。夫婦揃って全米若手農家連合の熱心なメンバーでありサポーターである。この連合は、全米の若手農家が仲間から学び、土地を手に入れ、学生ローンの帳消しまで受けられるよう支援を行なっている
[下] ロン・フィンリーは、ロサンゼルス市でギャング野菜栽培者として名を馳せている。道路の分離帯、道路脇、使われていない市有地など、空き地を見つけたらどこでも菜園にすることで知られる。ロサンゼルス市サウスセントラル地区の「食料監獄」を、果物と野菜のオアシスに変えようというのだ。また、ファストフードが彼の住む黒人コミュニティにどのような影響を及ぼしているかをまとめたスピーチ「ドライブスルーは走行中の車からの発砲事件より多くの死を招いている」でも有名

作物を栽培する農家が、土地の1%をミルパ・ガーデンのために取っておくようになることです。そうなれば、約81万ヘクタールのミルパ・ガーデンが、全米に広がることになります。それにより米国の野菜生産量は50%増加することになるでしょう。バーンズは、収穫物がフードバンクや教会、ホームレスと女性のシェルター、あるいは困っている人々に届けられる場合には、0.4ヘクタール分の種子を無料で分けています。健康と文化と農業の間の関係性について執筆している医師のダフネ・ミラーは、不耕起の環境再生型農業コミュニティに起こっている変化を目の当たりにしています。コモディティ作物を超える目的意識が、新たに芽生えているのです。つまり、再生は、家族や近隣住民やコミュニティに直接栄養を提供することを意味し、これは、大豆やトウモロコシの収穫では決してできないことだ、という目的意識です。農家のトム・キャノンにとって、これはパラダイムの変化です。「長年、私は大きく成長しようとがんばっていました。いま挑戦していることは、もっと小さく成長して、もっと地元に密着することです」

　私たちは「安い食べ物を加工したり、見た目が揃ったワックスを塗ったリンゴをトイレットペーパーと同じ店で販売したりすることには、本当に長けています」が、地元の農家が育たおいしくて持続可能な食べ物を届けることはあまり得意ではない、というのが「ミルクラン（MilkRun）」という会社の創設者ジュリア・ニイロの意見です。彼女は地域の家族経営農場を守るために、牛乳配達を復活させています。昔ながらの牛乳配達は、牛乳とバターと卵を毎日、荷馬車に乗せて配達していました。これは英国で1860年に始まって以来、世界中の国々に広がりました。米国では1960年代までずっと、国内の牛乳の30%を牛乳配達が届けていました。牛乳は常にリサイクルされる瓶に詰められ、牛乳や食料品が配達される木箱は外壁に埋め込まれ、代金は箱の中にちゃんと入っていました。車やスーパーマーケット、冷蔵技術、牛乳パック、宅地の郊外化が伝統を壊しましたが、ニイロは今こそそれを取り戻す時だと考えています。しかも今なら男性だけでなく女性も牛乳配達になって、近くの農村部の恵みを届けられるのです。ファーマーズマーケットを除けば、都市部と地元農家の関係性は希薄です。ミルクランは、何千人もの米オレゴン州ポートランド市民と100を超える地元農家とをつなげています。農家は、食料品店に売って得られる額の6〜7倍の収入が得られます。小規模農家はお金を必要としていますが、あまり価格を上げることができません。農場や、農家、料理人、学校、人々のつながりを取り戻す方法を生み出すことが、新しいフードシステムのあり方です。

　カリフォルニア州では、シェフが自宅で温かい家庭料理をつくって、配達したり取りに来てもらったり、さらには自分のダイニングルームで食べてもらうことまで認める法律が可決されました。今では、インターネットで人々と食事の提供者とをつなげるアプリがあります。これを使うと、食べる人にとっては選択肢が増え、料理人にとっては顧客が増えます。人々は、家にいながらにして必要な所得を得ることができます。何百万人もの真に才能のある料理人にとって、いまだかつてなかった経済的なチャンスがそこにはあります。人々は、文化の宝や家の伝統であるレシピを重視する傾向にあります。カリフォルニア州では有名シェフ、アリス・ウォータースが、1970年代に彼女のレストランで「農場から食卓へ」を、1990年代には「エディブル・スクールヤード（食べられる校庭）プロジェクト」

を創設しました。生徒たちは、学校で一緒に校庭を耕し、食べ物を栽培し、調理します。彼女の最新のプロジェクトでは、「農場から学校へ」プログラムのローカル化をめざしています。地元の有機農家が、地元の学校のカフェテリアに直接販売し、届けるのです。

　ローカル化が解決するのは、健康と気候の問題にとどまりません。おいしい社会的正義ももたらすことができます。黒人や有色人種のコミュニティにとって、「食料砂漠」という言葉は、白人の食料アパルトヘイトという言葉と同義です。有色人種は、彼らのフードシステムに何の影響力も持っていません。食料店といえばパンやスナックを売る酒屋やコンビニエンスストアだけで、ある意味で都市部のプランテーション農園のようです。歩ける距離や持ち運べる距離の中に、適切な食べ物がありません。食料主権*を求める闘いは、米

国の建国の時代にまでさかのぼります。そのとき、先住民の文化と奴隷にされた人々の文化（アフリカ系米国人がもともと住んでいたアフリカ大陸には3,000を超える独自の文化がありました）が根絶やしにされ、土地や食習慣、猟場、農場から引き離されました。

　米国人であれば誰でもマサチューセッツ州のマシュピー・ワンパノアグ族のことは、その名前を知らなかったとしても、知っています。1620年に、お腹を空かせ、道に迷って混乱した清教徒に、食べ物や収穫物を分け与えてあげた人々です。米国人は毎年、ヤムイモや七面鳥、クランベリー、豆、カボチャなど、彼らの食習慣から派生した食べ物を感謝祭で食べています。神話となった感謝祭から400年が経った2020年、内務省インディアン局はマシュピー・ワンパノアグ族の人々に、居留地が「廃止」されることを告げました。つまり、先祖代々の土地のうち、彼らに残された微々たる130ヘクタールの土地について、懲罰的な額の滞納税を支払わなければならないというのです。彼らのもともとの土地は、ロードアイランド州とマサチューセッツ州にまたがって数万～数十万ヘクタールほどにも及んでいて、そこに1万2000年前からずっと住んでいました。決定は細かい専門的な解釈によって覆ったとはいえ、彼らの立場は不確かなままです。彼らの保有する土地は、食料主権にとってきわめて重要です。つまり、農場や伝統的な水域——貝やカニや魚などを捕れる——で食べ物を自給するために、不可欠なのです。彼らにとって、そして世界中の何百もの文化にとって、食料主権は文化的な主権です。文化的な主権は、人々と土地や水域との関係性についての深い理解に根ざしています。巨大アグリビジネスの対極にあります。文化的な配慮が必要な理由は、生態系の尊厳、健全さ、完全性次第で、文化が消滅するか繁

*何を育てて、何を食べるかを決める権利

栄するかが決まるからです。

　健康的できれいな食べ物を再び地域で手に入れようとしている全米のコミュニティの何十万もの人は、都市農園や市民農園で十分という幻想を抱いているわけではありません。現在のフードシステムを文字通りひっくり返したいと考える草の根の運動が高まっており、これを達成するには政策と法律の整備が必要です。これは学校からファストフードチェーンや炭酸飲料の自動販売機をなくすことであり、（少なくとも）米国のすべての子どもに無料の昼食を提供することであり、巨大フードビジネスが、学校給食制度やフードスタンプ*、献立に対する過度な影響力を排除することです。もし私たちが、売られているほとんどの食品によって大半の人が病気になり薬漬けになるようなフードシステムの中に暮らしているのなら、そして私たちには縁もゆかりもない大企業の株主以外ほとんど誰も恩恵を受けられないフードシステムの中に暮らしているのなら、そのシステムに変化を起こす時期が来ています。もしパンデミックでバラバラに崩壊するフードシステムであるなら、それは食料を安心・安定して得ることができないもろいシステムで、ローカル化と食料土権が取り組むべき課題です。それを何と呼ぼうと、そしてどのようにローカル化が都市や町やコミュニティを成長させ、変化させ、そこに浸透し続けようと、食料の安定供給に対する最大の脅威、つまり暴走する地球温暖化に対して、著しい好影響を与えます。ローカル化の活動は、環境、水、子ども、海洋、土壌、文化を再生するのです。●

[左] 米ヴァーモント州セットフォード町にあるロング・ウィンド・ファームの温室で、デイヴ・チャップマン。ロング・ウィンドのトマトは、ニューイングランド全域でシーズンの初めと終わりに味わわれている。デイヴはリアル・オーガニック・プロジェクトの共同ディレクターでもある。このプロジェクトは、農家主導で「オーガニック」のもともとの定義、目的、意味を回復させようとしている。巨大フードビジネスが米農務省に影響を及ぼし、オーガニックという用語は大幅に薄められ弱体化されてきた。リアル・オーガニック・ムーヴメントは、愛情と情熱を込めて育てられた本物の食べ物を介し、食べる人と農家のつながりを取り戻そうとしている。土に植えられた農作物や、放牧地で草を食べて育った家畜だ
[上] ジャミラ・ノーマンは、国際的に認められたフードアクティビストであり、都市農家だ。ジョージア大学で環境工学を専攻して卒業後、2010年にアトランタ市のオークランド・シティ地区に0.5ヘクタールのパッチワーク・シティ・ファームを開設した。有機認証を受けた農場で新鮮な野菜、果物、ハーブ、花卉を育て、季節営業のファームショップやファーマーズマーケットで直接販売している。2014年にイタリアのトリノ市で開催されたスローフードのイベント「テッラ・マードレ・サローネ・デル・グスト」に、米国代表として参加。2010年に仲間とともに南西アトランタ栽培農家協同組合を創設。地元黒人農家を支援し、アトランタ市で文化的に責任ある食料システムをつくり出そうとしている

*低所得層のために政府が発行し、食料と交換できるチケット

脱コモディティ化
Decommodification

農家の4代目、ジョナサン・コブが米テキサス州オースティン市にある1,000ヘクタールの家族経営農場を引き継いだとき、大きな機械の歯車のように作物を生産していると感じました。彼の土地や家族についてなどまったく気にも留めない工業型フードシステムのための小型装置のようだったのです。ずっとこんな風だったわけではないと、彼は知っていました。コブ家は1930年代には、最少限の化学物質だけを使って、多様性に富んだ作物を栽培していました。しかし戦後になって、単一作物を毎年同じ土地区画で育て、農薬や殺虫剤や化学肥料を使うという新しい農業システムを採用しました。コブ家が栽培した小麦は、地元の大穀物倉庫の中へと消え、そこで複数の近隣農家のつくった小麦と混ぜ合わされ、貯蔵された後、販売されてサプライチェーンを通じて食品会社まで運ばれます。

ジョナサン・コブと妻にとって、商品作物を栽培することは社会の片隅で生きる人生を意味しました。作物の生産額は投入する化学物質のコスト増についていけず、小麦の価格は農家ではなく商品市場で決められました。この農場で二家族を支えるのはほぼ不可能になりました。2011年にひどい干ばつに襲われたとき、農場は突然、破産に直面しました。コブは父親と厳しい話し合いをしました。そして、諦めるのではなく、工業型モデルから抜け出して、代わりに環境再生型農業に挑戦してみることにしたのです。コブ家は耕うん機を売却し、不耕起栽培で小麦を育てることにしました。被覆作物を植えて、牛や豚、羊、鶏の飼育を始めました。痩せた耕地を多年生

の牧草地に変え、その土地固有の草の再生に力を注ぎ、高密度輪換放牧（adaptive multi-paddock grazing）で家畜の放牧を行ないました。農場の土壌の有機含有量は、それまで枯渇したレベルだったのが、わずか2〜3年のうちに増え始めました。一家は、牧草だけで育て上げた牛肉や、ラム肉、豚肉、卵を地域の顧客に直接販売しました。バンチグラス（芝にならず房になる乾燥地のイネ科野草）の生長とともに、経済や生態系の健全性が上がりました。ジョナサン・コブは、生きる目的を取り戻し、また農業に喜びを感じられるようになったのです。

コモディティ化*した食料の生産は、人間と地球に害をもたらす「自己強化型ループ（正のフィードバック・ループ）」です。機械を過剰に使い、単一栽培の少数の植物に依存すると、肥沃度の低下や、雑草の抵抗力の増加、表土の流出を相殺するために、農薬や殺虫剤、化学肥料、遺伝子組換え作物の使用を増やす必要があります。土壌は、生命力あふれる生物活動の宝庫ではなく、化学物質を与えられた植物をまっすぐ立たせるための媒体にすぎません。

農家と顧客は、コモディティ化したシステムから脱却し、彼らの価値観を表した農業（農薬を使わない生産物や、再生型の土地利用など）を支持する方法を探してきました。コーヒーを例にとりましょう。コーヒーは何十年もの間、コモディティとして一律に大口で扱われてきましたが、今日では「フェアトレード」「日陰栽培（シェイドグロウン）」「熱帯雨林にやさしい」「有機栽培」や特定品種名

＊商品が普及しすぎありきたりになること

などを冠したコーヒーが豊富に売られています。こうした価値が顧客にとって重要になったために、栽培者や卸売業者、焙煎業者、小売業者の市場を後押ししているのです。もう1つ、ビールの例もあります。クラフトビールは、ほとんどが地元で行なわれる家内制工業でした。それが1990年代に急激に関心が高まり、大量生産されたビールに代わるものとして市場を広げ、状況が変わりました。ビールの脱コモディティ化は、活気あふれる経済活動を生み出しました。米国にクラフトビール醸造所（5,000カ所）と地ビールパブ（3,000カ所）が広がり、15万人の雇用を生み、800億ドル（約8兆9000億円）を超える売上となりました。クラフトビールには、味わい豊かで多様性に富んだ商品の選択に付随する、確かなストーリーがあります。栽培農家から顧客までのサプライチェーンを短くして、中間段階や仲介業者を省くことで、醸造所は独自の意味あるストーリーを提供できます。こうしたストーリーはたとえば、「ムース・ドルール（ヘラジカのよだれ）」、「ホッピー・ドリームズ（飛び跳ねるようなホップの夢）」「ネイキッド・ピッグ・ペール・エール（裸の豚のペールエール）」、「フォー・リッチャー・オア・ポーター（金持ちにも荷運び人にも黒ビール）」「ヒブリュー（選ばれしビール）」など、何千にものぼるオリジナルのブランド名に反映されています。ストーリー、味わい、地域の関与が、コミュニティ、親近感、そして絆を生みます。

フードシステムの脱コモディティ化を拡大するため、企業は農家と買い手を直接つなげるデジタル市場を構築しています。消費者に対して、農産物の質や、どこが原産地か、どのような農法で栽培されたか、つまり生産物の背後にあるストーリーを伝えることをめざしています。こうした企業は、顧客が食べ物に求める品質や価値と、品質に値する支払い

（上乗せ価格となることも多い）を望む農家とをマッチングさせるように努めています。とはいえ、その上乗せ価格も買い手にとっては、仲介業者を通じて買う場合に支払ったであろう額より低い可能性があります。この脱コモディティ化したシステムでは、作物、農場、農法の個性やばらつきが報われます。このシステムは、農場のすべて（土壌、植物、動物、人々）の改善を促します。

一例が、インディゴ・アグリカルチャーという企業です。同社は、デジタルプラットフォームを通じて、価格づけや貯蔵、輸送、炭素隔離、販売機会に関する広範なデータを収集し、分析する会社です。インディゴは、ある植物が、ある気候ではほかよりよく成長できたり、ひどい干ばつや環境ストレスを切り抜けられたりしたとき、何がそれを可能にしたのかを解明するために、作物の植物組織内の微生物を研究することから事業を始めました。インディゴの研究者は、それぞれの植物がそれぞれ独特の微生物群をもっていることを発見しました。さらに研究を重ねたところ、畑によって、農場によって、農法によって、ものすごく大きなばらつきがあり、そのすべてが、作物それぞれの物理的な性質に影響を与えているとわかりました。均一性ではなく、独自性が、作物のレジリエンスと生産性のカギを握っていたのです。多様性と特殊化は、良いことでした。なにしろ自然界の植物は、まさにそれを何百万年も前からやってきているのですから。しかし、コモディティ化したシステムは食べ物の個性をなくすことを求めました。そうすれば、砂利と同じように列車に山積みにし、遠くまで運んで加工することができるからです。でも一体だれが、砂利のように生産されたものを食べたがるというのでしょうか。そこから、インディゴは次のことを問うようになりました。「このま

まコモディティ化したシステムがあることにどんな意味があるのか？」

別のやり方を生み出すため、同社は「インディゴ・マーケットプレイス」を始めました。これは、穀物農家と買い手をデジタルでつなげるものです。各農場が独自にもつ価値が、それを求める市場とマッチングされます。たとえば、気候変動への解決策として土壌に炭素を隔離するということがあります。農場がインディゴのプログラムに登録すると、同社は専門家を送り込んで土壌サンプルを採集します。その土地の基準となる炭素含有量を決めるためです。環境再生型農法の実践によって炭素含有量が徐々に増えたら、農家は増えた炭素量に応じたクレジットを得ます。環境再生型農業は、品種の多様性や味わい、ミネラルの含有量といった点で、価値の高い作物を生みます。企業はもはやコモディティを買うのではありません。企業が得るのはストーリーであり、そのブランドを唯一無二にするような、人や場所や歴史の物語です。2019年に、インディゴは輸送部門を立ち上げました。これにより、農家とトラック運送業者と買い手をデジタルでつないで、巨大アグリビジネスであるカーギルの商品価格設定および同社の遠くの穀物サイロを排除しています。

脱コモディティ化は、フードシステムの大転換を意味します。個性ある商品として食べ物を栽培することです。農場や牧場1つひとつから発信できる独自のストーリーがあります。ジョナサン・コブとその家族が発見したように、農家が行なう1つひとつの決定、達成しようと設定する目標、蒔こうと選んだ種子、手入れをする土地や土壌の状況、栽培する植物の特徴、これらすべてがストーリーの一部となります。インディゴ・アグリカルチャーのような企業は、このような農家とそのストーリーを、そこに価値を置く市場とつなげることができ、双方に恩恵をもたらすことができます。19世紀に鉄道によって始まった有害な商品サイクルは、透明性とトレーサビリティによって壊され、破綻しつつあります。元通りになることはないでしょう。消費者が何を好むかによって、現代の農業をつくりかえ、気候や、土壌の健康、人間のウェルビーイングへの対応など、広く共有される目標に向けて方向転換するでしょう。●

長江河口よりすぐ内陸にある張家港近くの中糧集団有限公司（COFCO）の輸入・加工施設で、ばら積み貨物船2隻が荷降ろしを待つ。船はブラジルとアルゼンチンから大豆を積んで来た。大豆は、ここで荷降ろしされる飼料の85%を占める。ここで貯蔵された後、大豆油と家畜の粗飼料が生産される

昆虫の絶滅
Insect Extinction

アリを愛せと言われても難しいものです。台所に侵入してきて、家の中で群がり、庭でうごめき、ピクニックを台無しにします。かんだり刺したりして、痛いこともあります。かわいくありません。しかし、アリの愛嬌のなさが、重要な現実を覆い隠しています。それは、「アリなどの昆虫がいなければ人間は生きていけない」ということです。文字通りの意味です。

昆虫が地球上に現れたのは、4億年以上前。最初の陸上植物が現れたのとほぼ同時期です。これは偶然ではありません。昆虫は、多くの生命体と共進化してきて、重要な生態系の多くの機能で不可欠な存在です。アリを例にとりましょう。1万4000種以上が生息し、地球のほぼ全域に広がり、人間の130万倍の数がいるアリは、私たちがほとんど目にとめたり感謝したりしないような、多岐にわたるきわめて重要なサービスを提供しています。アリは大変効率的な捕食者で、害虫の数を低く抑えることができます。穴を掘ることで、ミミズと同じくらいたくさんの土を動かすことができます。土をほぐして空気を含ませることで、保水力を高め、劣化した土地や乾燥した土地で特に役立ちます。アリは植物の種子と栄養分を散布し直し、それを巣に持ち帰ることもよくあります。土壌の肥沃度を高めるとともに、新たな植物が定着するのに手を貸しているのです。さらに死骸をきれいにし、有機物の分解を助けます。

このような活動すべてが食物網に良い影響をもたらし、ほかの動物群の密度と多様性を高めることにもつながります。アリは生態系の健全性の便利な指標でもあります。たとえば、化学物質漬けの集約農業から抜け出したばかりの農地で、もしアリが見られれば、それは土地が回復しつつあることの初期の兆候です。どのような生態系でも、アリが土壌構造、エサになるもの、種子散布を変えることで、ほかの生物種がやって来られる条件を生み出すため、アリはダメージを受けた土地を修復するのに役立ちます。人間と同じように、アリは社会性が高くて、よく組織されており、そのことがアリの成功を説明できるかもしれません。複雑な社会で生き、若いアリの面倒を見て、仕事を分業します。無私無欲で、効率的、忠実、従順、勤勉な生物で、縄張りや部族をつくり、競争心が強くて、雑食です。リスクを負い、種によっては「奴隷狩り*」をし、女王に尽くします。そして、ピクニックが大好きです。聖書にすら記述されています。「怠け者よ、蟻のところに行って見よ。その道を見て、知恵を得よ」（箴言6章6節）

今日、そのアドバイスには耳を傾けてもらえません。一般に昆虫は、人間から敬意を受けるより、敵意をもたれます。生物学者E.O.ウィルソンの言葉を借りると「世界を動かす小さき存在」の1つであるにもかかわらず、です。もちろん人間から愛される種もあります。チョウは見た目がきれいだし、トンボは魔法のようだし、テントウムシはかわいらしい、といった具合です。近年私たちは、ミツバチをはじめとするポリネーターが食料システムにいかに重要であるかを認識し始めました。私たちが3口食べ物を口に入れるうちの1口分は、受粉した植物に由来すると推

---

*他のアリの巣を襲って働きアリやその蛹を攫い「奴隷」として働かせる習性

定されています。食料品店の典型的な青果コーナーでは50％も占めています。たとえばニンジン、ケール、レモン、マンゴー、リンゴ、ブロッコリー、セロリ、チェリー、アボカド、メロン、カボチャ、イチゴ、ヒマワリ、アーモンド、ナシ、まだまだたくさんあります。実のところ、地球上のすべての顕花植物の85％以上、つまり30万種以上が、ポリネーターを必要とします。たとえばクローバーやアルファルファもそうで、これらは乳牛を育てるのに、ひいては牛乳やチーズ、ヨーグルトを生産するのに、必須の作物です。それから、チョコレートがあります。これはカカオの木の種子からつくるのですが、カカオの木の花はほぼ例外なく、ヌカカと呼ばれる小さなハエの仲間のみが花粉を媒介します。そして、ミツバチがつくる蜂蜜も忘れてはなりません。昆虫は、それ自体が食品群でもあります。甲虫やコオロギ、イモムシ、アリ、セミ、イナゴ、ハチを考えてみてください。少なくとも推計20億人の人々にとって、伝統的な食生活の一部を成しています。

昆虫は、地球上に約550万種おり、動物種全体の80％を占めていますが、そのうち科学者によって正式に記録されているのはわずか100万種にすぎません。多くの昆虫がアリと同じように、有機物をリサイクルし、土壌を動かして混ぜ合わせ、害虫を食べ、生き物の死骸を掃除することにより、生息地の生態系に影響を与えています。また、鳥類などの動物が生きるために必要な食料源にもなります。蚊など感染症を媒介する虫や、作物に損害を与えるものもいます。しかしすべての昆虫が、進化系統樹のきわめて重要な一部であり、動植物界全体にわたってつながり合った広範でしばしば相利共生のネットワークを形成しています。農業革命が始まって以来、昆虫と人間の運命は、どちらも植物に依存しているた

め密接に結ばれていました。農業の拡大と文明の発展は、昆虫を必要としました。食べ物がなければ、進歩もありません。今や昆虫は、地上の炭素循環と栄養循環、および土壌内の炭素隔離に影響力をもつため、気候危機に対するアグロエコロジー（農業生態学）的な解決策に不可欠な存在です。

しかし、昆虫はこんなに良いことをしてくれるというのに、重大な危機にあります。「生物多様性及び生態系サービスに関する政府間科学ー政策プラットフォーム（IPBES）」の報告書によると、地球上で50年以内に絶滅が予測されている100万種のうち、半分が昆虫です。産業革命が始まってからずっと、昆虫の個体数が減少傾向にあったとはいえ、その喪失速度は近年、驚くほど加速してきました。米オハイオ州では20年間にチョウが33％減少、スコットランドでは調査が行なわれた40年間にガの46％が喪失、ドイツの研究地点ではわずか27年の間に飛翔昆虫が77％減少、といった具合です。2019年に行なわれた大規模な科学的レビューでは、世界の昆虫種のうち半分近くで個体数が減少しており、3分の1が絶滅の危機にあります。最もひどい打撃を受けているのが、チョウやハチ、甲虫、熱帯のアリなどです。こうした数字が過小評価されているのはほぼ確実です。なぜなら、昆虫種の圧倒的多数が研究不足で、記録がなく、研究者に見過ごされていることが多々あるからです。

こうした悲惨な状況の原因は、私たちのまさに足元にあります。なりゆき任せの経済活動が、急速な生息地の喪失や、土地の劣化、生態系の分断を押し進めています。昆虫は、大気汚染や水質汚染、農薬、有毒物質の直接的・間接的な影響、侵入種の分布拡大、地球温暖化、乱獲、動植物種の共絶滅による被害を受けています。自然生息地の喪失と分断を押し進める要因は、森林破壊、農業の拡大、

都市化などです。これらの活動が昆虫の個体数に直接影響を与えており、今後数十年間に加速すると見込まれています。適した生息地とのつながりを失うことは、多くの昆虫を孤立させる可能性があります。気候変動のもとで、陸や水辺の生息地で予測される生態学的な変化は、ニッチに依存する昆虫種にストレスを与えるでしょう。適応や移動ができない種は死んでしまう可能性が高いのです。

昆虫の危機を加速させる主な原因は、特に工業型農業で集中的に使われる農薬です。殺虫剤の使用量は年々着実に増加してきており、世界全体の年間使用量は410万トンに達しています。そのうち、年間45万トン近くを占めるのが米国です。農薬という化学物質の悪影響を記した科学的な文献は広範にわたっており、一般に広く知れわたっています。この状況が生まれたのは、レイチェル・カーソンが1962年に出版し、明快な呼びかけを行なった有名な『沈黙の春』からです。その10年後には、殺虫剤DDTの禁止を訴えるキャンペーンが成功し、その流れは拡大されました。殺虫剤は昆虫の命を奪うことで直接的に、さらに生息地を変えることで間接的に悪影響を及ぼします。食料源をなくしたり、昆虫が必要とする生態学的な種間関係のネットワークを破壊するのです。「低用量作用」と呼ばれる長期の毒性の蓄積も、繁殖能力を撹乱させ、免疫系を破壊し、成長を阻害することによって、昆虫の個体群に重大な脅威となりえます。ほかにも、昆虫に物理的な害を与えたり昆虫の自然な行動を妨げたりするような公害として、化学肥料や、工場や鉱山から排出される工業化学物質、そして光や騒音や電磁波による撹乱などがあり、それが方向感覚を失わせる影響については、科学者もまだほとんどわかっていません。

私たちの足元で起こりうる別の脅威として

は、生態系と経済を犠牲にして、昆虫などの侵入種が持ち込まれることが挙げられます。在来の昆虫への影響としてよく見られるのは、直接捕食されることや、エサの奪い合いが生じることです。アリとスズメバチの侵入種は、在来種のライバルを攻撃して立ち退かせ、地域環境を撹乱することがあります。たとえば南米原産のヒアリは、1930年代に米アラバマ州に図らずも運び込まれると、あっという間に南部全域に広がり、農作物に損害を与え、毎年何百万人もの人々を刺しています。侵入種の中には有益と思われるものもあります（たとえば、貴重なミツバチはもともとアフリカ北部や中東にいたものです）が、その一方で大部分は有害と見られ、在来種を絶滅に追いやるうえで重大な役割を担っていることが知られています。また、経済も混乱させます。木材用の木を枯らす昆虫は、たとえばキクイムシ、テンマクケムシ、さまざまな種類の穿孔虫などたくさんいます。米国の森林には、毎年外国から新たに2種ずつというハイペースで侵入しており、何十億ドル（何千億円）もの貴重な資源が文字通り無駄になっています。最も影響を受けやすい昆虫は、ほかの生物種と高度に特殊化した関係性を持つもの（特に寄生する場合）で、ただでさえ高い絶滅リスクがさらに高まります。

侵入種による危機は、気候変動によって生じる生態系の変化で悪化します。気候変動は、単なる記録的な気温や、長引く干ばつや、極端な洪水発生の問題ではないのです。年を追って降雨パターンが変化すること、平均気温がだんだん上昇すること、土壌の水分量が低下すること、積雪が年々減少すること──これら長期的な生息地の変化はすべて、昆虫の行動や新しい環境への適応能力に直接影響を与える可能性があります。昆虫の寿命が短いことは、ほかの種類の動物よりもすばやく

環境の変化に適応できるというメリットがあることを意味しますが、地球の温暖化が進む中、共進化した植物種が減少したり失われたりすることでそのメリットも打ち消されることが多々あります。淡水に生息する昆虫は、気候変動により水資源のストレスが高まるため特に難題となります。ここでも、昆虫は変化の指標として有用です。たとえばトンボは気候の変動にきわめて敏感で、「気候のカナリア」と呼ばれることもあります。

　私たちに何ができるでしょうか。それは、自然地域と生息地、特に昆虫が高密度で生息する場所の保護に取り組むことです。そのような場所は、世界的な動植物のホットスポットと関係していることも多いのです。私たちの意識を広げることが、保全に向けた重要な課題です。これまで長年、カリスマ性のある狩猟鳥獣や肉食獣などの哺乳類に注目してきましたが、無脊椎動物や、チョウやハチ以外の昆虫界の仲間にまで関心を広げるのです。意思決定者や研究者、資金提供者が、差し迫った昆虫の絶滅の危機に対処するプロジェクトを支援するよう後押しするために、立法や政策上の圧力が必要です。危機の直接の原因、

[左] 花粉まみれのコハナバチ（Augochlora pura）
[右] 朝露に濡れたまま茎に止まって休むヨツボシトンボ
（Libellula quadrimaculata）

特に除草剤など農業における農薬の使用を減らし、さらには無くさなければなりません。環境再生型の農林業に移行すると、特に劣化した土地が回復するにつれて、昆虫の生息環境が大幅に改善されます。昆虫の多様性を保護するためには、「ランド・シェアリング」（生産と保全を両立する農林水産業による土地利用）から「ランド・スペアリング」（生産と保全を分ける土地利用）まで幅広く取り組み、高木や草地や低木（農場の生け垣も含む）を組み合わせた生息地のモザイクに注力することが必要です。とりわけ侵入種の影響を低減

することで、間接的な脅威にも立ち向かわなければなりません。

　手始めに、19歳のチャールズ・ダーウィンの情熱を伝えるのが良いかもしれません。ダーウィンは、1828年にいとこへの手紙の冒頭にこう記しました。「私は少しずつ死に向かっています。昆虫について話す相手が誰もいないからです」●

木を食べる
Eating Trees

人間に役立つ栄養が最もたっぷり詰まった食べ物の1つを、あなたはまだ一度も口にしたことがないかもしれません。それは、モリンガ（ワサビノキ）の木の葉です。ヒマラヤ山脈のふもとが原産の、生長が速いモリンガは、干ばつに強く、劣化した土地でもよく育ちます。小さな葉が手を広げたように枝についています。その葉にはタンパク質が30％含まれ、ビタミンA、ビタミンC、カルシウム、カリウムなどの栄養素が豊富で、それぞれ同じ重さのニンジン、オレンジ、牛乳、バナナよりも多く含まれています。モリンガの葉には、9種類の必須アミノ酸がすべて含まれています。新鮮な葉はそのまま食べることができ、調理したり、乾燥したり、粉にしてパンなど主食に混ぜ込むこともできます。樹皮や花、種子、根も食べることができ、ここにもタンパク質、ビタミン、抗酸化物質、鉄・亜鉛・銅などのミネラルが含まれます。モリンガの薬効としては、病気の予防、細胞の再生、血糖値の低下、消炎作用などがあります。

モリンガは、毎年収穫できる多年生樹木作物の一例です。これに対して、ブロッコリーやレタス、メロンといった一年生の野菜は、1回収穫するごとにまた種子から育てなければなりません。食用に適した樹種は70を超えます。このような木は、葉や茎、幹、根、そして周囲の土壌に、長期間大気中の炭素を隔離する重要な役割を果たします。森林と同じで、栽培するために土を耕す必要はありません。つまり、土壌中の微生物や菌類や団粒に蓄積した炭素が、そのまま保たれうるということ

です。たとえばさまざまな種類の高木や低木、ハーブ、ヤシ、つる植物、草など、食料生産システムに組み込める多年生植物種の多様性によって、炭素循環は強化されます。炭素が地中に向かう経路の、豊かなネットワークが形成されるのです。多年生植物は、生育期間が長く、地表で葉が分解され、根の長さもまちまちで、さまざまな条件下の多様な景観で育てられるため、一年性植物よりも長く土壌の中に炭素を保持することができます。また、年々大きくなり、炭素を含む生物量（バイオマス）を幹や茎に加え、日光を受けて光合成を行なう緑の葉を増やしていきます。

木からは、誰でもよく知っているナッツや果物、豆、シロップが生産されます。米国の消費者は、2018年の1年間に1人あたり平均で7.7キログラムの新鮮なリンゴ、11キロの新鮮な柑橘類、13キロのバナナ、1.1キロ近いアーモンドを食べ、合計で160万トンのコーヒー（1日1人あたり約2杯）を飲みました。多年生樹木作物は非常に多様性に富んでいて、灌木やそれより背の低いものも含め、あらゆる形やサイズがあります。果物やナッツの種類も豊富で、たとえばデーツ、イチジク、ブドウ、プラム、ナシ、カキ、ライム、キウイ、ピーカンナッツ、落花生、クルミ、ピスタチオなどがあります。葉が食べられる木の例をいくつか挙げると、クコは、中国原産で栄養豊富な実がとても人気になりましたが、葉も食用です。リンデン（菩提樹の仲間）は大きな木で、その花はおいしい蜂蜜をつくり、葉はハーブティーにできます。ブナの葉はレモンのような味がして、よくサラダに足

されます。

　ブナの仲間のクリは、何千年も前から人間の食生活で重要なでんぷん源でした。食用のクリは、日本のクリのほかに計4種類あり、それぞれに味わい深いです。木材を含め、多用途で「完璧」な木と見なされていたクリは、米国人の生活における主要産物でした。それが一変したのは、1900年代にクリに寄生する菌が米国内に持ち込まれて、20世紀前半に40億本の木が枯死したときです。大陸のほぼすべてのクリの木が枯れたのです。アメリカグリを復活させて、象徴的で栄養価の高い豊富な食料源としての役割をまた担えるように、再び芽吹いた木の育成や、交配プログラム、バイオテクノロジー研究など、復元に向けた取り組みが進んでいます。かつては、1本の木から毎年数百キログラムのアメリカグリの実がとれていました。現代の品種には、多数の必須栄養素が含まれています。焼き栗100グラムの中に、1日に必要なビタミンCの43％、ビタミンB6の25％、チアミン（ビタミンB1）の16％、さらに必須ミネラルもたくさん含まれます。

　最初に樹木作物の価値を認識した研究者の1人が、地理学者のJ・ラッセル・スミスでした。特に丘陵の斜面など、世界中の土壌侵食を目撃した後、スミスは1929年に、木などの多年生植物を中心にした「永久農業」を提唱する本を執筆しました。この農法では、土を耕す必要がなく、年間を通して裸地になる時期がありません。欧州のクリ農場に刺激を受けて、こう記しました。「作物のなる木は、農業を丘陵や急斜面、岩だらけの場所、雨が少ない土地にまで広げる最善の手段になる」。また、その土地に自然に適合する場合だけですが、2階建ての農業についても論じました。上層に樹木、下層で一年生作物や牧草を育てるのです。多年生植物は十分に活用されており、遺伝学的にも十分探求されていないため、地域に適応させて多収量が得られるように開発できると考えたのです。当時は彼の主張は聞き流されましたが、今日では、気候や食料の安定供給の難題に立ち向かう方法として、多年生農業が多くの人の目に留まるようになり、彼のアイデアに新たな関心が寄せられています。

　新たに勢いを増している古くからの考え方が、「食べられる森」です。ここは林縁を模して設計されており、その土地区画は食べられる多年生植物で覆われています。0.1ヘクタールという小さい区画でも、数百ヘクタールという大きい区画でも可能です。そこで農家や園芸家は、高木が低木を保護するように、垂直の高さに応じて植物の層をつくります。低層には、灌木や低木、ハーブ、顕花植物、キノコ、つる植物も散りばめて植えられます。めざすのは、太陽光の管理です。どの植物がいつ、どのくらい長く、1年のどの時期に太陽光を受けるかを管理するのです。日なたが好きな植物が日の当たる空間を埋める一方で、日陰に強い植物は樹冠の保護の下で育つことができます。意図的に多品種でにぎやかになるよう設計しています。自然の林縁とまさに同じようにです。それぞれの生物種がニッチを埋めています。多年生作物としては、地域の条件や農家のニーズに応じて、ナッツ、果物、葉を組み合わせることができます。

　食べられる森は、環境再生型農業の理想的な形態です。なぜなら、多様性に富み、複数の季節にまたがり多収量で、比較的手がかからないからです。森林と同じで除草や施肥や耕起が必要なく、毎年長期にわたって食べ物を生産できます。微生物に栄養を与え、自然に土壌を炭素で豊かにします。顕花植物や木を組み合わせて、ポリネーターなどの益虫を引きつけるように設計することもできます。

哺乳類や爬虫類のさまざまな生物種の生息地をつくります。食べられる森で、可食部の収量の多さと多様性を決めるのは、農家や園芸家です。ただし、多年生植物の間の栄養学的な関係性や生物学的なニーズに注意を払う必要があります。

　食べられる森は新しいアイデアではありません。先住民は何百年も前から、多層構造の森林を手本にした多年生システムで、食べ物を育ててきています。アマゾンの森林の大部分は、かつては人の手による改変がほとんどないと考えられていましたが、何千年も前に樹木作物と多様性に富んだ農業のために高度に管理されていたことを示す痕跡が、広く見つかっています。木炭と植物の花粉が証拠となり、トウモロコシやカボチャや根菜を植えた後に森林に火を入れるサイクルが行なわれていたことが示されています。カシューナッツやカカオ、パームやし、ブラジルナッツといった農産物を得るために、非在来種の樹種も育てられていました。今では、食べられる森はホームガーデンとも呼ばれ、世界中の農村部で行なわれている昔ながらの小規模な農業システムの中でも際立った、拡大中の農業システムの1つとなっています。開発業者やコミュニティ活動家や都市のリーダーたちが、美しいまちづくりと野生生物の生息地の整備をしながら、食べ物を手に入れやすくする可能性を探る中で、都市環境における食べられる森への関心が高まりつつあります。

　高木や低木などの木本植物は、地球上で最も効果的に自然に炭素隔離を行なうものの1つです。栽培するのが主に食べ物であれ飼料であれ、多年生農業は、栄養ある作物を生産し、劣化した土地を回復させ、何百万人もの人々に経済的なリターンを与えながら、炭素の面でも恩恵をもたらす方法です。特に枯渇した土壌や斜面が侵食されやすい脆弱な農場に適用された場合、樹木作物を多年生の食料システムに組み込めば、両分野の一番良いところを融合できます。これは単なる食べ物のことだけではありません。多年生植物は、薬や、建築・工芸の材料、天然染料、燃料、衣類の繊維、家庭用品を提供します。自然が意図したように混作で一緒に育てることで、私たちは自分の木を保有し、それを食べることもできるのです。●

米カリフォルニア州ペタルーマ市近くのマケヴォイ農園で、トスカーナ・オリーブの木にカオリン粘土の泥水をトラクターで噴霧している。収穫1カ月前に、オリーブミバエの大発生を防ぐことが目的だ。有機栽培の哲学に従って、ブドウのほか、従業員向けに鶏も飼育。除草には山羊を飼うほか、トラクターや手作業でも行なう。主力商品はイタリアのオリーブ7品種をブレンドしたオイルで、種子や果肉は土に戻されてマルチになるほか、鳥の羽根やフンなどの有機肥料の補完にもなる

私たちは天候だ
We Are the Weather

ジョナサン・サフラン・フォア　**Jonathan Safran Foer**

　ジョナサン・サフラン・フォアは、このエッセイの抜粋元である『We Are the Weather: Saving the Planet Begins at Breakfast』（未邦訳）の執筆者です。2009年に出版された『イーティング・アニマル』は、『ニューヨーク・タイムズ』紙ベストセラーになりました。彼がこの2冊の本で注目するのは、動物性食品が気候変動にもたらす影響です。食肉・酪農産業から発生する温室効果ガス排出量は、研究論文での合意には至っていません。FAOは、査読を経ていない「家畜の長い影」と題する研究論文で、総排出量の18％に相当すると算出しました。ただ、国際酪農連盟（IDF）および国際食肉事務局とパートナーシップを組んでいることから、このFAOの報告書の公平性には疑義が呈されています。一方、2021年3月に『ネイチャー・フード』誌に掲載された研究では、2016年までの排出量がフードチェーンの各段階に分解されました。その結果フードシステムの排出量は合計で、世界全体の温室効果ガス排出量の34％を占めました。セクター別に見ると、群を抜いて最大です。食肉・酪農部門ごとの内訳は示されませんでしたが、過去の研究か

ら、カーボンフットプリントが上位の食品4つが判明しています。牛肉、ラム肉、チーズ、乳製品です。食肉と乳製品の消費量を減らすことが、個人や家族、組織、カフェテリア、国が食べ物に関して行なえる最高の行動の1つであることに変わりありません。『私たちは天候だ』からのこの抜粋部分で、フォアは、私たちがうわべだけの気候の安定に転換しようとするとき、その選択の安易さと、その道のりを歩み出すことに抵抗を感じる複雑さを熱く語っています。──PH

人間の生活における主な脅威のストーリーは、ほとんどの人にとって良い話ではない──かつてなく強い巨大暴風雨と海面上昇による二重の非常事態、これまで以上に深刻な干ばつと減少する水供給、ますます大きくなる海洋のデッドゾーン、広範囲にわたる害虫の大発生、森林と生物種の日々の消失。こうしたストーリーは私たちを変えられないばかりか、関心をもたせることもできない。人の心を引きつけたい、変化をもたらしたいというのは、アクティビズムでも芸術でも最も根本的な野心だ。したがって、気候変動というテーマは、そのどちらにおいてもうまく扱われていない。興味深いことに、この地球の運命について文学作品の中で扱われる分量は、より広い文化的な対話の中で触れられる量よりもずっと小さい。ほとんどの作家が、過小評価されている世界の真実に自分は特に敏感だと考えているにもかかわらず、だ。ひょっとすると、それは作家が、どのようなストーリーなら「うまくいく」かにも、特に敏感だからかもしれない。文化に長く息づく物語（民話や、聖句、神話、歴史の一節）には、統一の筋立てがある。わかりやすい悪党とヒーローの間でハラハラドキドキのアクションがあり、倫理的な結末に至るのだ。だ

から、気候変動を──もしそれが表現される場合には──（変動があり、長期間にわたる漸進的なプロセスというよりも）ドラマチックで終末論的な将来の事象として表したいという衝動がある。また、化石燃料産業を（注目すべき複数の影響力の1つとしてではなく）破壊の体現者として描きたいという衝動もあるのだ。地球の危機（現実には抽象的で多岐にわたり、ゆっくり進行し、象徴的な登場人物や瞬間はない）を、事実に即し、なおかつ人々も魅了するような形で表現することは不可能に思われるのだ。

海洋生物学者であり映画製作者でもあるランディ・オルソンが言うように、「気候は、科学界がこれまでに一般市民に示さなければならなかったテーマの中で、最も退屈なものである可能性がかなり高い」。この危機を描こうとする物語はほとんどが、空想科学小説（SF）であるか、「まるでSFだね」と軽んじられている。幼稚園児が自分で話せるような気候変動のストーリーはほとんどなく、その親たちを感動で泣かせるような物語にいたっては1つもない。この大惨事を、脳内にある「あちら側」から、心に響く「今ここ」に引きずり出してくるのは、根本的に不可能であるようだ。アミタヴ・ゴーシュが『The Great Derangement』（未邦訳）に記したように、「気候危機は、文化の危機でもあり、ひいては想像力の危機でもある」。私はこれを、信じることの危機と呼ぼう。

気候変動に伴う災難の多く（なかでも異常気象、洪水や山火事、立ち退き、資源不足など）は強烈で、個人的で、状況の悪化を示唆するものの、全体としてはそのようには感じられない。どんどん強くなる物語の光を感じるのではなく、抽象的で、遠方で、隔絶されたことであるように感じられる。ジャーナリストのオリバー・バークマンが英『ガーディ

アン』紙に書いたように、「もしも悪い心理学者たちが徒党を組んで海底の秘密基地に集まり、人類の対応が絶望的なほど追いつかない危機をでっち上げようとしても、気候変動を超えるものはできないだろう」。私たちの警告システムは、概念的な脅威に向けてはつくられていないのだ。真実は、明快であり、そして辛辣だ。私たちは気にしない。だから何だって言うんだ？

　気候変動とまさに同じように、社会変革を引き起こすのは、同時に多発する連鎖反応である。両方とも、フィードバック・ループを生むとともに、フィードバック・ループによって引き起こされる。ハリケーンや干ばつや山火事を引き起こしたとされる、ただ1つの要因が存在しないのは、喫煙者を減らしたただ1つの要因がないのと同じだ。とはいえ、どの場合でも、1つひとつの要素が重要である。急激な変化が必要とされるとき、個人の行動がそれを誘発することは不可能だと、多くの人が言う。だからそれをやってみようとしても無駄だと。これこそまさに、真実とは真逆なのだ。個人の行動が微力だからこそ、みんながやってみるべきなのだ。

　ポリオ（小児麻痺）は、ワクチンを発明した人がいなければ、治せなかったにちがいな

い。それには、支援（マーチ・オブ・ダイムスという小児麻痺救済募金運動による資金提供）や知識（ジョナス・ソークの医学的な大発見）の構造が必要だった。しかし、ワクチンは、治験に相次いで手を挙げたポリオの先駆者たちがいなければ、承認されなかっただろう。彼らがどのような気持ちだったかは関係なく、彼らの集団的行動への参加が、この療法を市民にもたらした。そして、その承認されたワクチンが、もし社会的に広がらず、ひいては社会的規範になっていなければ、意味がなかっただろう。その成功は、上意下達の広報キャンペーンと草の根の支持、両方によりもたらされたものだった。

ポリオを治したのは誰か？　特定の誰かではない。みんなだ。

本書で論じるのは、集団として食事を変えよう、特に、夕食の前までは動物性食品を摂るのをやめよう、ということである。これは難しい議論だ。このテーマは非常に緊張をはらんでいるし、大きな犠牲を伴うからだ。ほとんどの人は、肉や乳製品や卵の香り、そして味わいを好む。ほとんどの人が、暮らしの中で動物性食品の果たす役割に価値を置いており、新しい食生活を取り入れる心づもりができていない。ほとんどの人は子どもの頃からほぼ毎食、動物性食品を食べてきた。生涯にわたる習慣を変えるのは難しい。たとえその習慣に喜びやアイデンティティがなかったとしても、である。これらは、意味のある反論であり、認める価値があるだけでなく、認める必要がある。食生活を変えることは、世界中の送配電網を転換することや、炭素税の法律を可決させるために強力なロビイストの影響力を打ち負かすことや、温室効果ガス排出量に関する重要な国際条約を批准することに比べれば、簡単だ。だがしかし、容易ではない。

私たちは、ただお腹いっぱいにするだけではないし、原理原則に従って食の好みを簡単に変えたりしない。原始的な欲望を満たすために、自分自身を築き、表現するために、コミュニティを実感するために、食べるのだ。私たちは口と胃を使って食べるが、頭と心も使う。私が最初にベジタリアンになろうと決めたのは9歳のときで、動機はシンプルだった。動物を傷つけたくない、と。長い年月の間に、私の動機は変化した。それは、手に入る情報が変わったためだが、もっと重要だったのは、私の人生が変わったからだ。個人としてやることと、70億人の地球市民の1人としてやることとが、交差する場所がある。ひょっとすると歴史上初めてかもしれないが、「自分のための時間」という表現がほとんど意味をなさなくなった。気候変動は、スケジュールが空いたときや気分が乗ったときに取りかかれる、テーブルの上のジグソーパズルとは違う。家が火事なのだ。対応を始めるのが遅くなればなるほど、対応が難しくなる。自己強化型ループ（正のフィードバック・ループ）であるため、「制御不能な気候変動」のティッピングポイント（転換点）にすぐに達してしまう。そのときにはもう、どれだけ努力しようとも身を守ることはできない。

私たちには、自分のための時間を生きるという贅沢は許されない。自分たちだけのものであるかのように生活を送ることはできない。私たちの先祖の時代とは違う形で、私たちがどのような生活を送るかによって、取り返しのつかない未来をつくるだろう。気候変動に関して、私たちは危険なほど間違った情報に依存してきている。注目の対象が化石燃料に限定されてきたが、これは地球の危機について不完全な全体像を私たちに与え、巨人ゴリアテ*に向かって全く届かないところから石を投げているかのような気分にさせられる。

＊旧約聖書に登場する巨人兵士

たとえ私たちの振る舞いを変えられるほどの説得力はなくても、真実は私たちの意識を変える。まずそこから始めなければならない。私たちは、何かしなければならないとわかっている。しかし、「何かしなければならない」というのは通常、できない場合、あるいは少なくとも不確かな場合の表現である。やらなければならない内容を明確にすることなく、それをやると決意することはできない。ここにいくつか、畜産と気候変動を結びつける事実を紹介する。

●現在の気候変動を最初に引き起こしたのは動物であり、自然現象ではない。
●約1万2000年前の農業の出現以来、人類は全野生動物の83％、全植物の半分を消滅させてきた。
●世界全体で作物を栽培できる土地の59％を家畜用の飼料栽培に使っている
●地球上の人間1人あたり約30頭の家畜がいる。
●2018年に人間が食べた動物の99％が、工場式畜産場で飼育されたものだ。
●平均的な米国人は、タンパク質を推奨摂取量の2倍消費している。
●動物性タンパク質を多く摂取する人は、摂取量が少ない人に比べてがんで死亡する可能性が4倍である。
●森林破壊の約80％が、家畜用の作物栽培や放牧に使う土地を皆伐するために起きている。
●アマゾンの森林破壊の91％が畜産によるものである。
●森林に貯留されている炭素は、すべての開発可能な化石燃料の埋蔵量に含まれる炭素より多い。

　気候変動は、人類がこれまでに直面してき

た危機のなかで最大のものである。この危機は、常に全員に対して対応を突きつけられると同時に、単独で直面するものだ。私たちのこれまでの食生活を維持しながら、私たちのこれまでの地球を維持することはできない。食習慣の一部をあきらめるのか、あるいは地球をあきらめるのか、どちらかを選択しなければならない。そのくらい単純であり、そのくらい困難なものだ。あなたはどの立ち位置でその決定を行なったのだろうか？●

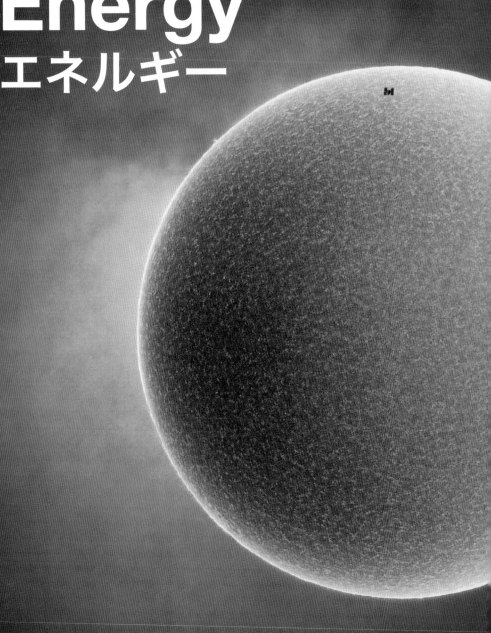

Energy
エネルギー

地球温暖化を止め、逆行させるには、化石燃料の使用に終止符を打たなければなりません。二酸化炭素排出量の82％が、石炭、天然ガス、石油の燃焼から発生しています。国連のIPCCが推奨するように、2030年までに化石燃料由来の排出量を2010年比で45〜50％削減するというのは、とてつもない規模です。炭素排出量を大幅に減らすためには、エネルギーというテーマを3分野に分けて考える必要があります。「エネルギー源」「利用」「用途」です。エネルギーはどこから来るのでしょうか？　何に使われるのでしょうか？　どのように活用するのでしょうか？

　私たちは恵まれているのです。歴史的に、文明がこれほど多くのエネルギーに恵まれたことはかつてありませんでした。化石燃料が登場するまで、エネルギーを提供してくれるのは、火であり、動物であり、奴隷制でした。中国は、何千年も前に、原生林のほとんどを破壊しました。17世紀には、世界の4分の3に、この邪悪で野蛮な奴隷制による「エネルギー」生産が広まりました。エネルギーの価値は、それがどれだけの仕事を行なえるかで測り、単位はBTU（英国熱量単位）、カロリー、ジュールです。もし石油1バレルが行なえる仕事量を人1人と比較して計算すると、貧困層の人々も含めて世界中の1人ひとりが、化石燃料という「召使い」を1人以上召し抱えていることになります。インドの平均的な1世帯には5人、米国の場合は400人です。暖かい家、すぐに乾く衣類乾燥機、店まで車で

この太陽の写真は、2019年の太陽活動極小期にRainee Colacurcioが撮影したもの。普段の太陽は、宇宙に向かって40万キロメートルに及ぶ太陽フレアと黒点で覆われ、海上の激しい嵐のように見える。11年に一度の太陽活動極小期には、黒点の活動は落ち着く。太陽を横切る黒い物体は、ロシア、イタリア、米国からの9人の宇宙飛行士が搭乗する国際宇宙ステーション

ひとっ走り。もし「炭素の召使い」がいなかったら、私たちがこのような仕事をするのにどれだけの時間や人手が必要か、計算してみることはほとんどありません。

　豊富なエネルギー供給があるのは幸運なことですが、炭素ベースのエネルギーは大量の汚染を生みます。そして、汚染だけではなく、生命を奪うような毒物も生みます。化石燃料は大気、湖、海洋、土壌、植物、人間、動物に有害です。スモッグを生み、微粒子を大気中にまき散らし、肺・呼吸器疾患をもたらします。石炭と石油には、ベンゼン、水銀、カドミウム、鉛、メタン、硫化物、ペンタン、ブタン、その他何十もの有毒物質が含まれています。さらに、石炭であれ天然ガスであれ石油であれ、私たちが使うエネルギーのほとんどは、無駄になっています。つまり、エネルギーが有意義な仕事を行なっていないのです。エネルギー（熱エネルギーや電気エネルギー）は、建物や車や工場など、設計やつくりのお粗末なシステムに動力を与えています。全米工学アカデミー（NAE）によると、米国のエネルギー効率は約2％といいます。つまり、エネルギー100単位が使用されたときに、2単位分の仕事しか行なわれないということです。アジアや欧州にはエネルギー効率がこれをわずかに上回っている国もありますが、世界のほかの地域ではもっと低い状態です。エネルギーは世界中で無駄の多い形で使用されているため、同じ製品をつくったり同じ作業を遂行したりしながらも、エネルギー使用量を徹底的に減らすことが可能です。

　18世紀から19世紀にかけて、石炭や天然ガスや石油の豊富な埋蔵が発見されて、社会は動物や木や木炭から脱却しました。化石燃料は、便利で、濃縮されており、安価だからです。化石燃料は、泥炭地や、海洋堆積物、泥炭湿地林、タールサンド、シェール（頁岩）

における、古代の太陽光を受けて育った植物や有機物の死骸から生成されたものです。堆積物のなかには、6億5000万年も遡るものもあります。石炭、天然ガス、石油は、今日の世界全体の一次エネルギー使用量の84％を占めています。気候危機は、草木や海洋植物プランクトンが何億年もの間に捕捉した炭素が、地質学的に見ればほんの一瞬のうちに、大気中に再放出されることが原因で起こりました。化石燃料由来の二酸化炭素排出量は、年間計350億トンにのぼります。目標は、その値を2030年までに110億トンに減らすことです。現在、あらゆる形態の再生可能エネルギー（ソーラー、風力、水力、地熱）を合わせて、一次エネルギーに占める割合は5％です。現時点でソーラーファームやウィンドファームは、日々地球上に降り注ぐ熱や光子のごく一部しか活用できていません。再生可能エネルギー革命は、主要なエネルギー源を変えることではありません。原子力を除けば、一次エネルギー源はこれまでもずっと太陽でした。再生可能エネルギーへの移行は、太陽の豊富なエネルギーを活用します。私たちの文明のエネルギー源として十分なだけでなく、余剰のエネルギー生産も行なって二酸化炭素を大気中から取り戻すのに役立てられるほど、太陽のエネルギーは豊富にあります。今は、文明の、歴史に残る転換点なのです。●

風力
Wind

トーマス・エジソンは1882年、世界初の石炭火力発電所をニューヨーク市のパールストリートに建設しました。顧客に提供するため、初めての送電網——柱にワイヤーを張り渡したもの——をつくり、2年のうちに506軒の顧客に1万個の明かりを灯すようになっていました。この発電所は大きな利益を生み、すぐにさらなる発電所が、エジソンとウェスチングハウスの両社によって全米に建設されました。発電所が大きくなるにつれ、送配電網も大きくなりました。石炭や天然ガス、水力、石油、そして1950年代から加わった原子力など、供給源によらず需要に応じて提供される電力が、ビジネスや、産業、家庭、都市に革命を起こしました。電力会社やガス会社は、閉鎖的なシステムで、公的に認められた独占企業でした。送配電網へのアクセスは厳しく制限されており、そのため分散型の風力やソーラーといった再生可能エネルギーによる発電が妨げられていました。

そんな電力業界を1976年に変えたのが、ある忘れ去られた名もなき反抗です。最初のパールストリートの発電所から約3キロメートル北の屋上で、それは起きました。再生可能エネルギー活動家と建築を学ぶ学生たちのグループ（その中にはソーラーの先駆者トラヴィス・プライスもいました）が、火事の被害を受け放置されたアパートを修復していました。そこは、荒廃した危険な東11番通りで、「ストリッパー通り」とも呼ばれていた地域です。どろぼうが、夜間に駐車してある車を解体し、日中に部品を売りさばいていました。マサチューセッツ州にあるハンプシャー大学

で風力タービンを研究するテッド・フィンチという学生が、後に「11番通りエネルギータスクフォース（Eleventh Street Energy Task Force）」と呼ばれるようになるこのグループに加わりました。彼は、元米国海軍大佐で先駆的な土木技師であるウィリアム・ヒロニマス教授のもとで、風力発電について研究していました。ヒロニマスは、「ウィンドファーム」という新語をつくった人物です。これは風力タービンをずらりと密集させて並べ、全体で1つの発電所のように機能して送配電網に供給できるようにするという考え方です。1973年のエネルギー危機を予測し、そして目撃していたフィンチは、1万3695基のタービンで構成された最初の洋上ウィンドファームをマサチューセッツ州沖に提案しました。それは、ものすごく非現実的でべらぼうに高い（当時はそうでした）として、退けられました。

ニューヨークでフィンチは、ハドソン川から吹く突風に感動しました。時は1974年。エネルギー価格が4倍に膨れ上がった世界的な石油危機から、1年が経っていました。多くの人々と同じように、エネルギータスクフォースは家庭でのエネルギー使用量を大幅に減らす方法を探していました。それというのも、地元のエネルギー事業者コン・エジソン（コンソリデーテッド・エジソン）が、国内で最も高いエネルギー料金を課していたからです。フィンチは、建物で使う電力を直接発電するため、屋上に風力タービンを設置することを発案しました。彼らが許可を得ようとコン・エジソンに申し入れをしたところ、同社はその考えに絶句しました。それは違法

311

だし、危険だし、同社の設備を破壊してしまいそうだ、と。フィンチは、コン・エジソンを無視してその建物で独立して風力発電の電力を使うこともできましたが、彼がめざしていたのは、電力事業者に、送配電網を地元の再エネ発電に開放させることでした。コン・エジソンは彼に、まずは適切な事務手続きをすべきだと言ってきました。しかし、コン・エジソンには、その事務手続きとは何なのか、そのような事務手続きが存在するのか、仮にそれが存在していた場合誰が担当なのか、といったことを話せる人は誰もいませんでした。11番通りエネルギータスクフォースは、許可のないまま話を先に進めました。

　フィンチは、スチールパイプで約11メートルのタワーをつくりましたが、それをまっすぐに持ち上げるクレーンもホイストもありません。友人や近隣住民が35人集まって、

米ロードアイランド州の沖合3キロ、水深27メートルに5基のタービンを設置したブロックアイランド・ウィンドファームは、米国初の洋上ウィンドファームだ。このウィンドファームの総発電容量は30メガワットで、年間125ギガワット時以上を発電し、1万7000世帯分の電力をまかなうことができる。そのうち約10%はブロック島内で使用され、残りは海底ケーブルで本土に送られる。タービンの高さは海抜110メートル、ブレードの長さは73メートルだ。

てっぺんに取り付けたロープを使って、タワーを4方向からゆっくりと引っ張り上げました。縦になったらそのまますぐに直接、アンカーボルトの上に置かなければなりません。風の強い日だったので特に、信じる気持ちあっての行動でした。もしタワーが倒れでもしていたら、人々や建物に甚大な被害を与えていたことでしょう。フィンチが中西部のウィンドファームから再生させた中古の直径3.7メートルのジェイコブス風車が、とうとう設置されました。直流から交流への変換を行なった後、タービンのスイッチが入って、ローターが回り、2,000ワットの電気が送配電網に流入しました。支払いが遅れたとしてコン・エジソンから電気を止められていたエネルギータスクフォースにとって、このイベントを見ることは喜ばしいことでした。電気メーターが逆向きに回るところなど、それまで誰も見たことがなかったのですから。

　フィンチにはわかりきったことでしたが、コン・エジソンの懸念や脅しは無意味でした。送配電網には何1つ起きませんでした。この高くそびえる発電所とは2ブロックしか離れていませんが、同社が11番通りでの動きに

気づいたのは、それから1週間後に『ニューヨーク・デイリーニューズ』紙で記事を読んだときでした。第1面に、稼働中の風力タービンを紹介する写真が掲載されていて、その背景にコン・エジソンの発電所が写り込んでいたのです。コン・エジソンは訴訟を起こしました。さらに多くの新しい記事が掲載され、世間の注目を集める出来事となりました。そのとき11番通りに姿を見せたのが、元米国司法長官のラムゼイ・クラークです。彼は、これは投票と同じくらい重要な公民権訴訟だと述べ、フィンチのグループを無料で弁護しようと申し出ました。電力事業者に対して国民感情は反発し、コン・エジソンもついに、人々には自ら発電を行ない送配電網に売却する権利があることを認めました。電力事業者は、法的にもはや独占権をもたなくなりました。その後、再エネ発電事業者を奨励し、その電力を購入して送電することを電力事業者に義務づける連邦法が制定されました。現在、エンパイア・ステート・ビルディングとこれに関係する建物の電力は、すべて風力でまかなわれています。

この変化には、もっと深い意味をもつお土産が付いてきました。電力会社が最初に全国につくられたとき、事業を始めると電力業界内の独占に走り、それには送電線事業も含まれていました。ある地域で発電された電気はその地域内専用であり、ほかと共有できません。もし隣接する地域が電圧低下や停電になったとき、近隣の電力会社に余剰電力があったとしても、融通はされませんでした。電力会社に、送電線をほかの電力供給者に向けて開放させるには、説得するか、場合によっては強制する必要がありました。いったん全国の送電線が接続されると、一番の風力エネルギー源（主にノースダコタ州からテキサス州にかけての中西部）から、最大の市場（主に東海岸）

に電力を販売できるようになったのです。

11番通りの風力タービンが建てられたとき、最も生産性の高い風力タービンの発電コストは、石炭や天然ガスや原子力で発電した場合の20倍に相当しました。それが今や（ソーラーとともに）風力は、世界で最も安価に新設できる発電方法となっています。風力と、ソーラー発電、蓄電、送電を合わせると、2050年までに完全に化石燃料に取って代わることができます。そうなる理由は、法的義務や気候の懸念ではなく、むしろコストに関係したものです。新しい原子力発電所は、4〜7倍高くつきます。しかもそこには、廃炉の費用や、保険、稼働中の保守点検、連邦融資保証のコストは加味されていません。石炭火力発電所は、石炭を確保する輸送コストを計算に入れなくても2.5倍高くつきます。天然ガス火力発電所は1.5倍のコストです。2019年に、風力は米国の電力の7％、世界の電力の5％を供給しました。

大気科学者のケン・カルデイラは、地球上に吹く風の2％を活用すれば、すべての文明の電力をまかなえるだろうと指摘します。これは国際エネルギー機関（IEA）の試算でも支持されています。IEAによると、洋上風力発電で年に42万テラワット時の発電が可能とされており、これは2019年の世界全体の電力需要の15倍以上に相当します。風力は、緻密ですぐれた工学技術により、コストと発電量の点で最有力の電源になりました。タービンには、どれだけのエネルギーを捕捉できるかについて、理論上の最大効率があります。これは「ベッツ限界」と呼ばれ、回転するタービンによって電気エネルギーに変換できるのは、風の運動エネルギーのうちのわずか59.3％でしかありません。風速がどのくらい速いか、何枚のブレードを付けるか、どれだけ長いブレードにするか、タービンがどれ

1974年、ニューヨーク市のイーストヴィレッジにある長屋の屋上に、手づくりの9メートルの鉄塔を建てたテッド・フィンチとそのチーム。このタワーの背景にある火力発電所をもつコン・エジソンの反対を押し切って、ニューヨーク市で初めて再生可能エネルギーを導入した

計改善、より強い風を捕捉できる高さへの改良、ローターの大きさと面積の改良、カットイン風速の低減、信頼性の向上、ギアボックスや任意の風況に対するコンピューターシミュレーションやブレード材料の改善です。設備利用率は今後も、陸上風力では60％に向けて、洋上ではさらにそれ以上に上昇し続けられると予測されています。

化石燃料は、その豊富さとコスト、便利さにより、大成功を収めました。でも今や、その強みは疑わしくなっています。確かなのは、洋上風力発電のコストの低減率です。さらにエネルギー予測を一新させうる要因は、洋上風力発電が陸上風力について3番目に低コストの発電方法になりそうだからです。

「風力の育ての親」と呼ばれるヘンリク・スティースデールは、洋上風力を陸上風力と同程度の実用的で手ごろな価格にしたいと考えています。「気候問題について考えると、落ち込んだ時期もありました。政治家にはできない。私たち自身が解決しなければなりません」。今日では、洋上ウィンドファームの4分の3が北海の浅海域に、主にドイツと英国の周りに集まる形で設置されています。類似の海域が、中国の沖合と米国の東海岸沖にもあります。しかし、洋上風力が十分に発達するには、米カリフォルニア州、ポルトガル、英国、日本のさらに沖合へ、もっと深い海域へと進出する必要があるでしょう。そこでは大きなタービンがさらに強力な風を捕捉できますが、海岸からは見えません。ポテンシャルは相当あります。カリフォルニア沖の海域で活用できるエネルギーは、州内で必要な量の11倍に相当します。問題は、約9メートル

だけ速く回転するかにかかわらずです。

風力エネルギーのコストが低下した最大の要因は2つ、風力タービンの大型化・大規模化と、設備利用率の上昇です。設備利用率は、ベッツ限界に対してタービンがどれだけのエネルギーを捕捉するかを表します。風力タービンの理論上の出力量（設備容量）が5MWで、発電量が2MWである場合、設備利用率は40％となります。実際の出力量が定格容量（設備容量）を下回る理由はさまざまです。風が断続的で時間的に安定しないため、風力タービンの設置場所が最適でない場合もあれば、タービンが回転して発電するまでに必要な「カットイン風速」（単位はメートル毎秒）が異なる場合もあります。新設の場合、平均設備利用率は、2000年代初頭の25％から現在の50％まで大幅に飛躍しました。主な要因は、風力タービンとウィンドファームの設

の波が立っている中で、重さ100トンの摩天楼サイズの風力プラットフォームを300メートル下の海底にどう固定するかです。

スティースデールの業績は偉大です。1970年代、彼は高校でタービンの初期モデルの実験を始め、実家でタービンを製作しました。試作ごとに大きく、効率も良くなり、回転する小さなタービンからのトルクの感触に病みつきになったのです。自分の手、腕の中に、風の力が感じられました。タービンが住宅で使えるサイズになったとき、ヴェスタスという地元の農機具メーカーから訪問を受けました。同社は感銘を受け、試作機のライセンス契約が署名されました。今日までの主要なタービンすべてに見られるのと同じ3枚羽根の形状のものです。現在ヴェスタスは、世界最大の風力タービンメーカーで、12カ国に工場をもち、売上は130億ドル（約1兆4,000億円）にのぼり、これまでに81カ国で7万基以上を設置しています。

洋上風力はずっと前から可能でしたが、用地選定や、保守、水中の送電ケーブル、腐食しやすい海水環境により、かなり割高でした。欧州の農村部では、うるさい風力タービンの設置に地元から反対が起こり、こうした難点を打ち消す方法として、比較的浅い北海に洋上風力を建設するという答えが導き出されました。これまでに何千ものタービンが設置され、実際、世界最大の風力タービンの設置も北海で行なわれています。一番大きな12メガワットの「Haliade-X」は、2019年にゼネラル・エレクトリック（GE）がオランダ沖に設置した、高さ260メートル、ブレードの長さは91メートルで、実際には13メガワットを発電し、1万2000世帯の電力をまかなえます。Haliade-Xの設備利用率は63%で、発電量は一番近い競合製品より45%増しです。しかし、さらなるライバルがじきに

登場します。ヴェスタスは、2024年、2万世帯分相当の15メガワットの洋上風力を設置する予定です。

スティースデールは、外洋で使用できる風力タービンを設計しています。洋上の石油掘削プラットフォームを真似た浮体式プラットフォームは、複雑で、製造も高くつきます。初期の風力タービンの設計が成功したのは、すばやく安価に製造できたからでした。スティースデールは、工場製造が可能で、ヴェスタスが陸上風力で達成したスケールメリットを再現できる、浮体式の土台を設計してきました。材料は同じですが、作業の大半をロボットが行ないます。水深が深い海でも風力タービンを維持できるほど、十分にコストが下がるのか、十分な補助金がもらえるか、疑う人もいます。しかし彼にとって、問題は「どこにそんな余裕があるか？」ではありません。「やらなくてもいいという余裕が一体どこにあるというのか？」なのです。

2019年、世界全体で27兆ワット時（27テラワット時）の電気が発電されました。風力発電は1.4テラワット時で、世界の発電量の5%強にすぎません。2050年に100%再エネを実現するには、風力50%とソーラー50%と仮定すると、風力発電は2030年までに今から4倍に、2040年までにはさらに倍増させ、2050年にはさらにそこから80%の増加が必要です。IEAと世界銀行が出した電力使用予測は、家庭の電力使用量が現在と同じ、財とサービスの経済的な需要が3倍、路上には30億台の車が走り、世界の物質主義や消費行動が30年間変わらない前提です。一方、輸送や建物が完全に電化された世界を予測していません。いずれにせよ、これから数十年の間に、彼らのような人物が現れないとは考えにくいです。もうここにいて、誰なのかをまだ知らないだけかもしれません。●

ソーラー
Solar

ソーラーエネルギーのもつ経済的な可能性については、何十年にもわたって、異議を唱えられたり、根拠のない憶測を呼んだりしてきました。いま唯一残った議論は、「あとどのくらいで、ソーラー（と風力）が地球上から化石燃料を消し去るか」です。今日のソーラーのコストは、かつてIEAが出した21世紀半ばの予測値を下回っています。二酸化炭素排出量の84％が化石燃料由来であるため、これが気候とエネルギーの世界において、最も重要で画期的な進展であることはほぼ間違いありません。太陽光発電はどのようにしてここまで安価になったのでしょうか？

始まりは1839年。19歳のエドモン・ベクレルは、父親の実験室で実験を行なっていました。ビスマス、白金、鉛、すず、金、銀、銅でつくった陽極と陰極が、作業場じゅうに散らばっています。エドモンが、どういうわ

けか白金の電極2つを酸性の溶液の中に浸して光を当てると、電気が発生したのです。彼が発見したのは、光起電力効果でした。ある特定の条件下で光にさらされた物質が、電流を発生させるのです。今考えると、これは歴史的な出来事でした。それまでに類のない科学実験でしたが、急成長する産業化時代とは関係なく、当時はほとんど気にも留められませんでした。世界は、石炭、その後天然ガスおよび石油との、長くて熱いロマンスに浸りきっている時代でした。

1870年代に、エドモンの光起電力の実験が、セレンを使って複数の科学者により再現されました。1883年に、米国の起業家チャールズ・フリッツが、ニューヨーク市の屋上に、光起電力モジュールの試作品をつくりました。真昼の太陽の下で6ワットの電気が生まれましたが、費用はかなりのものでした。金めっきしたセレンでつくられた太陽電池だったか

らです。でも、フリッツにはビジョンがありました。彼は楽観的で、自分の光電変換技術は、数ブロック先のパールストリートに新設された石炭火力発電所とも張り合えるようになるだろうと考えていたのです。フリッツのモジュールには、ドイツのヴェルナー・フォン・シーメンスなど多方面から熱い期待が寄せられましたが、多くの科学者は困惑していました。光起電力モジュールは、太陽光の潜熱エネルギーより大きなエネルギーをどうやって生み出せるのでしょうか？

その答えは、1905年、スイスの特許庁からもたらされました。26歳の理論物理学者アルバート・アインシュタインが、光にはそれまで明らかにされていなかった特性があり、光のエネルギーは連続的であるだけでなく、とびとび（不連続）でもあるという「大胆不適」な論文を発表したのです。光のエネルギーには、マックス・プランクが「量子」と呼ん

だものが含まれ、現在では「光子」として知られています。光の波長によって変化する、原子より小さい粒子の流れです。波長が短ければ短いほど（紫外線）、エネルギーは大きくなります。それから50年間、実験室で、発明家の手で、起業家のサポートで、太陽電池の効率を上げるために試行錯誤の実験が繰り返されました。複数の特許申請や、実験結果公表があり、さまざまな試料が試され、シリコン結晶が成長。そしてついに1954年、ベル研究所において、NASAの衛星のために画期的な太陽電池がつくられました。セレンの代わりに、シリコンを使用したのです。こ

のニュースは世界中を駆け巡りました。『ニューヨーク・タイムズ』紙は、「太陽という無尽蔵のエネルギー」の可能性を記しました。その熱狂は、未来を予見してはいましたが、時期尚早でもありました。ベルの太陽電池で一般家庭1世帯の電力をまかなおうとしたら、143万ドル（約1億6000万円）かかっていたでしょう。いま米国では、家庭の11軒に1軒がソーラー発電でまかなわれています。1ワットあたりの製造コストは、1955年には1,785ドル（約20万円）だったのが現在は10セント（約11円）で、99.99％のコスト減になっています。

ソーラーエネルギーが石炭に太刀打ちできるようになるだろうというチャールズ・フリッツの勘は、当たっていました。しかしそれには、1973年の石油ショック、1997年の京都議定書、2000年代のドイツの潤沢なソーラーエネルギー補助金、そして気候変動に対する世界的な意識の高まりが必要で、これらのおかげでソーラーは真に軌道に乗ることができました。コストの重大な分岐点は、中国の巨大なソーラー工場とともに訪れました。ソーラーファームも含め、このような巨大なソーラー工場は、カナダのアルバータ州のタールサンドとともに、宇宙にいる宇宙飛行士の目からも見えるエネルギー源です。ソーラーエネルギーの成長は、これまでずっと過小評価されてきました。パリのIEAからニューヨークのマッキンゼー・アンド・カンパニーに至るまで、ソーラーエネルギーのコストと成長に関して各組織の出した予測は、あまりに控えめでした。ソーラーパネルメーカーであるサンパワーの創業者リチャード・スワンソンによると理由はこうです。「スワンソンの法則」によると、太陽電池モジュールのコストは、累積出荷量が倍増するごとに20％下するそうです。スワンソンは控え

めでした。低下率は30％を超えています。2019年現在、建設から設置、操業まで含めた、補助金を受けていない発電コストを比較すると、事業レベルのソーラー発電所は、石炭火力発電所より44〜76％低く、現行または次世代の原子力発電所より69〜81％低く、天然ガス火力発電所より16〜46％低くなっています。この状況が予測されたことは一度もありませんでした。そしてコストはまだまだ低下しています。

米国では2020年5月に初めて、再生可能エネルギーの電力が石炭を上回りました。この国では石炭火力発電所のうち4分の3を停止し、廃止し、ソーラーで置き換えることができます。そうすれば、発電所の所有者にとっては節約になり、消費者にとっては電気料金が下がります。石炭は、真の意味で「化石」燃料になりました。もう、おしまいです。

衛星の電源として出発したソーラーエネルギーは、今では船舶や、インドの室内照明、タンザニアの学校、米ミシガン州デトロイト市の街灯、僻地の充電ステーション、ウェアラブル製品（衣類やバックパックに縫い込まれる）、ハイウェイの標識や看板、携帯電話の基地局、コンサート、電気自動車や電動自転車、発電ガラス、ソーラーパネルを装着した自動車、ワクチン用の冷蔵庫、飛行機にも、電力を供給しています。太陽からのエネルギーを捕捉して電気に変換するソーラーペイント、フル充電されたら中のごみを圧縮するソーラーごみ箱、100％ソーラーエネルギーの競技場もあります。ソーラーファームやソーラーアレイ（ソーラーパネルを複数並べて接続したもの）は、チリのアタカマ砂漠に設置された広大な集光型太陽熱発電所から、日本の田んぼの間に置かれたソーラーパネルまで、至るところに見られます。オランダでは、7万3000枚の太陽電池モジュール、13

個の浮体式変圧器、192艘のインバーターのボートが湖面にまとめて設置されました。このソーラーアレイの設置スピードは、最大で1日あたり1メガワットと、ひょっとすると世界記録を達成したかもしれません。すべて電動の（ソーラー）船と自動車を使って建設されました。水上のソーラーアレイは、波や強風や雪に耐えられます。

世界最大の浮体式ソーラーファームは、中国の安徽省で、水没した炭鉱跡地に浮かんでいます。ドイツのシン・パワーは、波力と風力とソーラーの発電をすべて同時に行なう海上のプラットフォームを開発しました。これはモジュール式で、直列に接続できます。島嶼で電力を供給することもでき、洋上ウィンドファームで得た電力を補強できて、全体の資本コストを低減させます。1986年に爆発事故を起こしたウクライナのチェルノブイリの原子炉の、目と鼻の先で稼働しているソーラー発電所もあります。石炭を産出するオーストラリアは、世界第3位の化石燃料輸出国ですが、ついにソーラーに方向転換するようになるかもしれません。シンガポールは、電力の95％を液化天然ガス（LNG）に依存していますが、サン・ケーブルと連携して、ジャワ海とチモール海の海底に4,500キロメートルに及ぶ高圧直流ケーブルを敷設しています。これが完成したら、シンガポールの電力の20％が、オーストラリアのノーザンテリトリー準州にある1万2000ヘクタールのソーラーアレイの電力で置き換えられることになります。

ドイツは、日照が比較的少なめですが、化石燃料から脱却してソーラー比率の拡大へと移行していく世界的なリーダーで、電力の46％を再エネでまかなっています。消費者向けも産業向けも、電力供給にまったく混乱を生むことなく、エネルギー転換を遂げました。政府は、市民生活の構造の中に再エネを織り込みました。バイエルン州南部のヴィルトポルツリートという農村は、1997年に地域を一新させることを決め、新しい体育館、劇場、パブ、老人ホームを建設することにしました。市民から求められた条件は、この事業による市の債務負担がないこと、でした。2011年までに、同市はそれ以上のことを成し遂げました。新しい学校1校、バイオガス・ダイジェスター4カ所、風力発電7基、地域暖房施設、複数の小規模水力発電施設、自然の下水処理システム。これらすべてが、新たな借金なしで整備されました。そのために、再生可能エネルギーを活用して村内の使用量の5倍にあたる発電を行ない、それを他地域にかなりの儲けをのせて売電することで、資金を調達したのです。ヴィルトポルツリート村は、お金が地域経済から漏れ出るのをふさぎ、「クローズドループ」（閉じた輪）にしたのです。地域から漏れ出るお金というのは、ガスや電気、燃料、食べ物などの代金として常に出て行くばかりで、決して戻っては来ません。ループとは、どの地域にも必要な、生産と経済活動の輪です。漏れをふさぐというのは、エネルギーの使用効率を高め、熱と電気を地域で発生させ、地場の食べ物を生産して食べ（無駄をなくし）、電気自動車を再生可能エネルギーで充電することを意味します。クローズドループにすれば、お金が節約されます。お金が地域内にとどまれば、雇用が生まれ、人々は繁栄します。あまりに多くの収入が地域外に出て行くと、地域社会は苦しくなります。要するに、再生可能エネルギーを活用して地元で発電することで、地域を再生できるのです。

ヴィルトポルツリート村は、ドイツの「エナギーヴェンデ」（エネルギー転換）がなければ、不可能だったことでしょう。これは、

国全体で2050年までにカーボンニュートラルを達成するための、中央集権型で合意済みの道筋です。ドイツのコミットメントにおいて、先例はありませんでした。直面している問題としては、自動車産業がディーゼルとガソリンをベースにしていたこと、国際競争を行なう産業にとってエネルギーコストが増大すること、断続的な供給（日照）や急激な電圧変動に対して送配電網が完全には対応していないこと、原子力発電所を廃炉にすること、大手電力事業者に混乱が生じること、炭鉱とその労働者が残されることなどがありました。その道筋の1つひとつの段階において、困難で、政治的で、時には激烈なプロセスとなりました。ドイツが進んだ道筋から多くが学べるとはいえ、完全な再生可能エネルギーへの転換は、敗者が生まれるプロセスです。それは炭鉱労働者や、天然ガスと石油の生産者、電力会社です。こうした人々が、多くの国や地域でソーラー・風力エネルギーへの転換を失速させ、阻害しています。

世界から化石燃料をなくすことは、地球温暖化を逆転させるうえで最も手ごわい障壁です。これをめざすには2つの行動が必要です。1つめに、石炭や液体燃料に代わるものが急速に拡大しなければなりません。ソーラー、風力のほか、電気自動車や建物の電化のためのエネルギー貯蔵が求められます。2つめの重要な活動は、世界中で石炭火力発電所や、石油と天然ガスの探査、パイプライン、フラッキング、LNG基地への資金提供を続ける、制度的な惰性を止めることです。そうしなければ、今後何十年も操業し、排出を続けるでしょう。JPモルガン・チェースは、北極圏の石油と天然ガス、海底油田や海洋ガス田、フラッキング、炭鉱、タールサンドなど、化石燃料に最大の資金提供を行なっている銀行です。それにすぐ続くのが、ウェルズ・ファーゴ、

シティ、バンク・オブ・アメリカです。パリ協定から5年のうちに、35の銀行が3.8兆ドル（約420兆円）を化石燃料産業に注ぎ込んでいます。投資家が化石燃料事業に資本を投じれば、この産業は操業を続け、議員に影響力を及ぼして腐敗させ、自分たちが雇用を創出しているのだと主張するでしょう。雇用の創出でいうなら、ソーラーは化石燃料の5倍という多さです。そして決定的なのは、市場がこの先何年も石炭と天然ガスに縛りつけられるからといって、銀行が再生可能エネルギー事業への資金調達を阻んでいることです。

世界はいまだに、炭素排出量の点で前進ではなく後退しています。この30年間に排出された化石燃料由来の温室効果ガスは、それ以前の230年間の排出量を上回りました。国際機関の「楽観的」な予測は、ソーラーエネルギーが世界の発電量に占める割合が現在の3％から、2050年には22％に増加し、再エネ全体（ソーラーと風力）が世界の発電の50％を占めるようになると示しています。これは、現状を考えると、決して楽観的な予測ではありません。再エネは、世界の発電量の95〜100％を占めることが可能であり、そうなるべきです。EUは、2050年までにカーボンニュートラルなエネルギーシステムにすることを約束しており、これを加速できると考えています。ドイツでは、プーマからティッセンクルップまで60社以上が、グリーン転換に直接結びついた経済刺激策を望んでいます。要するに、「古い経済」にこれ以上のお金を費やすべきではないと考えているのです。ドイツ最大の鉄鋼業者の1つ、ザルツギッターは、石炭火力で製造する鉄鋼から、再エネで生産した水素燃料を活用する鉄鋼へと移行するための支援を、政府に求めています。

エネルギー生産方法の並々ならぬ転換を行なうにあたっては、それが及ぼす影響も、そ

のために必要なことも、膨大にあります。実行は可能です。排出量を抑制して逆転させる行動をとることは、政府、企業、社会の義務です。これを実現するために、小さな家庭から、水素燃料をつくる巨大な製鉄所まで、人間の営みの全レベルが関わる必要があります。1.5℃を超える地球温暖化を防ぐためには、ソーラーの製造と設置が飛躍的に増える必要があるでしょう。1993年から2002年までに、ソーラーの設備容量は3倍になりました。それから8年後の2010年には、33倍になりました。2019年には、そこからさらに15倍になっています。化石燃料による発電の50％をソーラーで置き換えるためには、ソーラーの製造と設置が2030年までに2019年の8倍になる必要があるでしょう。そして2040年までに倍増し、2050年にはそこからまたさらに倍増しなければならないでしょう。これは、地球上の人間1人あたりソーラーパネル3枚に相当します。風力も、エネルギー出力量で同じことをする必要があるでしょう。もし世界がエネルギー効率を大幅に改善し、不要な過剰消費を減らす建設的な変化を実現した場合には、必要なエネルギーはもっと減らせるでしょう。

　地球上で生き続け、人間として、文化として、文明として発展していくには、化石燃料の燃焼をやめるという境界線を超えて行かなければなりません。米国にできた最初の石炭火力発電所は、トーマス・エジソンが開発し、1882年にニューヨーク市に建設されました。ニューヨーク州最後の石炭火力発電所は、サマセット市のキンタイ発電所ですが、2020年3月に閉鎖されました。これは、私たちが文明としてどこに向かっているかという問題ではありません。問われているのは、「いま降り注いでいる太陽光からエネルギーを得る文化に、私たちがどれだけ速く、完全に転換できるのか」です。●

2009年に始まった中国青海省ゴルムド東部のソーラー開発は、複数の異なるソーラー企業で構成されている。既存および計画中のソーラーパークにより、ゴルムドは2030年までに120平方キロメートルをカバーし、10億ワット（1ギガワット）の電力を発電する中国最大の太陽光発電所となる。チベット高原の北、標高2,800メートルに位置し、強風にあおられて三日月型の砂丘ができている

電気自動車
Electric Vehicles

発明から200年近くが経って、電気自動車（EV）が転換点を迎えています。内燃エンジンの終焉の兆しです。最初の実用的な電気自動車が、米アイオワ州デモイン市の路上にデビューしたのは、1889年のことです。化学者のウィリアム・モリソンが、馬のない馬車のようなバッテリー駆動の自動車をつくりました。最高時速は23キロメートルでした。1900年には、米国のすべての自動車のうち、およそ3分の1をEVが占めていました。電気自動車の販売はそれから10年間、好調でしたが、ヘンリー・フォードが石油を燃料とした大量生産車の「T型」を発表し、市場を席巻しました。数年のうちに、内燃エンジンが勝利を収めたのです。EVは脇に追いやられ、次にまた関心に火がついたのは、1970年代にエネルギー危機を迎えたときのことです。自動車メーカーは電気自動車のさまざまなモデルを展開しましたが、最高速度（時速72キロメートル）や、航続距離（充電1回で80キロメートル足らず）に限界があることを消費者が不安に感じたため、販売は伸び悩みました。1980年代は世界経済が活況を呈し、石油価格が市場最安値に下落したため、電気自動車の未来は暗いものと思われていました。しかし、時代は変わったのです。

2010年に、世界全体の電気自動車の台数は1万7000台でした。それが今や1,000万台を超えており、そのうち最大の割合を占めるのが中国です。2020年には、世界のEV販売台数は300万台を上回り、前年比で43％増となりました。ノルウェーは世界で初めて、電気自動車の販売台数が、ガソリン車とディーゼル車の販売台数の合計を超えました。世界最大の自動車メーカー、フォルクスワーゲンは、2026年に内燃エンジン車の設計をやめて、完全に電気自動車に移行すると発表しました。ゼネラルモーターズ（GM）は、2025年までに30にのぼる新型のEVモデルをデビューさせ、2035年までには電気自動車以外の製造をすべてやめると発表しました。ボルボは、2030年までにEVのみの販売とすることを発表しました。フォードは、一番売れ筋のF-150トラックと象徴的なマスタングを電動化し、両方とも既存のガソリン車・ディーゼル車以上の性能にすることを約束しました。テスラモーターズは、2006年に最初の電気自動車を生産して以来、2020年の電気自動車の販売台数は50万台近くにのぼっています。同社のModel3は、EVの中で世界一売れています。

IPCC（気候変動に関する政府間パネル）によると、輸送部門の温室効果ガス排出量は、1970年以降2倍以上に増えました。ほかのどの部門よりも大きな伸び率です。この増加の約80％の原因が道路車両にあります。ガソリン・軽油を燃料とする乗用車、トラック、バスなどの車両が、世界全体の温室効果ガス総排出量の約16％をもたらしています。2019年の米国のガソリン消費量は1日あたり平均150万キロリットルで、国内のすべての石油使用量の半分近くを占めていました。ディーゼル燃料もさらに20％を占めました。これらの数字が、政府がEVへの移行を急ぐ主な理由となっています。2020年秋に米カリフォルニア州史上最悪の山火事シーズンと

なったのを受け、ギャヴィン・ニューサム州知事は、州内のすべての新しい乗用車を2035年までにゼロエミッションにするよう義務づける行政命令を出しました。数週間後に、米ニュージャージー州もカリフォルニア州の後に続くことを決めました。中国は、2025年までに、国内で販売される全車両の4分の1を電気自動車にする計画です。

カギを握るのは、発電所での電源の転換を行なうこととなるでしょう。送配電網に供給される電気が、風力や、ソーラー、地熱、水力、バイオマスで発電されるようになり、送配電網はどんどん再生可能になりつつあります。ソーラーエネルギーで充電したテスラの電気自動車Model3は、同等のガソリンで走る自動車に比べて、製品寿命の間に排出する温室効果ガスが65％減ります。同社のバッテリーの製造工場である米ネバダ州のギガファクトリーは、まもなく電力が完全に再エネでまかなわれるようになります。ノルウェーの電気自動車は、水力発電による電気で走ります。世界中の大量のEVを走らせるのに必要な電気を供給するため、そして日常生活の電化による右肩上がりのエネルギー需要を満たすため、老朽化しつつある送配電網の膨大な点検と改良が求められています。遠隔地のウィンドファームやソーラーファームなど分散型のエネルギー源とつなぐため、新たに送電線と配電センターを建設する必要があるでしょう。

排気管から出る排ガスには、粒子状物質、窒素酸化物（NOx）、揮発性有機化合物（VOC）が含まれます。電気自動車は、大気汚染をもたらしません。2040年までに完全に電気自動車に移行したら、ぜんそく、心臓病、肺がんが大幅に減るでしょう。パリ市当局は、大気汚染をもたらすタイプの自動車すべてに対して市の中心部への乗り入れをすでに禁止し

ており、今後、全面的な乗り入れの禁止を計画しています。電気自動車のもう1つ明らかな利点は、維持費です。可動部品が20に満たないため、電気自動車の整備費は内燃エンジン搭載車の半分で済みます。

増加する電気自動車を下支えするため、充電インフラの拡大が進んでいます。チャージポイントやエレクトリファイ・アメリカといった企業が、米国の充電ネットワークの接続と拡大に取り組んでいます。テスラは、世界中の2,000近いステーションで構成される独自の「スーパーチャージャー」ネットワークをつくっており、その差し込み口の数は2万を超えます。フォルクスワーゲンは、充電インフラに20億ドル（約2,200億円）を投資しています。こういう話を聞くと、まだこれからEVを買おうか考えている人は、よくこんな不安を口にします。「電気自動車を充電するのは、ガソリンを満タンにするよりお金がかかるの？」——走行条件や車種によって数字は変わりますが、一言で答えれば「ノー」です。ある試算では、1カ月にEVで1,600キロメートル走行して自宅で1キロリット時あたり10〜20セント（約11〜22円）で充電する場合、1カ月の総額は30〜60ドル（約3,300〜6,700円）になるとされています。これに対して内燃エンジン搭載車は、平均燃費がリッター13キロメートルで、現在のガソリン価格で同じ距離を走行した場合、1カ月に100ドル（約1万1000円）を超えることになります。

充電網が発達するにつれて、もう1つの大きな懸念が低減されます。航続距離の不安です。現在の一般的な航続距離は、1回の充電で320キロメートルです。2028年には640キロメートルに達する見込みで、大型の乗用車が1回ガソリンを満タンにしたときと同じくらいの距離が走れるようになります。EV

の電源に使われているのはリチウムイオンバッテリーであり、これは比較的エネルギー密度が低く、充電がゆっくりで、航続距離に限りがあります。新たな開発で、こうした数字が変わりつつあります。イスラエルの企業が最近、5分でフル充電できるバッテリーを開発したと発表しました。ガソリンを満タンにするのにかかる時間とほぼ同じです。

バッテリーはかつて、EVの価格の3分の1を占めていました。しかし、その価格は2010年から2020年の間に90％近く下落し、

早くも2023年には、自動車メーカーが電気自動車を内燃エンジン搭載車と同等、あるいはそれよりも低価格で提供できるところに近づいています。多くのバッテリーには、コバルト、ニッケル、マンガン、リチウムが必要で、その産地はほんの数カ国に集中します。電気自動車の需要が高まるにつれ、このような鉱物の必要性も高まるでしょう。たとえば米国でバッテリーの製造に使われるリチウムの量は、2030年までに3倍近くになると予測されています。需要の高まりによる影響に

対応する必要があるでしょう。採掘事業は、野生生物の個体群や、地下水源、生態系の健全性に悪影響を及ぼします。地元住民から反対運動が起きることもあります。古いバッテリーは、家庭や企業などでほかのエネルギー貯蔵に転用することもできますが、多くは埋め立てごみになります。リチウムイオンバッテリーの材料はリサイクルできます。持続可能なサプライチェーンをつくるため、自動車メーカーは「グローバル・バッテリー・アライアンス（GBA）」に参加しています。バッテリーを処分することになったときに、材料が回収されて再使用されるようにするのが、このアライアンスの役割です。

　内燃エンジンを電気モーターに交換しても、それだけでは、必要とされる気候の目標は達成されないでしょう。移動行動の変化も必要です。つまり、電動自転車やライドシェア（相乗り）、公共交通機関（電気バスや電車）の利用者が増えることです。乗車人数が少ない電気自動車は、ガソリンを燃料とする同等の車よりは製品寿命の間に排出する温室効果ガスが大幅に減りますが、多くの乗客が乗った電化された公共交通機関と比べると、（乗車人数によっては）1人あたりの排出量は多くなるかも知れません。

　バッテリー技術の進歩、店頭価格の着実な低下、EVの性能向上、気候変動への懸念が合わさって、急速に市場の破壊的イノヴェーションの条件が整いつつあります。これは前にも起きたことがあります。1903年に英国の議員スコット・モンタギューは、自動車が登場しても、馬車や荷馬車の使用にはほとんど影響を与えないだろうと予測しました。が、それから10年後には、馬車は大量の自動車に囲まれていました。それと同じくらい甚大な破壊が、今にも起きようとしています。●

地熱
Geothermal

　1940年代の話です。米国の発明家ロバート・C・ウェバーは、地下室の冷凍庫でうっかり手をやけどしてしまいました。そのとき、再生可能エネルギーを変える一助になるような、アイデアを思いつきました。

　ウェバーは、冷たいだろうと思って、冷凍庫の吐出管を触ったところ、それがやけどするほど熱かったのです。彼は、その管が冷蔵庫の中で集めた熱を放出して庫内を冷たくしているのだということに気づきました。そこで、その管をボイラーにつなげてみました。すると、家族だけでは使いきれないほどのお湯が得られたのです。そこで、余ったお湯を別のパイプに流し、送風機を使って熱気を家の中に吹き出すことにしました。この実験が有効だとわかると、ウェバーはもう1つの熱源も活用しようと考えました。地下室の下の土です。彼は、土が1年中、冬でも暖かいことを知っていたのです。ループ状の銅管を土に埋めて、中にフロンガスを充填し、パイプを通る間に地中熱をフロンガスが吸収します。そうして集めた熱を地下室に機械を使って放出させ、それで家を暖房したのです。実験は大成功で、ウェバーは翌年、石炭を燃料にするセントラルヒーティング装置を売り払いました。

　ヒートポンプは、熱をある場所から別の場所へと熱力学的に移動させるものです。クローズドループシステム（閉じた循環系）を利用し、電動コンプレッサで低温の熱を建物の暖房に十分な温度にまで上げます。熱源の温度が高い方が、高効率になります。熱源（たとえば空気など）は、建物の中にあっても外にあっても構いません。冬の間、空気熱源ヒートポンプは、家の外から中に熱を移動させます（冷たい外気にも熱的な暖かさがあります）。池などの水も、熱源に使えます。

　ウェバーの革新的なところは、熱源に「地中」を使ったことにありました。

　地殻は、巨大なソーラーバッテリーです。太陽から地表面に降り注ぐ放射エネルギーの半分はここに蓄積されていて、地球を暖めています。日によって、そして季節によって気温が上下動しても、地下数十センチメートル（「地下凍結線」と呼ばれます）を超えて影響を及ぼすことはありません。この線より下の地中の熱は、1年を通してほぼ一定で、世界中およそ7〜21℃の間で地域によって異なる値をとります。地面から深さ約9メートルのところでは地中温度は一定で、太陽からの暖かさで維持されています。これが、太陽によって生まれた地熱（地中熱）です。この地中の熱は、ヒートポンプ技術にとっては理想的です。ヒートポンプは、冬には地中から建物へと熱を移動させ、夏には家から地中へと熱を戻すことができます。これはベースロードエネルギーにもなります。毎日一日中、一定量が利用できるのです。

　真冬に暖かいお湯に浸かりたいですか？地熱でそれが可能です。

　ヒートポンプは、従来のセントラルヒーティング装置よりもはるかにエネルギー使用量が少なく、冷暖房の電力消費量を60％以上低減できます。使う電気が少なくて済むので、再エネで簡単にまかなえます。設置費用は高くつくものの、地中熱ヒートポンプは、安全で静かで、汚染を生まず、運転コストが

低く、20年以上もちます。煙突も、ガスメーターも、プロパンガスボンベも、うるさい室外機も、燃焼パーツも必要ありません。

ヒートポンプは主に、ほとんどの先進国で冷暖房のエネルギー源として一番多く使われている天然ガスと石炭を代替します。米国の家庭の約半分が、暖房や温水、調理、衣類乾燥に天然ガスを使っています。2019年に、米国の天然ガス総消費量の約16％を、家庭部門が占めていました。建物の冷暖房は、米国の年間の温室効果ガス総排出量の10％を占めます。ロッキー・マウンテン研究所（RMI）の分析によると、ガス炉をヒートポンプに置き換えた場合、米国の46州（全世帯の99％が住む）で炭素排出量が削減されるといいます。もし自宅のソーラーパネルでヒートポンプを動かすことができなかったとしても、天然ガスや再エネが石炭火力に取って代わることで、送配電網による発電（大規模発電）は年々脱炭素化が進んでいます。さまざまな都市が近年、すべての新築の建物に100％電化を義務づける法案を可決し始めたのもそのためです。

発電の電源となる再エネの1つに、従来型の地熱、つまり熱水があります。

この地熱エネルギーは、45億年前に地球が形成されたときの熱の残りと、放射性鉱物の崩壊で生じる熱です。地球の内核の温度は、5,000℃を超える場合があります。太陽の表面とほぼ同じです。その次の層が溶岩で、これが「マントル」と呼ばれる厚さ3,200キロメートルのケイ酸塩の層で包まれています。この周りにあるのが地殻で、厚さ約5〜80キロメートルの硬い岩の層です。地殻には、構造プレートがぶつかり合うところにしばしば割れ目があり、ここからマグマが地表近くまで湧昇して、水の貯留層を温めます。ボーリングを行なうと、このような貯留層に到達します。その後、熱水や蒸気はパイプで発電所に汲み上げられ、電気に変換されます。また建物の暖房の熱源として使うこともできます。水が冷たくなったら、また温められるように貯留層に戻すので、再生可能な資源となります。

1970年代に、「地熱増産システム（EGS）」と呼ばれる技術が開発されました。これは、深い注入井を掘削して、高圧の水を高温岩体に注入し、亀裂をつくって岩体を破砕するものです。このような割れ目に注入された水は、岩体によって熱せられた後、別の井戸から地表にくみ上げられ、発電所での発電に使われます。これはクローズドループシステムになっており、水はその後、井戸を通して再循環されて、また熱せられます。傾斜掘削などの先進技術によって、企業は熱源を得られる範囲を拡大するとともに、もっと深い場所の高温岩体を利用できるようになってきており、活用できる地熱エネルギーの量が増えています。

アイスランドは、島の広範囲で火山活動が起きていることから、それに伴う地熱エネルギーで電気の30％をまかなっています。日本とニュージーランドは、温泉や間欠泉や噴気孔を活用しています。米国は、世界最大の地熱発電国です。毎年180億キロワット時の地熱発電を行なっており、これは石油1,000万バレル以上に相当します。ほかにも、ケニアや、コスタリカ、インドネシア、トルコ、フィリピンなどでも地熱発電を行なっています。

現在の地熱技術で供給される電力は、世界の発電量の1％未満です。なぜならこれは、きわめて高温の熱水を利用できるかどうかにかかっているからです。発電に使えるくらい高温の地熱貯留層がアクセスしやすいところにあるのは、火山帯の国々に限られます。なかなか届かない熱水源まで掘削する費用は高額です。資源開発には時間がかかり、計画段

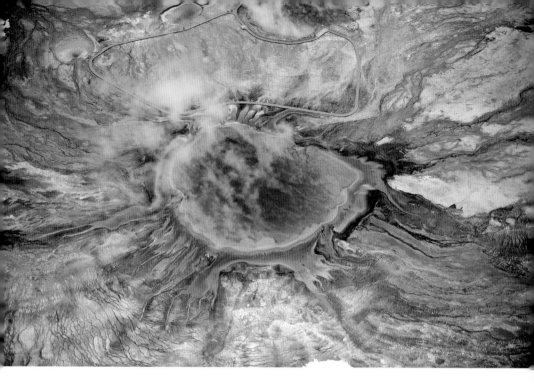

階から発電までは10年もの長期になります。これに対して大規模ソーラー発電は、1年もかからずに稼働できます。ウィンドファームは4年かかるかもしれません。地熱のための深層掘削は、強烈な圧力や、危険な温度、腐食性流体との遭遇など、複雑な技術的難題に直面します。EGSでの水の注入は、地震との関連性が指摘されています。たとえば韓国の浦項（ポハン）で起きたマグニチュード5.5の地震では、建物が揺れ、1,700人の住民が避難生活を強いられました。水を割れ目に注入することで高圧になって、未知の断層を活性化させる可能性があり、地震を誘発しかねないのです。

近年、地熱技術は進化してきました。スウェーデンの企業クライモンは、低温低圧（80℃という低さ）の地熱エネルギー源で発電を行なう、7.9立方メートルの小型のモジュール式ユニットを開発しました。このような地熱エネルギー源は、世界中にきわめて豊富に存在します。熱交換器を使用し、これが周囲の地中熱を移動させ、特注のタービン発電機を回します。

このクライモンのユニット1台の発電量は約150キロワットで、欧州の100世帯の年間消費電力に相当します。しかも欧州の風力やソーラーと同等の電気料金で提供できるのです。モジュール式のユニットなので、顧客はエネルギー需要に合わせて必要な数だけ設置できます。この標準型ユニットは、ほぼすべての場所で、どんな規模でも稼働できます。クライモンは、最初の地熱発電所をアイスランドで開業した後、日本で、伝統的な温泉リゾート地でのパイロット事業を含め、2件の委託事業を引き受けています。また、台湾、ニュージーランド、ハンガリーでも地熱発電の可能性を探っており、同社の低温発電技術には大いに可能性が秘められています。

クライモンのユニットは、工場をはじめ産

業関連熱源からの廃熱も利用することができます。多くの産業活動で、使用するエネルギーの約半分が廃熱と化しています。クライモンのクライアントの1つが製鉄所です。製鉄所では、水を使って高温の金属を冷却しており、通常は90℃の熱湯が環境中に排水されています。クライモンの関わる製鉄所では、この熱湯を同社のユニット群に供給して、発電を行なっています。

　地熱エネルギーは、豊富にあり、無尽蔵で、信頼性が高く、手頃な価格で利用できます。さらに、高効率で、気候にやさしく、多機能です。風が収まったり、日が沈んで夜になったりしても、地熱は存在し続けるため、風力とソーラーのベースロード電源になります。地熱は、 再 生 に重点を置いた急速な展開に加わってきました。人類は「物をより少なく使い、より良く活用する方向へと急速に移行して」いると、排出量ゼロの発電に取り組

んでいるアイスランドの地熱企業の社長ベルグリンド・ラン・オラフスドッティルは語ります。「私たちは、影響を最小化させながら、自然の恵みを生かすことができます。一番重要なのは、カーボンフットプリントを減らすことです。私たちは、それを2030年までに完全にゼロにするつもりです」●

[左] 米ワイオミング州のイエローストーン国立公園にあるグランド・プリズム・サーマル・スプリングの空撮写真。鮮やかな色は自然のもので、水中の好熱菌によるもの。画面上部の歩道を人が歩いているのが見えるが、この大自然のスケール感を伝えている。湧水の大きさは、直径100メートル、深さ50メートル。青い色は、ミネラルを豊富に含んだ火山性のきれいな水に光が屈折した結果だ。黄色とオレンジの色は、好熱性の藻類とバクテリアからなる化学合成微生物のバイオマット（日光を必要としない）で、温度の好みによって色が分かれる。この水は、イエローストーンの超巨大火山のマグマ溜まりで71℃に加熱されている
[上] アイスランド南西端のレイキャネス発電所にある地熱発電所と配管の様子。この発電所では、深さ2,700メートルの12本の井戸から取り出された290 〜 320℃の貯留層の蒸気と塩水を利用して、50メガワットのタービン2基で100メガワットの発電を行なっている

すべてを電化する
Electrify Everything

ソール・グリフィスは著書『Electrify』（未邦訳）の中で、新型コロナウイルスのパンデミックと地球温暖化の間の著しい共通点を述べています。私たちは何年も前から、将来どこかのタイミングでパンデミックが起きるだろう、そしてそれに備える必要があるだろう、と知っていました。しかし、米国をはじめほとんどの国では、準備していませんでした。地球温暖化についても何十年も前から警告されていますが、その準備もなされていません。地球温暖化と同じように、新型コロナウイルスの感染は、発熱で始まります。疫学用語を用いると、私たちはまずウイルスの拡散速度の曲線を平らにしなければ、平衡に達して感染率を下げることはできないと言われていました。同じように、温室効果ガス累積排出量の曲線を平らにするには、ドローダウンを実現する閾値として、カーボンニュートラル（平衡）にすることが必要です。そうなった後で、地球温暖化を逆転させる対応を始めることができます。ウイルスのパンデミックにワクチンが必要なのとまさに同じように、地球温暖化にもワクチンが必要です。違うのは、何年も前から気候の解決策の70％以上が私たちの手中にあったということです。エネルギーインフラを完全に切り替えること、エネルギー供給網を完全に電化すること、あらゆる形の化石燃料の燃焼をやめること。著名な気候ジャーナリストのビル・マッキベンは次のように語っています。「気候危機と闘う第一原則は、シンプルです。石炭や石油、天然ガス、木に火をつけるのを、できるだけ早くやめること。さて、それでは第一原則の帰結である、第2原則をお伝えしましょう。それは、炎につながるようなものは絶対に新たにつくらないこと、です」

これを達成するのは、夢物語ではありませんし、少年十字軍でもありません。純粋な物理学であり、単純明快な経済学です。エネルギーの流れをすべて電化すれば、貧富を問わず事実上すべての人にとって、エネルギーコストが下がるでしょう。あらゆる人々にとって手頃な価格で移行が行なわれるようにするためには、公平な金融ツールが必要でしょう。

物理学者のソール・グリフィス以上に熱心に、米国の正確なカーボンフットプリントを研究した人は誰もいません。彼の米国に関する研究は、世界のすべての国に適用することさえできるのです。「すべてを電化する」と彼が言うとき、それは化石燃料経済の代わりに、風力やソーラー、水力、電気自動車、ヒートポンプ、そしてエネルギーが供給側から需要側へ簡単で効果的に行き来する、巧みに設計された送配電網からなる経済にすることを意味しています。大小を問わず、電力貯蔵のためのバッテリーが至るところで見られるようになるでしょう。系統連系*した車と住宅は、夜間は電力の買い手に、日中は売り手になれます。グリフィスによると、世界経済全体を電化した場合、一次エネルギーの使用量が現在の半分以下になるといいます。

天然ガス火力発電所は一見、軟弱なソーラーパネルよりはるかに効率が良さそうに見えます。しかし、見た目にだまされてはいけません。再エネのほうが効率が高いのです。石炭や天然ガスの火力発電所は、ボイラーと

*発電設備を、電力会社の電力系統に接続すること

蒸気とタービンを使って熱を電気に変換します。全体的なエネルギー損失は、石炭の場合は68％、多くの天然ガス発電所では42～50％になります。ソーラーと風力は、より直接的に太陽からのエネルギーを変換します。光子エネルギーは、半導体で電子に変換され、燃焼は起こりません。風は、タービンを回します。風は無料で、熱はまったく必要ありません。このような効率のおかげで、火力から再エネに転換した場合、米国では総エネルギー使用量が初期段階から23％減少するでしょう。再エネは、既に最も安価に新設できる電源となっており、その費用はさらに下がり続けています。同じことがいえる電源は、ほかにありません。

車やトラックや列車を電化すると、もっと大量のエネルギーを節約できます。車のエネルギー消費の80％が、シリンダーブロックやマフラー、排気管を暖めた後、空気を暖めています。そのいずれもが、一番ひどいIII度のやけどを負わせるほどの熱さになります。従って、車輪に伝わるエネルギーは20％です。電気自動車では、エネルギーの90％が車輪に伝わります。もし電気自動車が再エネで運用されるなら、一次エネルギー需要の15％がさらに不要となるでしょう。

化石燃料をエネルギー源として使うには、かなり大量のエネルギーが必要になります。毎日、石炭約100万トンが中国の東海岸に輸送されています。大秦線は、世界で最も運行本数が多い貨物線であり、石炭専用路線の列車編成は6.4キロメートル以上の長さになっています。化石燃料をなくせば、大秦線もなくなります。電化は、化石燃料の探査、採鉱、掘削、採掘、汲み上げ、精製、輸送を不要にし、一次エネルギーがさらに11％節約されます。さらに、採鉱・掘削の機械や、石油タンカー、LNG基地、鉄道車両、製油所、ガ

ソリンスタンドで使う鉄鋼をつくるのに、大量のエネルギーが必要ですが、それは含まれていません。また、化石燃料による破壊、汚染、健康影響の浄化や治療を行なうために必要なエネルギーも、加味されていません。

家庭で、オフィスで、産業で、冷暖房や温水のための天然ガス、電気、石油のバーナーを、ヒートポンプで置き換えることができます。ヒートポンプは、電気を使って空気または地中の熱を取り出し、天然ガスや石油や電気ヒーターの暖房に比べてエネルギー1単位あたり3倍の熱を生み出します。これが使われるようになれば、一次エネルギーの5～7％がさらに節約されるでしょう。LED照明は、従来の照明技術より5～10倍エネルギー効率が良く、電球は5～10倍長持ちし、一次エネルギー総使用量を1～2％減らすことができます。

製鉄所や溶鉱炉、セメント工場など、高温で大量のエネルギーを消費する工業プロセスにとって、また海運やトラック輸送や航空機輸送といった種類の輸送手段にとって、一番良い選択肢は、電気を使って水素燃料を生産することでしょう。水素は、この宇宙に最も豊富にある元素です。同じ重量で比較すると、水素燃料には化石燃料の3倍近くのエネルギー量があります。気体でも液体でも存在できます。しかし、エネルギーとして使えるようにするにはまず、原料となる物質から水素を分離しなければなりません。原料の1つにメタンなどの炭化水素がありますが、廃棄物として二酸化炭素が発生します。もう1つの原料は水で、その場合の副産物は酸素です。水を水素と酸素に切り分けるには、「電解槽」と呼ばれる燃料電池と、大量の電気が必要です。再エネ（ソーラー、風力、水力、地熱）を電源として生成されたものは「グリーン水素」と呼ばれます。水と電気が使える場所な

らどこでも、このクリーンなエネルギー源を
つくれます。化石燃料を電源とした水素より
は高くつきますが、再エネが安価になるなか
で、グリーン水素のコストも急減しています。
グリーン水素は将来、世界のエネルギー構成
の重要な一部を担うだろうと、多くの政府が
みなしています。EUはクリーンな水素に投
資しています。2020年にサウジアラビアが、
50億ドル（約5,600億円）をかけて風力と
ソーラーを電源とした水素工場を建設すると
発表しました。IEAのトップは、グリーン水
素が、10年前の風力と同じ位置づけにある
と考えています。

　オーストラリアとアジアの市場向けに設備
容量2万6000メガワットの風力・ソーラー
発電を行なう「アジア再生可能エネルギーハ
ブ（AREH）」が、日差しの強い西オースト
ラリア州で事業申請されています。面積は
65万ヘクタールに及び、ここで発電された

電気を使ってアンモニアを生産します。アン
モニアは、国内およびアジアでの鉄鋼生産や
選鉱や製造業で使用するクリーンな水素の材
料となるものです。

　総合すると、すべてを電化することで、望
ましいあるいは必要とされる製品・サービス
を同じだけ提供しながらも、米国のエネル
ギー総使用量は60％低減することになりま
す。世界のほかの地域でも、同じような影響
をもたらします。しかしエネルギー使用量を
さらに減らすこともできます。この60％の
なかには、エネルギー使用量を40〜80％減
らすような建物の改修、スマートサーモス
タット、その他省エネ機器は含まれていない
からです。もし自動車が鉄鋼ではなく炭素繊
維製になり、減速時に失われるエネルギーを
回収する回生ブレーキシステムを搭載したな
ら、自動車のエネルギー使用量はさらに
50％以上低減できるでしょう。ここでは、

人々が長距離通勤を行なわずに地元で働くような、インターネットで接続された世界になることは考慮されていません。また、循環型の物質の流れができて、必要なエネルギーが大幅に減ることも加味されていません。つまり、エネルギー総使用量が60％低減するというなかには、「私たちは世界が再生できるよりも速いスピードで世界を消費するのをやめなければならない」ということが考慮に入れられていないのです。

　すべてを電化すれば、最終的にエネルギー消費量は減りますが、その一方で、必要な電気は現在の2.3テラワットから、2050年には4.8テラワットへと倍増します。これは難題です。もし2050年に私たちが今と同じ生活をしていたら、まだ大量のエネルギーの無駄使いが起きているでしょう。世界では350隻のクルーズ船の中で常に50万人の人々がダンスやギャンブルに興じています。これは、

貴重なエネルギーの使い方として尋常ではありません。私たちが自らの影響力を気に留めなければ、再エネのもつ可能性は、将来のエネルギー使用量に押しつぶされてしまうでしょう。電気自動車は万能薬ではありません。約2.3トンのEVを運転して夕食に中華料理のテイクアウトを買いに行くことは、たとえ再エネであっても、エネルギーの無駄使いです。

[左]「The Haw River House」は、建築家のアリエル・シェクターが米ノースカロライナ州に設計した広さ240平方メートルのネット・ゼロ住宅だ。屋上に設置された太陽電池ですべての電力をまかなっている。断熱材、パッシブハウス設計、エネルギー回収型換気装置、太陽光反射型シェードなどによりエネルギー効率を高め、一定の温度を保つことができる。残りの冷暖房は、地熱を利用したヒートポンプでまかなっている。また、水も自立しており、小さな井戸を利用した雨水の集水・浄化システムにより、満杯になると230日分の水を確保することができる

[下] ヒートポンプは、空気や地中から熱を取り出せる。エアコンを逆にしたような仕組みのヒートポンプは、家庭やビル全体に必要な熱や温水を供給することができ、エネルギー使用量を50％削減できる。また、ヒートポンプの動力源となる電力が再生可能エネルギーであれば、温室効果ガスの排出量を95％以上削減することができる

電気自動車の電源に使われるリチウムイオン
バッテリーには、希少鉱物と採鉱が必要だか
らです。

　すべてを電化することは、事態を一変させ
ます。炭素排出量を大幅に削減するために画
期的なエネルギー技術は必要ありません。今
現在、必要なツールは揃っています。発電所
で大気中への排出量を増加させないための、
炭素回収・貯留（CCS）は必要ありません。
そうではなく、化石燃料の燃焼を止めればい
いのです。気候目標を達成するために、個人
的あるいは経済的に大きな犠牲を払う必要は
ありません。車は今までどおり所有できます。
でも電気自動車でなければなりません。送配
電網の電気はすべて再エネでなければなりま
せん。でも、必要な量は半分だけです。すべ
てを電化することは、とてつもなく大きな仕
事になるでしょうが、すばやく行なう必要が
あります。これはチャンスです。転換の最初
の10年間に2,000万人の雇用が生まれ、新
しいエネルギー経済において何百万人もの
人々が正社員の職に就けます。コストは下が
り、恩恵が生まれるでしょう。空は澄み渡る
でしょう。都市は静かになるでしょう。家や
オフィスはスマート化されるでしょう。人生
は続いていきます。これまでより良い人生が。
もし持続可能なエネルギー消費に関して良い
先例をつくることができれば、ソーラーと風
力には、この先世界中ですべての人類にまっ
とうな生活水準を提供できる十分な能力があ
るのです。●

エネルギー貯蔵
Energy Storage

再生可能エネルギー源の主力は風力とソーラーの2つですが、どちらも断続的です。風はいつも吹いているわけではなく、太陽もいつも照っているわけでもなく、また需要の高まりに合わせて風や日照が強まることももちろんありません。信頼性の高い送配電網にするため、電力事業者は電力に柔軟性をもたせなければなりません。時刻や季節や天気にかかわらず、いつでも使える設備が必要です。完全に再エネによる送配電網にするには、蓄電容量が2050年までに年間約440万ギガワット時必要になり、これは現在の蓄電容量の27万5000倍に相当します。

現在、再エネの蓄電として最大容量を誇るのは、揚水式水力発電です。電気エネルギーが豊富にあるときや、必要とされていないときに、その電気を使って水を貯水池に汲み上げます。エネルギーが必要になったら、水を放出してタービンを回し、発電を行ないます。しかし、水力での蓄電容量には限りがあります。なぜなら、発電所近くのもっと標高が高いところに貯水池が必要で、たいていは人造湖やダムを建設しなければならず、地域環境を破壊する恐れがあるからです。この技術を進化させたものもあります。リエネジャイズという会社は、水をもっと高密度の流体に置き換え、勾配を小さくした小規模な揚水式蓄電システムを建設できるようにしています。それで従来のダムと同じだけの発電を行なえるのです。地下に建設すれば地上が空くので、そこでソーラーや風力などの再エネ発電を行なったり、ほかの開発を行なうこともできます。揚水式水力発電は、エネルギー貯蔵方法として欠かせない一方で、地理的な制約によって限界があります。

スマートフォンから電気自動車まで、大部分の近代的機器に電力を与えている貯蔵技術は、リチウムイオンバッテリーです。近年までバッテリー（蓄電池）貯蔵技術はあまりにコストが高く、大規模に実装することができませんでしたが、今はもうそんなことはありません。バッテリー貯蔵技術のコストは、2009年から2019年の間に90％低下し、2050年までにさらに75％低減すると見込まれています。その結果、電気自動車は、2024年までにガソリン車より安くなるとまではいかなくても、コスト・パリティ*を達成すると見込まれています。リチウムイオンバッテリー貯蔵技術は、ほとんどのような場所でも使え、需要にすばやく対応できます。揚水式水力発電は需要に対応するのに数秒かかりますが、このバッテリーなら、1,000分の1秒単位で対応できるため、需要の急上昇をカバーできます。このため、リチウムイオンバッテリーは、「ピーク発電所」と呼ばれるもの（予測できなかった需要急増に対応して稼働される天然ガス火力発電所）を代替する理想的な存在です。未来のバッテリー貯蔵技術は、大規模な貯蔵施設に限らないでしょう。リチウムイオン技術は、大規模なエネルギー貯蔵にも、電気自動車にも使われます。電気自動車が市場を支配するようになったとき、世界中で何十億というリチウムイオンバッテリーが系統連系していることになり、必要になったらいつでもエネルギーを共有できるでしょう。

*再エネの発電コストが、既存の電力のコストと同等かそれ以下になる点

しかし、リチウムイオンバッテリーがエネルギー貯蔵のすべての需要を満たすわけではないでしょう。このバッテリーにはたしかに、5分でフル充電できる電気自動車のバッテリーや、新たなリサイクル技術など、飛躍的な進展がありました。とはいえ、主たる材料は多大な環境コストを伴い、バッテリーは使用とともに劣化し、一部のリチウム鉱山では人権侵害が起きています。このような問題がなかったとしても、リチウムイオンバッテリーが有効なのは、一度に数時間エネルギーを供給する場合だけです。地域によっては冬の間じゅう日照が不足するため、それを補うために1シーズン分のエネルギー貯蔵が必要になるでしょう。

エンジニアや科学者は、この両方の問題に対し、独創的な解決策を生み出してきました。まず、ほかの材料を使ってバッテリーをつくっている人たちがいます。アンブリという会社は、送配電網用の蓄電に使う、液体金属電池を開発しています。材料は液体カルシウムと固体のアンチモンで、同等のリチウムイオンバッテリーの価格の3分の1になる可能性があり、劣化も最小限と見込まれます。南カリフォルニア大学の研究者たちは、鉱業の廃棄物である硫酸鉄を使用した、新しいタイプのフロー電池をつくりました。これは従来のリチウムイオンバッテリーよりも長期間にわたって、エネルギーを放出できます。フォーム・エナジーという会社は、米ミネソタ州に「水系空気電池システム」を設置しています。これは、リチウムなどの金属の代わりに、「地球上に最も豊富にあるいくつかの材料を活用」しています。ほかにも、モロッコのヌーア・ミデルト事業やノルウェーの企業エナジーネストなどは、溶融塩や火成岩砕石でできた熱電池を実装しています。このようなシステムでは、断熱した蓄熱システムを余剰エネルギーで加熱しておき、後にこの熱を使って蒸気タービンを回すことができます。溶融

塩電池は、熱がゆっくりと失われるように設計されています。これによって安価なエネルギー貯蔵が可能になり、バッテリーに比べて1キロワット時あたり33分の1のコストで済むと推定されています。MGAサーマルは、別の選択肢を探っています。石炭火力発電所の石炭を、金属を混ぜ合わせたブロック（トースターの半分ほどの大きさ）に置き換えるのです。これはレゴのブロックのように積み重ねることができ、桁外れの量の熱を貯蔵できるようになっています。石炭を燃焼してお湯を沸かして蒸気タービンを回すのではなく、再エネで加熱しておいたこの合金を、ボイラーに加えたり取り除いたりすることで、需要に合わせて発電量を上下動させることができます。同じインフラを活用しながら、石炭を完全に置き換えることができるのです。

　水を標高の高いところに汲み上げる代わりに、コンクリートを持ち上げることもできます。スイスの企業エナジー・ヴォールトは、風力タービンやソーラーファームに接続した巨大な6本のアームがあるクレーンをつくり、余剰の再エネを使って、35トンの複合コンクリートブロックを巨大な塔に持ち上げます。降下するブロックの重力がタービンを回して、発電します。この技術は、その地勢に物理的な高低差がなければならない揚水式発電と違って、ほぼどのような地形でも利用できます。マルタ大学の研究者たちは、揚水式発電の概念をさらに一歩前進させています。水を標高の高いところに汲み上げるのではなく、ポンプで水をチャンバーに送り込み、チャンバー内の空気を圧縮します。エネルギーが必要になったら、空気を膨張させて水を押し戻し、タービンを通して発電するのです。

　さらに、持ち運びやすさとエネルギー密度の点で、化石燃料に似た形態のエネルギーを生み出そうとしている人々もいます。最有力候補は、水素です。水素は、太陽にエネルギーを与えている元素でもあります。いま水素を手ごろな価格で入手するには、化石燃料を使用しなければなりませんが、水の酸素原子から水素を切り離してつくるグリーン水素は、再エネのコストが急落し続けるなか、コスト効率が良くなっています。ドイツは、グリーン水素を全面的に支持しています。2026年までに水素と燃料電池技術に15.4億ドル（約1,700億円）を投資し、水素技術で世界の先頭に立とうとしています。グリーン水素は、強力なエネルギー貯蔵の新形態になるだけでなく、鉄鋼やセメントなど化石燃料を大量に使用する産業がカーボンニュートラルに転換するためにも、きわめて重要になるでしょう。

　すべてのエネルギー貯蔵技術に1つ共通点があります。それは、自然界に見られる解決策に似ているということです。植物は、太陽のエネルギーを糖に変換することで貯蔵します。間欠泉は、十分な水が空洞内に圧力をかけたときに噴き出します。エネルギー貯蔵技術は、日常の現象に見られるようなエネルギーの保存をめざしているのです。●

チリ・アタカマ砂漠のマリア・エレナ・コミューンに完成したセロ・ドミナドール集光型太陽熱発電所の第1期工事。同発電所で採用されている溶融塩技術は、最大で18時間分の発電容量を蓄え、24時間連続してソーラーエネルギーを供給することができる。完成した発電所は708ヘクタールの広さがあり、太陽を自動的に追跡する1万600個のヘリオスタットが設置されている

マイクログリッド
Microgrids

パシフィック・ガス・アンド・エレクトリック・カンパニー（PG&E）は2019年秋、山火事を引き起こすリスクを下げるため、北カリフォルニアの顧客向けに計画停電を行ない、200万人に影響を及ぼしました。しかし、ユーリカ市近くのブルーレイク・ランチェリア部族の居留地には、煌々と灯りが付いていました。部族のカジノホテルは、停電になった施設にいた重篤な患者に部屋を提供することができました。営業を続けた数少ない事業者のなかにはガソリンスタンドや店もありました。最終的に、部族はこの危機の間に、ハンボルト郡の人口の約8％にあたる1万人以上の人々を助けたのです。なぜ電気が消えなかったのでしょうか？　彼らが独自の送配電網を構築していたからです。

ブルーレイク・ランチェリア部族の話は、2011年3月の日本近海を震源とした東日本大震災が発端です。この時に発生した津波は、太平洋の反対側の米カリフォルニア州沿岸部まで到達して、ユーリカ市の近くで洪水を引き起こし、多くの住民が部族のリゾート地に避難を強いられました。その後、停電が起きるといかに大きな影響を受けるかに気づいた部族のリーダーたちは、州からの資金援助を受けて、居留地に最先端のマイクログリッドを構築することを決めました。マイクログリッドとは、蓄電池と、配電線、電源（風力、水力、地熱、ソーラーなど）を組み合わせた

ものです。通常は地域の送配電網に接続されていますが、マイクログリッドは独立した公益事業として運営されます。広域の送配電網で送電が止まったとき、独自に電力を供給できる「島」になります。自給率を高めるため、ブルーレイク・ランチェリア部族はドイツの企業とパートナーシップを組みました。天気予報を電力需要予測と組み合わせたスマートなソフトウェアをインストールして、天候が不安定なときにも信頼感が生み出されています。

　マイクログリッドの強みは、2012年秋に裏づけられました。ハリケーン「サンディ」が米国北東部を襲い、800万人以上が停電に陥ったときのことです。米国食品医薬品局（FDA）のホワイトオーク研究所やニューヨーク大学のキャンパスの一部など、マイクログリッドが機能している地域では、電気が消えませんでした。プリンストン大学のコジェネレーション・マイクログリッドは、ハリケーンから2日間、電気をアパート4,000棟、ショッピングセンター3カ所、学校6校に供給しました。

　世界全体では、電気を利用できない人が8億人近くおり、その60％以上が農村部に住んでいます。ネイティブアメリカン居留地に住む家庭の約14％が、主に人里離れた場所に位置するせいで、電気が使えません。そのこともあって、マイクログリッドがいま米国

ハワイのカハウイキ・ヴィレッジは、ホームレスの家族に長期滞在用の手頃な住宅を提供する144戸のコミュニティで、敷地内にはさまざまなサービスや施設がある。2011年の東日本大震災の被災者のために建設された緊急用住宅を再利用するなど、低コストで持続可能な建設方法を採用し、官民連携で建設された。このコミュニティは、500キロワットの太陽光発電によるマイクログリッドと2.1メガワット時のバッテリーによる蓄電で、ほとんどのエネルギーを自給している。このシステムを支えているのは、一部のガス機器、発電機、そして長時間の曇り空でもバッテリーを充電するための系統からのわずかなバックアップ電力だ

のオクラホマ州、アラスカ州、ウィスコンシン州、カリフォルニア州の居留地で計画されつつあります。ナイジェリアでは、安定した電力を利用できない人が7,700万人（総人口の約40％）にのぼります。特にナイジェリアの農業では、深刻な状況です。穀物の製粉や、冷蔵、灌漑用水の汲み上げなど、電気は農業活動に不可欠です。昔からディーゼル発電機が使われてきたのですが、燃料コストが年間所得を上回ることもあります。マイクログリッドと家庭用ソーラーシステムは、農家のコストを減らし、生産性を高めながら、人々のウェルビーイングを高めることにより、このダイナミクスを大幅に変える可能性があります。

マイクログリッドは、目新しい考え方ではありません。最初に稼働したのは、トーマス・エジソンが1882年にマンハッタンのパールストリート発電所でつくったものです。集中型グリッドが構築されるまでは、小さなマイクログリッドが都市に電力を供給し、病院や大学、学校、刑務所に送電しました。こうしたマイクログリッドは、ほとんどが化石燃料を使った熱電供給システム（蒸気を含む）に依存していました。今日では、気候変動で異常気象が増幅されるストレス下で、従来の送配電網のリスクが高まるなか、マイクログリッドは別の様相を見せつつあります。世界銀行によると、2000～2017年に米国で起きた停電の55％、欧州の停電の3分の1以上が、異常気象のせいで発生したといいます。信頼性に加えて、マイクログリッドは集中型グリッドよりも効率的です。米国の送配電網では、発電量の6％が高圧送電線で失われています。インドの送配電網では最大19％の損失が起きています。

州や市や企業が、炭素排出量の削減目標や排出量ゼロの目標を設定するなか、マイクロ

グリッドは顧客に再エネを供給する方策としてますます注目されています。マイクログリッドの電源は、ソーラーパネルや風力タービンとなりそうで、価格は劇的に下がっており、都市部のEV充電ステーションなど気候にやさしい電力用途で幅広く使用されています。2018年に米イリノイ州の規制当局は、コモンウェルス・エジソンのシカゴ市でのクラスター拡張型マイクログリッド計画を承認しました。マイクログリッドを再生可能エネルギー源と組み合わせた設計で、国内で最初に実施されるものの1つです。

米国防総省は、世界最大の石油消費組織です。この石油への依存をやめるため、同省は、サンディエゴの海軍基地などの大規模施設も含め、これまでのディーゼル発電機から、再エネを電源とした基地内のマイクログリッド設備の電気へと移行を始めました。米サウスカロライナ州パリス島にある海兵隊の新兵訓練所は、マイクログリッドシステムに転換しており、エネルギー需要を4分の3低減して、年間の光熱費が690万ドル（約7億7000万円）の節約になると見込まれています。

マイクログリッド活用の可能性の幅が広がるなか、新しいタイプのシステムが開発されています。たとえば、インターネットを通じて機器間でコミュニケーションをとり合い、エネルギー効率を高めるような技術を活用したシステムなどです。マイクログリッドは通常、具体的なニーズや条件に合うようにカスタマイズされる一方で、業界では、標準ユニットで製造してすばやく設置できるような、モジュール式のマイクログリッドの開発も進めています。また、新技術により、バッテリー貯蔵技術は容量が増えながらもコストは下がっています。水素燃料電池技術を使ったマイクログリッドもメドがたってきており、カーボンフットプリントをさらに低減できる

でしょう。

新技術は、斬新な発想にもインスピレーションを与えてきました。バングラデシュでは農村地域の400万世帯が、従来の電化の選択肢を飛び越えて、代わりにソーラーホームシステムを設置し、その総量は世界最大級に達しています。しかし、このシステムは容量が限られているとともに、高額であるため、人口の大部分に提供することはとてもできません。ここで「集合電化（swarm electrification）」と呼ばれる技術の登場です。首都ダッカの南にあるシャキマリ・マトボルカンディ村で、SOLシェアというマイクログリッド企業が、同社のスマートメーター*を使い、ピアツーピアで電気を共有するマイクログリッドを設置しました。ソーラーシステムの所有者は、ほかのメンバーと直接電気を売買できます。この技術が「集合」と呼ばれるのは、規模の拡大がすばやく簡単にできるからです。まず各家庭がつながり合い、総量が増えると、集団としてより大きな電気タスクを引き受けられるようになります。ソーラーシステムを導入する余裕がない家庭も、SOLシェアの電気メーターを設置して仲間に加わり、近所の所有者から電気を買うことができます。

この類のマイクログリッドは、さらに気候に恩恵をもたらします。ソーラーホームシステムを互いに接続することで、SOLシェアはソーラーエネルギーを最大1.3倍活用します。通常、ソーラーホームシステムで発電した電気は、すぐに使用しなければ必ず損失します。地域がつながり合っているとき、余分な発電をしている家があり、ほかの家でそれを消費すれば、地域としてソーラーパネルをフル活用できるようになります。SOLシェアは、バングラデシュ全土のシステムを合わせて、年に約5トンの二酸化炭素を削減すると推計しています。また、レジリエンスも高

めます。もし1軒のソーラーホームシステムの機能が停止しても、ほかの家から電気を買い続けることができるからです。

マイクログリッドは、多岐にわたる難題に直面しています。たとえば、比較的高くつく建設費用、規制による障害、化石燃料を利するような経済的奨励策、既存の電力事業者からの反対などです。けれども、気候変動を止めるために大きく貢献できる可能性があります。すぐ近くにほぼ無尽蔵にある再生可能エネルギー源を活用して、それを地元で再分配することにより、マイクログリッドは、温室効果ガス排出量を削減すると同時に、地域の自給力や異常気象へのレジリエンスを高めることができるのです。●

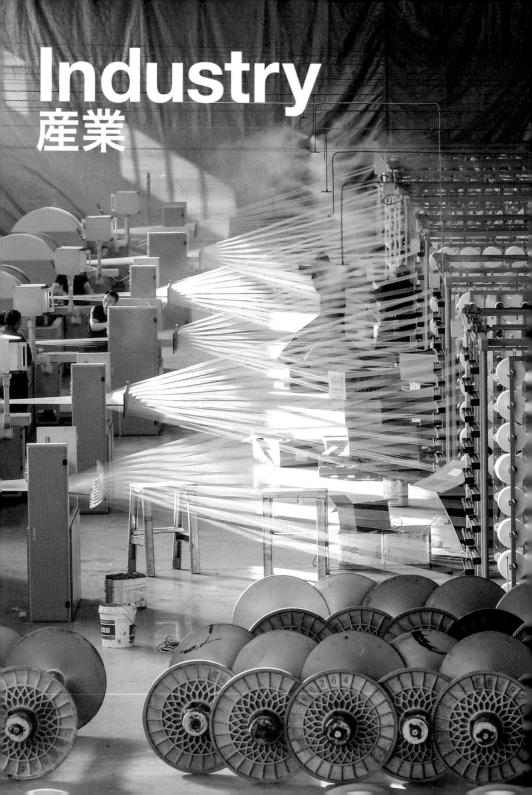

Industry
産業

すべての産業はシステムです。産業にはエネルギー、食料、農業、医薬品、輸送、衣料、ヘルスケアなどいろいろありますが、すべての産業システムは搾取的だといえます。なぜなら産業システムは生物界から資源を奪い、害をもたらすからです。その結果、生命は減少します。すなわち、搾取的であるということは環境破壊的でもあるといえます。すべての産業システムが、地球温暖化の直接的な原因です。なぜなら、温室効果ガスを排出するからだけでなく、土壌や水、海洋、森林、大気、生物多様性、人々、子ども、労働者、文化に害をもたらすからです。危害を及ぼす意図は企業にはないでしょう。しかし、再生型になるために企業はまず自らが本質的に環境破壊をもたらす存在であることを認識すべきです。非難しているのではありません。これは生物学的な事実であり、莫大なチャンスを示しているのです。

気候問題に関する産業の関心は、生産や輸送や事業活動により発生する温室効果ガス排出量に集中しがちです。それは理にかなっています。世界のエネルギー消費量の約30％は産業活動によるものです。中国では、これが約50％を占めます。温室効果ガスの排出は、機械加工から製錬、鉄道システム、精製、航空輸送、高層のオフィスビルに至るまで、きわめて多様な活動で生じます。エネルギーを大量に消費する工程には、化学的、物理的、電気的、機械的なものがあります。産業が外部に及ぼす影響としては、大気汚染や水質汚染、有毒物質の排出、貧困をもたらす低賃金、生物多様性の喪失、森林破壊、先住民文化の破壊、さらに車や家電、旅行、アルコール、タバコ、ファストファッション、ジャンクフードの過剰消費を促す広告などがあります。

中国・江蘇省淮安市にある繊維工場

世界中のビジネス界は、気候や生物多様性や社会的正義のために内容の伴う行動をとることに、当初は及び腰でしたが、近年では以前より毅然とした対応が見られるようになっています。主に注目されているのが、効率化、エネルギー使用量の低減、再エネの活用、有毒物質の排除、リサイクル、循環型事業による廃棄物の削減、カーボンオフセットのクレジット購入です。

これまでカーボンフットプリントの改善に関する議論は、各ビジネスにおける製造工程、機能、製品に着目して語られてきました。それに対して本書のこのセクションでは、各産業の全体に注目します。もしある製品そのものが有害であったり不要であるなら、それがどのように製造されたか、サーキュラーエコノミーにどう関わっているか、どれだけのエネルギーが再エネでまかなわれるかを論じても意味はありません。すべての損益計算書のトップライン（売上高）が、人類の未来を決定づけるでしょう。ボトムライン（純利益）ではありません。炭素を排出するのか、それとも隔離するのか？　そのビジネスが生み出す収益全体は、生命や生息地や天然資源の喪失の原因となるのか、それとも生命や生息地や自然の再生を増やすのか？　社会的公平を育むのか、それとも損なうのか？　現代的な産業界の専門的知見が問題なのではありません。目標と前提条件が問われているのです。この地球上でやるべきことは1つです。それは、未来のために地球を保護し、元気にすることです。企業はこれをやっているか、やっていないかのどちらかでしかないのです。

部分や細部のみに注目すると、全体へ影響や、商品・サービスそのものの必要性といったより重大な課題が見えづらくなることは、次の一企業の例を見るとよくわかります。ペプシコは、世界中で最多の運送トラックを保

有しています。トレーラーの牽引車1万1245台、トラック3,605台、トレーラー1万8648台、ピックアップトラック1万7000台などです。これらのトラックで輸送される売れ筋商品は、ペプシ、マウンテンデュー、レイズポテトチップス、ゲータレード、ダイエットペプシ、セブンアップ、ドリトスです。控えめに表現したとしても、すべてが「ジャンクフード」と呼ばれるものです。ジャンクフードは、栄養価が低い食べ物と定義され、手軽なパッケージで売られ、食べるための手間もほとんど、あるいはまったくかかりません。大量の脂肪、塩、砂糖、でんぷんを含んでおり、肥満や、2型糖尿病、心臓病、脳卒中、高血圧などの慢性疾患の原因となります。砂糖をたっぷり含んだ飲料が、10代の若者や小さい子どもに有害であることを示す確かな証拠があるにもかかわらず、ペプシコはソーシャルメディア、ウェブサイト、アプリ、テレビ、スポーツイベントでのソフトドリンクの宣伝を増やし続けています。黒人とラテン系米国人の子どもたちは、白人の子どもたちに比べて、ソフトドリンクの広告を2倍も目にしています。広告には黒人やヒスパニック系の有名人、たとえばマイケル・ジョーダン、ペネロペ・クルス、ジェニファー・ロペス、ニッキー・ミナージュ、レブロン・ジェームズ、カーディ・B、セリーナ・ウィリアムズらが起用されています。ペプシは、ほかのソフトドリンク企業と連携して、XLサイズの炭酸飲料の販売禁止やソフトドリンク税を阻止しようとしています。同社は米国での直営事業において、再エネ100％に取り組んでもいますが、ペプシなど多くの企業に問うべきことがあります。それは「何のための再エネなのか？」です。

　気候危機に確実に対処するためには、企業はイニシアチブや、コミットメント（公約）、オフセット、社会的正義の支持よりも先へ移行する必要があります。ソーラー発電を電源とするソフトドリンク工場は、気候危機の根本的な原因に対処していません。ペプシの気候面の取り組みは、子どもたちのウェルビーイングをないがしろにしています。大手食品会社の巨大さと惰性を見ていると、真実がどうであれ、こうした企業はそもそも好ましくない商品の製造から抜け出すことはできないのではないか、という感覚にかられます。

　2020年に世界最大規模の企業数社が、再生型^{リジェネレーション}の企業になることを約束しました。これらの企業は、ビジネスのすべての側面において、それが何を意味するかを明らかにする必要があるでしょう。グリーンウォッシュ＊が行なわれていることを考えれば、懐疑的な見方も理解できます。しかし、このような約束の裏には、人々がいます。本書を読んでいる皆さんと同じような、人間です。子どもがいて、家族がいて、コミュニティがある人。はっきりと迫り来る危機が見えている人。多くの思慮深い大企業が、自社のパフォーマンスを測定するために、より良い基準を採用しつつあります。この「産業」セクションでは、どのような難題があるか、何ができるかについて検討します。地球温暖化の原因を避けて通っていても意味がありません。私たちは危機にあるのか、それとも危機にないのかの、どちらかです。同時に、互いを非難し合い、はずかしめ合っていても、何の役にも立ちません。何をすべきかわかっています。問うべきなのは、私たちが「どのように協力し合い、やるべきことを行ない、正しい道を進むか？」です。●

　　　　　　　　　　　＊見せかけの温暖化対策や環境配慮

巨大フードビジネス
Big Food

食品産業は15兆ドル（約1,700兆円）規模で世界最大の産業であり、気候変動の重大な原因となっています。食品産業を大変革することは、人類にとって桁外れのチャンスであり、再生の土台となります。工業型の食品は、土壌や人々や自然に害を及ぼし水質を汚染するような、持続可能でない破壊的で化学的な農法で栽培されます。農業従事者は、低賃金で、権利がもし認められているとしてもごくわずかで、ケガをする頻度が高く、農薬中毒にさらされています。健康保険に加入していることはほとんどなく、一般に労働法の適用外となっています。加工度が高い食品は、肥満、糖尿病、高血圧、脳卒中、心臓病など、代謝性（メタボリック）疾患を世界中の人々に蔓延させています。私たちが育て、つくり、食べる食物が、私たちの体や農業コミュニティ、そして地球に害を及ぼしているのです。

フードシステムとは、すべての人を養っている高度に統合されたシステムの全体を意味します。その構成要素としては、食べ物の栽培、包装、加工、流通、販売、貯蔵、マーケティング、消費、廃棄などがあります。システムの中は、大手の多国籍企業が支配しています。化学企業4社──バイエル、コルテバ（ダウとデュポンの合併でできた会社）、中国化工集団（ケムチャイナ）、BASF──が、世界の種子・肥料・農薬市場の70％を支配しています。世界の穀物市場（家畜飼料も含む）は、メジャー4社のADM（アーチャー・ダニエルズ・ミッドランド）、ブンゲ、カーギル、ルイ・ドレフュスで70％以上を支配してい

ます。米国では、全国の食料品市場の半分が4社に支配され、ウォルマートだけで3分の1近くを占めています。世界の10大食品会社が、どの主食を栽培するか、人々が何を食べるかをほぼ決めているのです。

このような多国籍企業とその市場支配力を合わせて、「巨大フードビジネス（Big Food）」と呼びます。幅広い地域や市場にまたがって販売するため、巨大フードビジネスはその製品の配合、風味、食感をまるっきり同じにしなければなりません。味のむらをなくすためには、種子、植物、動物、つまり原材料の均一性が必要です。顧客である企業を満足させるために、農家は数億ヘクタールもの農地（各農地の規模は数百ヘクタールから1万ヘクタールまで幅があります）に、遺伝的多様性がほとんどない作物の単一栽培を行ないます。単一栽培は土壌にストレスを与えるため、土壌が痩せていくなかで利益になる収量を維持するために、肥料や除草剤や殺虫剤の使用量を増やしていかなければなりません。これは農家へのストレスを高めます。農家は、自分たちが知っている唯一の方法で生産量を増やそうとします。つまり、高価な投入物を増やすことによってです。記録的な負債や、貿易戦争、気候変動、商品価格の低下に苦しみ、農業は世界全体で最も自殺率が高い職業の1つになっています。

規模の大小を問わず、各農家が必死に単年ベースで採算を合わせようとしている一方で、10大食品会社には決して不景気の年がありません。2019年に、これらの企業の収益は5,000億ドル（約56兆円）を超えました。巨

大フードビジネスの売上の大部分は超加工食品、マイケル・ポーランの言葉を借りると「食べ物まがいの物質」が占めています。具体的には、ミニオレオ、クラフトのマカロニ＆チーズ、ハニー・バンズ（菓子パン）、ゲータレード、M&M's、ドリトス、クラフト・シングルス（チーズ）、シニミニ・シリアル、ゴブストッパー（キャンディー）、トゥームストーン・ピザ（冷凍ピザ）、スパム（缶詰の肉）、キャプテン・クランチ（シリアル）、カウント・チョキュラ（シリアル）、ボローニャ（ハム）などです。米国で消費されるカロリーの60％近くが、超加工食品です。ハーバード大学医学部による超加工食品の定義は「脂肪やでんぷん、添加糖、硬化脂肪など、食べ物から抽出された物質で主につくられている」食品で、「着色料や香料や安定剤など、添加物も含んでいることがある」です。ほとんどの消費者は原材料表示に書かれているものの説明ができないと言ってもいいでしょう。つまり、自分が何を食べているかわかっていないということです。なぜなら、これは食べ物ではないのですから。これは化学の実験です。

超加工食品には中毒性があります。人間の味蕾が食品化学者によって、ずっと以前に乗っ取られたためです。砂糖は中毒性のある物質です。マウンテンデューの缶（350ミリリットル）2本の中には、大さじ8杯ほどの砂糖が入っています。グルタミン酸ナトリウム（化学調味料）も同じで、これは55種類の異なる名前や形態で加工食品に添加されています。スナック菓子、チップス、加工肉には、中毒性のある塩がいっぱい使われています。ソフトドリンクと栄養ドリンクには、中毒性のあるカフェインが入っています。超加工食品の原材料はほとんどが、脂肪、炭水化物、タンパク質、塩、そして「天然香料」（その中には100を超える化学添加物が含まれます）です。天然香料は、今ある8,000種類の食品のなかでも、原材料表示に含まれる頻度が4番目に高いのですが、決して天然のものではありません。香料は、味よりもにおいがするものです。なぜなら、人間の体は主に、においから風味を感じるからです。こうした食品原材料のいくつか、たとえばプロピレングリコール、BHT（ブチルヒドロキシトルエン）、BHA（ブチルヒドロキシアニソール）、t-ブチルヒドロキノン、ポリソルベート80などは、シャンプーやコンディショナーにも同じく香料として使われています。

でんぷんや砂糖、塩、脂肪でつくった食べ物は、神経伝達物質であるドーパミンとセロトニンを放出させ、コカインやヘロインと同じく私たちの快楽中枢を刺激します。このような食べ物は瞬時に喜びを感じさせる一方で、栄養にはなりません。むしろ栄養不良を引き起こします。だからこそジャンクフードと呼ばれるのです。体は栄養不足を感知し、痩せた土地で栽培されて栄養がない食べ物を補うために、さらに多くの食べ物を欲しがります。この栄養飢餓が、肥満を生みます。太りすぎの人々は事実上、常に栄養不足なのです。収入が少ない人々は、栄養不良を引き起こした、まさに同じ食べ物を、さらに買い求めます。それしか買えないからです。私たちは飢餓というと、腕が痩せ細って頬のこけた小さな子どもを思い浮かべます。しかし、肥満も飢餓なのです。

ジャンクフードの真のコストは、それによって必要になる医療費のために、何倍にも膨れ上がります。米国は、食料費の2倍のお

黒龍江省の稲刈り初日は、中国の主食である米栽培のショーケースだ。黒龍江省は中国で最も米の生産量が多い省であり、品質も高い。ここ二道河農場では、5月上旬に植えられた龍井46（ドラゴン・ライス46）が、1ヘクタールあたり970キログラムの収穫量を記録した

金を医療費に支出しています。しかし世界全体では、病気と死亡の50％の原因が食べ物にあります。1990年に米国では、肥満率が20％を上回る州は1つもありませんでした。それが2020年には、肥満率が20％より低い州は1つもなくなっていました。多くの州が40％を超えるか、それに迫るレベルでした。食べ物の広告費の80％以上が、ファストフードや、甘い飲料、キャンディ、不健康なスナック菓子を宣伝するものです。よく売れている朝食用シリアル上位20種類のうち10種類では、原材料の40〜50％を砂糖が占めています。ソフトドリンクメーカーは、マイノリティの子ども向けに、白人の子ども向けの2倍の広告を出しています。

　巨大フードビジネスは、顧客の健康が損なわれていることを知っていますが、法的な理由や商業上の理由、評判が落ちるという理由から、自社が担っている役割を認めようとしません。コカ・コーラは、専門家による査読を経た科学論文とは矛盾する「研究」に、何百万ドル（何億円）も支払い、肥満の原因は運動不足にあって砂糖はバランスのとれた食生活の一部であるという間違った考えを広めています。一方で、食品会社は政府に対して、規制を行なわないようにロビー活動を行なっています。2018年に、9,000億ドル（約100兆円）規模の農業法案が連邦議会で議論されていたとき、健康、食料安全保障、貧困の専門家たちは米農務省（USDA）に対し、SNAP*で認められた購入対象商品からソフトドリンクを除くようにと強く主張しました。SNAPは、米国で4,200万人の低所得者を支える政府支援プログラムで、フードスタンプ（食料配給券）事業としても知られています。ソフトドリンク産業は、一丸となって反対しました。その準備としてこの業界は、提案された制限に対して連邦議員がどう反論すべき

か、台本を書きました。下院議員は、「フードポリス」「非国民」「過保護国家」「店のレジで混乱が生じる」「自由の否定」「憲法に保障された受給者の幸福追求権の侵害」といった、あらかじめ原稿に記載されたフレーズを読み上げました。

　50万人近いSNAP受給者の10年間の追跡調査によると、受給者は心血管疾患の罹患率が非受給者の2倍、糖尿病で亡くなる可能性が3倍高いことがわかりました。この調査で示されたのは、もしも健康的な食べ物――野菜、果物、全粒穀物、ナッツ、魚、植物油――を買うようなインセンティブ、そして甘い飲み物、ジャンクフード、加工肉を買わないようにするインセンティブを与えるようにSNAPを改善したら、1年間に心血管系事象94万件と糖尿病14万7000件の発生を予防できるだろうということです。これにより、医療費は年間4,290億ドル（約48兆円）節約できることになり、SNAPプログラム自体の費用700億ドル（約7兆8000億円）の6倍に相当します。提案された奨励策と抑制策はシンプルです。健康的な食べ物は値段を30％引き下げることで買いやすく、ソフトドリンクやジャンクフードは30％引き上げて買う量を減らすのです。もしもすべての家庭がこれに応じて買う物を変えたら、購買力が年に210億ドル（約2兆3000億円）上がるでしょう。メディケイド（低所得者向け公的医療保険）とメディケア（高齢者向け公的医療保険）の費用が下がるため、コストは元を取っておつりが来るでしょう。シンプルで、人生を充実させ、お金の節約になるようなSNAPプログラムの方向転換に、誰が反対するというのでしょうか？　巨大フードビジネスは反対する可能性があります。このような企業の戦略は、フードスタンプが発行される毎月最初の10日間にはっきりと見て取れます。この期

　＊補助的栄養支援プログラム

間中、ペプシとコカ・コーラは、貧しく、恵まれない人が多く住む地域で、ソフトドリンクとジャンクフードの宣伝を増やすのです。2017年のペプシとコカ・コーラの最高経営責任者（CEO）2人の報酬を合わせると、4,200万ドル（約47兆円）にのぼりました。

　食べ物と農業に関していうと、私たちは「大きいことは良いことで、安全で、安くて、信頼性が高い」と考えるようになりました。そして、食べ物を地元で栽培して生産するというのは、過ぎ去った夢物語である、と。最大の誤った通念は、もし工業型農業技術を展開しなければ、世界は飢えてしまうだろう、というものです。工業型農業は、土壌の生命と構造と健康を壊します。弱体化した土壌は、それまでより多くの化学物質を必要とし、流出や侵食、そして栄養が欠乏した食物を増やします。朝食から夕食まで超加工食品だらけであることが、世界中の健康に大惨事を引き起こしています。20億人以上が過体重で、6億人が肥満です。インドでは、糖尿病の罹患率がこの30年間に倍増しました。ケンタッキーフライドチキン（KFC）が1987年に北京に1号店を出店したとき、糖尿病の有病率は25人に1人でした。それが今ではKFC4,200店、マクドナルド3,300店、ピザハット2,200店となり、糖尿病は10人に1人になっています。タイでは、仏教の僧侶の半分が肥満です。なぜなら寄付された食べ物に頼っているからです。世界の中で、肥満、心臓病、糖尿病の増加が見られない国が1つだけあります。キューバです。この国にはファストフード店もなければ、超加工食品自体もありません。キューバの国内総生産（GDP）に医療費が占める割合は11％です。米国ではこれが20％になります。

　ジャンクフードと炭酸飲料の会社と闘った国が1つだけあります。チリです。この国は、米国に次いで世界で2番目に肥満が多い国となりました。チリでは、6歳の子どもの半分、そして大人の75％が、過体重か肥満でした。チリは、行動を起こすと決めました。小児科医であり保健大臣を務めたミチェル・バチェレ博士が、大統領に選ばれたことが、カギとなりました。今では、砂糖、飽和脂肪、カロリー、塩分が多く含まれる食べ物のパッケージに、黒いストップサインが印刷されています。ジャンクフードのマーケティングで、マンガのキャラクターを使うことが禁止されました。ケロッグのコーンフロスティ（砂糖をまぶしたコーンフレーク）から、トニー・ザ・タイガーのイラストが消えました。キャンディや甘い物におまけを付けることも許されなくなりました。ジャンクフードのコマーシャルをテレビやラジオで流すことは、朝6時から夜10時まで禁止されました。ジャンクフードと甘い食べ物を学校で売ったり配ったりすることもできません。ソフトドリンクに対して18％の課税が義務づけられました。食品会社はブランドの宣伝にあたって、健康的な食事や運動を促すメッセージを強化しなければなりません。このような取り組みが最初に提案されたとき、国内外の食品会社のロビイストから、反対意見が津波のように押し寄せました。今では、「こういう食べ物は避けないといけないんだよ」と子どもたちが親に注意しているのだと、研究者たちは報告しています。事態は一変しました。

　目下の課題は、世界中の人を飢えさせないこと温室効果ガス排出量を削減すること、公正で再生型のフードシステムを生み出すことです。エッセンシャルワーカーに敬意を払い、彼らが健康的な環境で働き、生活賃金を得られるようなフードシステムにするのです。地球温暖化によって、作物の減少や干ばつや洪水が起き、移民が増えるなか、このことはか

つてなく重要になっています。アフリカでも、中南米でも、人々は貧困と空腹から逃れるため、北へと移動しています。地球温暖化に対しても社会的正義に対してもきわめて重要なのが、気候変動の影響を受けた土地を変容させることです。干ばつや洪水への耐性やレジリエンスを高め、家族や農家のために生産力を上げるように変容させるのです。干ばつ、過放牧、森林破壊、工業型農業のせいで、地球上の陸地面積の25％が劣化しています。

行動を起こさなければ、家もなく空腹を抱えた移民が、2050年までに推定7億人になるでしょう。私たちが今、農地、森林地、湿地、草地の再生を始めることで、そのレジリエンスを高めることができるのです。

　人々の健康と再生型農業に向けた第1の解決策は、超加工食品の購入をやめることです。個人、企業、生活協同組合、カフェテリア、病院が、なるべく本物の地場産の食べ物を取り入れるべきです。そして、地域支援型農業

（CSA）、地元農家、有機栽培の食べ物を増やすとともに、友人や同僚を啓発し、また、人々が一体となるような食料関連の活動に携わるのです。キャンディやソフトクリームを追放するわけではありません。企業のカネでつくられる無知から脱却するのです。転換したフードシステムの潜在能力を完全に引き出すために、私たちは基本に立ち返り、お腹を空かせた人々がどこにでもいること、誰もが食べられる仕組みをつくる必要があることを認識すべきです。栄養豊富でおいしく、健康的な食べ物をすべての人に供給する持続可能なフードシステムは、再生に向けた究極の行動です。シェフのホセ・アンドレスの言葉を言い換えると、私たちはお腹を空かせたホームレス1人ひとりを、当然の客人としてもてなす必要があります。これは、未来のフードシステムを設計する一助となるでしょう。地球温暖化に対処しながら、すべてのエッセンシャルワーカーに尊厳と目的を与えるようなフードシステムです。安全で健康的な食べ物を提供するとき、私たちは土地や体や気候を癒す行為に携わっています。食というのは、文化や気候、健康、生態学のすべての面にかかわるセクターです。そして、すべての人が影響力をもっているセクターなのです。●

CPグループの鶏肉施設では、年間1億2000万羽（1日20万羽、祝日前は1日40万羽）の鶏を処理し、2,000人以上の従業員が8時間のシフト制で働いている。その鶏肉の90％は国内で消費され、10％はアジアのほかの地域で消費される。鶏のすべての部位が使用される。脂肪は塗料に使われ、羽毛は粉末に加工されて動物の餌となる。内臓や足、頭などは食用として販売される。2013年には中国で鶏肉の健康問題やスキャンダルが発生し、需要が落ち込んだが、2015年には鶏肉の消費量は20％増加した。この施設は、マクドナルド、KFC、バーガーキング、ピザハット、パパジョンズ、タイソン、ウォルマート、メトロ、カルフールなど、中国の主要ファストフードブランドのほとんどに供給している

ヘルスケア産業
Healthcare Industry

ヘルスケア産業の使命は、人のウェルビーイングを維持し、病気やケガをした人の健康を回復することです。気候変動は、精神的・身体的な健康問題を増幅させ、今世紀最大の健康への脅威と言われています。この20年間に、高齢者の熱中症による死者が1.5倍に増えています。大気汚染レベルの上昇により、呼吸器・心血管疾患が増えています。気温が上昇するとベクター媒介性疾患*の発生率が上がり、そのため、出生時体重の低下など妊娠に関連したリスクが上がります。気候関連の自然災害が劇的に増加してきており、この10年間に17億人に影響を及ぼしてきました。気候崩壊が公衆衛生に及ぼす悪影響は、貧しい人々や有色人種コミュニティに過大な影響を与えており、2030年までにさらに1億人を極度の貧困に追いやりかねません。

ヘルスケア産業自体、温室効果ガス排出の大きな要因となっています。主な原因は、病院と製薬会社のカーボンフットプリントにあります。ヘルスケア産業は、世界全体の二酸化炭素排出量の5％近く、年間20億トン以上に直接の責任があります。その半分以上を占めるのが米国、中国、EUです。米国では、ヘルスケアセクターから二酸化炭素排出量の10％と、大量の廃棄物が発生しています。

ヘルスケア産業には、2つの違った産業が存在し、それらは一部で重なっています。1つめは、公衆衛生とグローバルヘルスの専門家で構成されるものです。病院、クリニック、紛争地域、難民キャンプといった場所で、医師や看護助手、看護師などが、困難な状況下で必要としている人々に奉仕しています。所得や人口区分、人種、ジェンダー、あるいは感染爆発・病気・ケガの原因にかかわらず、必要な人のために尽くしています。伝染病の場合、彼らは文字通り最前線に立って、エボラ出血熱や、デング熱、コレラ、HIV/AIDS、ジカ熱の地域的な感染爆発が、広範囲あるいは世界全体に広がらないようにします。栄養や予防的ケア、妊婦健診、ワクチンを支持し啓発している最前線の労働者は、これまで事実上すべての国で不屈のヒーロー、ヒロインであったし、これからもそうであり続けます。これはキリスト教の伝統に根ざしています。米国では、たとえばレベッカ・リー・クランプラーは、黒人女性としてこの国で初めて医学の学位を取り、1860年代に新たに開放された奴隷たちのために尽くしました。また、サラ・ジョセフィン・ベーカーは、ニューヨーク大学で医師免許を取って、ニューヨーク市の貧民街だったヘルズキッチン地区に行き、栄養や、乳児のケア、衛生の基本について人々に教えました。

しかしもう1つ別のヘルスケア産業があります。そしてこちらは失敗しています。それは対症療法の医療システムです。大手製薬会社にけしかけられたもので、原因ではなく症状に注目するものです。患者に何カ月も、何年も、あるいは一生薬を飲み続けてもらおうという考え方です。それは数字が物語っています。世界全体の成人の肥満率は、1975年から6倍になっています。米国では、20歳以

---

*カやダニなど媒介生物による疾患。マラリア、デング熱、ライム病など全感染症の17％以上を占め、年間100万人以上が死亡する。その大半は5歳未満の子ども

352

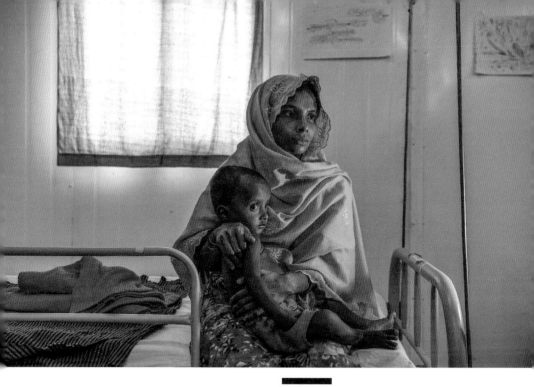

上の成人の73.6％が過体重か肥満で、肥満率は42.5％で世界第1位です。高血圧は、毎年死亡原因の1位である心血管疾患の主要な危険因子ですが、高血圧の成人の数は1975年から2015年までに倍増しました。低所得国の非感染性疾患による死亡は、2000年の23％から2015年には37％にまで増加しました。糖尿病患者は、1980年に世界全体で1億800万人いましたが、2019年には4億6,300万人になっていました。米国の平均寿命は低下しつつあり、その原因の1つには、オピオイド（麻薬性鎮痛薬）関連の死者が1999〜2019年に50万人近くにのぼったことが挙げられます。18歳以下の米国人の自殺願望や自殺行動は、2009年から2018年までに300％近く増加し、18〜34歳でも200％の増加です。健康危機があり、気候危機があり、私たちはその両方に対処しなければなりません。地球が健康であるためには、

人々が健康でなければなりませんし、その逆もまたしかりです。

　19世紀後半に、医学は並外れたブレークスルーを起こしました。清潔さ、衛生、下水システムの改善、安全な水、工場の適切な換気、児童労働の禁止など、病気を予防するための環境や社会の状況に着目したからです。20世紀に医療・製薬技術が、予防ではなく、病気の症状の治療を重視するシステムへとヘルスケア産業を一変させました。よく効く薬を求める製薬会社から多額の資金提供を受け、病気の複雑さに関する研究が爆発的に広がりました。このような薬の1つがスタチンでした。スタチンは、心血管疾患のリスクをもつ

人の罹患・死亡率を下げます。「問題となるLDLコレステロール値をどうすれば下げられるか」というのが、製薬会社が解決した問いでした。でも、それは正しい問いに答えていたのでしょうか？ コレステロールは血管の損傷の修復を助けるもので、それが血管の詰まりを生むことがあります。適切な問いは、「なぜ、米国の成人の半分以上で、血管が損傷するのか？」です。

スタンフォード大学で教育を受けたモリー・マルーフ博士は、現代の医療を「古ぼけた医療」と呼びます。血管が損傷を受ける理由はわかっています。血糖値、血圧、ストレス、大気汚染の上昇です。症状ごとに縦割りのアプローチをとると、患者のリスクや不快感を減らすことはできても、健康にはなりません。米国は世界の調合薬すべてのうち48.5％を消費しており、医療費がGDPの20％を占めます。事故やヤケドや外傷の救急医療に関していえば、この国の医療システムは世界一かもしれません。しかし健康という観点から見ると、米国の順位は、指標にもよりますが世界で11〜29位となっています。

気温の上昇、環境の劣化、貧困、強制立ち退き、病気、異常気象が絡み合うなか、症状に対する対応ではなく、総合医療の対応が必要になります。人間の健康は健康的な食べ物と食生活の成果であり、これは健康的な土壌にかかっており、健康的な農業の成果なのです。加工度の高い食品は栄養価が低く、不健康な脂肪や塩や砂糖が多く含まれます。食生活は、肥満や糖尿病そして実質的にすべての代謝性・心血管疾患の直接の原因になります。米国は公的医療制度に支出する余裕がないといわれますが、公的「病気」制度――つまり、巨大フードビジネス――をもつ余裕はあるようです。

医学誌『ランセット』によると、気候危機に備えた国家レベルでの健康計画（地域や地方の医療制度の脆弱性や適応の評価など）を策定しているのは、すべての国の半分しかないといいます。この報告で調査対象となった都市の半分以上が、気候変動が病院などの公衆衛生インフラに大きな影響を及ぼすことを予測しています。気候危機に備えた国の健康計画を準備することは不可欠ですが、それだけでは十分ではありません。国民皆保険制度は、気候変動に対する抜群の解決策であるのに、ほとんど言及されていません。これは気候の理由からではなく、基本的な人権として制度化すべきです。健康は、身体的、精神的、社会的に完璧に良好な状態（ウェルビーイング）であり、貧困の緩和と密接に関係しています。気候危機に対処するためには、人々がやる気を起こして携わり、積極的に行動する必要があります。もし人々が病気だったら、もし子どもたちに食べ物を与えられなければ、もし家がなければ、もし生計を立てられるだけのの仕事を見つけられなければ、それは実現しません。気候と地球を再生することは、貧困層が直面する、破壊され衰弱している窮地に歯止めをかけることを意味します。ルワンダは、世界銀行によると1人あたりの富が世界第167位という「最貧国」の1つですが、国民皆保険制度を有しています。大虐殺という激動の経験から得た成果です。新政権は、できるだけ多くの形で国を癒やそうと心血を注ぎました。ルワンダの最も貧しい人々は、地域密着型医療制度により無料で治療を受けられます。最も豊かな人々は、年に8ドル（約890円）を支払います。地元の診療所1,700カ所と、保健センター500カ所、地域病院42カ所、紹介状の必要な国立病院5カ所で構成される分散型システムです。保健大臣を務めるアグネス・ビナグワホ博士は、ポール・ファーマーとNPOパートナーズ・イン・ヘ

ルスを巻き込んで、同国の医療制度を設計、創設しました。米国は、GDPは世界一ですが、1人あたりの富では第8位です。貧困層や失業者、子ども、高齢者、移民に対して無料の医療は提供されていません。3,000万人以上の市民が保険に未加入です。加入している人でも、保険でカバーされない医療費のせいで破産することもあります。一部の州では市民、とりわけ貧困層の成人が、政府の保険を受け取れないように妨害を受けています。ルワンダではビナグワホ博士が、ルワンダの全市民が検診を受けることを義務づけ、病気や予兆を早く察知するようにしました。米国では、国民の大多数が予防医療を利用することは、あったとしてもまれです。

患者を治療することと、気候変動の解決に尽力することとは、一緒に行なうことができます。近年の調査によれば、インドネシアの農村部では手ごろな価格で利用できる診療所を開設してからの10年間に、近くの国立公園での違法伐採が70％減少しました。感染症もそれ以外の病気も減るなど、診療所自体が健康面で恩恵をもたらすのに加え、診療所は、コミュニティ全体としての伐採の削減量に応じて患者の負担を値引きする仕組みになっています。公衆衛生の提供と森林の保護を同時に行なっているのです。また、支払いに物々交換を認めています。つまり患者は、苗や手工芸品や労働力を提供することで、医療を受けられます。この制度は、地域社会と協力して設計されました。調査によると、診療所に直接隣接した村人たちの診療所利用率が一番高く、伐採も最も減少したといいます。「データからは、重要な結論2点が読み取れます」2014〜18年に診療所の所長を務めたモニカ・ニルマラは話します。「人間が健康でなければ自然の保全は行なえず、また、自然が保全されていなければ人間は健康でい

られません。私たちは、森とバランスを取りながら生きる方法を知っている熱帯雨林のコミュニティの人々のアドバイスに、耳を傾ける必要があります」

新たに登場しつつある分野が、再生型（リジェネレーション）の医療です。身体を完全に別々の臓器や機能の集まりとしてではなく、システムとして扱うような技術や、ファイトケミカル、食生活、栄養補給、マイクロバイオータ、運動を取り入れたものです。それを適用する主な分野は、ヒトマイクロバイオームです。私たちの体内には、何千種もの細菌が生きています（人間の体はコミュニティです）。人間の細胞の数よりも、細菌の細胞のほうが多いくらいです。「ザ・ヒューマン・プロジェクト」によると、遺伝子に関していえば、細菌遺伝子の数は、人間の遺伝子の数を上回っているといいます。その体内での機能は、医学と治療に完全に新しい展望を開いています。私たちの消化器系は、微生物のたくさんいる生態系です。微生物がタンパク質や脂肪やデンプンを吸収できる栄養に分解し、血糖値を調節し、気分をコントロールし、免疫系を強化し、病原体を止め、認知能力を高めます。セロトニンは、私たちの気分や学習や記憶に影響する神経伝達物質で、脳幹でのみ分泌されると考えられていました。今では、90％が腸でつくられることがわかっています。いま、微生物株を培養し、マイクロバイオームの生態系に導入して、治癒させています。現在は医薬品で治療されている症状を調節し、減らし、なくすために、これを使うことができます。現在の医薬品は、何かを消し去るために生体プロセスに干渉しています（もしも体に干渉していなかったら、副作用というものはおよそ存在しないでしょう）。プロバイオティクスの再生型の医療はそうではなく、マイクロバイオームの多様性と反応性を高めます。これこそま

さに、再生型農業が真の形で土壌に行なっていることです。人間のウェルビーイングのすべての側面についてどのように全体論的に考え想像するかは、気候変動からのオファーであり、招待であり、ギフトなのです。答えはありません……まだ。私たちが質問を問うなかで、答えが現れるでしょう。●

中央アフリカ共和国のバタンフンゴ病院では、14の武装派閥と民兵の激しい衝突によって発生した数千人の避難民や死傷者に対応しているが、この病院では、国境を越えた医療を提供するために、「国境なき医師団」の医師や職員が働いている。「国境なき医師団」は12の施設で、3カ月間に37万件の外来診察を行ない、27万人以上のマラリア患者を治療した

金融業
Banking Industry

人々は、将来に向けて銀行にお金を預けます。銀行はその預金を、未来を危険にさらす企業に融資します。たとえば米国では、石油や天然ガスのパイプラインが、生態系や、抗議行動を行なっている農家の土地や、先住民にとっての聖地を横切る形で敷設されつつあります。オーストラリアでは、新しい鉱山が先住民の聖地や手つかずの流域を破壊してきました。中国、インド、そしてアフリカの数多くの国々において、石炭火力発電所に資金が提供されています。これを可能にしているのが銀行です。オーストラリアの大手銀行4行は2016〜2019年に、この国の排出削減目標を、その21倍もの排出量で打ち消すような化石燃料事業に資金提供を行ないました。2015年にパリ協定が採択されてからの5年間に、カナダ、中国、欧州、日本、米国の35行が、化石燃料事業に3兆8000億ドル（約420兆円）の投融資を行ないました。

カナダ・アルバータ州フォートマクマレーの北にあるシンクルード鉱山で採掘されるタールサンド鉱床。タールサンドは、地球上で最大の産業プロジェクトであると同時に、世界で最も環境を破壊するプロジェクトでもある。タールサンドから生産される合成油は、従来の石油供給に比べて3倍の炭素を排出する。タールサンドは、アマゾンの熱帯雨林に次いで、地球上で2番目に速いペースで森林破壊を引き起こしている。また、毎日数百万リットルの高濃度汚染水が生産されているが、これがアサバスカ川に浸出し、下流に住む先住民の健康に深刻な影響を与えている

その半分近くが、化石燃料の採掘を増やすためのものです。そして、2020年に投融資された額は2016年よりも増えていました。科学は、炭素排出量の急激な削減を緊急に訴えています。一方で銀行は、炭素排出量の増加に資金を提供しています。

大手開発銀行2行──国際金融公社（IFC）と欧州復興開発銀行（EBRD）──は、森林破壊、工業型農業、豚肉・鶏肉・牛肉生産の集中家畜飼養施設（CAFO）に、26億ドル（約2,900億円）を投資してきました。CAFOがいかに気候や土地、大気、水、人々、動物に

対して有害であるかを示す研究やデータを顧みずに。両行とも、気候への影響を低減させることを掲げてはいますが、畜産は排出量が最も多い産業の1つです。資産運用会社のブラックロックは石炭への支援をやめると約束しましたが、森林破壊については言及しませんでした。生物種、森林、住みやすい世界が絶滅するのは、未来が絶滅するのも同然です。そしてこのような活動には、いまだに資金が提供されやすいのです。

　銀行は、必ずしも大きなリターンが得られるからという理由で化石燃料企業に資金提供するわけではありません。ではなぜこのような企業に資金を出すのかというと、銀行家はこのような投資のほうがなじみがあって、気楽に行なえるからです。石炭、天然ガス、石油への投資リターンは、何十年にもわたって非常に大きな儲けを生んできました。なじみがあるという惰性は、良心と目的よりも上に立ちうるのです。最近、著名な銀行家600人の経歴を分析したところ、再エネ投資の経験があった人は、ほんの一握りしかいませんでした。70人以上に化石燃料企業など大量の排出企業で働いた経験がありましたが、再エネ企業での勤務経験があった人は1人もいませんでした。また、国際銀行39行の調査では、565人の取締役が過去に化石燃料業界や公害産業での勤務や所属の経験がありました。似たような別の分析では、米国の大手銀行7行の取締役のうち、4人に3人が化石燃料業界とつながりがあることがわかりました。銀行業務というのはおおむね、短期的な収益性を重視する文化をもっています。化石燃料と再エネへの投資の大きな違いは、収益性ではありませんでした。それは、時間でした。今までの実績を見ると、化石燃料投資はすばやくお金を生んできたのに対し、再エネ事業は長期にわたって安定したリターンを生んできま

した。

　しかし、化石燃料への投資はもはや、かつてのように確実に儲かる仕事ではありません。エネルギーを得るためには、エネルギーが必要です。それは、油井を掘削するのであれ、石炭の鉱脈を採掘するのであれ、ソーラーパネルを建設するのであれ、同じことです。原油1バレルが生み出すエネルギーを原油1バレルを得るのに必要なエネルギーで割った値は、「エネルギー収支比（EROEI）」と呼ばれます。これはエネルギーの投資回収を表す、重要な数字です。ソーラーパネルが最初に商業規模で導入されたとき、EROEIは低く、3でした。つまり、ソーラーパネルをつくるのに費やされたエネルギーを回収するのに8年かかるだろうということを意味しました。石油と天然ガスのEOREIは、40〜60の間でした。

　最近英国のリーズ大学で行なわれた研究で、石油、天然ガス、石炭を燃料や熱や電気に転換するのに必要なエネルギーが、すべて算出されました。輸送、船積み、精製、貯蔵、パイプライン、発電機、ターミナルで使われたエネルギーまで含めると、化石燃料のEROEIは、石油の場合6近く、石炭および天然ガスの火力発電は3になります。銀行は、入るエネルギーと出るエネルギーを算出しません。計算するのは、入るお金と出るお金です。石油探査やカナダ・アルバータ州のタールサンド（砂と粘土ときわめて重い原油の混合物）などの天然アスファルト鉱床を活用するために地球をもっと深く掘り進むと、私たちはますます多くのエネルギーを使うことになり、得られる産出物は減る一方です。石油のEROEIは、20世紀初頭には大体100でしたが、今は6です。アルバータ州のタールサンド・オイルは3で、砂の完全なライフサイクルまで含めれば1になる可能性もあります。

ここには、後に残る有害なスラリー（泥状の廃棄物）がもたらす長期的なダメージは加味されていません。

私たちは、「正味エネルギーの崖」に直面しています。必要なエネルギーを生産するのと同じくらい、あるいはそれより多くのエネルギーが必要となる時点に達しているのです。エネルギー生産が建設的というよりむしろエネルギーを吸い取られるようになってきており、タールサンドの場合すでにそうなっているかもしれません。資本の流れは、全体的な影響と損失を覆い隠してしまいます。

これと再生可能エネルギーとを比べてみましょう。今日、ソーラーおよび風力はそれぞれ、7および18となっています。再エネのEROEIは年々増加しています。需要やスケールメリット、製造と効率性に関わる技術革新のおかげです。いま世界で最も低コストの発電形態は、石炭やコンバインドサイクル発電ではなく、風力です。2020年にインペリアル・カレッジ・ロンドンとIEA（国際エネルギー機関）は株式市場のデータを分析し、エネルギー投資の10年利回りを求めました。フランスとドイツでは、再エネの10年利回りは171.1％で、これに対して化石燃料はマイナス25.1％でした。また米国では、再エネの10年利回りが192.3％、対して化石燃料は97.2％でした。

銀行は化石燃料への資金提供をやめるべきだという要求が、効果を及ぼしつつあります。2017年にINGグループが、タールサンドとなんらかの関わりのある取り引きを禁じました。BNPパリバは、タールサンドやシェールオイルへの資金提供はしないと発表しました。これらの銀行に、ソシエテ・ジェネラル、HSBC、ロイヤル・バンク・オブ・スコットランド、UBS、ノルウェー中央銀行（資産規模1兆ドル、約110兆円）などが加わりま

した。世界銀行は、2019年に石油や天然ガスの採掘への融資をやめました。石炭火力発電所への資金提供をやめてから6年後のことです。クレディ・アグリコルは、石炭火力発電所と鉱山を操業する企業への資金提供をやめると約束しました。ドイツ銀行は、石炭会社に対する新しい融資枠を発行するのをやめました。ノルウェーのアセットマネジメント会社であるストアブランド（資産規模1,120億ドル、約12兆円以上）は、石炭関連株式やエクソンモービル、シェブロンなどの複数の石油会社、鉱業会社リオティントからのダイベストメントを行ないました。環境汚染を引き起こす産業からのダイベストメントを始めた金融機関もいくつかあります。ストアブランドは、気候変動を否定するロビー活動を後押しする企業から、最初にダイベストメントを行ないました。同社は、気候変動対策に反対するロビー活動を行なっているとして、ドイツの化学企業BASFや、米国の電力供給事業者サザン・カンパニーからのダイベストメント（投資撤退）を行なっています。

2019年に、再エネは電力セクターへの追加分の3分の2以上を占めており、再エネ発電はここ10年間、毎年少なくとも8％ずつ増加してきました。大きな経済的リターンがあるにもかかわらず、再エネへの投資額は2030年目標を達成するのに必要なレベルに達していません。もし銀行が、再生型農業やカーボン・ポジティブ・ビルディング、新規植林、プロフォレステーションなど正味ゼロ炭素排出量につながる投資を後押ししなければ、実現はしないでしょう。もし従来の銀行がやらなければ、新たに出現しつつある金融システムがやるかもしれません。

金融テクノロジー（フィンテック）は、人々がお金の支払いや投融資を行なう方法を変えました。革新的なデジタル技術を用いて、大

手金融と張り合っています。正しく使われれ
ば、グリーンファイナンスと社会的正義を促
進できます。今では世界に7,000を超える
フィンテック企業があり、スマホを用いたデ
ジタルバンキングを行なっています。パーソ
ナル・ファイナンスはより簡単に、より安く、
反応が速く、インクルーシヴになっています。
フィンテックは、かつて考えられていたより
すばやく、世界のより多くの地域でより多く
の人々が使えるようになっています。スマー
トフォンの高い普及率のおかげです。世界中
のフィンテックの金融ハブは小さな都市や地
域にあり、世界金融の中心であるマネーセン
ターバンク*があるチューリッヒ、ニューヨー
ク、香港、フランクフルトからパワーバラン
スがシフトしています。フィンテックの上位
20カ国のうち7カ国は、リトアニア、オラン
ダ、スウェーデン、エストニア、フィンラン
ド、スペイン、アイルランドという国際金融
とは無縁の場所です。一番小さい形の企業は、

銀行を経由せずに決済システムを構築できま
す。決済サービスのSquareとStripeは、ユー
ザーが自分の携帯電話やタブレットやパソコ
ンをオンライン決済端末として使えるように
します。大手銀行が用いるファンドの資金源
は、クレジットカード所有者から受け取った
もののまだ販売業者に支払われていない「宙
に浮いた」お金です。それはフィンテックで
はほとんど消去され発生しません。

　ブランチは、ケニア、タンザニア、ナイジェ
リア、メキシコ、インドで操業しているフィ
ンテック企業で、機械学習を用いて400万人
の顧客の信用力を調査しています。融資を
2,100万件以上行なっており、一般的な融資
額は50ドル（約5,600円）です。パガはナ
イジェリアの企業で、ペイパル（PayPal）
と同じようにピアツーピア（個人間送金）の
支払いと受け取りを可能にしています。これ
らに加え、ほかの多くのフィンテック企業も、
大手銀行が扱っていない、扱えないような
ニーズを満たしています。そして組織のプロ
セスをデジタル化し、コストを低減し、透明

カナダ・アルバータ州フォートマクマレーの北にあるタールサ
ンド鉱山の建設のために伐採された亜寒帯林の木々

*世界の主要な金融・資本市場で総合金融サービスを行なう巨大銀行
*ネットワーク上の端末どうしで直接接続する通信方式

性とアクセスしやすさを改善しています。タラは途上国でサービスの行き届いていない顧客に対し、10ドル（約1,100円）から500ドル（約5万6000円）のマイクロローンを即座に提供しています。タラのアイデアはインドで始まりました。創設者シヴァニ・シロヤは、事業や私生活において生産的で勤勉だと彼女が認めた人々に対し、個人的に少額の融資を始めました。シヴァニ自身も友人から指摘されて気づいたのですが、彼女の審査方法は、クレジット・スコアではなく、日常生活の観察に基づいていました。彼女の顧客が、信用格づけのない17億人の人々だからです。彼女の画期的な発見は、日常生活が多くの面で携帯電話の中に組み込まれていると気づいたことにありました。携帯電話を見れば、使用量、レシート、支払い、コミュニケーションのパターンや習慣がわかるのです。

　米国には、独立した「グリーンバンク*」がいくつかあります。最も古いものの1つがアマルガメーテッド銀行です。これは労働組合が所有する、上場している銀行で、1,000以上の労働組合に金融サービスを提供しています。起源は1923年にまで遡ります。労働組合活動を率いていたシドニー・ヒルマンが、富裕層が銀行から受けているのと同じサービスや機会を労働者に提供する組織を創設しようと決めたのです。同行は、「価値観に基づく銀行国際同盟（GABV）」（人々に着目し、持続可能な環境・経済・社会開発に尽くす銀行の国際ネットワーク）の会員です。GARVの会員としてはほかに、3バンク（旧オポチュニティ・バンク・セルビア）、スウェーデンのエコバンケン、カナダのバンクーバー市のヴァンシティ、ボリビアのバンコ・ソルなどが入っています。もう1つ、米カリフォルニア州オークランド市のベネフィシャル・ステート・バンクも会員になっています。ここ

は2007年にキャット・テイラーらが共同創設した銀行で、預金残高が10億ドル（約1,100億円）以上あり、この地域でマイノリティが所有するビジネスを支援することに焦点を当てています。

　金融システムを根本的に変えるかもしれないフィンテックが、グッド・マネーです。同社は、「好ましい金融」と呼んでいることを実践しようとしています。たとえば最低残高の撤廃、当座貸越手数料の撤廃、月額手数料の撤廃、5万5000カ所のATMの手数料撤廃などです。米国の大手銀行は2017年、顧客に340億ドル（約3兆8000億円）の当座貸越手数料を課しました。多くの場合、顧客が行なった預金の清算を銀行が遅らせたことが原因です。グッド・マネーの場合、デビットカードで買い物をするたびに、顧客側も現地も何の負担もなく、ブラジルのアマゾンで先住民コミュニティが法的な土地の権利を得られるよう資金提供しています。費用は、顧客がグッド・マネーのデビットカードを使ったときに店主が支払う交換手数料の一部による、一定の少額寄付でまかなわれます。

　グッド・マネーは、最後の革新者ではないでしょう。デジタルバンキングは、個人、家族、コミュニティ、学校、企業の間の関係性や、世界中のお金の流れと使用をすっかり変えてしまう可能性があります。ツールは存在するのです。あまりに多くのマネーセンターバンクが、破壊に投資しています。何兆ドル（何百兆円）もの補助金、融資、株が、生物界の喪失に向けられています。世界はお金であふれています。地球の富を破壊することによって私たちが「豊か」になることは、長年知られています。しかし、逆も同じく可能です。私たちには、地球温暖化を逆転させ、この土地や海洋にすむ豊かな生き物を回復させるための資金があるのです。●

*低炭素で気候変動に強いインフラに投資する銀行

軍事産業
War Industry

軍事産業の到来は、1953年に当時のドワイト・D・アイゼンハワー米大統領による「平和のチャンス」演説で予言されていました。「製造されるすべての銃、進水するすべての戦艦、発射されるすべてのミサイル。これらは結局、食べるものがなく飢えている人々や、寒くても着るもののない人々から盗んでいることになるのです。現代の重爆撃機1機のコストはどれくらいなのか。それは、30以上の都市にレンガづくりの立派な学校を建てられるコストです。人口6万人の町に電力を供給できる発電所を2基建築できます。完全に設備の整った立派な病院なら2つ建てられます。コンクリート舗装の道路を80キロメートル敷設できます。戦闘機1機に、小麦であれば1万4000トンを支払っています。駆逐艦1隻に、8,000人以上向けの新築住宅の代金を払っています。（中略）これはまったく、真の意味でのあるべき姿ではありません。戦争の脅威という暗雲が立ちこめるなか、鉄の十字架に掛けられているのは、人間性です」

もしアイゼンハワーの演説を現代に置き換えたら、こんな感じになるでしょう。B-2爆撃機1機のコストは、75都市の新しい中学校、415万人分の電力を供給する72カ所のソーラー発電所、36カ所の完全装備の病院、28万1000カ所の電気自動車充電ステーション——これらすべてを足し合わせたものです。戦闘機F-35ライトニング1機に、小麦60万トンを支払っています。駆逐艦ズムウォルト1隻に、5万8000人以上向けの新築住宅の代金を支払っています。

元陸軍元帥だったアイゼンハワー元大統領は、戦争の一部始終を鋭く理解していました。1961年の退任演説では、「軍産複合体（military-industrial complex）」という言葉を使いました。自己正当化し、自己永続的で、「不当な影響力」をもつ産業だと述べたのです（演説前のメモでは、「戦争に基づく産業複合体（war-based industrial complex）」と称されていました）。第二次世界大戦開戦前の1939年、米国の軍隊の規模は世界第19位で、ポルトガルの次でした。今日、米国の軍事支出は、中国、サウジアラビア、インド、フランス、ロシア、英国、ドイツをすべて合計した額をも上回っています。現在、米国に対する明らかな軍事的脅威はまったくありませんが、80カ国にまたがり800カ所の米軍基地を運用しています。この活動の規模と複雑さを支えるため、軍事費の半分以上に民間請負企業が関わっています。武器製造・軍事サービス企業の世界最大手5社（データがない中国を除く）は、いずれも米国の企業です。ロッキード・マーティン、ボーイング、ノースロップ・グラマン、レイセオン、ゼネラル・ダイナミクスです。ニューヨーク証券取引所での市場価値は、合計4,240億ドル（約47兆円）にのぼります。米国には脅威があります。それは、急速に変わりつつある気候です。

すべての産業システムと同じように、軍事産業もそれ自体の成長、所得、安全、影響力を増大させるように努めます。しかし、産業が及ぼしているすべての影響が軍事請負企業の貸借対照表に表れるわけではありません。戦闘によって生じる罪のない女性や子どもや

文民のケガ、トラウマ、死亡は、巻き添え被害と呼ばれます。一方、身体的、心理的に一生の障害を負った兵士は負傷兵ともてはやされます。米国には、運動障害、脳損傷、バーン・ピット症候群*、がん、第三度熱傷、脊髄損傷、難聴、心的外傷後ストレス症候群（PTSD）、アルコール中毒、ホームレス、四肢欠損など、兵役関連で障害を負った復員軍人が470万人います。

　戦争すること、および戦闘能力を維持することは、生命を傷つけ環境破壊をもたらす行為です。ほとんどの国で強力な圧力団体に後押しされて、世界は毎年何兆ドル（何百兆円）もの額を、軍備、軍事基地、陸軍、空軍、海軍、装甲車両、戦闘機、航空母艦、核爆弾、戦後の治療（世界中で何百万人もの復員軍人が心理的外傷と身体的外傷を抱えています）に支出しています。軍事産業は、パートナーがいてこそ可能になります。それは政治家やロビイストを指し、さまざまな形の汚職の影響を受けています。わかっている政府の汚職すべてのうち、推定40％が武器取引に端を発しています。軍事産業、特に兵器メーカーは、見て見ぬふりをすることで成長し、利益を得ます。メーカーは、「悪の手」に渡った機関銃、地雷、携行式ロケット弾（RPG）、弾薬については責任を負わないと主張します。メキシコ全土で、政府が認定した銃販売店は1店しかありません。麻薬カルテルが使用する何万丁もの銃は、密輸されて、国境近くの銃販売店で購入されるものです。

　本書執筆の時点で、世界には軍隊をもつ国が164カ国あり、国に認められていない軍や民兵組織がある国が169カ国、武力衝突中の国が32カ国あります。けれども、平和を管轄する省庁をもつ国は1つもありません。いま、地球上の生命系との平和を実現することが急務となっています。しかし人間同士が平和を築くことできなければ、ほかの生き物とも平和を築くことはできないでしょう。平和の省庁の仕事は、敵同士に握手をさせることではありません。その役目は、流れをさかのぼり、なぜそもそも敵同士になったのかを突き止めることです。これに関して、生物界にも似たようなことがあります。

　「ダーウィン的」とは、「適者生存」という意味合いで使われる形容詞です。これは、敵対する軍隊の考え方を端的に表しています。適者生存という言葉はチャールズ・ダーウィンの発見ではなく、ハーバート・スペンサーが自らの経済理論を擁護するためにつくった言葉です。しかしダーウィンの言った適者は「目下の地域環境に合わせて、より良く設計された」もののことでした。これは、人類が行なうべきことを明示しています。人類を含めたすべての生物種に、「相利共生」と呼ばれる性質が組み込まれています。生命科学でこれは、互いに利益を与え合うような生物種間の生態学的な相互作用と定義されます。たとえば、土壌中の菌糸体（真菌類）のネットワークは、植物の根からの糖分を栄養にして、植物に必要とされる微量元素と微量化合物を与えます。ハチドリは花の蜜を吸い、雄しべの花粉を別の花の雌しべに付着させ、受精と種子形成を可能にします。アカハシウシツツキは、インパラの上に止まり、ダニ、吸血バエ、ノミ、シラミなどを食べます。インパラは寄生虫を取り除いてもらい、ウシツツキは栄養価の高い餌を得ます。

　確かに、人々は好戦的になりえます。しかし、相利共生の関係も築きます。相利共生は2つの似たような、あるいは異なる生物種の間の、共に利益を得るような相互関係のことです。結婚、家族、部族、コミュニティ、よく管理された企業、スポーツチームはすべて、相利共生に頼っています。私たちには相互保

---

*基地廃棄物を野焼きした際の煙に由来する呼吸器等の疾患

険会社や投資信託会社があります。ホモ・サ
ピエンスが、自分たちよりも大きくて強く、
今は絶滅したネアンデルタール人より優位に
立った理由は、犬や仲間との相利共生関係の
おかげだと科学者たちは考えています。より
大きくて強力な組織や政府に権力が与えられ
るようになると、人間の相利共生は崩れるよ
うです。ソーシャルメディアがインターネッ
ト検索やオンライン行動にもとづいて世界の
「個別化された現実」を表示し、自己の信念
を強化するとき、相利共生はさらに崩壊しま
す。ニュースやいま起きている出来事につい
て、現実が共有されなければ、相利共生は不
可能です。

　気候危機は、人類がこれまでに直面してき
たどの危機や問題とも異なります。これは世
界規模で起こり、国境はありません。立ち向

かったり、闘ったり、制御したり、緩和した
り、抑制したりといった言い方をよくします
が、それはできません。また、これと戦う武
器をつくることもできません──「気候変動
に対する戦争で、4つの武器を科学者が提案」
というニュースの見出しを見たことがありま
すが。もし私たちの直面しているものを理解
すれば、解決策を言い表すときに戦争が有効
な比喩だとは思わなくなるでしょう。地球温
暖化は、人間の理解を超えた巨大な力ですが、
敵ではありません。分裂し、政治化し、武器
をもった世界が、物理の法則に支配された地
球の大気現象にどう対処できるというので
しょうか？　それは無理な話です。世界は対
応能力を高めるか、それとも地球温暖化に屈
するかの、どちらかになります。軍事産業は
重要な役割を果たしうるのでしょうか？　目

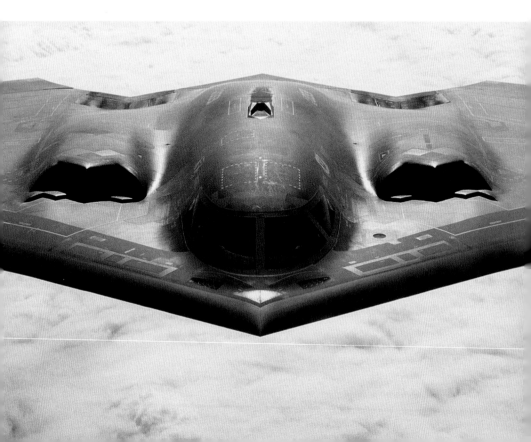

下、軍事産業は地球温暖化の大きな原因と
なっています。軍や兵器によって直接的・間
接的に生じる総排出量は、計り知れません。
そして、兵士、女性、子ども、土地、海洋に、
途方もなく大きな被害を与えています。そし
て、軍に解隊するように、あるいは国に「無
防備」になるようにと、説得できるとも思え
ません。

　しかし、中道はあるかもしれません。軍隊
は、私たちの未来を保証するうえで重要な役
割を果たしえます。なぜなら、気候危機はす
べてのもの——食料、経済、家族、家庭、農
場、土地、魚、水、健康——の安全保障を脅
かし、揺るがすからです。突飛に聞こえるか
もしれませんが、世界の連合軍が協力して、
防衛、安全保証、安定化、監視、保護を行な
うことができるでしょう。これらすべては今

［左］現在、20機のB-2ステルス爆撃機が運用されており、
それぞれに16個のB83核爆弾を搭載することができる。B83
は1個で広島に投下された核爆弾の80倍の威力がある。16
個の核爆弾をすべて合わせると広島原爆の1,280個分に相当
し、ロンドン、パリ、ベルリン、ローマ、マドリッド、チューリッヒ、
オスロ、ストックホルム、コペンハーゲン、プラハ、ヘルシンキ、
モスクワ、ニューヨーク、ワシントンD.C.、シカゴ、マイアミ
をすべて破壊することができる。9カ国の兵器庫には約1万5
千発の核爆弾がある
［右］中国北西部の新疆ウイグル自治区カシュガルのパミー
ル高原で軍事訓練中に集合する中国人民解放軍の兵士たち

も行なわれていますが、それは別の文脈において行なわれています。洪水、火事、干ばつ、ハリケーンの影響の数と強度が増すなか、世界は分裂して退化することも、はたまた一致団結して進化することもできます。世界は、私たちの共通の利益を認識し、戦争に動員された何千万人もの人々を、地球と平和のために展開できると気づくこともできます。再生は、人間の行動を生命の原則に合致させます。社会の歩調を合わせるということは、共通の目的に向かって協力し、一団となって力を合わせることです。もしこうしたフレーズが新兵募集広告に似ているとしたら、それは私たちを団結させる普遍的な概念だからです。「1人ひとりの力」の章で触れたように、気候活動が世界最大のムーヴメントになるであろう理由はただ1つ。気象が、もっと極端に、異常に、過酷になりうるからです。深刻な気候変動の影響の後始末のため、軍はすでにプエルトリコ、ホンジュラス、ニカラグア、フィリピン、オーストラリア、米カリフォルニア州に送られ、支援を行なっています。世界の軍隊が時代を先取りして、教育と保護、建設と構築、監視と先導、協力と連携を行なう姿を想像するのは、それほどの飛躍ではありません。●

政治産業
Politics Industry

世界中の人々が、気候変動を懸念し、行動を求めています。海面上昇に直面している太平洋諸島の住民、サイクロンの嵐や洪水や熱波を経験している農家、漁網に魚がかからない漁師、移民であふれた国、未来が見えない世代。不安を抱え、それは高まっています。米国では3分の2の人々が地球温暖化を心配しており、4人に1人が「非常に心配だ」と言います。2016年に、ピュー研究所が38カ国にわたる4万1953人に対して、国家安全保障に対して起こりうる8つの脅威についての調査を行ないました。アフリカと中南米では、ほとんどの人が自国に対する最大の脅威は気候変動だと答えました。アフリカ各国では58%の人が重大な脅威だと考え、中南米では74%にのぼりました。そして、欧州各国でも、64%の人が同様に答えています。気候変動が市民にとってこれほど重要なことであるなら、「政治家にとっては、なぜ重要ではないのか？」という疑問があります。

産業は、消費者に応えて財やサービスを生産するシステムです。医薬品産業、自動車産業、金融業があるのとまさに同じように、政治産業もあります。目には見えませんが、明白です。これは、世界で最も破壊的な産業の1つかもしれません。なぜなら気候科学を突っぱね、矮小化し、バカにするようなキャンペーンを繰り広げたり広告を展開したりするからです。そして、私たちみんなに恩恵があるような政策や法案の採択を遅らせています。二極化させ、でたらめな情報を放送し、石油や天然ガスの汚染企業にきらびやかなイメージを与え、既存の産業界のために再エネに不安を抱かせる広告をつくり、真っ赤な嘘含みの立候補者の広報をうつなどして金を得ている産業です。世界全体で数十億ドル（数千億円）規模の産業であり、仲たがいをそそのかし、そのうえで繁栄を築きます。政治産業は、論争や反対勢力を必要とし、政敵から人間性を奪うことで目的を達成します。人間性を奪うことは、破壊の一形態です。破壊的な政治風土では、気候の再生はできません。

米国でもほかの多くの国々でも、選挙の結果が有権者の欲していることを反映するわけではありません。人々が恐れていることを反映するのです。政治産業は有権者の役に立つように設計されてはいませんし、そのような意図もありません。すべての産業と同じように、産業自体のために機能しています。そしてほとんどの産業と同じように、真の競争を抑圧します。有権者の思いとは相反する立場を守ることに依存しています。米国では、200〜300億ドル（約2兆2000億〜3兆3000億円）規模の産業です。これを構成するのは、富裕層の寄付者、政治活動委員会（PAC）、法律事務所、広告代理店、ロビイスト、協議会、視察旅行、匿名の献金、天下り人事、企業献金などです。

2020年11月の大統領選前、米国連邦議会の支持率は23%でしたが、それでも下院議員は91%が再選され、任期6年の上院議員は85%が再選されています。このシステムは、まともに機能しているとはいえません。これは有権者に2つの選択肢しかないときに起こることです。「誰に投票するか」と同じくらい、

「誰に反対票を投じるか」なのです。さまざまな政党の別の候補者が立候補しているかもしれないのに、勝者1人がその州の選挙人すべてを得るシステムでは、小党の候補者の分は「死に票」になります。その典型が2000年の大統領選です。このときは、連邦最高裁判所の判決までもつれこみました。判事は、ジョージ・W・ブッシュとアル・ゴアの得票差が537票だった米フロリダ州での、再集計の実施を却下しました。ラルフ・ネーダーは、同州で9万7421票を獲得していました。政策の類似点を考えると、もし彼が立候補していなければゴアが大統領になっていたかもしれないということが広く言われました。

米国は二大政党制で、2者独占です。私たちは共和党員と民主党員が闘い合っていると考えますが、実際には彼らは自らを守るために効果的に連携をとっています。闘いはありますが、競争はありません。死に票を生む心配をせずに有権者に幅広い選択肢を与えるような、真の競争を生む、単純で効果的な方法があります。それは、「優先順位付投票制（ranked-choice voting）」と呼ばれるものです。

無所属の予備選で優先順位付投票制を実施した場合、上位4〜5人の立候補者が本選挙に進むことになります。これにより、二大政党に属さない立候補者が考慮に入れられ、メディアからも注目されるようになります。現状では、このような立候補者も本選挙に立候補できるかもしれませんが、予備選のプロセスを経ないため、たいていはまったく無名の候補者として立候補することになっています。本選挙では、優先順位付投票制を採用して、勝者を決めます。優先順位付投票制は、選好投票を行ないます。有権者が好ましいと思う順番で、最終候補者たちに1から数字を書き入れるのです。最初に、有権者が1位と書き

入れた票の獲得数を数えます。もし過半数を獲得した人がいたら、その人が勝者に決まります。過半数に達した人が誰もいない場合、最も獲得数の少なかった候補者1人が落選し、その人を選んでいた有権者の票は、2位に選んだ候補者にカウントされ、得票数に加えられます。誰かが過半数に達して勝者となるまで、このプロセスが繰り返されます。

優先順位付投票制は、米メイン州やニューヨーク市から、インド、アイルランド、さらにはオーストラリアの下院選やアカデミー賞、地方の選挙、政党内の投票まで、世界中で採用されています。この制度のメリットは、容赦ないネガティブキャンペーンよりも、ポジティブなキャンペーンを促すことです。笑顔が増え、泥仕合が減ります。候補者は、恐怖に基づく政治の狭量さとは対照的に、自らの訴えの幅広さを示したがるでしょう。上位の順位を書いてもらうことが、成功へのカギを握ります。

現在のシステムでは、過半数の票を得た候補者が勝利します。優先順位付投票制では、過半数を得た候補者が勝ちますが、そこに至るまでのプロセスが違います。複数候補者がいる選挙戦では、過半数の票を得る人がいないかもしれません。別の候補者の支持者の間で高い順位を書いてもらう必要があるため、つながりを築くキャンペーンになります。中傷広告を打つのは危険になります。2018年

にメイン州でこんなことが起きました。知事選の予備選に立候補した同じ党のマーク・イヴスとベッツィ・スイートは、2人で広告を出し互いを褒めたたえたうえで、どちらかを1位に投票する人はもう1人のほうを2位にランクづけしてほしいと訴えたのです。

二極化ではなく合意を促す選挙制度であれば、人々が必要なものや望むものが重視され、実行可能になります。正体もわからない人のお金で打たれる容赦ない広告は、戦略的に愚かなことになります。死に票も発生しません。第三政党も公平な条件で戦えます。教条主義的な政党の立場を超えた多様な政治戦略が聞かれるようになり、党への忠誠心を計るような投票アピールよりもよっぽど有権者に訴えられるかもしれません。

政治家が優先順位付投票制で選出される場合、彼らがより幅広い有権者基盤に応え続けるであろうことはほぼ確実です。また立法府にとっては、政治的な壁を築くよりも合意を形成するほうがメリットを得ることになるでしょう。超党派の委員会を組織して、上院・知事・大統領候補者の公開討論を行ないつつ、多くの活動——たとえば、党利党略のための選挙区改訂——を司るような機会も見えてくるかもしれません。コンセンサス投票プロセスで選出された連邦議会は、ごく一握りの人に力を集中させる不可解なルールの泥沼を解消するかもしれません——このルールは憲法に規定されたものではなく、政治家たち自身がつくったのですが、上院・下院の多数党院内総務にわけのわからない非民主的な力を与えるというルールがあるのです。このようにして選出された連邦議会になれば、選挙運動を公的資金でまかなうことがすべての声を聞く一番確かな方法であるということを、理解できるようになるかもしれません。

逆説的ですが、真の意味で競争のある方法

2008年3月16日、ダッカの北西約200キロに位置するラジャシ地区で、国連開発計画（UNDP）の投票活動の一環として、写真と署名を膨大なデータベースに保存するために列をなすバングラデシュの村人たち。2007年1月の選挙が延期された主な理由の1つに、野党が受け入れられない不正確な選挙人名簿があった。UNDPは、バングラデシュ政府が写真と指紋付きの新しい有権者名簿を作成することを支援している。有権者名簿に写真が掲載されるのは、バングラデシュでは初めてのことだ。このリストが完成すれば、不正な登録がなくなり、議会選挙の信頼性に対する国民の自信につながる

で私たちの代表者を選出するなら、もっと協
力し合うようになるでしょう。固定化した権
力、大金、ロビイストの影響力を和らげ、よ
り誠実に有権者のニーズを代表する人に報い
る仕組みになるでしょう。米国の選挙で投票
する人の総数は、見るに堪えないほど少数で
す。投票は大切だと主張するよりも、投票が
本当に重要な意味をもつように、制度を変え
ることに着目すべきです。米国では2016年
に、大統領選が最も接戦だった11州で投票
率の平均が67％に達しました。得票差が30
ポイント以上開いた州では、投票率の平均が
56％でした。恐怖に基づく投票は、連携で
はなく勝利を重んじる政府を生みます。

　米国の2020年大統領選の間に、70億ドル
（約7,800億円）以上が政治広告に使われま
した。世界中のほとんどの人が、自国の政治
制度が腐敗しており、機能不全に陥っていて、
役に立たないと気づいています。明らかな例
外は北欧ですが、彼らは地球の回復と再生を
行なううえでいかに政治が最大の障害となっ
てきたかを浮き彫りにしています。政府の政
策、法律、補助金、税金、規制は、一夜にし
て国を転換させることができます。もしも新
型コロナウイルス救済のための12兆ドル（約
1,300兆円）のうち、10％が今後5年にわたっ
て毎年、気候変動対策に割り当てられたら、
世界は2030年に温室効果ガス排出量を半減
させる目標を達成できる可能性が高まるで
しょう。

　地方レベルであれ国レベルであれ、世界中
で行なわれているワクワクするような参加型
の実験が実証しているのは、普通の有権者に
より大きな声を与え、代議士へのより大きな
影響力を与えることで、民主主義を再生でき
るということです。参加型の予算編成がその
一例です。ブラジルが草分けとなった後、今
では世界中の1万2000カ所以上で行なわれ

ています。また、市民議会という例もありま
す。有権者層を反映する形でランダムに選ば
れた市民に、意思決定の力を与えるのです。
これまでにカナダ、英国、フランス、ベルギー
で実施されてきました。ベルギーでは、ドイ
ツ語圏の地域で議会に仕える市民24人の常
任議会があります。英国における全国規模の
気候市民会議は、有権者が政府よりも意欲的
に気候政策を支持する意思があることを示し
ました。

　本書『リジェネレーション　再生』に示し

エジプト・カイロのダウンタウン、タハリール広場近くのモハメッド・マフムード通りで、間に合わせの盾を持ったデモ参加者が立っている。「アラブの春」における抗議デモと機動隊の衝突の記念日に、デモ参加者と機動隊の間で衝突が起きている

た方策の多くと同じように、真の競争を行なう民主的な選挙への道は地元から、すなわち市町村、地方議会、省（日本にはない）、州（県）から始まります。しかし同時に、それは国レベルでも模索することができます。私たちの機能不全に陥った選挙制度を非難し、恥じ入り、嘆くこともできますが、それでは変化を生みません。制度を転換させるときに一番うまくいくのは、上流から始めることです。源流であり、起源の場所。つまり地方、地域、省の選挙です。果たして有権者は、それを高く

評価するのか、しないのか。もし高く評価されたら（その可能性は非常に高いでしょう）、国レベルに移行することができます。●

衣料産業
Clothing Industry

衣料とファッションは別々の物です。衣料は必要な物で、ファッションは欲しい物です。ファッション産業は、環境面の透明性がないことで悪名高いのですが、一番良いデータを見ると、アパレル・履物産業は世界の温室効果ガス排出量の8％を占めていることがわかります——これは、牛肉産業・養豚業とほぼ同じぐらいです。石炭、石油、ディーゼル、天然ガス、ジェットA燃料、船舶用のバンカー重油で動いている産業です。衣料メーカーの生産サイクルはクローズドループ*ではなく、生産廃棄物の流れが、工場から直接土地や水へと出て行きます。この産業は、年間79兆リットルの水を消費し、染料や媒染剤、マイクロファイバー、重金属、難燃剤、ホルムアルデヒド、フタル酸エステルを含む廃水が920億トン発生しています。

ずっとこうだったわけではありません。人間は3万年以上前から繊維をつくり出し、織ってきました。ジョージア（旧グルジア）の洞穴で発見された染色されたリネン（亜麻）は、3万4000年前のものであることがわかりました。「テクノロジー（technology）」という言葉の「テクノ（techno）」は、インド・ヨーロッパ語族の「織る」という意味の「テックス（teks）」という言葉に由来します。紡糸と機織りに適用されるテクノロジーが、「産業化時代」を生んだのです。綿繰り機、ジェニー紡績機、水力紡績機、力織機が、人間の生産性を10〜12倍に高めました。そして、衣類を革命的に買いやすくしたのです。今と同じく当時も、繊維産業は非人道的な労働条件と低賃金に苦しんでいました。産業革命の幕開けの頃、人々は週6日、12〜16時間の交代制で働き、10シリングを受け取っていました。当時の価値でいうと時給1.5セント（約1.7円）です。女性の賃金はその半分でした。両親の賃金だけでは家族が暮らしていけないために働かなければならない子どもたちに支払われる額は、女性のさらに半分でした。「クリーンクローゼスキャンペーン」（衣服産業の労働環境改善に取り組む国際NGO）に参加するNGO「ファッション・チェッカー」によると、調査対象となった大手の衣服・スポーツウェアブランドの93％が生活賃金*を支払っていないといいます。つまり、労働者が、基本的な生活必需品を買えないということです。今日の貨幣価値にすると、1800年代初頭の紡績工は時給34セント（約38円）でした。それから200年以上経った2021年、衣類工場の労働者の大半が得ている賃金は、これと同じです。

ファッション産業は、1990年の5,000億ドル（約56兆円）規模から、2019年には2.5兆ドル（約280兆円）規模へと成長しました。世界の製造業で、自動車とテクノロジーに次ぐ第3位となっており、地球上の6人に1人を雇用しています。1年間に製造される衣服は、1,000億着を超えます。1人あたり13着です。平均的な米国人はアパレル商品を年に68点購入しており、約5日に1点ずつ新しいものを買っていることになります。環境団体では過剰消費が個人の責任として議論されていますが、最大の過剰消費者は産業自体です。製

*廃棄製品などを資源として製造ラインを循環させる概念　*適正な労働時間で家族が生活するのに十分な報酬

造された衣料品の30％は、一度も顧客の手に渡ることがありません。間違った予測や、気まぐれな顧客の好み、単価の経済性（注文量を増やした方が単価が下がります）により、衣服は過剰生産されています。衣類大手H&Mでは、2018年に43億ドル（約4,800億円）相当の衣類が売れ残りました。スウェーデンのヴェステロース市の熱電併給プラントでは、燃料として石炭の代わりに、H&Mから廃棄された衣類を含めた都市ごみを燃やしています。バーバリーは、値引き販売を避けるため、3,700万ドル（約41億円）相当の製品を焼却処分していることを認めました。米国では2020年、推定1,600万トンの衣服が埋立処分されました。衣類の60％以上が合成繊維なので、埋立地にそのまま何百年も残ることになります。

ファストファッションにより、衣料産業にブームが起きました。ファストファッションというのは、最新のファッションショーやセレブのファッションをすばやく見本にしてマネてつくる、安くて低水準の衣料品であり、短期間のサイクルで大量生産する方法をとっているものと定義されます。あっと驚くほど低価格の衣料品は、1日24時間体制で電光石火のようなスピードで、追跡しづらい下請け工場の複雑怪奇なネットワークで生産されます。そして、ジャンボジェット機で世界中の何千店もの店舗に送られ、使い捨てにできるような価格で販売されます。この産業は、2週間前に初めてソーシャルメディアに登場した衣服を大衆向けにコピーして、何万点も世に出します。コストは2ドル40セント（約270円）。小売価格は9ドル99セント（約1,100円）。冷蔵庫が食べ物を腐らせる場所であるように、中国からドイツに至るまで、クローゼットは衣類が息絶える場所です。完全に良い衣服が二度と袖を通されなくなる理由はさまざまありますが、主な理由は時代おくれに見えるからというものです。捨てられるときは、まとめて途上国に運ばれて、埋立処分か焼却処分されます。サハラ砂漠以南のアフリカで着られている衣服の3分の1は、廃棄された古着を輸入したものです。

衣料小売産業は、自らの及ぼす影響を知っています。この産業への批判は、国連、世界銀行、NGO、人権団体、ファッション雑誌、『ワシントン・ポスト』紙、『ウォール・ストリート・ジャーナル』紙から寄せられています。大手ファッションブランドが、これに反論する数々の動きを見せています。エレン・マッカーサー財団は、産業全体にわたる連携活動「メイク・ファッション・サーキュラー」（ファッションを循環型に）を仕掛けました。衣料産業が、パリ協定や国連持続可能な開発目標（SDGs）、きれいな水を守る活動、海洋プラスチックの削減といかに整合性がとれるかを研究する活動です。報告書『ニュー・テキスタイル・エコノミー（新しい繊維経済）』は、次の4つの問題に取り組んでいます。①有毒化学物質と合成繊維のマイクロファイバーを、段階的に廃止すること。この両方ともが、私たちが食べる魚にも、私たちが飲む水にも含まれていることがわかっています。②衣料を使い捨て商品ではなく耐久消費財としての認識に変えるため、衣料の生産・販売方法を変えること。③衣料に使われる素材を根本的に改善し、生産されたすべての衣料および繊維の回収とリサイクルを促すこと（衣料として生産された繊維製品のうち現在リサイクルされているのはわずか1％）。④再エネと再生可能な原材料に移行すること——たとえば、化石燃料からつくった合成繊維ではなくバイオポリマーの糸にするなど。

「ニュー・テキスタイル」事業は、彼らの言葉を借りると「回復と再生をもたらす産業」

を創出することを目的とした、NGOが資金提供する取り組みです。この事業はこれまでのところ、人権、労働環境の安全性、児童労働、現代の奴隷制、フェアトレード、生活賃金、労働条件、行動規範、動物福祉には対処していません。バリ島で生産を行なうマオリ族の衣服デザイナー、カラ・クーペは、黒人や褐色の人々に対する搾取と惨めな労働条件が「ファッション産業で最も持続可能でない行為として認識される必要がある」と考えています。100カ国で活動する「ファッションレボリューション財団」を創設した活動家キャリー・サマーズはこう話します。「今後生産されるすべての衣服のすべての糸と不可逆的に絡み合っているような、透明性が必要です」

「ニュー・テキスタイル」経済の主たるパートナーは、H&Mです。同社は、260億ドル（約2兆9000億円）規模の草分け的なファストファッション企業で、2040年までにサプライチェーンをカーボンポジティブにすることと、2030年までにリサイクルされた糸と持続可能な形で生産された素材のみを使うようにすることを約束しています。また、労働者の権利、生活賃金、労働安全衛生に関しても細かな約束をしています。しかしカザフスタンからアイスランドに至る世界中の5,018軒の小売店舗に向けて、どのように毎週の航空輸送を継続するかについては、詳細が待たれます。また、H&Mをはじめ大手ファッション企業は、エネルギーとマテリアルフロー*を削減すると約束してはいるものの、安くつくられた衣類を若者の顧客の目から数週間以内に「古くさい」と見えるように仕向ける動

*投入される物質量、内外への流れの総量の集計値

きがあり、こうした大手企業とソーシャルメディアのインフルエンサーの影響で消費水準が上がるという問題への対応も、いまだ取られていません。2013年に、H&Mは衣類回収プログラムを立ち上げました。古着を集めてリユースやリサイクルに回すのです。もう1つ、「リサイクルとアップサイクル」プログラムも立ち上げました。どちらのプログラムも、絶えず新しいトレンドを生み出す産業において、新しい衣服の生産速度は変えません。ファストファッションには、ZARAとその24ブランドも含まれ、ファッションシーズンが従来は2〜4シーズンだったのですが今や20以上に分かれています。「ファスト」（速い）が問題です。消費が論点です。成長が原因です。

　ある企業が、「スロー」ファッションと呼べるものの典型例を示しています。スウェーデンの企業アスケットには、シーズンが1つしかありません。毎年、既存のデザインに少しの変更と改良を加え続けますが、新しいデザインはありません。それは、人々に必要とされ、大事にされ、何年も着続けてもらえるような衣料をつくることによって、過剰生産と過剰消費のサイクルを絶つという考え方です。アスケットの衣服を買うと、原料生産、素材製造、製品製造、仕上げ、輸送における二酸化炭素、水、エネルギー使用量を詳しく示した「インパクト・レシート」をもらいます。レシートの最後に書いてある総括データ

［左］2020年、スペインのマドリッドで開催されたメルセデス・ベンツ・ファッション・ウィークで、モデルがDominnicoの2020-2021年秋冬コレクションを発表した
［下］バングラデシュ・ダッカの輸出加工区で発見された衣料品工場の廃棄物の投棄場所

は、製品寿命の間に最低何回着られるか（「180回着用」）、および着用1回あたりのコストと着用1回あたりのインパクトを列挙しています。

アスケットは、衣料産業の影響に対する世界全体の対応、ローカル化の一環です。小さめの企業が、倫理にかない（エシカル）、長持ちし、地球にやさしい衣服を、裁断し、縫製し、リメークし、補修し、アップサイクルし、販売するという課題に取り組んでいます。未来の典型的なクローゼットでは、衣服の4分の1が古着屋や委託販売店で購入、あるいはレンタルされたものかもしれません。あと4分の1が丈夫で長持ちする衣料で、種子からクローゼットまで透明性をもって持続可能な形で調達、生産されたものとなるでしょう。さらに4分の1は、廃棄された衣料からつくられたパッチワークの布でリメークされた衣類です。そして最後の4分の1が、マイクロファイバーを出さないプラスチックからアップサイクルされた繊維でつくられた衣服です。このような新しいファッション産業を導いているのは、基準を策定し、透明性を主張し、エシカル原則を採用した者を認証する多数のNPOです。たとえば、オーガニックテキスタイル世界基準（GOTS）、フェアウェア財団、国連の国際労働機関（ILO）の「労働における基本的原則及び権利に関する宣言」、公正労働協会（FLA）、サステナブル・アパレル連合（SAC）、レスポンシブル・ウール・スタンダード（責任あるウール規格、RWS）、グローバル・リサイクルド・スタンダード（GRS）、エコテックス・メイドイングリーン（有害物質を含まない製品の認証）、オーガニックコットン・アクセラレーター、フェアトレードUSA、ソーシャル・アカウンタビリティー・インターナショナル、フェアトレード・インターナショナルの小規模生産者

組織、「透明性の誓約」連合、世界フェアトレード連盟（WFTO）などです。衣料産業ほど多くの、産業自体を転換するためのイニシアチブ、認証基準、コミットメントを有している産業は、ほかにないかもしれません。

急成長中のスローファッション産業は、有機栽培の綿と麻、エシカルなウール、リサイクルされた繊維を使用します。なかには、ヴィーガン（完全菜食主義者）向けに羊毛も革もまったく使わないメーカーもあります。企業は行動規範を公表し、堆肥化できる包装材を使用し、サプライチェーン全体を監視・追跡しています。パタゴニア、エヴァーレーン、アイリーン・フィッシャー、リーバイス、コロンビア、H&Mといった企業は、市民社会が策定した「透明性の誓約」を行ない、サプライヤーの全リストを住所に至るまで自由に共有しています。しかし、クイチやキングス・オブ・インディゴといったもっと小さい企業何百社も、同じことをしています。スローファッション企業のなかには、他国への出荷を空輸ではなく船便で行なっているところもあります。そして各社は、長持ちするような商品のデザインと製造に努めています。もっと取り組みを進めている企業もあります。アウトランド・デニムは、性的人身売買の被害に遭ったカンボジア人女性の雇用を創出する社会的企業です。ニュージーランドのエシカルアパレルメーカーのリトル・イエロー・バードは、インドのファリダバードの移民労働者に栄養価の高い食事を提供しています。彼らは、新型コロナウイルスのパンデミックで強制退去させられましたが、インドのオディシャ州で栽培者の協同組合から綿を調達しています。

エシカル衣料を長い間引っ張ってきたブランドは、アイリーン・フィッシャーです。同社のマニフェストは、「シンプルで、つくり

の良い、生涯着られる衣類」をつくることで
す。デザイナーが数多くの環境面・社会面の
取り組みを行なっていますが、真っ先に挙げ
られるのが「リニュー」ブランドです。これ
は、衣服を顧客から買い戻し、切れ端とパッ
チを生かして美しい服につくり直すものです。
パタゴニアも、「ウォーンウェア（着古した
服）」プログラムを実施し、新しい衣料パラ
ダイムを生み出す取り組みで先陣を切ってい
ます。まず、長持ちするような衣類をつくる
ことから始めます。すべての衣類がパタゴニ
アに戻されて修繕のうえ、再販売することが
できます。消耗とダメージがひどすぎる場合
は、繊維がリサイクルされます。もし中古車
に「認定中古車」のシールを貼れるのなら、
しっかりつくられた衣類にだって貼ることが
できます。パタゴニアの上着は、ほとんどが
車より長持ちするからです。

　衣料について考え直した先駆者が、リン
ジー・ローズ・メドフとその会社スエイです。
同社は、彼女の言葉を借りると「大手企業や、
つながりを断ち切られた消費者が散らかした
物を片づけて」います。スエイは、あらゆる
メーカーから廃棄された衣服を裁断して縫い
合わせ、魅力的で便利で手ごろな価格の衣料
につくり直します。廃棄された衣料と布地か
ら衣服をリメークすれば、必要となるエネル
ギーは90％削減され、炭素排出量も同じく
らい削減されます。現在、衣料の生産は、中
国、バングラデシュ、ベトナム、インドの4
か国に集中しています。衣類をリメークすれ
ば、もともとの繊維の調達場所にかかわらず、
地元産の衣料と地域の雇用を生みます。地場
の食べ物と同じです。

　昨今、衣料の再販市場は活況ですが、その
理由は少なからず、詰め込まれたクローゼッ
トを人々がスッキリさせる必要が出てきたこ
とにあります。H&Mのブランド、COSは、

顧客向けの再販ビジネスを立ち上げています。
世界全体の古着市場は2019年に280億ドル
（約3兆1000億円）だったのが、2023年に
は640億ドル（約7兆1000億円）に達すると
見込まれています。衣料が丈夫で長持ちし、
持続可能な素材でつくられているとき、再販
売するのは賢明なことです。使い捨てできる
ファストファッションを再販売しても、衣料
産業のフットプリントにはほとんど違いが生
まれません。

　衣料産業の転換が進みつつある一方で、エ
シカルに生産された衣料は大多数の人々に
とって高くて手が出ません。逆にいうと、「エ
シカル」という言葉は、超高級なブティック
の衣料の消費をグリーンウォッシュする手段
として使われつつあります。低所得国の人々
が自分たちの衣料をつくっていたとき、それ
は手頃な価格のものでした。衣類工場の労働
者が裕福な顧客のための衣服をつくっている
今は、そうではありません。多くの国が古着
の輸入をすべて禁止しています。悪影響があ
るからです。富裕国で衣料が再使用、再販売、
再資源化されつつある今、一番良い衣服が選
ばれて取り除かれたうえで、はねられた商品
が外国に送られます。ガーナ人の衣服デザイ
ナー、サミュエル・オテングはこう指摘しま
す。もし「自分が欲しくないと思うものを誰
かにあげるのなら、それは助けているのでは
ありません。侮辱しているのです」。

　衣料のローカリゼーションは、すべての中
で一番重要なクローズドループとなります。
それは、メーカーと顧客の間のつながりです。
現在のファッションのジレンマにおいては、
すべての関係者に責任があり、責任を分け
合っています。消費者はファストファッション
の人気をたきつけ、企業は時代おくれの商
品をつくり、搾取的なマーケティング手法を
練ります。しかし、かつては忠実な顧客だっ

た人々が抗議したり、離れていったり、ボイコットを行なったりしており、そのような顧客以上にすばやく企業を変えるものはありません。企業は、人々の不安感や、人が生来持っている社会からの承認欲求を食い物にした広告メッセージを発して消費者を圧倒することで、消費者の行動を変えてきました。その形勢を逆転させる必要があります。衣料品企業の側が、顧客側の社会から受け入れられず、収益の不安感で圧倒されるようにするのです。これが、大企業に変化をもたらします。今では、サプライチェーンと事業慣行を転換したいと考えている企業が数多くあります。このような取り組みが支持されることを、企業は知る必要があります。そして、パタゴニアが実証するように、より多くがより良いわけではないことと、再生への道筋には衣服の生産

数を減らし、質を大幅に高める必要があることを理解すべきです。丈夫な衣料は、その価値が長持ちしますし、地球の価値も維持します。●

米カリフォルニア州ロサンゼルスにある数百万ドル（数億円）規模の衣料品再製造会社「スエイ」の創業者であるリンジー・ローズ・メドフ

プラスチック産業
Plastics Industry

フィリピンのマニラ港のパローラ・ビオンド側には、港湾施設とパシグ川の河口の間に2万人の不法占拠者が住んでいる。パシグ川は、マニラのダウンタウンを縫うように流れており、流域で捨てられたごみがパローラの高床式住居の下の海岸に堆積している。ここに住むロデロ・コロネル・ジュニア（13歳、9人兄弟の2番目）は、朝から岸辺のごみの中から、1キログラム13ペソ（約39円）で売れるリサイクル可能なプラスチックを探していた。翌日、彼は制服を着て、宿題の書類を入れた小さなカバンを持って学校に行った。急激な人口増加に伴い、マニラのスラム街は沿岸の干潟や水路に広がっており、暴風雨や海面上昇による洪水の影響を非常に受けやすくなっている。政府はこれらの人々を危険地域から移動させようとしているが、無理なく通勤できる（25キロメートル以内）近隣の新しい地域に移動させなければならないことで合意している

あなたがコカ・コーラを飲み干す時間は30秒ですが、そのPETボトルはその後何百年も存在し続けます。世界全体で年に約4億700万トンのプラスチックが生産されており、その重量は全人類の合計の1.3倍です。砂浜や埋立地や道路脇に積み重なっています。また、海に漂い、回転する巨大なゴミの渦に巻き込まれています。海洋生物が捨てられたプラスチック製の漁網に絡まったり、割れたプラスチック片を食べたりして、命を落としています。カメやペンギン、クジラ、イルカなど、250種の海洋生物種がプラスチックに

絡まる被害に遭っています。プラスチックは自然に分解することがなく、どんどん小さな破片に砕けていきます。マイクロプラスチックは、魚やプランクトンなど食物連鎖の中で蓄積していきます。マイクロプラスチックは、世界最高峰の頂上でも、一番深い海溝の海底でも見つかっています。そしてリンゴやニンジン、ブロッコリー、ナシにも含まれています。砂ぼこりがあれば、その中にもマイクロプラスチックはあります。寝室の隅にホコリがたまっていたら、そこにもマイクロプラスチックが含まれています。プラスチックには、可塑剤、難燃剤、発色剤として、有毒な化学物質が含まれています。このような発がん性物質、神経毒、ホルモン撹乱物質が、不妊や先天性欠損症、ガンの原因となります。そして、川や海に流れ出すとともに、地下水源を汚染しています。国連はプラスチックを、「気候変動に次いで2番目に不吉な地球環境への脅威である」と考えています。

プラスチックごみは派手で見た目が悪く、また欲しがる人が誰もいないため処分にお金がかかります。2019年に米国の企業は、45万トン以上のプラスチックごみを処分してもらうため、95カ国以上に輸出しました。途上国は、増える一方のプラスチックごみを何とか管理しようとしていますが、不適切な処理システムであることも多く、米国から輸入したプラスチックごみは、焼却処分したり(大気中に有毒化学物質が放出され、死亡や病気をもたらします)、道路脇に投棄したり、規制されていない埋立地に捨てたりしています。

プラスチックの問題は、その源流から始まります。これは自然界にある物質ではありません。トウモロコシのでんぷんやサトウキビなど、生物由来のプラスチックは全体の2%未満です。残りは、原油や天然ガスといった化石燃料が原料です。石油と天然ガスは精油所で熱せられ、さまざまな組み合わせの炭化水素に分解されます。その1つがナフサで、これがプラスチックの原材料となります。ナフサに含まれる2つの化学物質がエタンとプロピレンで、これらをエネルギーを大量に使う熱分解と呼ばれる工程でさらに分解します。これらの物質にその後、難燃剤や、フタル酸エステル、ビスフェノールA(BPA)といった化学物質を加え、さまざまなタイプのプラスチックに加工します。その結果、自然界にはどこにも存在せず、地球上の微生物の広範なネットワークには異質な、合成物質が生まれます。分解は不可能です。プラスチックは細かい破片に砕くことはできますが、分解することはできません。リサイクルされるか燃やされるかしないと、プラスチックごみは何百年もずっと残るでしょう。

問題の規模は膨大です。1950年に、プラスチック産業は220万トンの製品を製造していました。これが2015年には、計4億700万トン近くになっています。1907年に発明されて以降、企業が製造したバージンプラスチックの総量のうち、半分以上がここ50年間に製造されたもので、その60%がごみとして環境中に放出されています。世界全体で、少なくとも年に1兆枚のポリ袋が使われています。毎分100万本のペットボトルが購入されています。大量のプラスチックごみが、マイクロプラスチック(5ミリメートルより小さい破片)となっています。平均的な家庭で洗濯を1回すると、マイクロファイバーが70万個以上廃水に流れ出ていることが、研究から示されています。

海に、毎分22トン以上のプラスチックが流出しています。2040年までには、海に流れ込むプラスチックにより、世界の海岸線は1メートルあたり約50キログラムのプラスチックで覆われることになるでしょう。海洋

中のすべてのプラスチックごみの半分以上が、水より密度が小さいものです。この浮遊するごみが、陸地から遠く離れた海域でゆっくりと旋回する渦の中に巻き込まれることが多々あります。一番有名な例が、「巨大な太平洋ごみ海域」(太平洋ごみベルト)です。ここは、太平洋で時計回りに回っている巨大な環流で、およそ米アラスカ州ほどの面積があります。哺乳瓶、レジ袋、漁網、プラスチックカップ、包装材など、あらゆる種類のプラスチック製品が見つけられます。

プラスチック製品に使われる化学物質のなかには、人間にとって有害なものがあります。ビスフェノールAは皮膚から吸収されます。このような化学物質を含有するマイクロプラスチックが空気中のほこりの中に含まれていて、私たちの食べ物の上に落ちてきます。消化された後、マイクロプラスチックは腸の壁を通り抜けて血流に入り、肝臓などの臓器にとどまることがあります。高所得国の人々は、マイクロプラスチックを年に約5グラム摂取しています。クレジットカード1枚分です。

プラスチック製品を製造する化学工場は、特に有色人種コミュニティの近くなど、経済的に疲弊した地域に立地していることがよくあります。台湾に基盤を置く巨大石油化学企業フォルモサプラスチックは、これまでに多大な公害を引き起こしてきた経緯があります。この会社が、米ルイジアナ州南部の小さい町ウェルカム町に10の工場を含むプラスチック製造コンビナートを建設しようとねらいを定めましたが、地元の激しい抵抗に遭いました。人口の98%が黒人です。地元のリーダーは、主に白人が住むコミュニティで同社のプラスチック製造コンビナートを建設しうる場所は、米国陸軍工兵隊の分析対象から外されていることを指摘しました。2019年にフォルモサは、同社がテキサス州ラヴァカ湾および近くの水路に、プラスチックペレットや汚染物質を長年意図的に投棄してきたと裁定した訴訟の和解金として、5,000万ドル(約56億円)を支払うことに同意しました。これは初めてのことではありません。フォルモサの訴訟を担当した判事は、同社を「連続犯」と呼びました。

フォルモサプラスチックのような企業は、融資先が生み出す汚染に制限を課さずに何十億ドル(何千億円)もの支援を行なう金融システムの恩恵を受けています。2020年に、プラスチックの生産と焼却で、大気中に20億トン以上の温室効果ガスが排出されました。これは大規模な石炭火力発電所約500カ所の排出量に相当します。現在の増加率が続くと、石油由来のプラスチックによる温室効果ガス排出量は、2050年には65億トンに増えるでしょう。

NGOなどの世界的なネットワーク組織である「ブレイク・フリー・フロム・プラスチック(BFFP)」(プラスチックからの脱却)は2019年、50カ国にわたる7万人のボランティアが砂浜や街の通りや近所で集めたごみを分析しました。一番のプラスチック汚染者は、コカ・コーラでした(2年連続です)。企業がプラスチックごみの流れを止めるように促す、あるいは義務づけるような法律や政策、その他奨励策が必要です。廃棄物管理とコストの責任の所在を、地方自治体からメーカーに移す必要があります。今日まで、製品について、あるいは製品がもたらしている汚染について、責任を取っているプラスチック製造会社は1つもありません。「拡大生産者責任(EPR)」(使用済み製品の説明責任とも言われます)は、プラスチック汚染と生態系破壊の世界的な爆発を止める唯一の仕組みです。

世界中で石炭火力発電所の新設を防ぎ、既存のものを閉鎖させるために、効果的な立法、

規制、金融、法的な手法が使われています。プラスチック工場も、少しも変わりはないはずです。使い捨てのプラスチックは必要ありません。どのように買い物をして、販売して、購入して、生活するかを考え直す必要があります。

　リサイクルについても考え直すべきです。リサイクルされたプラスチックの大部分は、細かい破片と繊維に機械で粉砕されて、リサイクル前より品質の低い素材になります。「ダウンサイクル」と呼ばれるプロセスです。1〜2サイクルを経ると、このプラスチックの多くが廃棄されます。使い捨てペットボトルをリサイクルしてつくった衣料繊維は、石油からつくるポリエステルの代わりに使える人気の品になっています。けれども、すべてのポリエステルの衣類から、洗濯のときにマイクロプラスチックが出て、最終的に海に流れ込み、ボトルのままよりも大きな害を及ぼします。そのため別の方法が開発されつつあります。プラスチックをもとの化学物質まで分解したうえで、新しい製品をつくり直すのです。これは「アップサイクル」と呼ばれます。1つの手法は、酸素の少ない反応器の中で高温でプラスチックを熱して、バージンプラスチックに似た液体を生むものです。これをリードしているのは有名なカメラメーカーのイーストマン・コダックです。米テネシー州にあるその工場では、プラスチックを分子レベルまで化学的に分解でき、新製品につくり替えることで、基本的に永遠にリサイクルを繰り返すことができます。同様の技術で、ポリエステルもリサイクル可能になります。

イーストマンは、この技術を幅広いプラスチックに拡大させ、多くの炭素分子をクローズドループシステムの一部として使えるようにする計画です。そのようなシステムのカーボンフットプリントは、石油由来のプラスチックを製造するよりも小さくなります。「PerPETual（パーペチュアル）」という会社

は、ペットボトルをリサイクルして、バージン品質のポリエステルに戻します。これは、H&M、アディダス、ZARAといった企業で販売される衣類になるとともに、ペットボトルの製造に使うこともできます。

　一番の解決策は、リサイクルより先を行くものです。使い捨てプラスチックの代わりに、再使用でき、詰め替えできる容器で置き換えることです。水のペットボトルを禁止します。競技場、ショッピングセンター、都市、企業、その他の水が必要なあるいは水質が良くないあらゆる場所に、給水機の設置を義務づけます。プラスチック製の使い捨て食品容器を禁止します。欧州の「シーリアス・ビジネス（Searious Business）」や「リパック（RePack）」、シンガポールの「ベアパック（BarePack）」といった企業は、再使用可能な容器で食事を提供し、その回収をコーディネートしています。また、オンラインの出前サービスと連携して、廃棄物を減らします（注文画面に、使い捨てプラスチックの使用を拒否できるボタンがあります）。「ループ（Loop）」は配達サービスで、アイスクリームからハンドソープ、ペットフードに至るまで、300点以上の品物を提供しています。頑丈で詰め替え可能なパッケージに入った商品をトートバッグに入れて、玄関口まで運んでくれます。使用後は、空の容器をまたバッグに入れて、回収に来てくれるよう会社に電話します。チリでは、「アルグラモ（Algramo）」（グラム単位で、の意味）という会社が、自動販売機で液体洗剤などを直接詰め替えボトルに入れるシステムを開発しました。

　水のペットボトルに対する最もすぐれた解決策の1つが、パリの水道公社（Eau de

［左］オーストラリアのビクトリア州メルボルンにあるリサイクル会社SKMは、破産を宣言した。同社の6つの主要倉庫には、処理を待つリサイクル可能な材料があふれていた。ビクトリア州政府と倉庫の所有会社Marwood Constructionsは、分別されていないため他の処理業者に簡単に売れないこれらの材料をどう扱えばよいのか困惑していた。家庭のリサイクル品を処理する業者がいないため、ビクトリア州の各自治体は何千トンものリサイクル可能なごみを埋立地に送らざるをえなかった
［上］チャブ（Squalius cephalus）は、スペインに生息する淡水のコイ。湖や川に落ちているプラスチックは、水生生物にとって致命的なトラップとなる。破損したプラスチックチューブがチャブを包んでおり、ゆくゆくは変形や深い傷を与え、苦しみを与える

Paris）で行なわれています。2008年に、民間会社のスエズとヴェオリアから水利権を取り戻しました。世界で最も洗練された水の濾過・浄化システムを導入して、パリ市全体に1,000カ所以上の無料の給水所を設けました。なかには炭酸水まで提供しているところもあります。利用が集中する場所のすぐそばには、再利用可能な水のボトルを売る自動販売機があります。パリ市は、世界初のプラスチックごみゼロの水システムになることを決めているのです。パリ副市長のセリア・ブロエルは、英エジンバラ市から伊ミラノ市に至るまで、営利企業から水道事業を取り戻したい、パリ市のシステムの質と広がりを再現したいと考えているほかの500都市と連携しています。パリ市がヴェオリアとスエズから水道事業を取り戻した後、水質は向上し、水道料金は下がりました。より少ないお金で、より良い水が、手に入りやすくなったのです。

　リサイクルを真に効果的に行なうためには、クローズドループにして、販売されるすべてのプラスチック製品に高額のデポジットを義務づけることが有効です。ドイツでは、これが「プファンド（Pfand）」という名で実施されています。デポジット料金は、商品価格の一部になっています。デポジットの返金を受けるには、ドイツのほぼすべてのスーパーマーケットに設置されている「自動販売機の逆バージョン」にボトルを入れます。ボトルをスキャンして重さを量った後、現金化できるレシートが発行されます。プファンドは大成功を収めています。再使用可能なボトルと缶の95％以上が返却されています。このプロセスに絡んで、回収者（ほとんどが年金受給者や低所得者）の非公式経済も発展してきています。

　2017年にケニアは、レジ袋の製造と販売を全面的に禁止しました。禁止される前は、年に推定1億枚のレジ袋が使用され、レジ袋が水路や排水システムをふさいで、雨季の洪水を悪化させていました。2020年に、公園と砂浜での使い捨てプラスチックの使用が制限されました。地元住民が木から垂れ下がっているレジ袋を見ることは減り、肉屋は牛のおなかの中からレジ袋を見つけることが減ったと報告しています。一方で、プラスチックがまだ隣国のソマリアから国内に密輸されている形跡があります。

　ノルウェーでも似たような制度により、ペットボトルごみをほぼゼロまで削減しています。返却されたボトルの質が非常に高いため、50回以上再使用されたものもあります。デポジット料金はすべてのプラスチック製品に適用する必要があり、その合計金額は、世界中の人々に古いものも新しいものもプラスチックごみを集めようというインセンティブを与えるほど、高く設定する必要があります。米国のペットボトルのリサイクル率は30％未満です。ノルウェーではこれが97％です。ノルウェーの海岸に流れ着くプラスチックの半分がいまだに国内で発生したものですが、それ以外の半分はほかの国から来ています。世界中のすべての海岸が元通りになったとき、私たちは成功を知ることになるでしょう。●

貧困産業
Poverty Industry

「私たち、カンジュの『ザンミ・ラソント』（「パートナーズ・イン・ヘルス」の現地名）の患者は、宣言を行ない、皆さんにお示ししたい。病気にかかっているのは私たちだ。だから、自分たちの苦しみ、惨めさ、痛み、そして希望を宣言する責任が私たちにある。健康である権利は、生存権だ。すべての人に生存権がある。もし私たちが貧困の中で暮らしていなかったら、今日このような苦境にはいなかっただろう。どうにか生きようとしながら、私たちは死に直面している。世界銀行や米国際開発庁（USAID）といった組織のお偉いさんたちに伝えたいことがある。私たちがずっと耐え続けているすべてのことを認識してほしい。私たちも人々、私たちも人間だ。あなた方のうぬぼれと自己本位を捨ててほしい。大事な資金を、大きな車を買ったり大きな建物を建てたり多額の給料を溜め込んだりして、無駄にするのをやめてほしい。また、貧しい人々について嘘をつくのはやめてほしい。私たちを不公正に非難したり、私たちの健康である権利と無条件の生存権について、間違った仮定を広めたりするのはやめてほしい。確かに、私たちは貧しい。しかし貧しいからといって、愚かなわけではない」

——2001年にハイチ人のネーロンド・ラオンが行なった「カンジュ宣言」からの抜粋。彼女は、世界の貧困層の中で初めてHIVの抗レトロウイルス治療を受けた1人。ポール・ファーマーとパートナーズ・イン・ヘルスが開始したこの取り組みは、WHOと世界銀行から、費用が高すぎて持続可能でないと糾弾された。

「思うに、銀行家はたいがい、ろくにセックスもしてないんだろうな。貧困層をしめ上げるのに忙しいんだろう」

——世界銀行のミード・オーヴァーが貧困層のHIV治療について、心には訴えかけてくるが非現実的で費用をまかないきれない、と批判したことに対する、ポール・ファーマーの返答

貧困は、搾取型産業です。人々から価値を奪い、それをほかの人に与え、生産者を軽視します。貧困者は、仕事、賃金、健康、教育、住宅などに関して公正な扱いを求め、もがいています。彼らの住める家はバラックで、その土地は汚染され、不衛生で、水も汚れ、学校はもしあったとしても十分とはいえません。経済的なストレスや医療が受けられないことに絶えず苦しんでいます。農村地域では、貧困がもたらすのは破壊的な森林伐採と砂漠化です。鉱業会社や木材会社が建設した道路がかつては人が入れなかった地域にまで延び、その土地では伝統的な先住民による土地管理に代わって、農業会社が焼き畑農業を行なっています。アジア、アフリカ、アマゾンの森林では、野生動物の狩猟のせいで一部の生物種の個体数が激減しています。土地や水、森林、生物多様性、そして人間の健康を破壊することが気候変動の原因なのです。そして気候変動が、貧困のさらにもう1つの原因になっています。この悪循環を好循環に

変えることが、気候危機に対処するうえできわめて重要です。

　慢性的な貧困がもたらしているもう1つの危害は、このような自分に縁の遠い問題について、気づかないか「気にする時間がない」人の無感覚さです。ブライアン・スティーヴンソンは、私たちが貧困者をどう扱うかが自分たちを貧しくする、と指摘します。「私たちの人間性は、すべての人の人間性に左右される。（中略）私たちの生存は、すべての人の生存とつながっている」。このことは今、かつてないほど的を射ています。気候危機を逆転させることは、1つの国、1つの経済セクター、1つの産業、1つの文化、1つの人口集団でできることではありません。これを修復してくれる魔法の技術は、これからも出てくることはありません。専門家や政府や企業が危機の終わらせ方を考え出せるかどうかを見守っているわけにはいきません。なぜなら、彼らだけでは不可能だからです。もし危機に声があるとしたら、私たちみんなにこう訴えるでしょう——私たちはまさに「私たち」であることを忘れている、と。何十年、何百年と人々や地球を搾取してきた流れを逆転させるには、ほかならぬ私たちの連携した取り組みが必要なのです。気候変動と貧困の根本原因は同じです。

　「世界の貧困」という考え方は新しい概念で、1990年に生まれました。このとき、世界銀行が貧困を1日1ドル（約110円）未満で生活することと定義しました。これは「国際貧困ライン」と名づけられ、それ以降欠乏と必要性を測る指標として使われています。現在、その閾値となる所得は1日1.90ドル（約210円）となっており、30年で90セント増加しました。世界銀行はその指標に従い、貧困が世界人口の36％から2015年には10％に減少したと考えています。どこに住んでい

ようとも1日1.90ドルで暮らす生活は、貧困ではなく、「極貧」です。今日存在する格差をもっとわかりやすく伝えましょう。1カ月分の貧困ラインの収入で何が買えるかというと、ルルレモンのスポーツブラ1枚。あるいはメルセデス・ベンツのボンネットエンブレム1個。あるいはピュリナのドッグフード（本物の鶏肉入り）2袋です。

　2015年に世界銀行が貧困で暮らしている人を7億人と報告したとき、FAOは、その年に8億2100万人が最低限の人間活動を維持するのに必要なカロリーを得られず、まして

インド全土で屋上のソーラーパネルやマイクログリッドの導入が提案されている。ナレンドラ・モディ首相はこのような計画を意欲的に進めているが、1日2ドル以下で生活する7億5000万人のインド人がグリーンエネルギーを購入したり、受け入れたりできるかは疑問が残る。ビハール州ジェハナバードのダルナイ村で牛の世話をする村人

働いて所得を得るどころではないと述べています。実のところ、19億人が食料不足を抱え、26億人が栄養不良に苦しんでいます。国際貧困ラインは金銭的なものですが、たとえば教育、栄養、ヘルスケア、衛生といった公共財の欠如など、補完的なニーズも考慮に入れています。世界銀行は今、極度の貧困として、1.90ドルを指標にしています。もし1日2ドルだったら、普通の貧困ということになるのでしょうか？　このことは、生活を所得額で測る際の問題を指摘しています。苦しみをお金で測ることはできません。

　さまざまな非営利の援助団体が、世界的な貧困の閾値をもっと現実的な1日7〜8ドルに設定しています。1家族が基本的な栄養を得て相応の寿命をまっとうできる所得水準です。この指標を使えば、貧困層の数は1981年の32億人から2015年の42億人へと増加を示します。米国では、フルタイムで働いて

もその所得では生活できないという人が6,200万人にのぼります。米国では5人に1人近くが貧困層で、その72％が女性と子どもです。職に就いているアフリカ系米国人の54％が、生活賃金を得られていません。

1人あたりの所得は1980年から2016年までに倍増しましたが、世界の貧困水準は31％高まりました。その原因に疑問の余地はありません。より少数の人がより多くの所得を得る一方、多くの人々は所得が減っているのです。同じ36年間に増えた世界の所得のうち、世界の貧しい側にいる50％の人々が手にしたのはわずか12％でした。残りの分の所得の伸び、利益、資本は、上位40％の高所得者の手に渡りました。さらに、所得の伸びの大部分は、上位0.1％の人が手にしたのです。『世界銀行エコノミック・レビュー』は、現在の資本配分率をもとに、貧困を終わらせるためには現在の経済成長が200年以上続く必要があると試算しています。つまり、貧困はまったく終わらないだろうということです。

貧困をもっとよく理解するためには、3つの質問が役に立つでしょう。質問1「誰かが苦しんでいるときに誰が得をしますか？」——これは根本原因を明らかにします。質問2「あなたが貧しい家族や集団と最後に同じ部屋にいたのはいつですか？」——これは、文化的な隔たりや理解不足を表します。質問3は、ピュリッツァー賞を受賞したマリリン・ロビンソンが問いかけたもので、これが一番重要かもしれません。「貧困は必要ですか？」——必要ではありませんが、自己強化されて搾取されています。貧困は、産業です。米国では、州・連邦政府当局の資金を受けて、「福祉事業」を行なう営利企業の広大なネットワークがあり、何千億ドル（何十兆円）規模のビジネス帝国を築いています。

子ども、高齢者、障害者、十分なサービスを受けていない人たちに渡るべき資金援助が、かすめ取られ吸い上げられています。奇妙で筋の通らない話に聞こえるでしょうが、人間の苦しみが営利事業になっているのです。たとえば米国では、企業がフォスターチルドレン（里子）の分類を変えて、給付金を余分に申請できるようにしています。そしてこのお金を、里親を管轄する当局に戻します。「歳入の最大化」と呼ばれる行為ですが、端的に「キックバック」といった方がいいかもしれません。当局の職員は、連邦政府や州の遺族給付金を探し出し、歩合を受け取った後、雇用主である当局に戻します。里子本人は、そのことを何も知りません。親の保護も指導も受けられない里子ですから。州政府も搾取に関与しています。貧困層向けの連邦政府の支援金を、州の財源に振り向けているのです。もう1つ、営利目的の「保護」事業が行なっているのが、職員を減らして人件費を削減するため、少年院や高齢者介護施設で暮らす若者や高齢者を鎮静剤でおとなしくさせて管理することです。

米国では、刑務所の運営資金が800億ドル（約8兆9000億円）規模にのぼる産業になっています。米国は大量投獄の国で、刑務所に230万人、執行猶予または仮釈放中が440万人います。囚人の半分近くが、不渡り小切手の振り出しやこそ泥、薬物の所持などで刑に服しています。民間の刑務所会社は、軽犯罪に対してより厳しい判決、より長い投獄を課すようにとロビー活動をしています。1997年に、39歳の黒人男性が、生垣の刈り込み機を盗んだかどで終身刑を科されました。民間の刑務所会社には、よこしまな動機があります。更生や治安の改善は、彼らにとって得策ではないのです。薬物使用で有罪判決を受けた犯罪者は、フードスタンプも受け取れなければ、公営住宅にも入れず、犯罪歴のため

職にも就けません。こうして、今ある貧困が現実のものとしてさらに増幅するようになっています。

　民間企業はまた、国境沿いで利益を生み出す方法も見つけました。生き延びるために何千キロメートルも移動してきた移民や難民を収容するのです。欧州では、スイス資本の企業であるORSサービス株式会社などが、各国政府の委託を受け、営利目的で収容所を運営しています。この10年間に移民が欧州に押し寄せたとき、ORSは移民の「受け入れ」サービスを、通常移民や難民を支援するNPOに代わって行ない、スイスからオーストリアとドイツにまで拡大させました。ORSの創設者はもう引退していますが、難民キャンプの運営は「非常に薄利」なので、利益を最大化するために「カギを握るのは、数だ」と述べています。ORSのキャンプのなかには、非常に過密なため、何千人もの女性、子ども、男性が野外で寝なければならないところもありました。2019年にORSの収益は1億5000万ドル（約170億円）近くあった一方で、難民は働くことさえ許されていないことも多々ありました。ギリシャのモリアキャンプで、あるシリア難民は欧州の政治家に向けてこう提案しました。「恐怖、空腹、寒さの本当の意味を知りたかったら、ここモリアキャンプに来て1カ月滞在してみてください」。営利サービス提供者の目から見ると、難民は、価値を搾り取るための資産です。この「資産」の半分近くが、子どもです。

　紛争に直面したり、天候不順で作物が不作になったとき、移住は最後の手段です。貧困に陥ったらまず食べる量を減らし、そして所持品を売り払い、子どもたちの学校を辞めさせたりもします。今後、自然災害が増え、気象が変化して、地球上に居住できない地域が生まれたら、移住せざるをえない人が増えま す。人々は、ふるさとを後にする以外選択肢がなくなるでしょう。メディアが伝える物語では、ほとんどの難民が地球の反対側まで移動している様子に目を奪われますが、難民の大多数は、貧困国から脱出してほかの貧困国に避難します。また、移住せざるをえなくなる人の4分の3以上が、自国内にとどまります。

　ソマリアでは、洪水、干ばつ、紛争のせいで人々がふるさとを離れています。2019年現在、250万人以上が国内で移住しました。貧困という基礎条件があると、各家庭は移住を唯一の選択肢とせざるをえません。家が壊された後に再建する手立てがなく、不作を切り抜けるだけの蓄えもないからです。この国では労働人口の半分以上が失業しています。そのため、2016年の干ばつ（家畜が多数死に、多くの耕地が破壊されました）のような自然災害に襲われると、経済状況が特に悲惨になります。多くの家族が、チャンスがあるのではないかと希望をもって都市に押し寄せましたが、実際に多くの人が目の当たりにしたのは、雇用もインフラも公共サービスも限られている現実でした。水の価格が2倍近くになり、どの家族も食べ物や水など生活必需品を手に入れることに全力を注ぎました。自分たちの稼ぎで生き延びるのは不可能だという人も多く、追い立てられることや自然災害でさらに立ち退きを迫られることを常に恐れながら暮らしていました。何カ月も、さらには何年もこのような状況で暮らし、多くの人が国際援助に頼りきりになり、彼らの生活に影響を及ぼす決定に意見を言うことはほとんどありませんでした。ある調査では、調査対象者の96％以上が、自分たちの受け取る援助について意見を聞かれたことはないと答え、彼らの懸念を表現できるような場はありませんでした。このモデルでは、次の自然災害に見舞われたら、家族たちは立ち退かされ、す

べてを失い、このサイクルが何度も繰り返されることになります。

　貧困対策は世界全体で、政府、企業、著名人、慈善団体が絡み、何十億ドル（何千億円）規模にものぼる産業ですが、繁栄を生む手段というよりはむしろ、依存を生む活動になっています。著名人のお墨付きを得て、船1隻分あるいは飛行機1機分の余剰のトウモロコシ・小麦を配布することは、お金と気前の良さが問題解決の助けになるという考え方を強化します。親切な話ではありますが、うまくいった試しはありません。貧しい人は、何が必要かを尋ねられるまで、そして誰かがその答えに耳を傾けてくれるまで、貧しいままです。母親が、娘が、父親が、息子が、例外な

く指摘するのは、自分たちの国には公平、正義、機会がないということです。貧しい人々も、ほかの人たちと同じです。彼らも、配慮、時間、エネルギー、関係性が必要です。写真を撮ったら立ち去ってしまう人ではなく、そこにとどまってくれる人々を通じて、リソースとつながっている必要があります。

　南アフリカのデズモンド・ツツ元大主教は、かつてこう言いました。「人々を川から引き上げるのをやめなければならないときが来ます。上流に行って、なぜ川に落ちているのかを究明しなければなりません」。慈善団体と政府は、貧困を軽減するプログラムに巨額を注ぎ込んでいます。しかし活動家は違います。人々がなぜ川に投げ込まれているかを見いだすた

めに、上流に行くのです。「再生」は、次のようなシンプルなポイントを指摘することで、会話を広げます。それは、「気候危機に対処するための幅広い解決策、技術、実践は、間違いなく貧困への対処にもなる」ということです。貧困は「解決される」ことを望んでいません。貧困は、自ら解決したいのです。経済的に恵まれていない人々は、自らのウェルビーイング、村、コミュニティ、学校、文化を再生させたいと考えています。彼らはツールや教育、連携の力でそれを行ないます。温暖化を逆転させる最も効果的な道筋は、最も影響を受けており、最も大きなニーズをもっているが、最も耳を傾けてもらえない人々に注意を向けることです。そして、彼らの話を聞き、支援し、力を与えます。人類の大部分が関わらない限り、気候危機は対処されないでしょう。統計学的に、これは貧困に苦しむ人々を指しています。「再生」というのは、自己組織化の条件を生み出すことです。貧しい人々は、何をすべきか知っています。社会的正義と気候正義が同じものを指すようになったそのとき、一定レベルの貧困

を共有する40億人以上の人々が、気候変動を逆転させるために関わり行動するようになるでしょう。つまり、もっと栄養価の高い食べ物、安全な水、レジリエンスがあり採算がとれる農業、回復された漁場、移動の自由、尊厳のある住居、再エネによる電気、自由で安全な教育、公衆衛生、がめざされるときです。

　私たちは何百年も前から「善良さに欠け、賢さが不足し、まともに扱われる価値がない類いの人たちが存在する」と吹き込まれてきました。これをひっくり返すのは、大仕事です。「気候危機を技術で修復することはできない」と認識すると、非常に多くの人々が考えていることとは矛盾してしまいます。「ほとんど、あるいはまったく資金をもたない人々が、多くをもっているであろう人々の運命に影響を与える」という認識は、筋が通らないように思えます。いま人類すべてが、人類すべてに左右されています。グローバル化とデジタル化が進み、極度につながり合った世界で、私たちは1つのシステムになっています。地球が1つのシステムであるのとまさに同じです。人類が共有している複数のニーズは、互いに同時に満たされ、調和し、等しく認識されることを望んでいます。再生は、欠乏ではなく、豊かさを生みます。できることを押し広げます。そして人類の将来を広げるのです。●

バングラデシュのコックスバザールにあるクトゥパロン難民キャンプで、ロヒンギャ族のイスラム教徒の少年がほかの人たちと一緒に地元のNGOから食料援助を受けるのを待っている。国連が「民族浄化の典型例」と呼んだミャンマー軍の攻勢から逃れるために、60万人以上のロヒンギャ難民がバングラデシュに殺到した。ロヒンギャ族のイスラム教徒の難民は、危険な道のりを徒歩で国境まで移動したり、密輸業者にお金を払って木製のボートで水上を移動した。ロヒンギャ族の難民は、栄養失調やコレラなどの病気の恐れがある広大な仮設キャンプで、これまでとは異なる苦しみを味わうことになった。援助団体はその規模に対応するのに苦労し、1人で到着した子どもの数は驚異的で、その割合は60%に上ったという。ノーベル平和賞受賞者のアウンサンスーチー氏の指揮のもと、ミャンマー軍と仏教徒の暴徒による「掃討作戦」が行なわれた

オフセットからオンセットへ
Offsets to Onsets

「損失を相殺しても、儲けは生まれない」
──作者不詳

旅行をする人ならおそらく、カーボンオフセット（相殺）についてよくご存じでしょう。旅行で発生させる温室効果ガス排出量をオフセットするために、旅行会社に支払うお金です。ロサンゼルスからロンドンに飛行機で往復する旅行で、50ドルかかるかもしれません。クルーズ船の7日間の旅だと80ドルかかるかもしれません。車を年に3万キロメートル運転する人がカーボンニュートラルにするには、100ドルかかるかもしれません。人生のほかの側面、たとえば家庭や会社での電気使用に伴う排出量などのカーボンフットプリントも、お金を払ってオフセットすることができます。しかしそのお金は、気候危機に何か変化をもたらしているのでしょうか？　あるいは、もっと良い方法があるのでしょうか？

カーボンオフセットは約束手形です。お金を支払うことで、今日あなたが生み出している温室効果ガス排出量が、将来の同じ量の削減によりオフセットされることになるという約束をもらいます。オフセットの場所は、世界のどこでも構いません。時間枠も、短くても長くても構いません。炭素を吐き出す非効率的な農村の調理コンロを、クリーンな調理コンロで置き換えるためにお金を支払えば、あなたの排出量をすばやくオフセットできます。植林だと、同等の削減を行なうのに何年もかかります。オフセットの概念は、1970年の「大気浄化法」にまで遡ります。このと

き、米連邦議会は大規模な汚染者に、もし別のところで削減すれば汚染を続けてもよいと認めました。1990年代に気候変動に関する懸念が高まると、炭素排出事業者は再生可能エネルギープロジェクトを使って排出量を相殺し始めました。今日では、さまざまな企業や団体があなたのカーボンフットプリントを計算して、あなたにオフセットを販売してくれます。ロンドンへの往復？　苗110本の植林に相当します。その炭素はいつオフセットされるのでしょう？　断言はできませんが、おそらく10〜20年といったところでしょう。

カーボンオフセットは近年、世界的な大企業、たとえばAmazonや、Google、ネスレ、ディズニー、GM、スターバックス、デルタ航空などの間で人気を博しています。P&Gは、年間温室効果ガス排出量の一部をニュートラルにするため、カーボンオフセットに1億ドル（約110億円）を支出する計画だと発表しました。オフセットを購入するのはほかにも、芸能人、スポーツ組織、食品会社、大学、都市、さらには国もです。オフセットはカーボンニュートラルになるための全体的な計画の、重要な一部を構成するようになっています。温室効果ガスの排出量と削減量を、実質ゼロでバランスを取るための手段です。たとえばAppleは、2030年までに排出量の75％を直接削減し、残りの25％はオフセットでカバーすると約束しています。排出量を激減させるというのは、たとえば航空会社など一部の企業にとっては実行可能な選択肢ではありません。つまり、カーボンニュートラルの目標を達成するために、利用するオフ

セットの量を増やさなければならないということです。2021年に、「国際民間航空のためのカーボンオフセットおよび削減スキーム（CORSIA）」の実施が始まりました。二酸化炭素25億トンをオフセットする目標のもと、14年間に400億ドル（約4兆4000億円）の取引が発生することになります。

　ほとんどのオフセットが自主的なものですが、規制当局により義務づけられた排出削減目標の達成に見合う手段となります。たとえば発電所が、オフセットするための「カーボンクレジット」（排出削減活動による炭素の減量証明）を仲介業者から買えば、州や連邦政府が課す上限を超える温室効果ガスを排出し続けることができるのです。クレジットを売るために、仲介業者は温室効果ガス排出量が将来削減されることを検証しなければなりません。空約束にならないように、あるいは不足することがないように、炭素取引制度はいくつかのとてつもなく困難な課題難題を克服する必要があります。特に次の3つです。①永続性——達成される排出削減が信用できるものであるためには、いつまでも続くものでなければなりません。たとえば、新たに植林された森林は、後に伐採されたり山火事で失われたりして、蓄積した炭素を放出することがあってはなりません。②追加性——排出量の削減は、元来起こるはずであったことに対して追加的なものでなければなりません。例えば既に計画されていたソーラーファームが取引の有無にかかわらず建設される場合は、オフセットにカウントされません。③アカウンティング（会計）——約束手形がきっちり支払われていることが保証されるよう、排出削減は念入りに計測され、モニタリングされなければなりません。温室効果ガス排出削減の投機的取引、不正確な手順、過剰な約束、削減量の未達成、さらにあからさまな詐欺事

例が、長年これらの難題の解決を難しくしてきました。

　今日では、オフセットを計算するための認証された基準と科学的な方法論が十分に確立し、はるかに透明性が高まっており、炭素取引市場では、社会や環境の保護、とりわけ疎外され弱い立場にある地域の人々の権利が傷つけられないよう配慮して、プロジェクトが確実な排出削減をもたらすようにしています。とはいえ、オフセットの人気が高まるなかで、欺瞞行為やうわべだけの達成が、この動きを混乱し続けています。一例が、レガシークレジットです。これは、何年も前に建設されたウィンドファームなどのプロジェクトから購入されたカーボンクレジットのことです。このプロジェクトで生まれる再生可能エネルギーは炭素集約的な化石燃料を置き換えているかもしれない一方で、追加性はまったくありません。その正味排出削減は過去に行なわれたものです。カーボンフットプリントのオフセットのために、企業にレガシークレジットを販売し、そうして汚染を続けられるようにすることは、気候変動に何も良い効果をもたらしません。残念ながら、購入されているクレジットのうち、追加性の主張が疑わしいものが60％にものぼります。

　もう1つの難題が、お金に関することです。販売業者と仲介業者は、カーボンクレジットで儲けを出せる可能性があります。このことが、温室効果ガス排出量の正味の削減を達成するという大きな目標より優先されうるような、金銭的インセンティブを生みます。特に、クレジットによって買い手がカーボンフットプリントを維持できる場合に、難題となります。たとえばカーボンクレジットが森林から売られる場合に、伐採が差し迫っているという仮想の脅威に基づいて取引が行なわれるケースがときどきあります。もし伐採されれ

コンゴ民主共和国のイサンギ熱帯雨林に住む家族の子どもたち。オフセットにより、世界で知られている鳥の11%もの種が生息する低地熱帯林の伐採権を阻止した

ば、貯留されていた炭素が木から放出されます。しかし、もし木が伐採されなければ、伐採の脅威に基づいて企業に売られる「クレジット」はいずれも、本質的に無価値です。仮に適切な検証手順を踏んでいても、です。このようなクレジットは、クルージング産業など、炭素集約的な産業の会計帳簿（およびプレスリリース）の上では良いもののように見えますが、気候の観点からいえば無意味です。クルーズ船は航行し、排出は続きます。

　オフセット一般において、これはよくある話になりつつあります。約束された排出削減量も、多くのプロジェクトで達成された成果も、いずれもそれほど大きくはありません。企業のオフセット量は自社の総排出量の2％に満たないというのが典型例です。山火事など自然現象による障害や、予期せぬ人間の干渉などにより、実際にもたらされた削減量が目標に達しない場合もあります。また、約束されたオフセットがあまりにも遠い未来に起きるために、今日の気候危機に意味ある影響を及ぼさないという場合もあります。オフセットは時間を稼げる一方で、もっと大幅な削減を遅らせるための戦術にもなりえます。汚染度の高い企業が、その排出量削減義務を世界のあまり発展が進んでいない脆弱な国々に転嫁するとき、現在の不正義を解決するよりむしろ新しい不正義を増幅させるという、モラルハザード（倫理の欠如）が生まれます。また、先進国でのぜいたくな活動で排出される二酸化炭素1トンと、特に途上国で家族を養うなど必要不可欠な活動で排出される1トンとの、見せかけの同等性の問題もあります。

オフセットには役割がありますが、肝心なことは明快です。温室効果ガス排出量は、近い将来でも遠い将来でもなく、いますぐに削減すべきだということです。削減は、現実に、大幅に、すぐに行なわれなければなりません。無駄にする時間などないのです。

オフセットにはメリットもあります。投資として、世界中の農村地域における変化の担い手（チェンジ・エージェント）として機能してきました。たとえばアフリカ南部の小さな国、レソトでは、Save80プロジェクトがオフセットのクレジットの売上を活用して地元の女性を雇用し、クリーンな調理コンロ1万個を家庭に配布するプログラムを始めました。これにより、燃料にする木を切る必要性が減るとともに、有毒な煙を吸い込むことによる健康被害も減りました。ペルーでは、オフセットのお金を活用し、先住民がドローンや衛星データを使って彼らの森林での違法伐採の初期兆候を発見するのに役立っています。米国では、オフセットの資金が河川や湿地の復元プロジェクトに使われ、魚やビーバーや渡り鳥の水辺の生息地を改善してきました。オフセットは、たとえばアルゼンチンの再生型の羊毛農場や、ケニアのサバンナ、オーストラリアの再生型の放牧を行なう牛の牧場など、草地での土壌炭素蓄積プロジェクトを支援してきました。そのほかのプロジェクトとしては、タンザニアのハッザ族コミュニティ

南カルダモン森林はカンボジアの南西部に位置し、約50万ヘクタールの比較的手つかずの熱帯林がある。違法伐採者から年間1,500本以上のチェーンソーを没収するレンジャーの資金をオフセットで賄っている。ここには、アジアゾウ、ウンピョウ、ボウシテナガザル、シャムワニ、マレーグマなど、50種以上の絶滅危惧種が生息している。オフセットは、1億1000万トンの二酸化炭素の排出を防ぐとともに、土地所有権の登録、高等教育のための奨学金、エコツーリズムプロジェクトなどで地元コミュニティを支援している

での土地保全プロジェクト、ラオスとブラジルの劣化した森林地の回復、ホンジュラスの持続可能なコーヒー栽培者などによる浄水プロジェクト、カナダの森林保護などがあります。

オフセットの主な問題は、「オフセット」（相殺）というその言葉自体にあります。温室効果ガス排出量をニュートラルにすることは、大気中に何十年にもわたって蓄積してしまったレガシーカーボンを少しずつでも減らしていくうえでは、ほとんど何の役にも立ちません。事実上すべての気候科学者が、私たちは安全な水準の二酸化炭素濃度を超えてしまっており、今すぐに大幅な削減が必要だと考えています。2019年の世界の二酸化炭素総排出量は41ギガトンで、2000年から1.3倍に増えています。10〜20年先の未来に削減をもたらすと約束するオフセットは、この点でほとんど意味がありません。

その代わりに、私たちには「オンセット」（攻めの姿勢）が必要です。排出するより多くの炭素を大気中から除去し、この炭素をできるだけ長い間土壌などの自然の吸収源に貯留しておくための、個人、企業、国による活動です。排出量をただニュートラルにするのではなく、削減量を2倍、3倍にし、大気中に蓄積された二酸化炭素を徐々に減らそうとしないのはなぜでしょうか。これまでのオフセット事業は、炭素隔離活動を増やし第三者の計測、モニタリング、検証を受けることによって、オンセットに変えることができます。もたらされる恩恵として、雇用が増え、食料安全保障が高まり、極端な気候事象へのレジリエンスが高まることなどが考えられます。

「ソド／フンボ林業プロジェクト」が良い事例です。世界で最も貧しい国の1つ、エチオピアは、広範囲にわたって土地の劣化に苦しんでいます。農業セクターが損なわれ、国

内人口の90％に影響を与えています。搾取されて、エチオピアの天然林はほぼすべて失われ、広範な侵食が起こり、ますます深刻化する洪水と干ばつのサイクルに土地が対応する能力が低下しています。エチオピア南部に位置するソド／フンボプロジェクトの目標は、長期的な回復戦略の一環として山の劣化した斜面に再植林を行なうことです。活動は地元コミュニティの人々が実施し、「農民管理型自然再生（FMNR）」と呼ばれるニジェールで開発された手法を用います。FMNRは、そこにある切り株や根茎から木を急速に再生長させるもので、苗床で育てた木を植える場合と比べてコストがごくわずかですみます。FMNRは炭素を隔離し貯留できる潜在能力が高いことが、これまでに実証されてきました。2003年に世界自然保護基金（WWF）などの団体が設立したオフセット検証NPO「ゴールド・スタンダード」によると、ソド／フンボプロジェクトは推定110万トンの二酸化炭素を隔離すると見込まれています。買い手のコストは？──1トンあたり18ドル（約2,000円）です。

炭素だけではありません。ソド／フンボプロジェクトは、これまでに（1）地元に2,000人の雇用を創出し、（2）いくつかの絶滅危惧種を含めた在来樹種を使い3,200ヘクタールの土地を回復させ、（3）数多くの動植物のために多様な生息地を生み出し、（4）侵食を減らし、水浸透を改善し、土壌の肥沃度を高め、（5）地元産のハチミツ、果物、薬草を増やし、（6）食料、飼料、生計の持続可能な供給源をその土地に依存している地域で、5万人もの人々のウェルビーイングを高めました。さらに、得られたお金の一部が、教育・健康プログラムのほか、地元の経済発展に再投資されています。

オフセットの実践は、地元の先住民コミュ

ニティの権利を保護するようには規制されていません。自由に流れる川が水力発電のためにせき止められ、「削減貢献量」としてカーボンクレジットがほかの国や多国籍企業に売られてきました。「持続可能な林業」(この言葉に合意された定義はありません)によるオフセットのクレジットには、コミュニティの権利が加味されていません。この分野に関する国連の表現は貧弱でした。締約国は「人権……に関するそれぞれの締約国の義務の履行……を尊重し、促進し、及び考慮すべきで」あるとしています。「すべき」と表現していますが、2019年に、国連はその表現すら放棄してしまいました。人々と環境の安全を守るはずのパリ協定第6条に、「人権」や「先住民」といった言葉は見あたりません。現在、ダムを建設したり非在来種の単一樹種の「森林」を商品化したりしている国が、カーボンクレジットを請求することができます。同時に、それを購入する企業や国も同じクレジットを請求できます。これは二重計上であり、先住民の人々、文化、土地に対する無神経さを倍増させます。オフセットは容易に単なる商取引となり果てるのです。そうして、グローバルサウスにおける伝統的な先住民の土地を炭素の吸収源やオフセットとして利用することで、グローバルノースは自国の排出量の分を「支払う」という取引になりがちです。

炭素債務の約束手形の支払いを行なう代わりに、オンセットは将来の債務について支払いを行なうものです。その後に実施する良い炭素削減の行動に対して、別の人やコミュニティ(恵まれない人々の可能性もあります)に支払いを行ないます。自動車を3万キロメートル運転して出た排出量に100ドル(約1万1000円)を支払って、単純にニュートラルにするのではなく、支払い額を倍の200ドル(約2万2000円)にするのです。そして、その上乗せした額を、劣化した土地を回復させ、人間と自然のウェルビーイングを高めながら、余分な温室効果ガスを減らすよう検証されたプロジェクトに、あらかじめ支払いを行なうのです。効果が目に見えるようになるまでしばらく時間がかかるかもしれませんが、一連の行動は、単にニュートラルにするだけでなく先を見越した積極的なものです。もし2人が債務を先に支払えば、あるいは4人、あるいは400人がそうすれば、大気中の二酸化炭素は、数値に表れるほど減るでしょう。もし企業が計算されたオフセット量の2倍、3倍を購入したら、それはオンセットになり、大量の善意が先払いされることになります。子どもを育てるときと同じ原則です。私たちは子どもたちに関心を払い、愛情を注ぎます。そうすれば、子どもたちは歩を進め、その人生において良い仕事をしてくれるでしょう。●

行動＋つながり
Action + Connection

　本書『リジェネレーション 再生』の最後のセクションでは、人々のつながり合いによって強化される行動を示します。世界の未来に深く思いを馳せる何千もの個人や団体の皆さんに、提案や、可能性、アイデア、息抜き、リンクなどを提示します。本書を超えて会話を続けていけるよう、「リジェネレーション 再生」ウェブサイト（https://regeneration.org）には、個々の分野に飛べるURLを掲載しています。情報、アイデア、団体、ビデオ、本、そして世界中で 再生 を実践していてサポートと参画を歓迎する人々の情報をまとめた宝箱のようなウェブページです。

　気候危機に関して最もよく聞かれる質問は、何をすべきか、どこから始めるべきか、そしてどうすれば変化を生み出せるか、です。気候変動によって地球に何が起きているかを見聞きしたとき、圧倒されたり、不安になったり、混乱したり、自分がとても小さな存在に感じたりするのは自然なことです。自分はたった1人の人、小さな1家族でしかない、と。『Under the Sky We Make』（未邦訳）を見事に執筆した気候科学者キンバリー・ニコラスは、気候科学の要点を5つの事実にまとめています。「温暖化しています」「私たちが原因です」「間違いありません」「それは悪いことです」。そして5つめの事実は、「人間には気候危機を終わらせる能力があります」。彼女は、最近まで自分も友人たちも、気候についてよく理解はしていたものの、話題にすることはなかったと述べています。やかましい気候否定論者たちがたやすく一番手近なメガホンをつかんで声をあげてきた一方で、人間が地球温暖化を引き起こしていることを理解する大多数の人はたいてい黙ったままでした。ニコラスはそれを変えたいと思っています。私たちもそう思っています。

　気候科学の初期の予測はいま、日々報告されるようになり、個人レベルでも体感されつつあります。理論が現実になりました。しかし、気候科学がどれだけ素晴らしくても、危機を乗り越えることはできません。また、何をなすべきかを理解するために、さらなる科学が必要なわけでもありません。世界中の人々の大半が、危機があることを理解しています。気候危機を終わらせる架け橋となるのは、その大半の人々が行動を起こそうと目覚めることです。

何をすべきか　What to Do

　アトゥール・ガワンデの著書『アナタはなぜチェックリストを使わないのか？』には、きわめて複雑な問題に対して効果的な行動を生み出す決断をどう行なえばいいかがまとめられています。外科医のガワンデは、機長と副操縦士が旅客機の操縦前に使用するものに似たチェックリストを作成しました。世界でも最も複雑なシステムの1つである人体に手術をする際の、医師の医療ミスを減らし、なくしたかったのです。人体を完全に理解している人は医師にだって誰1人いませんが、だからといって医師が有能な外科医になれないわけでもありません。チェックリストは、先立つ知識、経験、失敗、教訓をもとに開発されています。

　気候危機も似ています。これはきわめて複雑なシステムで、完全に理解している人は誰もいません。そのため、この危機を解決できるのは専門家だけだ、と私たちは考えがちかもしれません。無意識のうちに、自らのもてる力を技術専門家や国際的なリーダーや科学者に明け渡して、彼らが何とかして正してくれるだろうと期待しているのです。ガワンデは、建築・建設産業での気づきからひらめいて、より効果的なシステムをつくる直接的な方法を発見しました。「決定権を中央から末端に分散させるべきだという考え方だ。……各自が知識と経験を生かした対応ができるような権限を与えておく。その代わり、コミュニケーションは確実に取らせ、責任も負わせる。この手法はとても興味深い」。私たちは適切に対処できます。私たちの中に専門家はほとんどいませんが、だからといって、何をすべきか、どうすべきかがわからないわけではありません。気候のチェックリストが、私たちの行動を導いてくれます。

どこから始めるか　Where to Start

　気候のチェックリストは、単純な原則をもとにつくられています。農場から金融、都市、衣料、食料、草地に至るまで、幅広い取り組みを導いてくれます。そして、個人、家庭、グループ、企業、コミュニティ、都市、そして国まで、あらゆるレベルの活動に適用できます。ガイドラインは、「はい」か「いいえ」で答える質問です。すべての行動が、望ましい結果に向かうか、あるいはそこから遠ざかるかのどちらかです。1番めは、再 生（リジェネレーション）の基本原則です。2番め以降は、その原則の結果です。

1. その行動はより多くの生命を生み出すのか？　それとも減らすのか？
2. 未来を癒すのか？　それとも未来を奪うのか？
3. 人間のウェルビーイングを高めるのか？　それとも損なうのか？
4. 病気を防ぐのか？　病気から利益を得るのか？
5. 生計手段を生み出すのか？　それともなくすのか？
6. 土地を回復させるのか？　それとも劣化させるのか？
7. 地球温暖化を進行させるのか？　それとも減速させるのか？
8. 人間のニーズを満たすものなのか？　それとも人間の欲望をを満たすものなのか？
9. 貧困を減らすのか？　それとも広げるのか？
10. 基本的人権を擁護するのか？　それとも否定するのか？
11. 労働者に尊厳を与えるのか？　それとも傷つけるのか？
12. 端的に言って、その活動は資源を搾取するものなのか？
　　それとも再生するものなのか？

　これらの原則をどう適用し、採点し、評価するかは、あなた次第です。私たちの行動はたいてい、すべての質問で「イエス」にはならないでしょう。しかし羅針盤のように、どの方向へ、どこに行くべきかを示してくれます。ガイドラインを採用することで、軸を決めてとりかかることができます。1つひとつの行動を、少しずつ、1歩ずつ。暮らしの中で再 生（リジェネレーション）を生み出すのです。私は何を食べているのか？　それはなぜ？　何を感じているのか？　私のコミュニティで何が起きているのか？　何を着ているのか？　何を買っているのか？　何をつくっているか？　といった具合です。

パンチリストをつくる　Create a Punch List

　「パンチリスト」（やることリスト）は、個人、グループ、組織のチェックリストです。人や文化、所得、知識によって違ってくるため、1つの共通のチェックリストや、正しいチェックリストといったものはありません。よくある地球温暖化を逆転させる解決策「トップ10」などは、一般化されたものです。本当にトップに挙げる解決策は、あなたができること、やりたいこと、やるつもりがあることなのです。パンチリストの価値は、あなたが何かを決意したとき、変化が起きうるところにあります。パンチリストは、個人、家族、コミュニティ、企業、都市それぞれで作成できます。個人またはグループで、あらかじめ決めた期間に着手して達成する行動のリストです。期間は1カ月、1年、5年、あるいはそれ以上かもしれません。さまざまな期間に応じてさまざまなリストをつくることもできます。たとえば今週のリスト、今年のリスト、といった具合です。www.regeneration.org/punchlistにアクセスすると、パンチリストのキットやワークシート、さらにサンプルもあります。以下の2つのサンプル事例で、排出削減量は50％を超えます。あなたのリストを、ほかの人たちのリストと比べてみるといいでしょう。知り合いのリストもあるかもしれません。私たちのスタッフのパンチリストもあります。あなたの家庭、会社、建物がいまどのくらいの炭素を排出しているかを計算してみたかったら、www.regeneration.org/carbonにアクセスしてみてください。

小規模な食品会社のパンチリスト

マイホームをもっている人のパンチリストの例

1. ヒートポンプを設置し、家の中であらゆる化石燃料の使用をやめる（調理、暖房、温水）。
2. ガス台の代わりに電磁調理器（IH）を購入する。
3. 100％再エネ電力を供給している電力会社に変える。
4. 年間の衣類への出費を変えて、年に7点、長持ちする衣料品を買うことにする。
5. 裏庭にコンポストをつくる。
6. 飛行機での移動を9割減らし、フライト分の5倍のカーボンオフセットを購入する。
7. 不要品をすべてまとめて寄付し、必要としている人に使ってもらう。

1. サプライチェーンの透明性を確保する——原材料・部品等の供給源とその環境影響を調査する。
2. 野菜、種子、穀類の環境再生型農業／有機農法による供給源を見つける。
3. 恵まれないコミュニティ出身の労働者を雇用し研修する。
4. 事務所、倉庫、生産拠点の電気を再エネ電力に変える。
5. タンクやバットを天然ガスで加熱するのをやめ、電磁加熱器を導入する。
6. 地域の教育機関などで栄養学などを学び、身体に良い社員食堂をつくる
7. リサイクルされた段ボール箱のみを使用し、プラスチックを排除する期限を定める。

クライメート・アクション・システムズ──連携する
Climate Action Systems – Working Together

　人間は社会的な生き物です。集団で問題に対処し、約束し、学ぶことを好みます。そのほうが満足度が高く、効果も上がるからです。気候危機に対処するには、家族や友人、コミュニティ、労働者などを巻き込むことになります。連携を促すのに使えるツールの1つが、「クライメート・アクション・システムズ（Climate Action Systems）」です。ここでは、気候問題を解決するために、ダウンロードできる学びの場が提供されています。世界をまたにかけて、無限に自己増殖でき、求められるところに赴き、開設できます。そこに何人でも招待して、グループでの学びの場をつくれます。たくさん使えば使うほど賢くなります。また、以下のことも行なえます。

1. 気候問題の解決に役立つようなネットワークをつくれます。
2. 一番良い行動や解決策のタネをまき、再現し、広め、
   あらゆる人が利用できるようにします。
3. 場所や人や文化に応じて、提供する知識を微妙に変え、調整します。
4. 成果の分析を続け、見識を進化させ続けます。
5. 対話ソフトを使って、行動の流れを加速させます。
6. 人々や近隣住民や組織の間で、分野を超えた横の連携を可能にします。

　クライメート・アクション・システムズは、ロザモンド・ザンダー、イラン・ローゼンブラット、ハリー・ラスカーが立ち上げました。私たちのウェブサイトwww.regeneration.org/CASから詳しい情報をご覧いただけます。

影響力を広げる──ネクサス　Enlarging Our Impact – Nexus

　「プロジェクト・リジェネレーション」は、本書だけにとどまりません。ウェブサイトの「ネクサス」（統合）セクションは、私たちの最も重要な活動です。目的は、効果的でタイムリーな気候行動を引き出し、共有し、支援することにあります。何をすべきか、具体的にどうすべきかをつかむため、立場や組織に関係なく一丸となって、お互いに助け合いたいと考えています。

　ネクサスには、気候に関わる「課題」と「解決策」について、私たちにわかる限りの一番完璧なリストを掲載しています。私が仲間たちとともに執筆した2冊、『ドローダウン』と『リジェネレーション 再生』に出てくるほぼすべての解決策を網羅しています。ネクサスは、単に解決策とそれらが広く実行された場合にもたらされ得る影響についてまとめただけのものではありません。ここでの目標は、行動を起こすことです。数字と指標は、魅力的で、ためになります。劣化した土地を回復させることでどれだけの炭素が隔離される可能性があるかは、知識に基づいて推測した値です。重要なのは、それに対して何かをすることです。ネクサスでは次の情報を提供しています。

1. 行動を起こせることがら、問題点、歴史、イノベーション、
   そして影響や効果に関するわかりやすい説明
2. さまざまなレベルの団体や組織──青少年団体、学校、地域社会、都市、企業、
   そして政府機関など──がそれぞれに行なうことができる重要な行動に関する説明
3. 問題解決に取り組む非営利団体やアクティビスト、市民団体、社会起業家、
   先住民グループ、各種機関など、人々に学習の機会を提供し読者の支援や参画を
   歓迎してくれる団体の情報
4. 被害や損害を能動的にもたらしている団体や活動についての情報。具体名とともに。
5. 企業経営者や政治家など、重要な意思決定を行なうことのできる人々の
   連絡先やE-メールのアドレス
6. ロビイング、不買やボイコット、称賛、声援、そしてサポートを寄せるべき製品や
   企業についての情報
7. 有益な動画、カンファレンス、ドキュメンタリー、記事、ポッドキャスト、
   書籍や論文などへのリンク

課題は、多数の組織、地域、文化、人々が関わり、1つのカテゴリーの行動や影響に収まらないような、大きくて複雑で難しい問題です。パーム油と遠洋漁業の2つを例に挙げてみましょう。どちらも、人権侵害、生態系の破壊、汚職、生物多様性の喪失、炭素排出などが関わっています。課題に対応すると、つまりこの例で言えばパーム油の見境のない使用と消費を止め、魚の個体群や生息地の大量破壊を止めると、多くの問題を解決することになります。

　解決策は、生態系を復元し、影響と排出量を低減し、不正義と不公平を是正し、生きとし生けるものすべての生命を再生する活動です。解決策は、アグロフォレストリーから、野生生物の回廊（コリドー）、先住民の権利、すべての電化まであり、多様です。人類が今後10年でエネルギーと温室効果ガス排出量を半減させるのであれば、何をすべきか、どうすべきかを集めたのがネクサスです。

　ネクサスは、www.regeneration.org/nexus でご覧いただけます。このサイトの改善、追加、更新に手を貸してくださる方、ぜひご参加ください。ネクサスについて、ご友人や、企業、行政、学校に伝えてください。ネクサス全体でも、個々の解決策だけでも構いません。

課題　CHALLENGES

アマゾン熱帯雨林　Amazon Rainforest
航空　Aviation
銀行・金融　Banking & Finance
巨大フードビジネス　Big Food
バイオ燃料　Biofuels
亜寒帯林　Boreal Forests
衣料産業　Clothing Industry
消費　Consumption
サンゴ礁　Coral Reefs
砂漠化　Desertification
デジタル消費　Digital Consumption
ダイレクトエアキャプチャー　Direct Air Capture
食料アパルトヘイト　Food Apartheid
遠洋漁業　Global Fishing Fleets
ヘルスケア産業　Healthcare Industry
昆虫の絶滅　Insect Extinction
インターセクショナリティ（交差性）　Intersectionality
渡り　Migration
原子力エネルギー　Nuclear Energy
パーム油　Palm Oil
泥炭地　Peatlands
プラスチック産業　Plastics Industry
政治産業　Politics Industry
貧困産業　Poverty Industry
海運　Shipping
軍事産業　War Industry
水　Water

解決策　SOLUTIONS

新規植林　Afforestation
アグロフォレストリー（森林農法）　Agroforestry
有畜農業　Animal Integration
カギケノリ　Asparagopsis
自動運転車　Autonomous Vehicles
アカウキクサ　Azolla Fern
竹　Bamboo
ビーバー　Beavers
バイオ炭（バイオチャー）　Biochar
バイオリージョン　Bioregions
建物　Buildings
カーボンアーキテクチャ　Carbon Architecture
クリーンな調理コンロ　Clean Cookstoves
堆肥（コンポスト）　Compost
脱コモディティ化　Decommodification
劣化した土地の回復　Degraded Land Restoration
主に植物を食べる　Eating Plants, Mostly
木を食べる　Eating Trees
女児の教育　Education of Girls
電気自動車　Electric Vehicles
すべてを電化する　Electrify Everything

エネルギー貯蔵　Energy Storage
15分都市　Fifteen-Minute City
火災生態学　Fire Ecology
地熱　Geothermal
草地　Grasslands
放牧生態学　Grazing Ecology
グリーンセメント　Green Cement
グリーン水素・グリーンスチール　Green Hydrogen & Steel
ヒートポンプ　Heat Pumps
ヘンプ　Hemp
水力　Hydropower
先住民の権利　Indigenous Rights
ローカル化　Localization
マングローブ　Mangroves
海洋保護区　Marine Protected Areas
微生物農業　Microbial Farming
マイクロモビリティ（超小型モビリティ）　Micromobility
都市の自然　Nature of Cities
ネット・ゼロ・ビルディング　Net Zero Buildings
ネット・ゼロ都市　Net Zero Cities
廃棄物ゼロ　No Waste
環境再生型養殖　Ocean Farming
オフセットとオンセット　Offsets and Onsets
カンラン石の風化　Olivine Weathering
多年性作物　Perennial Crops
プロフォレステーション　Proforestation
雨を降らせる　Rainmakers
冷媒　Refrigerants
環境再生型農業　Regenerative Agriculture
環境再生型の食料　Regenerative Food
再野生化　Rewilding
ポリネーターの再野生化　Rewilding Pollinators
稲作　Rice Cultivation
海中植林（海の森づくり）　Seaforestation
海草　Seagrasses
シルボパスチャー（林間放牧）　Silvopasture
スマート・マイクログリッド　Smart Microgrids
ソーラー　Solar
塩性湿地　Tidal Salt Marshes
栄養カスケード　Trophic Cascades
熱帯林　Tropical Forests
都市農業　Urban Farming
都市モビリティ　Urban Mobility
ミミズ養殖　Vermiculture
何も無駄にしない　Wasting Nothing
波力・潮力エネルギー　Wave and Tidal Energy
湿地　Wetlands
野生生物の回廊　Wildlife Corridors
風力　Wind
女性と食べ物　Women and Food

目標　The Goal

　ここでまとめた解決策は、排出量を削減し、生態系を保護して回復させ、公平性に取り組み、生命を生み出します。これは再生（リジェネレーション）革命と呼べるかもしれません。もしここにまとめた取り組みを世界全体ですばやく実施すれば、2050年までに二酸化炭素換算で1,600ギガトン以上の排出量を回避・隔離でき、IPCCの2030年目標も2050年目標も達成できます。野心的でしょうか？　まさしく野心的です。可能でしょうか？　はい、まさしく可能です。

　表にまとめた解決策は、Regeneration.orgで学者と研究者のチームがしっかりと研究を行なった分析結果を表しています。私たちの研究は、世界中の分析とリンクしています。これによると、2028年までにエネルギー分野の温室効果ガス排出量を半減できることが示されています。そして、特に農業と森林において、土地利用による排出状況を大きく変えれば、土地は2027年までに純発生源ではなく、純吸収源になれます。こうした活動を実施してすべて足せば、温暖化を1.5℃未満に抑えるのに必要と思われる水準を満たせるでしょう。私たちは、きわめて重要な2つの分野に注目します。エネルギーと、自然です。「こうすれば温暖化を1.5℃に抑えられる」という気候シナリオが、世界の一流の大学や研究機関、科学者たちによって400種類以上示されています。これは大変素晴らしい、元気づけられる成果です。世界がいかに気候危機に注目するようになったかを表しています。こうした予測の中には、空気中の二酸化炭素を回収し、液化して、地下深部にポンプで送るという、生まれたばかりで未完成の技術に頼っているものもかなりあります。たとえば炭素除去装置3,000万台を世界中に設置して2100年まで24時間無休で稼働させるなど、このような第三の道があればいいなと思うことでしょう。しかしそのような希望は非現実的で、主に化石燃料企業が推進してきた考え方だと言えるでしょう。症状がある患者を診断するように、気候危機を扱う人もいます。私たちは気候危機を、修復が必要なシステムととらえます。システムを修復するには、システム自体とより多くのものとをつなぎ合わせることになります。本書『リジェネレーション　再生』に示したすべてが、突き詰めると、そうしたつながりを再構築し、壊れたり切り離されたりした絆を取り戻すものだといえます。

　私たちの分析は、いま何が可能であるかに焦点を当てています。このシナリオでは、現在の人々のニーズに対応することを重要視しています。先住民には、真剣に償いをします。食料生産の多様化とローカル化を進めるような、食物網や「アグリフッド*（agrihoods）」が構築されることを仮定しています。つまり、巨大フードビジネスがもはや、超加工食品の販売量で成功を測ることはできなくなるということです。再生可能な食べ物、つまり人々の健康を回復させ、土壌を再生させる食べ物をどれだけつくり出したかで、成功が測られるようになるのです。また、私たちのシナリオは、10年以内に陸地と海洋の30％が、保護されてそのまま残されるようになることを求めています。世界中の所得者の上位10％（年間所得が3万8000ドル、約420万円以上ある人）には、世界の温室効果ガス排出量の半分近くの責任があります。自分たちの究極的なウェルビーイングはすべての人々のウェルビーイングと切り離すことができないと認めたうえで、彼らは地球への要求を変えるべきです。

　あえて計算に入れないことにした解決策もいくつかあります。定量化を行なうと、排出量が

　　　　　　　　　　　　＊農場や市民農園を中心に据え、環境に配慮して計画された住宅地

ごまかしの尺度や単純化されすぎた尺度となり、その複雑な問題が不適切に矮小化されてしまうと考えたためです。女性が誰でも教育と医療を受けられるようにすることは、人口成長の鈍化に関わるとされ、ひいては気候とも関係します。教育をもっと受けられるようにした結果、実際に出生率が下がるとはいえ、私たちは教育を基本的人権と考えています。また、貧困のために炭素排出量が少ない人々は、生活の質を高めようとするなかで炭素排出量を増やす権利があります。同じように、先住民が管理する土地には極度に豊かな生物多様性が守られており、先住民の森林保有権を保護することが陸域の炭素貯蔵量を保護するうえで効果的な方法だということが、よく言われます。それは真実です。しかし、奪われた土地を先住民に返すことこそが、倫理的で効果的で正しい唯一の行動です。

回避された排出量 （二酸化炭素換算ギガトン）	2030	2040	2050
モビリティと電気自動車	38	122	226
熱帯林の回復	40	120	201
産業	34	102	191
建物	28	89	167
ソーラー	20	73	141
あらゆるものを食べる	9.9	40	93
熱帯林の保護	18	54	90
風力	11	41	77
環境再生型農業	12	35	56
温帯林の回復	11	32	53
泥炭地	7.8	24	39
何も無駄にしない	5.2	19	39
地熱	4.2	16	35
海中植林（海の森づくり）	3.2	14	31
バイオ炭（バイオチャー）	6	17	28
アグロフォレストリー（森林農法）	5	16	26
熱帯林の管理	4.9	15	25
マングローブ	3.7	11	18
カーボンアーキテクチャ	5.7	11	16
温帯林の管理	3	9.1	15
亜寒帯林	2	6.1	10
草地・放牧	1.9	5.8	9.7
クリーンな調理コンロ	1.8	5.5	9.2
海草	1.7	5.1	8.5
アカウキクサ	1.9	3.6	5.4
塩性湿地	0.4	1.1	2
堆肥（コンポスト）	0.2	0.7	1.4
回避・隔離された総排出量	280.5	888	1613.2

* 本書で取り上げたもののこの表には含まれていない解決策もあります。その理由としては、未来の地球の温度に及ぼす影響を定量化する準備が整っていないため、十分なデータがないため、ほかの解決策に含まれるため、などがあります。方法論の詳細は www.regeneration.org/methodology をご覧ください。

保護する　Protect

　ひょっとすると、最も見過ごされてきた地球温暖化の解決策は、地上の炭素貯蔵量を守ることかもしれません。私たちはいま、古代からの炭素貯蔵（石炭、天然ガス、石油）を燃焼することで炭素を排出していますが、陸域生態系の現在の炭素貯蔵を破壊することでも排出しています。生態系を破壊、劣化、除去することにより、二酸化炭素とメタンガスを放出させているのです。世界全体の有機炭素の貯蔵量、特に土壌炭素の推計量は正確ではありません。表に示した総炭素貯蔵量の算出値（3300ギガトン）は、1990年代後半から2000年代初頭まで使われていたかつての推計値の上限のほうにあたります。本書の執筆時点では、世界の深さ1メートルまでの土壌炭素の新しい地図がまもなく発表されようとしているところです。これにより、陸域の炭素貯蔵量の理解が大きく前進するだろうと私たちは考えています。

有機炭素貯蔵量（ギガトン）	土壌炭素	バイオマス	計
亜寒帯林	1,086	54	1,140
熱帯林	407	181	589
ツンドラ	527	8	535
草地	392	77	469
温帯林	375	72	447
砂漠と乾性低木	68	10	78
地中海	26	6	32
マングローブ	5	1	6
海草	3	0	4
塩性湿地	1	0	1
総炭素貯蔵量	2,890	409	3,301

最後にもう1つ　One More Thing

　地球を救うのは、あなたの仕事ではありません。「地球を救う」という考え方は荷が重いですし、いずれにしても不可能でしょう。もう1つ、ものの見方をねじれさせるのが、「炭素は悪だ」という考え方です。炭素汚染などというものはありません。炭素は、私たちが必要とし、生み出し、触れるほぼすべてのものの重要な要素です。生きているもの、おいしいもの、驚くべきもの、神聖なるもの、すべてに含まれる元素なのです。私たちは膨大な量の炭素を大気中に出してきました。それをどういう風に行なってきたか、正確にわかっています。それを元通りにして地球のバランスを取り戻すにはどうすればいいか、今ではもうわかっています。地球は、そのバランスがどうあるべきかに寛容です。それはおおよそ、過去80万年間の平均的な大気中の二酸化炭素濃度です。私たちがもたらす炭素は、地球上の生命を 再 生 させるのに必要な食料になります。地球に栄養を与えれば、気候が修復されます。 再 生 <ruby>（リジェネレーション）</ruby>は、生命のそもそものあり方です。あなたがこの文を読むことができるのは、体内の30兆個の細胞が10億分の1秒ごとに再生しているからです。私たちは地球上の生命を殺したり、毒を与えたり、燃やしたり、消滅させたりできますが、それをやめれば、再生が始まります。今こそ、私たちの暮らし、行動、製品、都市、農業、その他すべてを生物界と調和させ、気候危機を終わらせるべきです。誰かほかの人がやってくれるだろうと思ったり決めつけていたりしたら、できません。私たちには共通の利益があります。その利益が満たされるのは、私たちが協力して、生きとし生けるものの仲間に、そしてその力に加わるときです。再生：リジェネレーションの世界へようこそ。

——ポール・ホーケン

おわりに
Afterword

デイモン・ガモー　Damon Gameau

巧みに語られたストーリーには文化を定める力があるということを、私が初めて目の当たりにしたのは高校のアジア研究の授業でした。ある日の午後、私たちは、紀元前3000年頃に起きたオーストロネシア語族の広がりについて学んでいました。アジアの本土を離れて、南方の広大な海域に網の目のように広がった島々へ向かった人たちです。全身にタトゥーを入れ、ひすいの彫像を携えて、世界初の双胴船やアウトリガーカヌーで冒険に出ました。その頃、彼らがたどり着いた島の多くが青々とした密林で覆われており、そこには巨大なカメや鳥や魚など豊かな生態系がありました。しかし、新参者たちの考え方は、大きくて開放的な本土に住んでいたときのままでした。魚や動物を乱獲し、さらに燃料や耕地を得るために木を切りすぎてしまったため、あっという間に新天地の生態系のバランスを崩してしまいました。新たに生まれたこのような社会の多くが崩壊し、誰一人住めなくなった島もありました。そうして何世紀も経った後、双胴船とアウトリガーの新たな波が来ると、人々は地域の生態系を深く尊重することが自分たちの生存につながることを理解するようになりました。自然を支配するのではなく、融合するようになりました。乱用してはならない贈り物として扱いました。そして自分たちを、陸地や海洋と調和してかつてないほどの豊かさを生み出すキーストーン種と考えたのです。

　青年期の私の脳に刻み込まれたのは、彼らがこの知恵を文化に組み込む重要性をいかに理解していたかということです。彼らは、将来世代の行動を形成するような暮らし方を意図的につくり出しました。そしてその手段として、新しいストーリーを語り、神話とメタファーを生み出したのです。このような島の多くで、現在に至るまで生態系が維持されてきました。

　私たち人類の存在する時代の大半で、何らかの形のアニミズムが信仰されていました。生命の流れが、木や動物や石などすべての事物の中を駆け巡り、これらを結びつけているという考え方です。今もなお、ペルーとエクアドルの国境に住んでいるアチュアル族は、「自然」を意味する言葉すらもちません。それが存在するとは考えていないのです。自分たちと周囲との区別がまったくないのです。16世紀後半にキリスト教と科学革命が普及して、こうしたアニミズムの信仰がほぼ根絶され、新しい自然のストーリーが書かれました。人間を生物界と分離し、生物界よりすぐれた存在と見なすストーリーです。近代科学の父、フランシス・ベーコンは、「内部への通路が開かれる」ためには、研究者が「さまよえる自然のあとをつけ、いわば、かぎつけ」なければならないと言いました。悲しいかな、このストーリーは今なお私たちの文化にはびこっています。私たちの社会を支配する物語や、つくられている神話やメタファーを語っているのは、賢明な長老や経験を積んだ冒険家ではありません。一枚岩の企業を代表する広告代

理店が語っているのです。私たちの情報エコロジーはすっかり汚されており、このことが私たちの健康と地球の健全性に悪影響を及ぼしています。もし私たち自身の島、銀河系に浮かぶこの美しい島のような惑星の崩壊を未然に防ごうとするなら、私たちはもっと良いストーリーを語り、こうしたストーリーに知恵を盛り込んで、自然への敬意と畏敬の念を再びはぐくむ必要があります。

　今日の私たちのストーリーテリングは、主に2つのカテゴリーに分かれます。1つめは、手品師のトリックのようなものです。私たちの感情は、主流派メディアに乗っ取られています。指をパチンと鳴らせば物語が現れ、誘惑的なストーリーを語り、私たちが瀕死の世界に住んでいるという事実を覆い隠します。

　ストーリーテリングの2つめのカテゴリーは、善意でつくられるものです。ここ数十年間、警告を与えるような物語の無数の映画や本が世に出され、多くは空想による綿密な詳細まで含め、自然界の破壊を伝えています。しかし、何が犠牲になっているでしょうか？　神経学の研究の結果、恐怖と不安が入り混じった情報を絶えず見ていると、人々を麻痺させ、問題解決と独創的思考に欠かせない脳の一部が停止する可能性があることがわかっているのです。

　もしも生物界と互いにつながり合った関係性を表すようなもっと良いストーリー、意味あるストーリーを奨励してお金を出したなら、どのような世界を共に構築できるでしょうか？　あるいは、生態系全体を回復させている個人とコミュニティに関する、パワーを与えるような物語や、説明、再 生 の話を伝えたら、何が起きるでしょうか？　私たちはこれまであまりに長い間、グラフやデータ、専門用語、地球上の生命に関する命の宿っていない統計を浴びせて、自らの首を絞めてきました。新たなアプローチが必要です。それは、人々の心に直接届くような、より良いストーリーを語るという由緒あるアプローチです。ストーリーテラーの役割が、これまでになく重要になっています。アーティスト、詩人、ソングライター、作家、映画制作者の真の目的は、文化を生み出し、形づくることです。その文化がその後、何が花開いて何がしおれるか、何が繁栄して何がすたれるかを決定づけます。いま私たちは、生物界に急進的な共感をもった文化を復活させることが求められています。もしストーリーテラーが道を見つけられなければ、道は見つかりません。どうか、そのようなストーリーを語って下さい。

デイモン・ガモーは、アーティストであり、活動家、ストーリーテラーでもあり、高い評価を受けた映画「2040: Join the Regenerationd」（日本未公開）のクリエーター兼ディレクターである

謝辞
ACKNOWLEDGMENTS

Jasmine Scalesciani, Damon Gameau, John Elkington, Giselle Bundchen, Laurene Powell Jobs, Bill and Lynne Twist, Amanda Joy Ravenhill, Chad Frischmann, Crystal Chissell, Cristina Mittermeier, Cyril Kormos, Rosamund Zander, Kasey Crown, Lou Buglioli, Natalie Orfalea, Mort Meyerson, Brian von Herzen, AY Young, Durita Holm, Julie Hill, James Bullock, Julie Mills, Stefano Boeri, Stephen Roberts, Harry Lasker, Ilan Rozenblat, Rola Khoury, Janet Scotland, Maria Lucrezia De Marco, Visra Vichit-Vadakan, Daniel Uyemura, Gillian Gutierrez, Raine Manley, Carla Yuen, Irene Polnyi, Elsie Iwase, Andrew Kessler, David Perry, Jennifer Betka, Michelle Best, Amy Low, Sarah Ezzy, Megan Dino, Patrick D'Arcy, Marybeth Carty, Danielle Nierenberg, Ryland Engelhart, Susan Olesek, Margaret Atwood, Saul Griffith, Mary Reynolds, Anne Marie Burgoyne, Catherine Chien, David Festa, Suzanne Burrows, Michl Binderbauer, Leisl Copland, Mark Hyman, Rich Roll, John Cumming, David Cumming, Bryan Meehan, Charlie Burrell, Dave Chapman, Charles Massy, Sophie Pinchetti, Natalie Steinhauer, Mimi Casteel, Mitch Anderson, Kristina Fazzalaro, Chip Conley, Alejandro Foung, Jane Cavolina, Stephen Mitchell, Byron Katie, Emily Mansfield, Josephine Greywoode, Geoff von Maltzahn, Pedro Diniz, Katherine Mills, George Steinmetz, Ami Vitale, Chris Jordan, Jeff Jungsten, Karen Bearman, Kathryn Marshall, Sven Jense, Roy Straver, Tomislav Hengl, Linadria Porter, Bren Smith, Julianne Skai Arbor, Ann Chesterman, Anna Kaplan, Monica Noon, Brad Ack, Allie Goldstein, Spencer Scott, Alison Nill, Morgan Kelly, Meighan Visco, Bailey Farren, Elina Bell, Dominic Molinari, Noorie Rajvanshi, and Rebecca Adamson. With kudos to Anthony James, Daniel Christian Wahl, Philipp Kauffmann, Jonathan Rose, John Fullerton, Oren Lyons, Xiye Bastida, Yvon Chouinard, Pamela Mang, Bob Rodale, Ben Haggard, Bill Reed, Tim Murphy, Vandana Shiva, John D. Liu, Precious Phiri, Larry Kopald, Tom Newmark, Nathan Phillips, Rebecca and Josh Tickell, Thekla Teunis, Colin Seis, Geoff Bastyan, Jeff Pow, Tom Goldtooth, Xiuhtezcatl Martinez, Kris Nichols, Michelle McManus, Madonna Thunder Hawk, Nicole Masters, Dianne and Ian Haggerty, Terry McCosker, Tony Rinaudo, and Anne Poelina.

写真クレジット
PHOTOGRAPHY CREDITS

GEORGE STEINMETZ: p. 34-35 (George Steinmetz), p. 78上 (George Steinmetz), pp. 116-117 (George Steinmetz), p. 294 (George Steinmetz), p. 302 (George Steinmetz), pp. 312-313 (George Steinmetz), p. 321 (George Steinmetz), p. 346 (George Steinmetz), p. 350-351 (George Steinmetz), p. 379 (George Steinmetz)

AMI VITALE: p. 17 (Ami Vitale), p. 148 (Ami Vitale), p. 198-199 (Ami Vitale), p. 224 (Ami Vitale)

NATURE PICTURE LIBRARY: p. 4 (Guy Edwardes), p. 12-13 (Sven Zacek), p. 21 (Felis Images), pp. 28-29 (Doug Perrine), p. 39 (Alex Mustard), pp. 42 (Tim Laman), p. 49 (Claudio Contreras), p. 60 (Danny Green), p. 61 (David Allemand), p. 64 (Ashley Cooper), p. 74 (Nick Garbutt), p. 78下 (Tim Laman), p. 97 (Jack Dykinga), p. 104 (Sumio Harada), p. 105 (Alfo), p. 108 (Klein & Hubert), p. 124-125 (Klein and Hubert), pp. 128-129 (Heather Angel), p. 132 (Wim van den Heever), p. 133 (Robert Thompson), p. 136-137 (Mark Hamblin), p. 178 (Gerrit Vyn), p. 186-187 (Bence Mate), p. 190 (Pete Oxford), p. 190 (Eric Baccega), p. 190 (Eric Baccega), p. 190 (Pete Oxford), p. 190 (Eric Baccega), p. 190 (Enrique Lopez-Tapia), p. 191 (Bernard Castelein), p. 191 (Eric Baccega), p. 191 (Pete Oxford), p. 191 (Pete Oxford), p. 191 (Laurent Geslin), p. 191 (Pete Oxford), p. 239 (Tony Heald), p. 299 (Oliver Wright), p. 328 (Paul D. Stewart), p. 329 (Guy Edwardes), p. 357 (Ashley Cooper), p. 360 (Ashley Cooper)

GETTY IMAGES: p. 182 (Ricky Carioti/The Washington Post), p. 183 (Jeff Hutchins), p. 238 (Carl de Souza), p. 242 (Hufton+Crow/View Pictures/Universal Images Group), p. 266 (Stefano Montesi), p. 280-281 (CgWink), p. 317 (Roslan Rahman), p. 342 (Zhang Zhaojiu), p. 353 (Kate Geraghty/The Sydney Morning Herald), p. 364 (Stocktrek), p. 365 (STR/AFP), p. 368 (Lalage Snow), p. 370-371 (Ester Meerman), p. 374 (Burak Akbulut/Anadolu Agency), p. 375 (Storyplus), p. 382 (Jason South/The Age), pp. 386-387 (Prashanth Vishwanathan/Bloomberg), p. 390-391 (Kevin Frayer/Stringer)

ALAMY STOCK PHOTO: p. 70-71 (Jacob Lund), p. 170-171 (Derek Yamashita), pp. 174-175 (Farmlore Films), p. 195 (Romie Miller), p. 235 (Joanna B. Pinneo), p. 246-247 (Robert Harding), p. 262 (Mauritius Images), p. 267 (Greg Balfour Evans), p. 271 (DPA Picture Alliance), p. 273 (dpa Picture Alliance), p. 285 (Westend61), p. 285 (Ian Shaw), p. 285 (Buiten-Beeld), p. 285 (Phloen), p. 333 (Radu Sebastian), p. 383 (Paulo Oliveira)

NATIONAL GEOGRAPHIC: pp. 56-57 (Mike Nichols), pp. 66-67 (Frans Lanting), p. 100-101 (Peter R. Houlihan), pp. 109 (Alex Saberi), p. 149 (Klaus Nigge), p. 152-153 (Erlend Haarberg), p. 276 (Jim Richardson)

OTHER: p. 8 (Stuart Clarke), p. 9 (Fernando Tumo), pp. 22-23 (Chris Jordan), p. 24 (Ines Alverez Fdez), p. 32 (Chris Newbert), pp. 43 (Neils Kooyman), p. 46 (Jay Fleming), p. 52 (Chris Jordan), p. 71 (Greenfleet/E O'Connor), p. 75 (NASA), p. 80-81 (Ute EisenLohr), p. 84 (Ute EisenLohr), p. 88-89 (Kilili Yuyan), p. 92 (Nathaniel Merz), p. 96 (Julianne Skai Arbor), pp. 112-113 (Louise Johns), p. 120 (Charlie Burrell), p. 121 (Charlie Burrell), p. 140-141 (Jillian), p. 144 (Chris), p. 156-157 (NCRS Photo), p. 160 (Catherine Ulitsky), p. 161 (Frances Benjamin Johnson), p. 162-163 (Kim Wade), p. 166-167 (Russell Ord), p. 186 (Theo Schoo), p. 194 (Kilili Yuyan), p. 202 (Jeronimo Zuniga), p. 202-203 (Mitch Anderson), p. 206-207 (Julianne Skai Arbor), p. 209 (Lubos Chlubny), p. 212 (Philipp Kauffmann), p. 213 (Soul Fire Farm), p. 216 (Soul Fire Farm), p. 220-221 (Relief International Gyapa™⊠ Project), p. 227 (Claire Leadbitter), p. 230 (Claire Leadbitter), p. 231 (Claire Leadbitter), p. 234 (Mimi Casteel), p. 250 (Jonathan Hillyer), p. 251 (Ronald Tilleman), pp. 254-255 (Michelle and Chris Gerard), p. 259 (Stefano Boeri), p. 270 (Michael Baumgartner), p. 288上 (Dave Chapman), p. 288下 (The Ron Finley Project), p. 290 (Dave Chapman), p. 291 (Eugene Cash), p. 298 (Courtesy of Pixy), p. 303 (Olga Kravchuk), pp. 305 (Rasica), p. 308 (Rainee Colacurcio), p. 314 (Ted Finch), p. 316 (Jaime Stilling), p. 322 (Courtesy of Raoul Cooijmans/Lightyear), p. 330 (Tzu Chen Photography), p. 336 (Jamie Stilling), p. 338 (Photonworks), p. 356 (Ton Keone), p. 378 (Courtesy of Suay), p. 394 (Joseph Wasilewski), p. 395 (Andrea Pistoles)

本文中、以下の書籍から訳文を引用しています

『大地に抱かれて』　リンダ・ホーガン（著）、浅見淳子（翻訳）、青山出版社

『オーバーストーリー』　リチャード・パワーズ（著）、木原善彦（翻訳）、新潮社

『ドードーの歌―美しい世界の島々からの警鐘』　デイヴィッド・クォメン（著）、鈴木主税（翻訳）、河出書房新社

『英国貴族、領地を野生に戻す』　イザベラ・トゥリー（著）、三木直子（翻訳）、築地書館

『ソロモンの歌』　トニ・モリスン（著）、金田眞澄（翻訳）、ハヤカワepi文庫

『聖書 新共同訳』　日本聖書協会

『アナタはなぜチェックリストを使わないのか？』　アトゥール・ガワンデ（著）、吉田竜（翻訳）、晋遊舎

『ノヴム・オルガヌム―新機関』　ベーコン（著）、桂寿一（翻訳）、岩波文庫

『学問の進歩』　ベーコン（著）、服部英次郎・多田英次（翻訳）、岩波文庫

Regeneration
リジェネレーション[再生]——気候危機を今の世代で終わらせる

ポール・ホーケン 編著　江守正多 監訳　五頭美知 訳

2022年4月5日　初版第1刷発行

発行人　　川崎深雪
発行所　　株式会社 山と溪谷社
　　　　　　〒101-0051
　　　　　　東京都千代田区神田神保町1丁目105番地
　　　　　　https://www.yamakei.co.jp/

●乱丁・落丁のお問合せ先
　山と溪谷社自動応答サービス Tel.03-6837-5018
　受付時間/10:00-12:00、13:00-17:30(土日、祝日を除く)
●内容に関するお問合せ先
　山と溪谷社　Tel.03-6744-1900(代表)
●書店・取次様からのご注文先
　山と溪谷社受注センター Tel.048-458-3455 Fax.048-421-0513
●書店・取次様からのご注文以外のお問い合わせ先
　eigyo@yamakei.co.jp

印刷・製本　　株式会社光邦

VEGETABLE OIL INK

FSC ミックス 責任ある木質資源を使用した紙 FSC® C022575

Japanese transration ©2022 Michi Goto , All rights reserved.
Printed in Japan
ISBN978-4-635-31045-1

日本語版編集	岡山泰史
デザイン	美柑和俊(MIKAN-DESIGN)
出版協力・資金協力	鮎川詢裕子・久保田あや(一般社団法人ワンジェネレーション)
翻訳協力	佐藤千鶴子・東千恵子・大岩根 尚・草野洋美・杉原めぐみ・鈴木 柊・鈴木宏和・関口 守・
	長野圭子・長谷川 浩・福島由美・藤原敏晃・武藤順子・村瀬円華・安田 宏・山田篤子・
	山本麻子・山本克彦・吉永初美
普及協力	Team ONE generation

本書は、一般社団法人ワンジェネレーション(「ドローダウン・ジャパン・コンソーシアム」より法人化)を通じた
出版協力・翻訳協力を得ています。https://onegeneration.jp
また、日本語の特設サイトではリジェネレーションに関する情報を公開しています。
この活動を一緒に広める個人・団体・法人を広く募集するとともに、活動のための支援を受け付けています。
https://regeneration.jp